U0191756

张海鹏 总主编

中國海域史

东海卷

谢必震 吴巍巍 主编

目　　录

第一章　东海海域概况

第一节　海 洋 地 理

一、海域范围

中国作为一个海陆兼备的国家,屹立于亚洲大陆东南部,具有漫长的海岸线、广阔的海域以及丰富的海洋资源。除了中国内海渤海,毗邻中国大陆和岛屿边缘的海域有:黄海、东海、南海和台湾以东海域。渤海、黄海、东海与南海四海相连,呈北东转西南向半圆弧形分布,是太平洋西部的边缘海,环绕着亚洲大陆的东南部。位于中国海岸线中部的东海是较开阔的边缘海,东北与朝鲜海峡相连接,西端相邻我国大陆架,西北与黄海连接,东南紧靠日本九州、琉球群岛以及台湾岛,约为北纬21°54′至33°17′、东经117°05′至131°03′间。东海东北至西南长约1 300公里,东西宽约为740公里,总面积约为77万平方公里,平均深度349米,最大深度2 719米。[1]

我国沿海岛屿约有60%散布在东海海域,主要有舟山群岛、台湾岛、澎湖列岛、钓鱼岛及其附属岛屿等。此外,在东海东部边沿上的琉球群岛附近还有许多岛屿,主要有冲绳岛、宫古岛、石垣岛、与那国岛等。

东海是中国、日本、韩国等国的海洋战略要冲。中国在历史上称此海域为东海,明朝的《坤舆万国全图》称之为大明海,元明之后华夏大陆渐有中土之称,此海域渐被称为“东海”。现在国际上,包括各大国际媒体,皆称此海域为“东中国海”。

---

〔1〕 孙湘平:《关注海洋——中国近海及毗邻海域海洋知识》,中国国际广播出版社,2012年,第1页。

二、海底地质地貌

1. 海底地形地貌

海底与陆地一样分布着形态各异的地形地貌，如沙脊、海台、海丘、海脊等的正地形和如水槽、水道、谷地、海盆、海槽、海沟等的负地形。这些海底地形通常都通过测量水深点数据而制作的等深线来表示。通过对东海海底地形的分析，可以看到中国东部大陆向海域延伸的范围，以及中国历史性古老东海海域的范围；更加全面地掌握大陆向东海海域延伸的各类地形特征，包括陆域入海水系的分布和入海河口地形特征等。

在总面积为77万平方公里的东海海域中，大陆架面积为52.99万平方公里，东海海槽〔1〕则有22.85万平方公里，这表明东海为拥有较宽大陆架的边缘海。东海平均水深为370米，最大深度2 322米，呈北—北东向的扇形展布，并由大陆架、大陆坡、海槽、岛弧及海沟等构成复杂的海底地貌，且海底地势呈现西北向东南倾斜的趋势，西北高，东南低，与中国大陆的地形相似。根据海底地形，可将东海划分成西部大陆架浅水区和东部大陆坡深水区。东海的大陆架极其宽广，东北与朝鲜海峡相连，西南与南海大陆架衔接，面积约53万平方公里，占东海面积的66%，具有北宽南窄和北缓南陡的特点，最大宽度达到640公里。东海西部大陆架浅水区等深线分布大致与中国海岸平行，由长江口外以弧状向海内突出，平均水深为72米，陆架外缘转折处水深为140至180米。东海大陆架以50至60米水深为界限，可分为东部外陆架和西部内陆架，东部海底地势平坦宽广，西部较为陡峭复杂。东海大陆架主要有三种海底地貌，即三角洲、岸坡和陆架平原。古长江水下的三角洲与现代长江水下三角洲相互重叠，构成东海大陆架中的复式三角洲地形。在长江三角洲南部则有很多孤立的高地、洼地和岩礁。在舟山群岛以南的浙江、福建沿岸大陆架上有一个长约1 000公里、宽为30至60公里、与海岸平行的窄长带状岸坡地形。岸坡以东、现代长江水下三角洲以南，存在一片潮流沙脊群，水深约60—100米，呈东北—西南走向，长160公里，宽2至8公里，具有浅凹地和阶地地形特征。

台湾海峡介于中国福建省与台湾省之间，属于东海的南部海域，全长约为375公里，面积约为8万平方公里。北口为福建省平潭岛与台湾省的富贵角连

---

〔1〕 东海海槽，以往多称为“冲绳海槽”或“冲绳海沟”。其位处东海大陆架边缘，与冲绳（古为琉球国）海域相接，故而常被称为冲绳海槽。而该海槽历史上属于中琉两国自然分界线，因而称为“东海海槽”可免生歧义。

线,宽度约200公里;南口为闽粤间省界与台湾省南端的鹅銮鼻连线,宽度约为410公里,连线以南为南海海域。因此台湾海峡呈现西南—东北走向,南宽北窄,地形比较复杂。台湾浅滩东北有澎湖列岛构成的澎湖台地,澎湖台地之北有澎北台地,二者由澎湖水道相隔。澎湖水道朝南呈现喇叭状开口,直抵南海海盆,北部起端水深80米,南部陆架边缘水深200米。澎北台地北端向北至福建平潭岛,等深线表现出串球状海丘,成为海底"分水岭"。东北谷地位于海底分水岭东北、台湾岛西北海域。谷地宽阔,谷底线向东北方向绕过台湾以北直达东海海槽。在谷底有几处浅洼地。〔1〕

位于东海大陆架外缘的东海大陆坡呈东北—西南向延伸,长度约为1 000公里,宽度为40至50公里。其外形呈弧状向东南方向延伸,其坡体为东海海槽。该海槽呈弧形的舟状,为东北—西南走向,向东南方向凸出,长约为1 000公里,宽约为140至200公里,面积约为22万平方公里。东海海槽北部水深600至800米,南部水深约2 000米,南深北浅,南陡北缓,整个东海海域的最深处在海槽南部。东海海槽整体剖面呈U字形,其中西坡坡度较东陂平缓。海槽以东为琉球群岛,属于西太平洋边缘岛弧的一部分,是东海与太平洋的天然分界线。〔2〕

2. 海底地质构造

根据东海海域的地质构造特征,可将东海划分为"两盆三隆"5个Ⅰ级构造单元,由西向东分别为:闽浙隆起、东海陆架盆地、钓鱼岛隆褶带、东海海槽盆地和琉球隆褶带。东海陆架盆地和东海海槽盆地内新生界分布广,沉积厚度大于1万米,最厚处可达1.2万至1.4万米。根据其上、下第三系的展布,断裂岩浆活动状况可划分为8个Ⅱ级构造单元(7个坳陷和1个隆起)。在东海陆架盆地内还可进一步划分出16个Ⅲ级构造单元(9个凹陷、5个凸起和2个低凸起的构造带)。〔3〕东海盆地的总体走向为北—北东向,具有断陷—坳陷—区域沉积的发展特点,地质构造具有"东西成带"和"南北分块"的特征。从东海盆地的构造演化来说,则具有自西向东逐渐推进之势。东海海槽呈现北北东—北东—北东东向弧状展布,具有"东西成带、南北分块、东断西超、东陡西缓"的特点。东海海槽可以认为是由于琉球海沟的俯冲作用而处于拉张状态的发育盆地,亦可认为是大陆边缘的裂谷盆地。

---

〔1〕 沈文周:《中国近海空间地理》,海洋出版社,2006年,第52页。

〔2〕 孙湘平:《关注海洋——中国近海及毗邻海域海洋知识》,中国国际广播出版社,2012年,第9—11页。

〔3〕 沈文周:《中国近海空间地理》,海洋出版社,2006年,第92页。

三、海洋潮汐、洋流与气象

1. 海洋潮汐、洋流与海浪

海洋潮汐简称“潮汐”，也称为“天文潮”，是指在月球和太阳等天体引潮力作用下海水产生的一种周期性涨落现象。一般将白天的海水涨落称为“潮”，夜间的海水涨落称为“汐”，合称“潮汐”。按照现象判断，潮汐可分为四种：(1) 半日潮。一个太阴日内有两次高、低潮，且相邻的高潮或低潮潮高大体相等，涨潮时间和落潮时间亦很接近。(2) 不规则半日潮。一个太阴日内有两次高、低潮，两次高、低潮的潮高和潮时不等。(3) 不规则日潮。一个朔望月出现一天一次高、低潮的天数不到一半，多数日子为不规则半日潮。(4) 全日潮。一个太阴日内只出现一次高、低潮，且在半月内连续出现 7 天以上，其余少数几天为半日潮。东海海域绝大部分海区为半日潮，仅定海附近区域、马公岛以南海域和台湾东海岸为不规则半日潮，高雄附近一带为不规则日潮。中国近海潮差的分布以东海为最大，沿岸最大潮差为 3 至 8 米，其中杭州湾最大，达到 8.9 米，福建次之，为 8.5 米。

海水大规模相对稳定的非周期性流动现象叫做洋流，也称为“海流”。该现象是在风力、压强梯度力、地球偏转力等因素协同作用下形成的，亦受海底地形、海岸概貌与岛屿等因素影响。东海的洋流大体来说由三部分组成，分别为风海流、沿岸流和黑潮。表层海流为风海流，夏季西南季风时，由台湾海峡流入东海，流速为 0.5节左右；冬季东北季风时，通过台湾海峡入南海海域，流速比夏季略高，但也不超过 1 节。沿岸流是指长江、钱塘江、闽江等江河入海径流与周围海水混杂形成的一股沿岸水，流向与风海流相同，平均流速为夏季 0.4 节、冬季 0.3 节。黑潮是北太平洋西部最强暖流，亦是全球大洋中最强暖流之一，为太平洋北赤道暖流在菲律宾东海岸受阻后向北转折而形成，因海水颜色呈深蓝色，故名“黑潮”。黑潮的平均厚度为 800 米，最大可达 3 000 米，在东海的流速，表层最大为 1.20 至 1.59 米/秒，平均流量为(26.9 至 29.9)×10^6米^3/秒。黑潮水温较高，在东海夏季水温可达到 29℃；在 20 米深水层的盐度较大，在东海为 34.6 至 34.9，且透明度较大。因此，黑潮对东海海域的水文状况、海洋生物、渔场分布和当地气候变迁均有巨大影响。台湾海峡水和黑潮水汇合形成台湾暖流，又称为“黑潮的闽浙分支”。台湾暖流通常流速为 0.27 至 0.52 米/秒，其流动途径、流幅和强度随着季节变化而变化，夏季强于冬季，平均流量为(1.5 至3.0)×10^6米^3/秒。台湾暖流与东海沿岸流交汇形成锋面，造就了舟山渔场良好的水文环境条件。[1]

---

〔1〕 国家海洋局科技司等：《海洋大辞典》，辽宁人民出版社，1998 年。

海浪是海洋中波浪现象的总称,海水在外力作用下使水质点在平衡位置附近发生周期性振动,并通过毗邻质点将能量传向四周,从而形成海浪。根据成因,可以将海浪分为四种,即由于风或大气压力引起的风浪、由舰船航行引起的船波、地震或风暴引发的海啸和天体引力引起的潮波。一般海浪包括风浪、涌浪和近岸波,通常所指的即风浪和涌浪。东海海浪的波向夏季以南—西南浪为主,冬季为北—东北浪,其中台湾海峡为较大的浪区,长江口杭州湾多东南涌浪。东海海浪波高通常为 1 米左右,最大为 2 米,由冬季大风及夏秋台风引起的海上大浪波高最大可达 15 米以上。

2. 表层海水温度、海水盐度

表层海水温度、海水盐度是最基本的海洋水文要素,其中水温可以由仪器直接观测得出,盐度由水温、电导率、压力等直接观测量导。东海是一个比较宽阔的边缘海,从海底地形来说,兼备浅海和深海的特征。东海西部广阔的大陆架占其总面积的三分之二,陆架区水深大多小于 200 米;东部为东海海槽,最深处水深达 2 322 米。海底地形的不同导致东海东西两侧的水文状况差别甚大。长江、钱塘江与闽江三大淡水系流入东海的年平均径流量远远大于其他淡水江河入海的径流量,这无疑给东海的海洋环境带来许多独有的现象。东海大陆架边缘高温高盐的强大海流黑潮是东海环流系统的主动脉,其变异对于整个东海和邻近海域的水文影响甚大。

东海区表层海水水温的平面分布大体为沿岸低、外海高,等温线大致同海岸线平行,高温区集中在黑潮流域,沿岸等温线密集且梯度大,外海等温线较为稀疏且梯度小。季节的变化使得表层海水水温随之变化。盛行于冬季的东北季风,使海水失热加剧,加上风海流的作用,海水涡动和对流混合增强,东海大部分浅水海域形成了水温均匀层,外海深水区的垂直水温均匀层也达到 75 米以上。该状态维持时间,在东海北部可以达到 4 个月左右,在南部则只有 3 个月左右。夏季太阳辐射强烈,西南季风盛行且雨水多,使得表层水温增高,导致东海陆架海域表层形成高温层(或称为上均匀层),但上层的增温、降盐、减密形成了稳定层结,不利于热量下传,故下层海水仍保持冬季低温特征。

东海海域盐度的水平分布大体由北向南、自沿岸到外海逐渐增大,冬季盐度高于夏季。东海海域的盐度变化,与黑潮流系的高盐水和沿岸流系的低盐水相互之间的混合消长有关。盐度的垂直分布与温度的垂直分布密切相关,其趋势特征大体相同。冬季近海区盐度分布从海表到海底比较均匀,外海均匀层厚度可以达到 75 至 100 米。夏季不同海域的上均匀层不同,但总体来说规律一致,即上均匀层高温低盐,中间有盐度跃层,下面是低温高盐水层。

3. 海面气温、海风、热带气旋

海面气温是表示近海面空气中冷热程度的物理量，主要受到太阳高度、地理纬度、海面状况和气流移动等因素的影响。由于海面气温变化一般取决于海面与大气之间的热量、动量和水气交换，首先受到太阳辐射量的制约，因此其基本变化趋势与太阳辐射随地球纬度的变化一致，由赤道向两极逐渐递减。冬季太阳辐射量随纬度变化较快，等温线较密集，夏季则相反。加上对流混合和水气变化、地形与洋流影响等因素，东海海域冬季温度水平梯度强，地区温差大，夏季等温线分布均匀，地区差异小。近海区气温受大陆影响较大，冬低夏高，以江河入海处和浅海区最为明显，外海受黑潮暖流影响温度较高。从经向变化来说，南北温差为冬季大夏季小；从纬向变化来说，东西温差则北部海域大南部海域小。

海风是海洋最重要的气象要素，也是影响天气变化的因素之一。在海风影响下形成的风压、海况、海浪和风生流，直接对海洋的开发利用产生影响。东海海域属于东亚季风区，冬季风时间长，夏季风时间短，季风年变化特点表现为冬强夏弱，冬季风平均风速大，夏季风小，春、秋两季为过渡季节，风向不稳定。冬季风一般从 10 月开始，至次年 3 月结束，风向稳定，风力较强，从渤、黄海吹来的西北风到东海南部转为东北风。夏季风持续时间为 6 月至 8 月，相较于冬季风短，稳定性差，东海海域以偏南风为主。冬季受大陆冷高压影响，夏季受副热带高压和热带气旋影响，春、秋两季则受东海气旋的影响。在强冷空气入侵、温带气旋形成和热带气旋的影响过程中，东海海域会获得大量水分和热量，从而形成海区的大风天气，进而导致月平均风速增大。另外受到地形的影响，各地风向风速不同，台湾海峡作为一条东北—西南向的狭管，正好与冬季风平行，因此冬季风力将增大 2 至 3 级，平均风速在 10 米/秒以上，最大风速出现在晚秋 11 月，可达 12.3 米/秒，台湾海峡也因此成为我国近海海域冬季风速最大的大风区；舟山群岛以北海域多西北风，平均风速 7 至8 米/秒。[1]

气旋是中心气压低、四周气压高而等压线呈闭合状的空气涡旋，又称为“低气压”或“低压”，是重要的天气系统之一。气旋按照形成地区可以划分为热带气旋和温带气旋，按照热力性质可划分为暖性气旋、冷性气旋和锋面气旋。东海海域是热带气旋的高发地带，每年夏、秋季节，热带气旋袭击东海沿海地区，给我国人民生产生活带来严重影响。通常把中心附近风力大于或等于 12 级的热带气旋称为台风，这是一种危害性极大的灾害性天气系统。台风的“生命周期”约

〔1〕 沈文周：《中国近海空间地理》，海洋出版社，2006 年，第 330 页。

为3至8天,最长可达20天,一般夏秋季台风周期较长,冬春季台风周期较短,因此台风危害最大的季节也是夏秋季。发展成熟的台风,其低空分布有大风区、漩涡区和台风眼区三部分。大风区是台风最外边缘至最大风速的外缘,直径一般为400至600公里;漩涡区是环绕台风眼的一条最大风速带,宽度平均为10至20公里,风力快速从8级增加到10至12级,气压一般在870至900百帕之间,最大风速一般为30至50米/秒,甚至可能超过110米/秒,该区间有着最强的对流和狂风暴雨;台风眼区是台风的中心部分,多呈圆形,半径约为10至30公里,气压降到最低,风平云淡,气温回升,海面会出现三角浪。台风侵袭往往伴随着狂风暴雨、狂涛巨浪和风暴潮,会给所经过的地区带来巨大的经济损失和人员伤亡,因此做好台风预警、防患工作是重中之重。

第二节　岛　　屿

中国拥有众多岛屿,数量约有7 300至7 400个,总面积约达8万平方公里,占到中国陆地总面积的0.8%。按照岛屿的成因可以将中国的岛屿分为三类,即大陆岛、冲积岛和海洋岛;按照岛屿的数量和排列方式,则可以分为群岛、列岛和岛。

东海的岛屿主要有台湾岛、澎湖列岛、金门、马祖、钓鱼岛及其附属岛屿、舟山群岛、崇明岛、海坛岛等。

一、台湾岛

台湾省是中国两个海岛省份之一,包括台湾本岛及其附近223个岛屿。台湾岛伫立在东海大陆架的南部边缘,形似纺锤,全岛长达394公里,最宽处达144公里,总面积为35 778平方公里,是全中国最大的海岛。[1]

台湾岛处于欧亚大陆、冲绳和菲律宾海三大板块交汇处,由上述三大板块碰撞挤压而形成,因此岛上存在许多山脉,并且持续的板块运动亦造成密集的火山和频繁的地震。台湾所在地孕育着许多断层,如车笼埔断层、山脚断层、池上断层以及潮州断层等。[2]

台湾岛共有1 566公里海岸线,分为东、西、南、北四部分。东部为典型断层

---

〔1〕《台湾地理》,人民网,2007年9月21日。

〔2〕《台湾地质》,人民网,2007年9月21日。

海岸，较为陡峭；西部单调平直，地势缓和；南部为典型珊瑚礁海岸；北部凹凸曲折，岬湾相间，极具旅游观光价值。台湾多山，有45座山峰海拔在3 500米以上，268座在3 000米以上。台湾山脉多呈东北—西南走向，玉山山脉的主峰海拔3 952米，亦为中国东部沿海地区的最高峰。台湾河流多短小湍急，水能资源较丰富。台湾平原和盆地仅占全省面积的五分之一。主要平原为嘉南平原、屏东平原、宜兰平原和台东纵谷平原。面积较大的盆地为台北盆地、台中盆地与埔里盆地群。平原和盆地尽管面积小，但却是经济最发达的地区，全省约95%的大中小城市集中在平原与盆地上。〔1〕

台湾被横贯中南部的北回归线划分为北部亚热带季风气候区和南部热带季风气候区。受到海风的调节，台湾终年气候宜人，全年气温偏高，年平均气温约22℃，但由于合欢山、玉山、雪山等山区地势偏高，冬季存在降雪。台湾全岛降水丰沛，为中国降雨量最丰沛的地区之一，平均年降水量超过2 000毫米，是世界平均降水量的3倍。台湾受台风影响极大，6月至9月多台风，年均受三至四个台风侵扰。

台湾的矿产资源种类十分单一，且贮量不丰。已探明的矿产资源有110余种，具有实际开发价值的不超过20种，主要为煤炭和天然气，另外还有少量的金、银、铜、铁等金属矿产。由于长期开采，储量已经大幅减少，目前台湾已成为中国矿产资源最贫瘠的地区之一。

台湾是农业大省。西部平原地区盛产稻米，一年二至三熟，米质好，产量高，是中国主要稻产区之一。主要经济作物有樟脑、蔗糖、茶、菠萝和香蕉，其中樟脑产量居世界首位，占世界总产量的70%。蔬菜栽种面积仅次于稻谷，品种有90多种。水果种类繁多，是主要出口农产品。花卉产值也相当可观。因地处寒暖流交界，渔业资源丰富，台湾被称为天然的“海洋生物牧场”。可供捕捞的经济鱼类多达20多种，主要有鲔鱼、鲣鱼和鲻鱼等。藻类主要有石花菜、海苔与鸡冠菜等，其中石花菜产量最多。因此台湾是名副其实的花果鱼米之乡。

台湾森林面积约占全省面积的58.79%，森林多分布于东部山地，覆盖率位居各省前列。森林资源中，以阔叶林、竹林分布最广。台北太平山、台中八仙山和嘉义阿里山为著名的三大林区。木材中经济价值较高的有300多种，其中尤以台湾杉、红桧、樟、楠等闻名于世。

---

〔1〕《台湾地形》，福建省文化厅网站，2006年5月17日。

二、澎湖列岛、金门、马祖

1. 澎湖列岛

台湾海峡东南方 90 个岛屿合称澎湖列岛，其中澎湖本岛和中屯岛、白沙岛、西屿岛三岛相互衔接，中间形成湖泊，外侧海水汹涌澎湃，内侧湖面风平浪静，故得名澎湖。澎湖列岛总面积约 126 平方公里。在所有 90 个岛屿中，澎湖本岛面积最大。澎湖列岛扼守台湾海峡交通要津，是中国东海与南海天然分界线，号称“东南之锁钥”，自古以来为兵家必争之地。澎湖列岛东望台湾，西衔福建省，是大陆古文明向台湾方向传播的跳板，被誉为“台湾海峡之键”。

澎湖列岛虽然与台湾本岛一衣带水，但二者的气候差异却相当大。澎湖列岛年均气温 27.7℃。相较于台湾本岛，澎湖列岛降水量相对较小，年降水量约为 1 000毫米，雨量稀少且分布不均，夏季降水量极多，占全年的 80%，全年的干旱期亦长达 180 天。每年 6 月至 8 月为西南季风，其他月份多为东北季风。由于降水稀少、多大风，澎湖列岛的植被多矮草和灌木。风切压住树冠高度，因而本地树木不高，这与林木苍郁的台湾本岛形成鲜明对比。此外，澎湖诸岛屿位于海上，土壤盐分偏高，也不利于植物生长。

2. 金门

金门位于福建省厦门市东南，距厦门仅 2 000 多米，与烈屿在西南方向隔海峡相望。金门扼守厦门出海咽喉，为闽南地区屏障。全岛面积约 132 平方公里，中部狭窄，东西两端宽阔，南北最长处约 15.5 公里，东西最宽处约 20 公里，中部最狭窄处仅 3 公里，故金门岛形似一只展翅待飞的蝴蝶。岛上多丘陵，全岛最高处为东部的太武山，海拔 253 米。岛上亦多海湾。

3. 马祖

马祖列岛由南竿岛、北竿岛、高登岛、亮岛、大丘岛、小丘岛、东莒岛、西莒岛、东引岛、西引岛及其附属小岛等 36 个岛屿、礁屿组成，总面积约为 29.52 平方公里。多为花岗岩锥状岛屿，地势起伏大且陡峭，各岛海岸线总长 133 公里，只有东引岛没有沙滩。列岛上的第一高峰为海拔 294 米的北竿岛壁山。气候属于亚热带海洋性气候，四季分明。其纬度略高于台湾北部，但因为靠近大陆，因而年平均温度比台北略低，早晚温差亦大。

三、钓鱼岛及其附属岛屿

钓鱼岛及其附属岛屿（也常被称为钓鱼岛列岛、钓鱼岛列屿、钓鱼列岛等），位于北纬 25°40′至 26°、东经 123°20′至 124°40′之间，为台湾岛的附属岛屿，由钓鱼岛、黄尾屿、赤尾屿、南小岛、北小岛、南屿、北屿、飞屿等岛礁组成,现已公布的岛屿数量为71个,总面积约5.69平方公里。[1]

钓鱼岛是主岛,全岛呈番薯形,面积约3.91平方公里,为诸岛之冠。岛上地势北部平坦,南部陡峭,有中央山脉横贯东西,最高峰为高华峰,海拔362米,有4条主要溪流。岛上植物多为山茶、棕榈、马齿苋以及仙人掌,其中还有不少名贵中药材,如治疗风湿和高血压的良药——海芙蓉等,因此古代福建、台湾的不少采药者以在钓鱼岛采药为生。黄尾屿位于北纬25°55.4′,东经123°40.9′,面积约0.91平方公里,是该海域第二大岛。全岛多陡岩峭壁,无数海鸟栖留于此,故亦被称为“鸟岛”。赤尾屿位于北纬25°55.3′,东经124°33.5′,面积约0.065平方公里。在中国古代史籍中亦被称为赤屿、赤坎屿、赤尾山、赤尾岛、赤尾礁等。南小岛位于北纬25°43.4′,东经123°33′,面积约0.45平方公里,最高海拔139米。岛上多蛇,故亦被称为“蛇岛”。由于蛇类众多,故鸟类绝迹。北小岛位于北纬25°43.8′,东经123°32.5′,宽约583米,面积约0.33平方公里。岛上多鸟,与南小岛“空无一鸟”的情况截然相反。北小岛和南小岛孤悬于海中,两岛相隔约200米,从地形上说,它们原为一岛,后因断裂活动,地堑陷落,一分为二。北屿原名大北小岛,位于北纬25°46.9′,东经123°32.6′,行政上隶属于台湾省宜兰县头城镇。因易与北小岛在名称上混淆,故被国家海洋局和民政部定名为北屿。南屿原名大南小岛,位于北纬25°45.3′,东经123°34′,行政上亦隶属于台湾省宜兰县头城镇。飞屿,位于北纬25°44.1′,东经123°30.4′,面积约0.001平方公里。岛体略呈虾尾状,岛上无植被生长。

四、舟山群岛

舟山群岛,位于北纬29°30′至31°,东经121°30′至123°10′之间,是中国沿海最大的岛群,由1 339个大小岛屿组成,占中国岛屿总数的19%。舟山群岛原为浙江省东部天台山脉向海延伸的余脉,在距今10 000至8 000年前,海平面上升导致山体被淹没,从而形成今天的舟山群岛。群岛最高峰为桃花岛的对峙山,海拔为544.4米。群岛整体属于低山丘陵地貌类型,由于海平面的升降与长期的海浪冲蚀,群岛发育着许多海蚀阶地和洞穴,例如舟山岛上随处可见10米高的海蚀阶地,30米高的阶地亦很明晰。洋流潮汐把大量泥沙搬运到群岛隐蔽地带并沉积起来,将多个岛屿连通,从而形成岛上的堆积平原,舟山岛、朱家尖、岱山岛都是海积平原扩展形成的大岛屿。从地理构造来说,舟山群岛从属于华夏大

[1] 国家海洋局:《中国钓鱼岛地名册》,海洋出版社,2012年,第1页。

陆，地层与浙东陆地相同，大多由中生代火山岩构成，此外还有片麻岩、大理岩等古老的变质岩和新生代的玄武岩。第四纪以来随着海平面多次升降，舟山群岛还有海相沙砾层沉积和淤泥滩堆积。岛屿间航门水道密布，港湾锚地众多，因而是我国重要的渔港和海运枢纽。

舟山群岛是我国海鸟的重要栖息地和候鸟迁徙的重要驿站。岛上常见鸟类种类繁多，有小鸊鷉、苍鹭、豆雁、斑嘴鸭、绿翅鸭、金眶鸻、环颈鸻、铁嘴沙鸻、白腰草鹬、扇尾沙锥、红胸滨鹬、乌脚滨鹬、尖尾滨鹬、黑腹滨鹬、弯嘴滨鹬、银鸥、灰背鸥、山斑鸠、珠颈斑鸠、大杜鹃、普通翠鸟、戴胜、家燕、金腰燕、白鹡鸰、树鹨、白头鹎、红尾伯劳、红胁蓝尾鸲、斑鸫、白腹鸫等。珍贵、濒危鸟类也有不少，如国家Ⅰ级保护动物黑鹳；国家Ⅱ级保护动物斑嘴鹈鹕、鹗、鸢、松雀鹰、鹊鹞、红脚隼、红隼等。

舟山群岛风光秀丽，气候宜人，主要景区旅游资源丰富，普陀山风景区每年吸引大量游客慕名前来参观。岛上秀岩嶙峋，奇石林立，异礁遍布，秀丽风景数不胜数，无一不令中外游客流连忘返。

五、崇明岛

崇明岛位于东海与黄海交界处，地处中国最大河流——长江入海口，是世界最大的河口冲积岛，也是中国第三大岛。全岛面积约 1 269 平方公里，东西长 80 公里，南北宽 13～18 公里。全岛三面环江，一面临海，素有“长江门户”“东海瀛洲”之称。岛上地势平坦，无山岗丘陵，西北部和中部稍高，西南部和东部略低。南沿深水岸线长近 20 公里，可停靠 30 万吨级轮船。气候属北亚热带季风气候，四季分明，温和湿润，日照充足，雨量充沛，年平均气温 16.5℃。[1]

六、海坛岛

海坛岛，也称为平潭岛，因为形似坛子兀峙海中而得名，总面积为 267.13 平方公里，南北长约 29 公里，东西宽约 19 公里。海坛岛为福建省平潭县主岛，面积占该县总面积的 72%，是福建省面积最大的岛屿，也是全国第五大岛。岛上常常雾气弥漫，雾由东边而来，故别称“东岚”（今简称“岚”城）。全岛海岸线长达 408 公里，迂曲波折，其中长达 100 多公里的优质海滨沙滩极具旅游开发价值。岛上海蚀地貌十分显著，各种奇特地貌世所罕见，如花岗岩海蚀柱、风动石和球状风化花岗岩等，因此被誉为“海蚀地貌博物馆”。海坛岛地势低平，多以丘陵、

〔1〕《崇明概况》，上海市崇明区人民政府网，引用日期：2020－07－20。

平原为主,河流短小且多单流入海。中部略高,最高峰君山海拔 434.6 米。

第三节 河口与港湾

一、长江口、杭州湾

注入东海的河流众多,主要有长江、闽江、钱塘江、九龙江、瓯江和浊水溪等。其中,年输沙量在 100×10^4 吨以上的有 8 条,而无论是流域面积,还是入海水量和泥沙量,长江均居首位,闽江次之,钱塘江列为第三。据资料统计,年均输入东海径流总量 $11\ 699\times10^8$ 立方米,占全国入海径流总量的 64.5%;年均输沙总量 6.3×10^8 吨,占全国入海输沙总量的 34.1%;年均入海溶解物质为 2.0×10^8 吨,占全国的 60%。输入东海河流径流量和输沙量差别很大,且有明显季节和年际变化,入海时间主要在 4 至 8 月,占全年总量 70%以上。〔1〕

长江是我国第一大河,源自青藏高原的唐古拉山脉沱沱河,其流经的地区有青海、西藏、四川、云南、重庆、湖北、湖南、江西、安徽、江苏和上海,在上海市和江苏省启东市之间注入东海。长江长达 6 300 余公里,源远流长,水量宏富。长江出南京而下,逐渐摆脱两岸山体的约束,挟带的泥沙经消能作用,形成三角洲堆积。长江流域面积 180×10^4 平方公里,平均年径流量 $9\ 240\times10^8$ 立方米。据安徽大通水文站 1951—1985 年资料统计,年平均径流量 $8\ 930\times10^8$ 立方米。长江河口位于北纬 30°50′—31°40′,东经 124°00′以西海域,北接古黄河冲积滩,南濒杭州湾,包括长江下游上海江段至佘山以东的广大水域,面积约 20 000 平方公里,水深通常小于 20 米。地理上习惯上把长江口南缘的上海芦潮港与浙江镇海连线以西的地方称为杭州湾;连线以东则为东海重要经济鱼类的繁殖育肥场所——舟山渔场,是中国现今海洋渔业捕获量最大的近海渔场。长江河口以潮区界安徽大通为起点,全长 624 公里;若以洪季潮流界江阴起算,河口区的范围则为 250 公里。〔2〕

杭州湾位于浙江省北部、上海市南部,北与长江口毗邻,南与象山港为邻,东有舟山群岛为屏障,西为钱塘江河口。杭州湾实际上是钱塘江河口的外海滨,其北岸就是长江三角洲平原的南缘。杭州湾是东西走向呈喇叭形的强潮河口湾,

〔1〕 王颖:《中国区域海洋学——海洋地貌学》,海洋出版社,2012 年,第 319 页。
〔2〕 王颖:《中国海洋地理》,海洋出版社,2013 年,第 319 页。

海域开阔，东西长90公里，湾口南汇嘴至镇海间宽达100公里(平均潮位时)，湾顶(澉浦断面)宽约20.3公里，总面积5 000平方公里。由于湾面束狭明显，潮差增大，潮流强劲，水体含沙量高。而钱塘江径流对杭州湾地貌发育影响较小。湾内岛屿众多，北部有大金山、小金山、外浦山、菜齐山、白塔山；中部有大白山、小白山、滩浒山和王盘山等；南部有七姐八妹岛礁；湾口有崎岖列岛、火山列岛、金塘岛等。杭州湾两岸多河口淤泥质海岸，岸线长258.5公里，其中，淤泥质海岸长217.4公里，基岩砾质海岸长19.04公里，河口岸线长22.08公里，潮滩面积达550平方公里。在强劲潮流作用下，淤泥质易受冲刷，加上杭州湾泥沙运动十分强烈，水体含沙量高，因而杭州湾海岸和海底冲淤变化频繁，具有大冲大淤的特征。〔1〕

二、宁波港、北仑港、上海港

宁波港对外贸易历史悠久，早在公元前403年已经成为我国沿海的重要港口。该港地处甬江上游奉化江、余姚江汇合处(今三江口江夏一带)，其区位适中，航海条件优良。作为海港，宁波港的地理位置和自然条件可谓十分优越、得天独厚。宁波地处中国东部沿海南北海岸线中段位置，外环舟山群岛，向东延伸至海。水流深阔的甬江于此东流入海，宁波港因此形成，适于风帆时代的船舶避风驻泊。风帆时代，季风也有利于宁波港船只出海远航。每年农历四月到八月，东南沿海盛行西南季风，帆船由中国向日本顺风而行，鼓帆一昼夜可达日本。进入秋季，从日本海吹来的西北风越过东海海流后，转为东北季风，帆船由日本驶往杭州湾一带，顺风可直抵甬江口。

北仑港位于北仑岛附近，杭州湾金塘水道南岸。金塘水道是天然的深水航道。北仑港自然条件得天独厚，地理位置十分优越：东至穿山港西口内3公里处，可以利用的深水岸线大致13公里；东与东北面有舟山以及大榭诸岛作为天然屏障。北面有金塘岛，西面有黄莽诸山遮蔽。北仑港自身有着几大特色：一是航道水深，岸线稳定。“北仑港整个航道，水深在20米以上，港域宽阔，最窄水域3.5公里，12万吨级海轮可以畅行无阻，15万吨级海轮候潮进入可不必减载。”〔2〕二是属亚热带气候，风浪相对较小。即便是台风期或是冬季西北大风期，凭借舟山群岛作为天然屏障，其风浪仍比设计采用的风浪值小，有利于各种大小船舶的靠泊作业。三是南依大陆，有约50—60平方公里的海滩平原，有很

---

〔1〕 王颖：《中国区域海洋学——海洋地貌学》，海洋出版社，2012年，第371页。
〔2〕 俞福海、方平：《宁波北仑港的现在和将来》，《海洋开发》1985年第2期。

大的发展前途。北仑港不冻不淤，水深、流顺、风浪小，在我国港口中是罕见的。

上海港是世界十大港口之一，位于我国大陆海岸线的中部、长江与东海的交汇处、长江入海口的南岸。上海港是我国最大的综合性贸易港口，拥有广阔的腹地纵深，水陆交通十分便利，各省区通过上海港中转贸易货物，使上海港居于我国沿海航运枢纽的地位。上海港控长江水道之商贾辐辏，扼长江入海之咽喉，水陆、河海联运方便，是我国最大的对外贸易港口，海轮由长江口南航道入内，经吴淞口入黄浦江，万吨轮船可畅行无阻。如今的上海港港区面积约为 3 620.2 平方公里，其中海港水域由长江口和杭州湾水域、黄浦江水域、洋山港区水域，以及长江口锚地水域等组成；海港陆域则由长江口南岸港区、杭州湾北岸港区、黄浦江港区、洋山深水港区组成，面积约 7.2 平方公里；海港航道主要由长江口航道、黄浦江航道、杭州湾航道和洋山进出港航道组成。〔1〕

三、福州港、泉州港、厦门港、漳州港

福州港地处福建省海岸线的中点、福建最大的内河闽江入海口处，江与海的交汇使福州港兼具河口港区和滨海港区的交通便利，自古以来便是闽江流域商品货物的集散地，以及福建省乃至中国海外交通的重要港口。福州港口外与白犬、马祖岛相对，口内有川石、粗芦、琅岐三岛为天然屏障，两岸山峦对峙，地势险要。福州港自闽江口向内陆逶迤，溯江而上，可达闽江水系上游各市镇；向外可泛海通达中国沿海各港及海外诸港口。北距上海 433 海里，东距台湾基隆港 149 海里，南距香港 420 海里。〔2〕

泉州港地处福建沿海的中部偏南方位，晋江和洛阳江蜿蜒入海处即泉州港所在的位置。绵延的海岸线和发达的陆域水系形成了许多天然良港，为泉州的海洋商贸活动提供了优越的条件。泉州港区包括围头、安海、石井、后渚等地，泉州为主要外港。泉州港海岸线曲折蜿蜒，总长约为 421 公里，大部分为基岩海岸，沿岸散布着许多海湾，水域宽、航道深，加之海床的花岗岩结构，形成了天然的良港，有利于船舶停靠避风，这种得天独厚的航海条件，为历史上泉州先民所充分利用，建成了由诸多码头构成的集群港，与世界上许多国家和地区进行海上贸易活动。

厦门港位于福建南部最大内河——九龙江出海口，港的外围有金门、大担、二担，青屿、浯屿等海岛环绕掩护，是个天然避风良港。港内宽阔不淤，航道水深

---

〔1〕《沿海港：上海港》，中国广播网，2019 年 3 月 3 日。

〔2〕福州港史志编辑委员会：《福州港史》，人民交通出版社，1996 年，第 1 页。

10—30米,最深处为49米,是我国东南沿海的深水良港。[1] 厦门港海岸线总长234公里,其中深水岸线长43公里。港湾绕抱面积约1 000平方公里的海域,港域面积约275平方公里。厦门港面向东海,濒临台湾海峡,与台湾、澎湖列岛一水相隔;毗邻漳州、泉州,处于是闽南三地市的中心点。水运航线海路可通中国沿海各港和海外诸港口,内河可达九龙江干支流和乡镇码头。史称"古来金门为泉州之下臂,厦门为漳州之咽喉","高居堂粤,雄视漳泉",控厄台湾、澎湖,毗连粤东,为东南沿海之要津和八闽之门户。[2]

漳州港位于厦门湾南岸、九龙江出海口处,毗邻厦门港区。临港腹地宽阔,土地、淡水资源丰富,港区陆域面积730万平方米,港湾常年不淤且避风条件好。九龙江上游主要支流北溪、西溪和南溪等携带的泥沙在下游淤积形成福建最大的海积冲积平原(漳州平原)。溪流东流入海,入海口即著名的明代私人海外贸易港口——海澄月港。漳州港向北连通江浙沪等海域;东濒台湾岛及至琉球群岛海域;南接我国南海与东南亚地区的海上贸易通途。今日漳州港拥有招银港区、后石港区、东山港区等一类口岸三个;有石码、旧镇、下寨、冬古、宫口二类口岸五个。客货运吞吐量潜力巨大。

四、淡水港、基隆港、高雄港

淡水港位于台湾北部最大内河淡水河的出海口。河口附近的沪尾(今淡水区)、八里坌(今八里区)相继成为淡水港主要港区,因为地理位置十分重要,以此建基成为通商贸易港口。淡水港依托淡水河航运之利,沟通台湾北部平原与山地贸易区,并与福建五虎门(福州港入海口外港)形成对渡贸易航运港埠,同时与其他国家和地区的港市通商。后由于河道淤塞,渐为新兴的基隆港所取代。

基隆港位于台湾岛北端,东、西、南三面环山,港外西北有社寮、中山、盘桶等岛罗列,形成天然屏障。港湾深入内陆,入口处宽仅280余米,但纵深约3.6公里,形似"鸡笼"。基隆港无河水注入,没有泥沙淤积之害,因而是个天然深水良港。港口由内港、外港和渔港三部分组成。内港西岸有八个深水码头,岸线总长2 700余米;东岸还有浅水码头,岸线长约2 500米,供沿海船舶装卸之用。基隆港建有五个泊位集装箱码头,岸线长1 500米。[3]

高雄港位于台湾岛的西南缘,是台湾的第二大城市和最大海港。整个港市

[1] 雷宗友:《中国海洋环境手册》,上海交通大学出版社,1988年,第11页。
[2] 厦门港史志编纂委员会:《厦门港史》,人民交通出版社,1993年,第1页。
[3] 雷宗友:《中国海洋环境手册》,上海交通大学出版社,1988年,第12页。

都处在一个潟湖内，港外有一条长11公里、宽220米的沙坝，形成天然的防坡堤，堤的西北端，即入港航道的南侧，有一慈后山；入港航道的北侧有打鼓山（又名打狗山）。两山夹峙，使入口处仅宽150米，形势险要；但湾内宽阔，长约13公里，宽1 000多米，形似袋状，湾内风平浪静。夏季亦遭台风袭击，但风浪的影响远比基隆港小。〔1〕

第四节　海洋资源

一、海洋生物（海洋植物、海洋鱼类、渔场）

海洋生物同人类的生存发展、经济社会生活有着密切的联系。海洋生物在海洋中分布范围很广，从赤道到两极水域，从海水表层到万米的超深渊海沟底，到处都有；但种类最多、数量最大的是沿岸带和大陆架浅海。

受黑潮暖流、台湾暖流及沿岸流等诸多因素的影响，东海的海藻区系发达，共有海藻372种，可分为东西两区，且两区性质有很大不同。东海西区，受大陆气候的影响，水温的季节性变化较大。西区以闽江口为界，又划分为南北两部。北部以暖温带种类为主，有些在黄海区为稀有种或少见种，但在东海西北区则为优势种。南部略显亚热带成分，如长枝沙菜、鹧鸪菜、鹅肠菜、铁钉菜等亚热带性海藻。东区属强大的黑潮暖流流域，水温甚高，与沿岸的西区有很大的差异，而与南海海区则有些近似。东区亚热带和热带海藻种类较多，如曲浒苔、亨氏马尾藻等亚热带种，以及伞藻类、蕨藻类、布多藻类等热带种。〔2〕

东海是比较宽阔的海区，由于受黄海冷水、长江冲淡水和黑潮暖水的交互影响，水文状况相当复杂，因此小型浮游植物种类组成丰富多样，共鉴定出54属、199种（包括7变种和5变型），分属硅藻、甲藻和蓝藻三个门类。其中硅藻类共43属、150种，占总种数75.4%；甲藻类共8属、44种，占总种数22.1%；蓝藻类出现的种属最少，共3属、5种，仅占总种数的2.5%。〔3〕其中以温带近海性和热带外海性种类居多，夏、秋季热带近海性和热带广布种类的数量也占优势。其种类组成和季节更替比较复杂。

---

〔1〕雷宗友：《中国海洋环境手册》，上海交通大学出版社，1988年，第12页。
〔2〕王颖：《中国海洋地理》，科学出版社，2013年，第319页。
〔3〕王颖：《中国海洋地理》，科学出版社，2013年，第291页。

在气候、水文、海底地形地貌、陆地河流等因素的影响下，东海形成了丰富的渔业资源。东海水域中共有鱼类700余种，其中陆架水域鱼类以暖水种居多，约占70%，暖温种约占28%，冷温种只占2%。其中经济价值比较高的获性种有60种，年产量超过万吨的有20余种，海洋捕捞业的产量约占全国捕捞产量的一半。主要有带鱼、大黄鱼、小黄鱼、刺鲳、银鲳、灰鲳、蓝点马鲛、远东拟沙丁鱼、绿鳍马面鲀、黄鲫、竹荚鱼、斑鰶和青鳞小沙丁鱼等。东海区共有虾类120种，也以暖水种为主，占70.8%，暖温种占16.7%，冷温种占12.5%，几乎全部为外陆架种。〔1〕

因东海水域中丰富的渔业资源，东海形成了多个著名的渔场，比如舟山渔场、鱼山渔场、温台渔场和闽东渔场等。其中，舟山渔场是我国最大的渔场，素有"东海鱼仓"和"中国渔都"之美称。

二、海底矿产与石油资源

海洋矿产资源主要是指天然气和海滨、浅海中的砂矿资源以及海底石油。经过有计划、有组织的勘探，已经有充分的资料可以证实，我国辽阔的近海海域内蕴藏着极其丰富的石油与天然气资源。东海海岸线漫长，岛屿众多，分布有不同类型和矿种的滨海砂矿、浅海砂矿、浅层气和泥炭等矿产资源；在广阔的东海大陆架之下蕴藏着丰富的石油天然气、海底煤层、海底二氧化碳及地下淡水资源；在狭长的东海海槽地区分布着天然气水合物和海底热液硫化物等矿产资源。

1. 石油、天然气、水合物

从地质的历史发展过程可以看出，东海陆架凹陷带是一个具有重大潜在远景的石油、天然气地区。在东海海域内发育而成的沉积盆地主要包括东海大陆架盆地和东海海槽弧后盆地；其中前者主要属于以新生代为主的中新生代沉积盆地，具有沉积广、厚度大的特点，可能有东、西、中三大油气蕴含组合；后者，即东海海槽盆地，则属弧后裂谷盆地，其陆架前缘也可能有油气组合的地质发育。东海石油地质条件以东海陆架盆地最优，东海海槽盆地次之。东海陆架盆地的生油条件好、储集层发育好、盖层条件好，具有良好的聚油条件，并已发现工业油气流与油气田。

春晓气田群位于上海东南方向450公里的东海大陆架上，天外天、残雪、断桥、春晓油气田分别发现于1986、1989、1990、1995年，目前已经投产并开始向宁波等地输送天然气。其中以西湖凹陷西南部和瓯江凹陷为含油气远景最有利分布，应该是油气普查勘探的重点地区。北部陆架经过初步勘查，有四个沉降盆

---

〔1〕 王颖：《中国海洋地理》，科学出版社，2013年，第441页。

地，自北向南分别为福江坳陷、浙东坳陷、台北坳陷、台西坳陷，在一个坳陷内有多个小型盆地与洼地。在这些凹陷盆地中，不但具有生油、气的母岩，而且有很好的储聚环境和良好的成油理化条件。

东海海槽及其两侧斜坡具备良好的天然气水合物成矿条件，是我国天然气开发与研究中必须重视的关键海域。该区为正在扩张的新生代弧后盆地，构造变形强烈。从沉积条件以及热流条件分析来看，东海海槽与两侧斜坡区均具有较高的有机质含量以及较厚的沉积物、较快的沉积速率及高热流背景，这些条件都有利于水合物的形成。

2. 滨海砂矿资源

滨海砂矿是指有用矿物在滨海环境条件下形成的富集的有工业价值的砂矿床，以及达不到开采价值（品位、规模、储量）的矿点。其分布一般在海岸带附近，即海域部分从岸线到水深 15—20 米，陆域部分从岸线向陆地内部延伸约 5 公里的狭长地带。和陆地砂矿相比，滨海砂矿具有规模大、品位高、共生和伴生矿物多、沉积松散、矿体埋藏浅、易采易选、占用耕地少、采石易回填及便于运输等特点，因此具有较高的经济效益和社会效益。东海的滨海砂矿类型主要有钛铁矿、磁铁矿、锆石、独居石、磷钇矿、石英砂等。主要分布在浙江、福建、台湾沿岸及岛屿地区；其矿体规模、矿物种类不及黄海和南海的滨海砂矿。其中石英砂是重要的建筑材料，也是重要的工业资源，分布在北起闽江口，南至东山岛的福建省沿海，如长乐县的江田、平坛岛，晋江深沪湾，东山岛的梧龙、澳角等。这些地区的石英砂，不但规模大，砂质也纯洁，可直接用于玻璃生产。

3. 多金属硫化物矿产资源

在东海海槽的轴部，通过浅水观察，在冲绳岛西北的伊是名海穴二处，见有烟筒状的密集小丘，有高温热液喷出，形成的固体矿藏具有铅、锌、铁、金、银等多金属元素。

4. 其他矿产资源

东海海底还有其他矿产资源，比如海底热液硫化物、淡水资源、海底煤层、淡气层、泥炭等。

其中海底火山活动频繁且深度超过 2 000 米的东海海槽，是东海唯一具有广阔远景的海底热液硫化矿床蕴藏区，尽管由于技术原因还不能做彻底调查，但可以推测该海槽内的热液硫化物资源量和金属量都是非常丰富的。

淡水资源是国民经济和人民生活的命脉，是一种不可替代的重要液体矿产资源。目前已基本证实，舟山海域存在长江和钱塘江古河道形成的承压水层，该发现为解决海岛缺水问题提供了可能，但探明储量、勘探和开发等都还有较大的风险。

除油气资源外，东海还发现了丰富的海底煤层，并且总厚度大、层数多、分布面广。东海陆架煤层分布十分广泛，以至于延伸到了东海海槽中部和北部。在东海大陆架盆地中，沉积了非常厚的古近纪和新近纪以来的河流相、湖泊相、沼泽相、海路交互相及海相物质，发育了良好的含煤建造及煤层。在西湖凹陷、瓯江凹陷、长江凹陷和钱塘凹陷等新生代地层中都发现了厚度不等的煤层，尤其是台湾海峡的新竹凹陷，发育了一套较厚的滨海—浅海相含煤碎屑建造，已进行了大量开采。

泥炭既作为农村居民燃料，也可作土化肥——腐殖酸铵和活性染料。泥炭主要由分解或半分解的腐殖质、草根、树根、茎、叶等组成，发热量一般为2 000—3 000 卡/克。东海泥炭资源主要分布在浙江、福建海岸带附近。浙闽东海海岸的滨海洼地、海湾潟湖边缘及近岸山间盆地、近海海底浅部地层，均是泥炭的主要分布区域。其中，浙江沿海已经发现矿点 50 余处，点多面广，主要分布于沿海平原内侧近山山麓地带，以瓯江以南至苍南县境内矿点最多。

三、滩涂

滩涂，也叫海涂，是指淤泥质海岸潮间浅滩，是高潮位与低潮位之间的土地泥滩。滩涂地质有砂泥质、泥砂质、砂质、淤泥质、卵石质、砾石质、礁石质和珊瑚礁等。我国海域非常辽阔，拥有长达 18 000 公里的绵延曲折海岸线，潮间带面积达21 261平方公里，滩涂资源十分丰富。这为我国沿海农垦事业的发展提供了广阔的空间和优越的物质基础，有利于我国发展外向型经济和开发浅海综合资源等。我国滩涂在各地区分布很不平衡，全国每千里岸线具有的滩涂资源面积平均在 1.5 平方公里以上，而东海沿岸滩涂资源面积低于全国平均水平，各省份分布也不尽均衡。

东海滩涂区包括福建、浙江、上海等省域的 69 个市、区、县，滩涂资源面积共约 6 676.8 平方公里。资源开发潜力最大的地区为钱塘江河口段与杭州湾南岸，两个地区的发展空间最大。此段大多属于粉砂质海岸，滩面平整，集中连片。但因受到钱塘江的强潮和激流、涨潮和落潮因素的影响，容易出现冲淤多变以及滩涂坍涨不定的现象。

总之，东海海域辽阔，有着丰富的海洋渔业、矿产、滩涂资源，东海大陆架之下还蕴藏着丰富的石油和天然气资源，东海海槽中还有海底热液和天然气水合物，非常具有开发前景。东海的地理位置也十分重要，不仅是我国东部诸港口通向太平洋的主要海上通道，也是通往东北亚和东南亚的必经之路。

第二章　东海海域的早期文明

第一节　先民海洋活动的史迹

一、河姆渡文化中的海洋因素

河姆渡文化是我国长江中下游和东南沿海地区最具代表性的新石器文化。因其于1973年第一次在浙江余姚县河姆渡村发现,故而得名。经科学测定,河姆渡文化的年代约为公元前5000年至前3300年,其文化遗迹主要分布在杭州湾南岸的宁绍平原及舟山岛,是新石器时代母系氏族公社时期的氏族村落遗址,反映了当时长江流域氏族生活和生产的情形。

位于浙江余姚江之阳的河姆渡村,历史悠久,是河姆渡文化的最早发现地,可作为长江流域下游地区古老的新石器文化的代表。此地河姆渡文化堆积内涵丰富,由四个文化层组成,具有相互衔接、一脉相承的特点。经碳十四测定,第4文化层距今约7 000年,第3文化层距今约6 000年,第2文化层距今约5 000年,第1文化层距今5 000年。〔1〕 7 000年前的河姆渡,当时的平均气温比今天约高3℃至5℃,属于亚热带海洋性气候,雨量充沛,气候温和宜人;它东望东海,北临杭州湾,西临今宁绍平原,南靠四明山,距海岸线较近,属滨海地区;这里水网密布,土壤肥沃,又有四明山中的野兽可供捕猎,乃当时东方稀有的鱼米之乡。这种独特的地理环境决定了河姆渡文化带有一定的海洋文化属性。

河姆渡遗址北面有广阔的水域,这为河姆渡先民提供了充足的水生动物资源。遗址出土的生物遗骸数量大、种类多,除大量淡水鱼遗骨外,还有咸淡水交汇水域中的鲻鱼、裸顶鲷等海洋生物遗骨。发现的40余种野生动物中,有生活

---

〔1〕 夏鼐:《碳14测定年代和中国史前考古学》,《考古》1977年第4期。

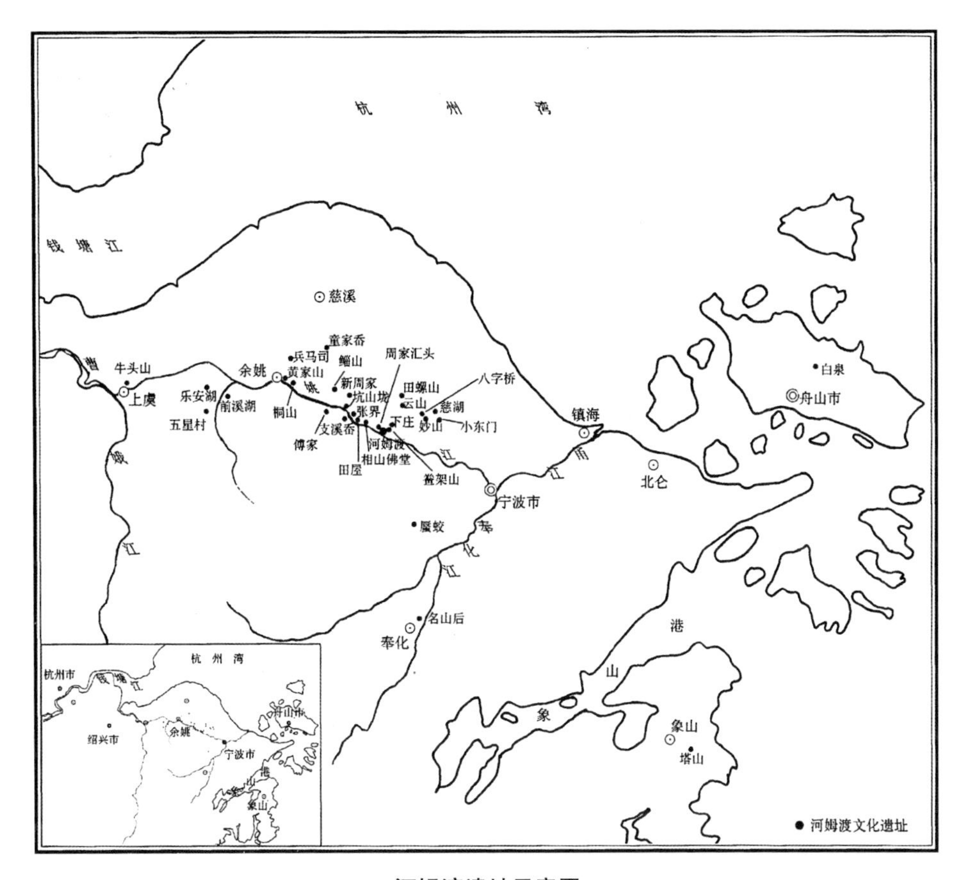

河姆渡遗址示意图

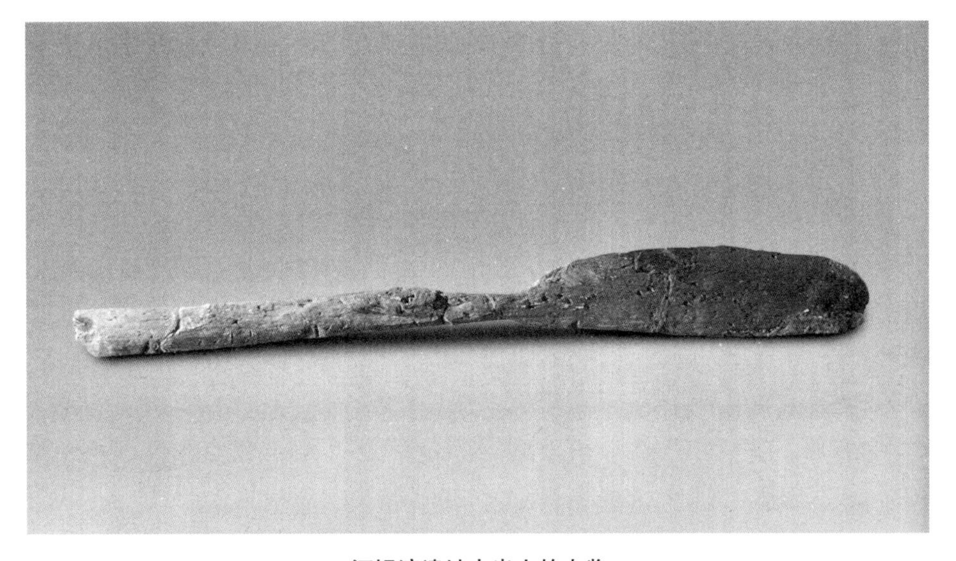

河姆渡遗址中出土的木浆

在深海中的鲨鱼和鲸鱼的骨骸。这些说明河姆渡人不仅在内河内湖进行捕捞，还乘舟趁潮到深海捕鱼。

二、“东山陆桥”与早期海洋移民

在古代，台湾海峡存在一处发端于福建省东南沿海东山岛的浅滩，根据对地质数据的分析，这条浅滩向东直到海峡南部，延伸至台湾时转向东北方向，最终到达澎湖列岛和台湾西部，东西长约 200 公里，南北宽约 25 公里。浅滩平均水深约 40 米，最浅处则不足 10 米。总体上可大致分为南澎湖浅滩、北澎湖浅滩、台西浅滩和台湾浅滩四部分。浅滩西北部有一个台地，连接着东山岛附近海平面下 36 米处的海底阶地，类似颈状。浅滩北侧平均深度约为海平面下 70 米至 90 米，较为平坦；南侧比较陡峭，其深度从海平面下 40 米陡降至 150 米，直至大陆架边缘，紧接着继续下降到海平面下 250 米至 400 米的南中国海大陆坡。纵观整条浅滩可以发现，只需海平面下降 40 多米，海面上就会形成一条连接大陆与台湾的陆桥。1981 年在美国召开的全新世海平面变化的国际学术讨论会上，福建师范大学林观得教授发表了对浅滩的相关研究，提出了“东山陆桥”的概念。〔1〕

之所以称之为陆桥，是因为其曾经作为连接大陆与台湾的“桥梁”，在过去某个时期露出海面。在近 180 万年中，至少有 7 次海平面下降超过 40 米，这也就意味着东山陆桥曾露面至少 7 次。在距今约 8 500 年前，随着气候变暖，海平面上升，这座陆桥最后被淹没于海底。

“东山陆桥”是闽台之间早期人类迁徙和文化传播的桥梁，是福建与台湾史前文明联系的历史见证。陆桥两端发现的人类化石和哺乳动物化石有力地证明了这一点。

1987 年冬发现的距今 1 万年左右的“东山人”左肱骨动物化石，是东山渔民于台湾海峡捕鱼时捞到的，其表面有明显的海生软体动物附着痕迹。经鉴定属晚更新世末到全新世初(距今 1 万年左右)。而在对台南菜寮溪的考古研究中，人们也发现了时间在 1 万年以上的“左镇人”化石。据研究，“左镇人”应该是在距今约 3 万年前从大陆华南地区经东山岛陆桥东迁入台的。1988 年，“清流人”被考古学家们发现于福建清流县沙芜乡洞口村的狐狸洞。此后不久，福建漳州北郊又发现了两个古文化层，出土了不少代表“漳州文化”的石制品，其中一个文化层年代为距今约 4—8 万年，另一个年代为距今约13 000—9 000年。1990

〔1〕 林观得：《台湾海峡海底地貌的探讨》，《台湾海峡》1982 年第 2 期。

年，与“东山人”年代相近的人类胫骨化石在福建漳州北郊被发现，再次证明古人类途经福建进入台湾的事实。

“东山陆桥”的存在和“东山人”“左镇人”化石的发现，有力地证明了漳州先民早在1万年前就从东山沿海峡“陆桥”登陆台湾岛的事实。东山陆桥方便了远古人类在大陆与台湾之间的往来，漳州地区也成为闽台两地史前文明联系的最近地点。

在对海峡两岸的动物化石进行比较研究的过程中，发现有9件更新世晚期的鹿角化石上有刻痕，为人类加工痕迹，说明古人类与这些动物大约于4万年前就已经在台湾海峡共存了。

三、昙石山文化中的海洋因素

昙石山遗址位于闽江下游，福建福州市西面21公里，闽侯县甘蔗镇昙石村西北侧的昙石山。遗址在闽江北岸相对孤立的东北—西南走向的长条形低缓山丘上，南距闽江河道中心点约1 400米。昙石山遗址乃滨海文化的代表。据目前所发现的资料，在古代海平面升高时期，福州盆地及周边一带处于一片汪洋之中，昙石山遗址即处于古代海湾的滨海地带，地理位置极佳。优越的自然环境、丰富的动植物资源为古代昙石山居民的生产和生活提供了充足的食物资源。

昙石山文化具有显著的海洋文化特征。昙石山遗址是福建省内最典型的早期贝丘遗址。在昙石山遗址中，贝壳是数量最多的自然遗物，种类有俗称“蛤蜊”的蚬，还有魁蛤、牡蛎、小耳螺等，其中蛤蜊的数量约占贝壳总量的95%以上。遗址中还发现有海洋生物骨骸，包括龟、鳖、鱼类等。从该地近江滨海的地理位置看，鱼类当是经常捕获的食物，但或许因为鱼类骨骼难以保存，故发现较少。[1]

从留存众多的贝壳来看，昙石山先民以海为生，以海产为主要食物来源，以采集贝类为主兼捕获其他水生动物为辅，这种渔猎方式是昙石山古人的主要生计方式之一。

四、台湾石器时代的海洋文化遗存

台湾石器时代的考古发现，说明早期台湾先民具有海洋文化属性。

1. 旧石器时代海洋文化遗存

台东县八仙洞遗址（海蚀洞穴）于1968年被发现，台湾考古人员先后五次

---

〔1〕 福建省昙石山遗址博物馆：《昙石山遗址图说》，海峡书局，2014年，第157页。

进行发掘，其中在潮音、海雷、乾元等洞穴底层发现了丰富的旧石器文化遗存，后被命名为“长滨文化”。

八仙洞遗址出土遗物中，骨角器最能代表该遗址的海洋文化属性。据考古发现，骨角器均出自潮音洞。按加工和形态，可分为长尖器、一端带关节之尖器、骨针、骨锥和长形骨铲等。长尖器，是将长骨劈成骨片，其一端或两端刮成尖刃，最长的可达31.5毫米。这类骨器约有90件，“时常3、4件集中出土，或原使用树根，一起装于柄上，作为鱼叉之用”。一端带关节之尖器，也用长骨制成，一端保留关节，另一端劈成几根骨片。[1]

另外，在台湾小马洞穴遗存（台东县东河乡马武溪北岸）、鹅銮鼻第二史前遗址和龙坑遗址（台湾南端鹅銮鼻半岛）等，都发现了旧石器时期的贝类、珊瑚礁层、龟甲等体现海洋文化的遗物。而在台北盆地芝山岩发现了1件砍斫器，上面生满贝壳，学者判断其年代应该在台北盆地为一海湾、芝山岩为一海中岛之时。[2]

2. 新石器时代海洋文化遗存

台湾新石器时代的考古遗存和遗物，同样也有较为显著的海洋文化特征。大坌坑文化是台湾目前发现最早的新石器时代文化。其遗址主要分布在台湾北

有段石锛

---

〔1〕 蒋炳钊：《中华地域文化大系——闽台文化》，河北教育出版社，2010年，第93页。

〔2〕 宋文薰：《台湾旧石器文化探索的回顾与展望》，《田野考古》第2卷第2期，1991年。

部淡水河沿岸、西部海岸的中南部及澎湖群岛。大坌坑文化遗存中，海洋特征表现最为显著者，乃是发现较深入的贝塚堆积。据学者研究认为，台湾大坌坑文化应来自中国内地东南沿海。〔1〕

细绳纹陶文化是台湾地区继大坌坑文化之后分布最广的新石器文化。此类遗址分布于台北、宜兰、苗栗、台中、南投、台南、高雄、屏东、澎湖、花莲、台东等县市，其中以台湾西海岸的中部、西南部和澎湖群岛最为密集。这类遗址主要分布于沿海的沙丘、台地或隆起的珊瑚礁层上，局部地区有自海岸沿河谷向内陆深入的情况。细绳纹陶文化的居民，由于多居住在海边的台地和沙丘上，其生活多依赖海域或海岸上的动植物资源，体现出很强的海洋文化属性，遗址中出土了丰富的贝类、鱼类和鸟类骨骸。〔2〕

另外，在台北发现的新石器时代的圆山文化和芝山文化遗址中，都发现了与海有关的遗存或遗物。〔3〕

第二节　向海而生的东南越人

一、百越先民的繁衍与分布

百越是对我国东南和南方古代民族的泛称。从文献资料看，百越一名最早出现在《吕氏春秋·恃君》，曰“扬汉之南，百越之际”。《汉书·地理志》记：“自交趾至会稽，七八千里，百越杂处，各有种姓。”可见百越先民大致分布在中国南方。目前，学术界普遍认同，百越先民即在新石器时期就分布于南方各地的原始居民。商汤时期，正东有“符娄、仇州、伊虑、沤深、九夷、十蛮、越、沤”；正南有“瓯、邓、桂国、损子、产里、百濮、九菌”。西周时期，越的名称开始频繁出现，“七闽”“扬越”“于越”诸名均见于史籍。到了春秋战国时期，荀卿《荀子·荣辱篇》云“越人安越，楚人安楚，君子安雅”，可见此时古人对于越及其各支的认识更加具体。

关于百越民族的来源，学术界大致有如下几种看法：一是马来人祖源说，如学者林惠祥《南洋马来族与华南古民族的关系》一文中认为，古越族很像是马来

〔1〕 蒋炳钊：《中华地域文化大系——闽台文化》，河北教育出版社，2010年，第103页。
〔2〕 蒋炳钊：《中华地域文化大系——闽台文化》，河北教育出版社，2010年，第103—110页。
〔3〕 蒋炳钊：《中华地域文化大系——闽台文化》，河北教育出版社，2010年，第103—110页。

族的祖先留居在大陆的一部分;二是混合说,如郭沫若在《中国史稿》中认为,越国是由夏人和楚人同当地人民融合而建立的;三是越为禹之后裔说;四是原住民说,认为主要由当地原始先民发展形成。多数学者认为江南地区几何印纹陶的主人就是古代越族,其前身来自当地新石器时代晚期文化,因而古越族来自当地新石器时代晚期的原住民。〔1〕

古代百越先民大致分布在北纬 16°—32°,东经 94°—124°的范围内,其北与中原相连,西北与巴蜀荆楚为邻,西接印度,东临大海,南接中南半岛,整个分布呈半月形。学界一般认为,百越民族包括句吴、于越、东瓯(瓯越)、闽越、南越、西瓯、骆越、山越等越人。其中,活跃于东海海域的主要有句吴、于越、东瓯(瓯越)、闽越等族群。

二、吴越先民的早期活动

吴越先民以长江流域及周边河流湖泊水域为活动半径,这是中国最早有人类居住和生产生活的区域之一。这里主要是句吴和于越族群活动的地域。以河姆渡文化为代表的文明形态说明,该区域先民活动具有较强的海洋属性。

从已发现的考古文物来看,居住在吴越地区的先民,多将房屋建在水滨村际的台地上,多从事渔猎生产。他们使用石锄、石镰之类的工具,种植水稻,发展农业和渔猎相结合的经济。同时,他们已能铸造小型青铜器。陶器以夹砂粗红陶为主,并发展出一种几何印纹陶,成为当地传统的器物。〔2〕

吴越先民的经济包括谷物种植、畜牧、渔猎等。谷物种植主要为水稻等,水稻的种植已有悠久的历史。代表于越先民文化的河姆渡遗址,在第四层中出土文物多达 117 件,生产工具有石锛、石凿、磨石、骨耜、木铲等,并发现了许多稻谷遗存,据研究,这些稻谷属于人工栽培的水稻。粮食生产带动了畜牧业的随之兴起发展,猪、鸡、犬、牛、羊是其中主要的品种。自新石器时代以来,吴越先民就开始饲养这些禽畜,许多遗址发现的猪、犬、牛、羊等骨骸及鸭形陶器,为这一状况提供了证据。至于农业生产使用的工具则有越人特有的有段石锛和青铜农具。

新石器时代,吴越先民悠久的海洋活动传统的一个显著表现在造船航海方面。河姆渡遗址共出土 6 支木浆,每支木浆都由单块木料加工而成。木浆形体不大,柄叶自然连接,细长扁平,形如柳叶,造型简单轻巧。出土的陶舟长 7.7 厘

---

〔1〕 参见陈国强等:《百越民族史》,中国社会科学出版社,1988 年,第 15、126 页。

〔2〕 陈国强等:《百越民族史》,中国社会科学出版社,1988 年,第 90 页。

米，高 3 厘米，宽 2.8 厘米，两头尖，尾部微翘，船首有一鸡胸式穿孔，两侧等高，底部略圆，侧视如半圆形，俯视则像梭形。除此之外，河姆渡遗址还发现有大量造船所需的有段石锛等工具。此外，在今杭州市萧山区跨湖桥遗址出土了距今 7 500 年的独木舟，这是迄今考古发现古人类最早建造的舟船。这表明于越地区舟楫制造古已兴盛，古代越人是善于造舟和航海的民族。

跨湖桥遗址出土的
距今 7 500 年的独木舟

海洋活动的另一个显著表现是渔猎经济的发展。在河姆渡遗址中发现了很多鱼骨，其中甚至有生活于深海的鲨鱼和鲸鱼的骨骸，充分说明古越人“习于海中”的生活特性。他们不仅在内河流域进行渔猎活动，还驾舟泛海进行捕捞作业，并且有着丰富的渔获。

三、“瓯居海中、闽在海中”

《山海经·海内南经》载：“瓯居海中，闽在海中，其西北有山，一曰闽中，山在海中。”对此，明人何乔远在《闽书》中解释说：“谓之海中者，今闽中地有穿井辟地，多得螺蚌壳、败槎，知洪荒之世，其山尽在海中。”〔1〕有学者认为，“瓯居海中，闽在海中”记述的是距今 12 000 年至 6 000 多年前，海侵造成大陆东南沿海一带水土被淹的史实，即史书所称东瓯、闽中皆为“负海之国”。〔2〕福建福鼎县境内的地貌遗迹可以为证。福鼎南镇、小白鹭的山上，距离海平面 70 多米的高处，至今还存留着一处典型的古海蚀崖遗迹，那里花岗岩被海水冲蚀后产生的水平线剥蚀痕迹，形象地说明几万年来地壳上升了 70 多米。而现今的店下洋曾是一片汪洋大海，从那里乘船可直达浙江的霞关和福鼎的南镇、沙埕等地，但由于海水与溪流带来的泥沙在海湾淤积，并逐渐形成滩涂，最后冲积成小平原，人们才得以在上面围垦造田。

---

〔1〕何乔远：《闽书》卷一《分野志·方域志》，福建人民出版社，1994 年，第 10 页。
〔2〕卢美松：《论闽族和闽方国》，《南方文物》2001 年第 2 期。

此外,《山海经 · 海内东经》载:“浙江出三天子都,在其(蛮)东;在闽西北。”《海内南经》载:“三天子鄣山在闽西海北。”这些记述,从地理位置印证了“闽”方国与浙江、赣州等毗邻,也说明了当时的“闽”即是今天的福建地区。近年来考古发现和对中国历代行政规划的分析,进一步证明今天闽文化的分布范围与当时闽族的分布区域基本一致。今天,以福建和台湾两省为主,包括江西东部、浙江南部和广东东部潮汕地区,都是深受闽文化影响的地域。古代典籍揭示了闽文化的区域特点——海洋性。

从自然地理条件看,“滨海”“多山”用来概括闽越族先民生存的自然环境,是再贴切不过了。古越人和闽族人世世代代生活在东南沿海地区,他们无疑属于海洋民族。他们的历史甚至可以追溯到 6 000 多年前,而他们以海为生、习水便舟的习性,塑造了“闽在海中”的形象。与此同时,“以海为田”的海洋发展模式在闽地东南沿海一带逐渐形成。所谓“以海为田”,就是将大海视为田地,在海上捕捞,这是农耕时代的先民生计的全部,也是以农耕为本的中原人民来到闽地之后的适应性选择。这种以海洋捕捞型为主的发展模式,是最古老最普遍的海洋经济形式,是处于早期开发的福建沿海人民,对海洋发展的合理选择。[1]

四、闽越先民的经济生活

据考古发现,早在 1 万年前,福建地区就有先民活动。如 1987 年发现的东山人化石把福建人类活动的历史提前到距今 1 万年前的更新世晚期。2000 年发掘的三明岩前灵峰洞遗址出土刮削器 6 件、砍砸器 2 件,船帆洞遗址出土石制品 80 多件。同年发掘的宁德霍童等地遗址出土石制品 14 件,其中有手斧、尖状器等。种种迹象表明,早期的先民已使用石制工具。

到了新石器时代,福建人的物质生活有了很大的进步,但由于福建地区特殊的自然与地理因素制约了物质生产活动,因此该地的新石器时代遗址绝大多数属“贝丘”遗址类型,如以捕捞、采集海生生物为主的闽东、闽南滨海文化,表现出较为显著的海洋性特征。

从已发现的考古资料,我们可大致推测这一时期的经济生活:

一是发展了一定的渔猎采集。壳丘头遗址附近发现了大量的海生软体贝类,其中发现了厚达 5—6 厘米、深 55—185 厘米的贝壳层,和 21 个大小不一的贝壳堆积坑。昙石山遗址中有的地方贝壳层厚达 3 米。可见,丰富的海洋资源是这一时期先民生活的主要来源,贝类是他们的主要食物。正如《逸周书 · 王

---

〔1〕 杨国桢:《闽在海中:追寻福建海洋发展史》,江西高校出版社,1998 年,第 3 页。

会解》所载:“东越海蛤……共人玄贝。”此外,遗迹中还发掘出多种野生动物遗骨,如昙石山遗址中发现的牛、狗、猪棕熊、虎、印度象、梅花鹿、水鹿等,说明当时人们已经开始猎取野生动物食用。

二是有了农业和牧畜业。在福清东张遗址下层发现许多稻草碎屑,说明当时居民已经开始种植水稻。昙石山文化遗址出土有一种剖面呈三角形的石锄、大型牡蛎制作的穿孔贝器、石斧、石刀等农业生产工具,说明先民已有原始农业生产。此外,福清东张遗址发掘出多件长 22 厘米、宽 15 厘米,采用天然砾石制作的研磨器,极有可能是早期加工谷物的工具。

三是有了较为成熟的制陶业和纺织业。在平潭壳丘头遗址中出土了以炊煮器为主的夹砂陶器,这些陶器简单粗糙,多为罐类,还有壶、盘、碗等。用各种贝壳直接压印在陶胚上的贝齿纹图案,是壳丘头文化的重要标志。在金门富国墩遗址出土的器物中,有许多黑色和红色的陶器碎片,种类也较多。昙石山文化遗址中出土的陶器以夹砂陶为主,早期多呈红色或者褐色,晚期大部分为灰色,少数呈橙黄色和黑色。早期有豆、壶,晚期有杯、碗和少量鼎。同时在遗址中还发现了多座陶窑炉。当时的制陶工具中已采用了陶轮。此外,在壳丘头遗址中发现了 8 个陶制纺纶,直径 6 厘米左右,还出土了骨针等,表明当时的纺织业有了一定的发展。

四是已经有了相对稳定的住房。据考古发现,多为方形或圆形的茅草屋,以草抹泥和石块为材料。在住房内外还发现有灶和取暖用的火塘。

第三章　先秦时期东海海域的开拓

第一节　吴越地区的航海成就

一、百越先民的发展与变迁

本章所指先秦时期，主要是指秦以前有历史记载的时期，以新石器时代结束（即从原始社会过渡到奴隶社会）为上限，至公元前221年秦始皇灭六国为下限（前后略有延伸），也即大致在夏、商、西周、春秋和战国时代。

商代以来，百越民族各支系开始出现。“沤深”“瓯”及“越沤”，指的就是当时的一部分越族。西周及春秋战国时期，百越各支系有了一定程度的发展。西周时期，越族中出现了“七闽”“于越”及“扬越”。其中“于越”受华夏文化影响较大。《越绝书》载：“越王夫镡以上至无余，久远，世不可纪也。夫镡子允常，允常子句践，大霸称王，徙琅琊，都也。……亲以上至句践，凡八君，都琅琊二百二十四岁。无疆以上，霸，称王，之侯以下微弱，称君长。”《史记·越王句践世家》云：“越王句践，其先禹之苗裔，而夏后帝少康之庶子也。封于会稽，以奉守禹之祀。文身断发，披草莱而邑焉。后二十余世，至于允常。允常之时，与吴王阖庐战而相怨伐。允常卒，子句践立，是为越王。”《吴越春秋》载：“禹周行天下，还归大越，登茅山以朝四方群臣，封有功，爵有德，崩而葬焉。至少康，恐禹迹宗庙祭祀之绝，乃封其庶子于越，号曰无余。”到了春秋战国时期，越族发展到一个新的阶段，其中江浙一带的越人建立了吴国与越国，这时文献中出现了“闽越”“东瓯”“南越”等称呼。到了战国末年，由于越族支系发展迅速，越族进入了一个新的历史时期，越人所建立的吴国和越国已在长江下游崛起，参与争霸行列。此时越族支系数目甚多，故称为“百越”。《吕氏春秋·恃君篇》载：“扬汉之南，百越之际。”《汉书·地理志》载:“臣瓒曰:自交趾至会稽,七八千里,百越杂处,各有种姓。”

因受自然环境、社会经济的限制,社会生产力低下,百越先民平均寿命不长。不过,当时的楚越之地“地广人希,饭稻羹鱼,或火耕而水耨,果隋蠃蛤,不待贾而足,地执饶食无饥馑之患,以故呰窳偷生,无积聚而多贫。是故江淮以南,无冻饿之人,亦无千金之家”。〔1〕随着越人在政治、经济、军事上的崛起,到了西周末年,统治者开始逐渐认识到人口的重要性,如“生丈夫,二壶酒,一犬;生女子,二壶酒,一豚;生三人,公与之母;生二人,公与之饩”;〔2〕“疾者吾问之,死者吾葬之,老其老,慈其幼,长其孤,问其病。”〔3〕类此措施的实施,在一定程度上刺激了人口的增长,同时也促进了经济的繁荣。总之,随着百越政治、经济的发展,加之后期相对开放的贸易活动以及相对安定的社会环境,先秦时期百越人口也有所增多。

二、越人与航海交通

越人分内越和外越。内越融入了华夏民族,外越多为海外越人。古代的越人,广义上指的是百越民族,狭义上主要指浙江一带的居民,尤其特指绍兴一带的居民。越人所处地域素有水乡之称,长期与水打交道也练就了他们善于驾舟的本领。早在石器时代晚期,百越先民已经开始了原始的航海活动,他们开始制作最早的船——独木舟和排筏,在当地的江河湖泊及近海水域驾驶舟船桴筏驰骋往来。《淮南子》载:“九疑之南,陆事寡而水事众。”“胡人便于马,越人便于舟。”说的就是百越族人善舟水的史实。

春秋战国时期,有所谓越人“以船为车,以楫为马”的记述,这些都是越人擅长驾舟航海的真实写照。据考古发现,1958年,在故吴国辖地的江苏武进淹城,发现了3只春秋战国时期的独木舟,其中最大的一只长达11米;1976年,在浙江鄞县(属宁波辖区)甲村石秃山出土1件战国时期的青铜钺。铜钺正面镌刻羽人竞渡图,下方以边框线表示舟船,船上有四位泛舟者,头上

青铜钺羽人竞渡图

〔1〕《史记·货殖列传》。
〔2〕《国语》卷二〇《越语上·勾践灭吴》。
〔3〕《国语》卷一九,《吴语》。

刻有羽冠图案，有学者认为这可能是“一种原始的风帆”图案。

这一时期，吴、越两国都非常重视造船，从“刳木为舟、剡木为楫”到“编木(竹)为筏，扯风为帆，结绳为网”。因高超的造船技术和先进的航海水平，其时在南方还产生了利用船舶作战的水师，并且装备了不同用途的船舶。《越绝书 · 吴地传》曰：“欐溪城者，阖庐所置船宫也。阖庐所造。”吴国设置了单独的造船地——丽溪城，可见吴国造船规模之大。《越绝书》中还提到水师中的各种兵船：“大翼一艘，广一丈五尺二寸，长十丈……中翼一艘，广一丈三尺五寸，长九丈六尺。小翼一艘，广一丈二尺，长九丈。”吴国舟师中有与“冲车”相似的“突冒”；有与楼车相似的“楼舡”；有与轻足骠骑相似的“桥舡”；也有与陆军战车装备相似的“大翼”“小翼”等。与吴国为邻的越国，船舶种类也很丰富，大船有用于海战的楼船、戈船，小船有民间使用的扁舟、轻舟等。《越绝书 · 记地传》有记载：“木客大冢者，勾践父允常冢也。初徙琅琊，使楼船卒二千八百人伐松柏以为桴，故曰木客。”一些特定称谓开始形成，如称造船工匠为“木客”、水军士兵为“船卒”、船为“须虑”等。

1. “以船为车，以楫为马”

据《越绝书》记载：越地“西则迫江，东则薄海，水属苍天，下不知所止。交错相过，波涛浚流，沈而复起，因复相还。浩浩之水，朝夕既有时，动作若惊骇，声音若雷霆。波涛援而起，船失不能救，未知命之所维。念楼船之苦，涕泣不可止”。越王勾践曾对孔子道：“夫越性脆而愚，水行而山处；以船为车，以楫为马；往若飘风，去则难从；锐兵任死，越之常性也。”越人使船，人已习以为常。

《吴越春秋》载：“(越有)楼船之卒三千人。”《史记》中详细描述了勾践的“习流二千”。所谓“习流”，即习水战之兵。公元前482年，越王勾践乘吴王夫差率大军北上黄池(今河南省封丘县西南)与晋争霸之机，指挥越军攻入吴都，并“命范蠡、舌庸率师沿海溯淮以绝吴路”。《越绝书 · 记地传》载：“勾践平吴，霸关东，从琅琊起观台，周七里，以望东海。死士八千人，戈船三百艘。”越国攻灭吴国，以戈船300艘，载战士8 000人，气势十分浩大。后越王勾践取夫差而代之，成为一代霸主。

2. 航运规模

有学者认为，不论是当初以胜利者的姿态挥师北上还是后来不得已而浮海南下，越国两次迁都，其航海规模之盛，都是前无古人的壮举。[1] 如前所述，《越绝书》中“死士八千人，戈船三百艘”“楼船卒二千八百人伐松柏以为桴”等记

[1] 逄文昱：《越人——我国古代天生的航海家》，《中国海事》2010年9期。

载，其军容之壮及航运规模之空前，可想而知。

三、句章港与会稽郡

早在春秋战国时期，随着浙东沿海地区经济的开发，甬江流域出现了最早的港口——句章港。公元前473年，越王勾践灭吴后，为发展水师，便在东部海疆勾余地建造城池，称为句章。其地理位置在今宁波郊区城山渡附近。作为吴越地区的通海门户，句章港扮演了沟通海上交通的重要角色。其时，吴越地区建造的“楼船”称霸一方，是吴、越两国水军战舰的主要力量，正如《史记》所载：“（楼船）高十余丈，旗帜加其上，甚壮。”在繁盛时期，以句章为起点的海上航路北至渤海湾，南及台湾、海南岛和交趾郡，正如时人所云：“泛海长驱，一举千里，北接青徐，东洞交广。”不过，句章港主要以军事为主，贸易特色并不十分显著。

楼　船　图

会稽，即今浙江绍兴一带，是古代越人的势力范围，先秦时期属于越国。有关会稽郡，《史记》云：“或言禹会诸侯江南，计功而崩，因葬焉，命曰会稽。会稽者，会计也。”有关会稽郡的建制，公元前222年，秦将王翦“定荆江南地，降越君，置会稽郡”，这是会稽郡首见于史籍。《汉书·地理志》载：“会稽郡，秦置，高帝六年为荆国，十二年更名吴，景帝四年属江都，……县二十六：吴、曲阿、乌伤、毗陵、余暨、阳羡、诸暨、无锡、山阴、丹徒、余姚、娄、上虞、海盐、剡、由拳、大末、乌程、句章、余杭、鄞、钱唐、鄮、富春、冶、回浦。"会稽郡因会稽山而得名，《汉书·地理志》又载："山阴，会稽山在南，上有禹冢、禹井……越王句践本国。"《水经注·渐江水》记载："……又于湖中筑塘，直指南山。北即大越之国，秦改为山阴县，会稽郡治也。太史公曰：禹会诸侯，计于此，命曰会稽。会稽者，会计也。始以山名，因为地号，……句践称王，都于会稽。"由此可见，会稽郡大致在浙江东南，会稽郡治在山阴。

第二节　闽越国与海洋文明

一、从蛮夷之地到闽越国

相对于中原，东南沿海地区开发较晚。据史料记载，先秦时期此地较为荒芜，《三山志》云："始州户籍衰少，耘锄所至，甫迩城邑。穹林巨涧，茂木深翳，小离人迹，皆虎豹猿猱之墟。"

福建省，古属扬州，属于蛮、越分布区。先秦时期，汉文史籍称福建地区为"闽"，即源于闽人和闽方国的存在，"闽"是蛮夷的别称。《周礼·夏官》记载："辨其邦国、都、鄙、四夷、八蛮、七闽、九貉、五戎、六狄之人民。"

由于受地理环境的影响，闽北、闽中、闽南出现了不同的文化发展区。大概在商代，福建当地氏族才称"闽"，此前只泛称"蛮"。商灭夏，与夏关系密切的七闽部族受到征伐，经苏南、浙江迁入福建，形成大小不一、互不相属的"百越"部族。[1]

经过漫长的发展，"百越"部族创造了他们独具特色的土著文化。他们一般穿卉服，即草服。居住方式上从洞穴发展到半地穴式建筑，再发展为干栏式建筑。生产和生活中离不开舟船。信仰上则为蛇虫崇拜。

春秋战国时期，于越族得到发展，并建立了越国，越灭吴，称霸东南地区，后在福建地域形成独特的"闽地文化"。《越绝书·记地传》载："无疆，时霸，伐楚，威王灭无疆；无疆子之侯，窃自立为君长；之侯子尊，时君长；尊子亲，失众，楚伐之，走南山。"随着越国为楚国所灭，一部分于越人南下，进入闽中，在与当地民

---

〔1〕 何光岳：《百越源流史》，江西教育出版社，1989 年。

族文化融合之后，建立起了强盛一时的闽越国，《史记》载："闽越王无诸及越东海王摇者，其先皆越王句践之后也。"其时，闽越国面大海而负高山。《汉书·严助传》载："（闽越）处溪谷之间，篁竹之中，习于水斗，便于用舟，地深昧而多水险，……以地图察其山川要塞，相去不过寸数，而间独数百千里，阻险林丛弗能尽著""入越地，舆轿而隃领，拖舟而入水，行数百千里，夹以深林丛竹，水道上下击石，林中多蝮蛇猛兽。"正是这样的地理环境，造就了闽越国和闽越族群独特的历史文化风貌。〔1〕。

二、闽中郡与闽越国的海洋开拓

《辞海》"东海"条记载："古时东海名称，所指因时而异。先秦古籍中的东海，相当于今之黄海。"《礼记·王制》曰："自东河至于东海。"但战国时已有兼指今东海北部的。《战国策·楚策》："楚国僻陋，托东海之上。"秦汉以后，始以今黄海、东海同为东海。明代以后，北部称黄海，南部仍称东海，其海域始和今日东海相当。就今之东海海域而言，其开拓者多为闽越先民。

现今有关秦是否设置闽中郡及其管辖范围等，学术界意见不一。有关闽中郡的记载，《汉书·高祖本纪》记："亡诸身帅闽中兵以佐灭秦，……今以为闽粤（同越）王，王闽中地，勿使失职。"司马迁在《史记·东越列传》亦云："闽越王无诸及越东海王摇者，……秦已并天下，皆废为君长，以其地为闽中郡，……汉五年，复立无诸为闽越王，王闽中故地，都东冶。"由此可见，闽中郡肯定存在，只是时间短暂，大约十几年，可留给我们参考的资料太少。

《读史方舆纪要》卷九六记载："《禹贡》扬州地，（在）周为七闽地。……秦并天下，平百越，置闽中郡"；卷九四认为"秦属闽中郡"。而《大清一统志》卷二二九《台州府》中记载"秦（也）属闽中郡"；卷二二五《温州府》中则认为："春秋战国属越，汉初为东瓯国，后为会稽郡回浦县池。"《历代舆地图》中记载："（闽中）扬州之域。今建安、长乐、清源、漳浦、临江郡皆是。"对于闽中郡辖域，笔者认为除包含福建全境外，还应包括其时浙江台州（章安）及以南地方（温州府）。

关于闽中郡的治所问题，众说纷纭。有认为在福州的，如魏嵩山的《汉闽越王诸治都考》；有认为在浙江南部的，如叶国庆的《治不在福州市辩》；有认为先设在浙江南部，后移至福州的，如李祖弼的《闽中疆域考》；也有认为不在浙南，也不在福州，而是设在闽北的浦城一带的，如蒋炳钊的《对闽中郡都治县地望的

---

〔1〕 有关闽越国历史地理与文化的详细情况，可参见杨琮：《闽越国文化》，福建人民出版社，2000年。

一些看法》;还有认为崇安发掘的汉代城址就是闽越王的宫殿的,如陈直的《福建崇安城村汉城遗址时代的推测》。闽中郡的设置是当时闽越国发展兴盛的一个重要表现。

第三节 山海并进的经济发展模式

一、基于农牧业的商贸

1. 农业的发展

东南沿海地区多属热带或亚热带气候,地形大多为平原、山地、丘陵、江河等,四季分明,土壤肥沃。此地年平均降水量较大,水资源充足,有利于早期的农业发展。

这一时期,水稻是当地居民的主要粮食作物。早在史前时期,水稻就开始较为广泛的原始种植,如浙江桐乡罗家角马家浜文化遗址、福建福清东张遗址等都发现了水稻遗存。到了商周时期,越人在水稻种植方面有了进一步的改善,种植地域更为广泛。

除水稻外,甘蔗也是这一时期的主要经济作物。此地此时已开始种植茶树。在农具上,越人也有很大改良。首先是材质上,越人完成了从石器到铜器,再到铁器的改良。同时在种类上,除早期的锛、斧、犁、刀、镰外,还出现了耒、凿、削、耙等新农具,这些都促进了农业的发展。

2. 渔猎采集与畜牧业

早在新石器时代,越人先民就开始了各种渔猎活动。考古发现提供了很好的实物资料,补足了史料未载的缺憾。贝丘遗址是这一时期的典型发现,如昙石山遗址、平潭壳丘头遗址、龟山遗址、白沙溪头遗址等,反映了先民以贝类为食的渔猎生活。到了商周时期,海洋渔猎收获更加丰富,史籍记载:"东越海蛤;欧人蝉蛇,蝉蛇顺食之美;于越纳;姑妹珍;且瓯文蜃;共人玄贝;海阳大蟹;自深桂;会稽以鼍;皆西向。"〔1〕

先秦时期的越人畜养的动物种类较多,大致有鸡、鸭、猪、牛、羊、狗。《越绝书》记载:"娄门外鸡陂墟,故吴王所畜鸡处,使李保养之。""桑里东,今舍西者,故吴所畜牛、羊、豖、鸡也,名为牛宫。今以为园。""鸡山、豕山者,勾践以畜鸡豕,将伐吴,以食士也。"

〔1〕《逸周书·王会》。

3. 商业的发展

由于早期生产力水平低下，能进行贸易的剩余产品较少，我们所见史料多记载越对商周王朝的朝贡。《伊尹·四方朝献》记：“沤深、九夷、十蛮、越沤、湔发、文身，请令以鱼皮之鞞、鲗鲗之酱、鲛瞂、利剑为献。”这一时期，贸易交流活动多为以物易物。到了春秋战国时期，商品经济已经有了初步的发展。《史记·货殖列传》载：“昔者越王勾践困于会稽之上，乃用范蠡、计然。计然曰：‘……末病则财不出，农病则草不辟矣。上不过八十，下不减三十，则农末俱利，平粜齐物，关市不乏，治国之道也。”虽为举例，但商贸活动已为统治者所关注。“越国南则楚，西则晋，北则齐，春秋皮币、玉帛、子女以宾服焉，未尝敢绝。”[1]这一时期，商品种类虽有所增加，但整体发展依然不平衡，多表现为偏远阻塞地区稍滞后。

二、中原文化与东南生产技术

在百越经济发展史中，中原及其四邻的齐、徐、楚、濮等对其产生的影响是不能低估的。越人与中原交流的方式是多种多样的，有的见于文献，有的见于考古发现。据考古发现，新石器时代的越族文物与当时中原地区的文物有不少相似之处，说明此时越人可能已受到了中原文化的影响。

商周时期，百越地区社会经济发展较中原地区缓慢，其中江浙地区的吴越与中原其他民族交流最早。随着百越与中原联系的加强，中原文化也随之传入百越地区。中原青铜器和生产工具传入此地，与之同时，先进的生产技术和丰富的经验也随之传入，这些对百越地区的社会经济发展起到了非常重要的作用。近些年来，浙江余杭、吴兴、海盐、安吉等地发现了一批商代青铜器，其纹饰带有地方风格，器形则与中原所见无异。另外在江浙地区发现的土墩石室墓，其构造大致以石块堆砌三面石壁，顶部多以大石板或大石条覆盖，石室外再覆盖泥土，呈土墩状。考其根源，似与山东等地“东夷文化”中很早就流行的石构墓葬有关，可能是东夷地区石构墓葬在吴越地区的新发展。浙江绍兴306号战国墓，为阶梯墓道带壁龛的土坑墓，与传统的越式长方形土坑墓、石室墓、土墩墓等不同。该墓从主体看，属越墓，但在墓葬的建筑形式等方面，带有较多中原乃至徐文化的影响。

春秋战国时期，吴越民族加入诸强争霸之中，加速了越人与中原地区的交流与融合。在密切的交往中，越文化更快地被中原文化同化，并对黄河流域和长江以南的古代文明产生了深远的影响。吴越地区无论在社会文化、土地制度还是

[1] 《国语》卷一九《吴语》。

在青铜器的冶铸风格上,都留有中原文化的影响。这与地理邻近、交通便利密切相关。岭南地区早在史前就与中原地区有来往。据考古发现,广东曾发现大量的春秋战国墓葬,这些墓葬一方面带有鲜明的西周的特点,另一方面兼有地方特色。闽越虽远在东南沿海一隅,但受中原文化的影响也不小。史学界一般认为,战国中期以前是闽文化的形成期,主要以考古发现的新石器文化为标志,如商周黄土仑类型遗址,出土有大量仿中原商周时期铜器风格的印纹陶器。从战国中期开始至汉武帝灭闽越国,这一时期是闽越文化的发展期;因与中原的秦汉王朝有着广泛的政治经济交往,闽越文化吸收了中原文化的因素,如闽越国出土的铜器中大部分都带有中原风格。

第四章　秦汉时期的东海海域

第一节　海上航线的开辟和港口的形成

一、文献记载中的闽、越海疆

自秦汉时期始，中国建立了中央集权制政权，统一的海疆也在这个时期内逐步形成。

（一）秦朝海疆

秦国在兼并六国的战争过程中，逐渐从一个内陆国家发展成为沿海国家。公元前 226 年，秦军击败燕国，占领冀北，疆土第一次接触海洋。公元前 223 年，秦国占领淮南。公元前 222 年，“使王贲将，攻燕辽东”，占据环渤海一带。同年，“定荆江南地，降越君，置会稽郡”。公元前 221 年，吞并齐国。自此，秦统治地域之东海沿岸连成一线，海疆进一步扩大。公元前 214 年，秦军占领岭南，设桂林、象、南海三郡，辖下海疆不断向南延伸。据史籍记载，秦时自北向南共有十六郡沿海，海岸线自朝鲜西北部一直延伸至越南。

秦统一中国后，为进一步加强统治，防止六国贵族势力复辟，秦始皇将六国遗族迁至京畿地区。不仅如此，秦始皇还巡狩海疆各地。公元前 219 年，秦始皇开始第一次向东巡狩，登泰山，立石刻碑，并举行封禅大典，以显示政权的正统。随后又“乃并勃海以东，过黄、腄，穷成山，登之罘，立石颂秦德焉而去”。碑文展现了秦国疆域的广阔：“六合之内，皇帝之土。西涉流沙，南尽北户，东有东海，北过大夏。人迹所至，无不臣者……”接着向南来到琅琊，停留了大约三个月。在这次东巡中，齐人徐市等上书称：“海中有三神山，名曰蓬莱、方丈、瀛洲，仙人居之。请得斋戒，与童男女求之。”始皇“于是遣徐市发童男女数千人，入海求仙人”。这是有记载的秦朝大规模的航海活动之一。

公元前218年,秦始皇再次东巡,登上芝罘,来到琅琊并刻石纪功。公元前215年,秦始皇东游行至当时的黄河入海口。公元前210年,秦始皇再次出游,少子胡亥随行。“十一月,行至云梦,望祀虞舜于九疑山。浮江下,观籍柯,渡海渚。过丹阳,至钱唐。临浙江……上会稽,祭大禹,望于南海,而立石刻颂秦德。……还过吴,从江乘渡。并海上,北至琅邪。”秦始皇这次海上航行的场面十分宏大,沿长江东航,到杭州,又渡浙江,登会稽,祭祀大禹;再沿近海航线,北上航行到琅琊。这也是世界航海史上的一次壮举。

(二)汉朝海疆

汉朝总体继承了秦朝的制度,但对于辅汉有功者仍加以分封。汉初,东南沿海的东瓯、闽越实际上并不服从汉朝统治;南越则被秦委派的南海郡龙川令赵佗所掌握,赵佗还兼并了象郡、桂林,自立为南越王。武帝时期,国力增强,“汉兴,海内为一,开关梁,弛山泽之禁,是以富商大贾周流天下,交易之物莫不通,得其所欲”。随着社会经济的发展,汉武帝开始统一全国的历程。闽越、东瓯之战后,“东瓯请举国徙中国,乃悉举众来,处江淮之间”,西汉王朝因此取得了对东瓯的主权。元鼎三年(前114年),南越国相吕嘉叛乱,朝廷以“楼船十万师往讨之”。元鼎五年,汉武帝派多路大军进攻南越,最终平定南越,此后南部海疆重归汉朝中央政权控制,番禺、合浦、徐闻等重要海港日渐形成。公元前109年至前108年,汉武帝派遣水、陆两军消灭了卫氏朝鲜,设置玄菟、真番、乐浪、临屯四郡,从此北部海疆重归中央政权。

西汉时,设十三刺史部作为全国行政区域划分,其中共有5个临海的刺史部(幽州刺史部、青州刺史部、徐州刺史部、扬州刺史部和交趾刺史部),自北向南设置多达21个临海郡。许多著名的海港城市在沿海郡国逐渐形成,如番禺(今广州)、东冶(今福州)、钱唐(今杭州)、琅琊、芝罘、临淄等。沿海郡县不仅设有行政官员进行管理,还有军队常驻,肩负着海防的职责。

汉武帝时期,海外尚未平伏,汉王朝因而大力建设海军,戍防海疆,并通过巡狩等方式威示海外,同时借助祭祀名山大川,昭示皇帝受命于天,并向天告示太平,以期佑其王朝万世永存,达到巩固统治的目的。秦汉时期是我国统一海疆形成的时期,奠定了现代中国海疆的基本格局。

二、从会稽到闽粤的海上航路

秦汉时期,大一统的格局为社会的各项发展提供了坚实的物质基础,造船技术及水路交通均有了更进一步的发展。同时,秦汉时期的海上交通在历代统治者的重视下得到制度上的保障,因而获得了空前的发展。

中国东南沿海的近海航线很早就开辟了。汉武帝建元三年(前 138 年)闽越围困东瓯,东瓯派人向汉廷求救,汉武帝乃"遣中大夫严助持节发会稽兵,浮海救之。未至,闽越走,兵还"。建元六年(前 135 年),"闽越王郢攻南越,(武帝)遣大行王恢将兵出豫章,大司农韩安国出会稽,击之。未至,越人杀郢降,兵还"。[1] 元鼎六年,闽越王余善谋反,汉武帝遣横海将军韩说出句章(今浙江余姚县东南),从海路驶往闽越。此次出兵明确由海路行进,由此可以推测,建元六年韩安国出会稽后所走的,可能也是海路。

东汉时期,海上交通路线在东海沿岸浙、闽地区之间已经逐渐开辟,并得到了发展。东汉末年,诸侯争霸,百姓流离,也有官员为躲避战乱辗转至会稽,又从海路南下交州。东海郯人王朗,曾任会稽太守,"孙策渡江略地,朗功曹虞翻以为力不能拒,不如避之。朗自以身为汉吏,宜保城邑,遂举兵与策战。败绩,浮海至东冶。策又追击,大破之";后"自曲阿展转江海",[2] 最后归降于魏。另外,讨伐东南地区的叛逆也往往采取走海路的方式,"会稽东冶五县贼吕合、秦狼等为乱,权以岱为督军校尉,与将军蒋钦等将兵讨之,遂禽合、狼,五县平定,拜昭信中郎将"。[3] 据记载,当时的海上航道仍颇为艰险。《三国志·蜀书·许靖传》记载,许靖等人曾追随王朗,一路"经历东瓯、闽、越之国,行经万里,不见汉地,漂薄风波,绝粮茹草,饥殍荐臻,死者大半"。

在秦汉两个王朝的长期经营之下,自会稽至闽粤的航线上,出现了众多著名的港口,其中包括会稽、句章、回浦、东冶、番禺等。

会稽自春秋战国以来一直是重要的都市,越国曾在此地设置都城。会稽地理位置优越,东临杭州湾,西接富春江,既是重要的内河港口,又是著名的海港。有秦二代都曾至会稽巡狩,足以显示会稽作为重要港口的地位。

句章港(今浙江宁波市西)在汉武帝时期既是重要的海港,也是水军驻扎的重要基地。汉武帝元封元年(前 110 年)出兵攻打东越,"遣横海将军韩说出句章,浮海从东方往";[4] 东汉灵帝熹平元年(172 年),"会稽妖贼许昌起于句章,自称阳明皇帝",孙坚"以郡司马募召精勇,得千余人,与州郡合讨破之";[5] 吴

---

〔1〕《史记·东越列传》。
〔2〕《三国志·魏书·王朗传》。
〔3〕《三国志·吴书·贺全吕周锺离传》。
〔4〕《史记·东越列传》。
〔5〕《三国志·吴书·孙破虏讨逆传》。

景帝孙休永安七年(264年),“魏将新附督王稚浮海入句章,略长吏赀财及男女二百余口”。〔1〕

东冶,即今福建福州,《汉书·地理志》颜师古注:冶,“本闽越地”。《汉书·闽越传》记:“汉五年,复立无诸为闽粤王,王闽中故地,都冶。”汉武帝时期,闽越不管是攻击东越还是南越,都以东冶作为水军北上南下的港口,并长期以之作为由南海北上的中间转运港。至东汉时期,“旧交阯七郡贡献转运,皆从东冶泛海而至”。〔2〕

而曾为南海郡治的番禺,为南越政权长期经营,成为南海最大的港口。《史记·货殖列传》记载:“九疑、苍梧以南至儋耳者,与江南大同俗,而杨越多焉。番禺亦其一都会也,珠玑、犀、玳瑁、果、布之凑。”《史记·地理志下》也记载:“(粤地)处近海,多犀、象、毒冒、珠玑、银、铜、果、布之凑,中国往商贾者多取富焉。番禺,其一都会也。”当时番禺已成为沟通中国与东南亚商贸的大港。广州秦汉造船工场遗址的结构与规模,也反映出番禺在南海航运系统中的地位。番禺后为交州治所。东汉末中原战乱不断,士民多避乱会稽,及战火蔓延至会稽,则又纷纷南渡交州。

三、以会稽和东冶为代表的闽越

汉初,因越人佐汉有功,汉高祖先后把闽中地分封给闽越王无诸、东瓯王摇、南海王织。武帝时期,闽越国吞并东瓯,实力达到顶峰,社会经济发展进入新的阶段,闽越国成为东南沿海举足轻重的政治势力。

考古资料表明,闽越族在元封元年之前已进入铁器时代,农业工具占出土铁器的大部分,这成为秦汉时期闽越经济发展的物质基础。闽越国境内多山地丘陵,少平原,但同时土地肥沃、水道密集,适宜山地种植和稻作农业的发展。先进的农业工具使闽越族人可以精耕细作,使一系列农业生产活动得以高质量完成。但闽越社会大部分下层人民的生活水平还是偏低下的。《汉书·地理志》载:“江南地广,或火耕水耨,民食鱼稻,以渔猎山伐为业,果蓏蠃蛤,食物常足,故呰窳偷生,而亡积聚。饮食还给,不忧冻饿,亦亡千金之家。”秦汉以来,江南农业生产中,水耨火耕仍然流行,是当时江南稻作业的重要特征。“水耨火耕”,根据颜师古注引应劭语:“烧草下水种稻。草与稻并生,高七八寸,因悉芟去,复下水灌之,草死,独稻长,所谓火耕水耨也。”

---

〔1〕《三国志·吴书·三嗣主传》。

〔2〕《后汉书·郑弘传》。

闽越地水险林密，使当地有机会发展渔猎业，成为农业生产之外的重要补充。武夷山闽越城址中先后出土了用以拴系在渔网上的陶网坠，数量之多足以表明渔业在经济生活中的重要地位。而闽越遗址出土了大批石箭镞和少量金属箭镞，在当时已经普及青铜箭镞和少量铁箭镞的情况下，杀伤力较小的石箭镞可能主要用来狩猎。与此同时，善于使用舟船是越人的一大重要特征，闽越国的航海造船技术也达到相当的高度。1970 年，福建连江县浦口公社山堂大队曾发掘出一艘西汉时期的古独木舟，舟身长 7.1 米，前宽 1.1 米，后宽 1.5 米，残高 0.82 米。[1] 而当时闽越人对于海洋已有早期的开发，他们熟悉沿海航道，习于海上航行。与此同时，闽越国的商品经济仍处于以物易物的较为落后的状态，考古发现表明，闽越国不仅没有自己的铸币，也不使用中原汉政府颁行的钱币。

闽越国的迅速发展与闽越王的野心给西汉中央政府带来了严重的威胁，汉朝大臣严助认为：闽越王“又数举兵侵陵百越，并兼邻国，以为暴强，阴计奇策，入燔寻阳楼船，欲招会稽之地，以践勾践之迹”。在基本解决匈奴的威胁之后，南方两越的割据政权进入汉王朝的视野。先是，建元六年，闽越攻打南越，南越王向汉廷求助。迫于来自汉廷的军事压力，第二代闽越国王郢之弟余善与宗族谋划，“王以擅发兵击南越，不请，故天子兵来诛。今汉兵众强，今即幸胜之，后来益多，终灭国而止。今杀王以谢天子。天子听，罢兵，固一国完；不听，乃力战；不胜，即亡入海”。[2] 于是，余善杀郢，自立为东越王，保全了闽越国。但到元鼎六年（前 111 年），余善与汉朝中央矛盾激化，决定叛乱；元封元年（前 110 年），汉军分四路攻入闽越腹地。越衍侯吴阳与繇王居股杀余善，归降汉廷。闽越国灭亡。之后，闽越国人口锐减，文化进程被打断，闽越作为会稽郡的一个县，在历史上极为模糊。

直至东汉时期，江南一带有了初步的发展，人口逐渐增多，东冶作为中国南部海上交通中心之一出现在史籍上。“旧交阯七郡贡献转运，皆从东冶泛海而至，风波艰阻，沉溺相系。”[3]东冶成为由南海北上的重要的中间转运港。东冶县治福州，为当时福建政治、经济、文化中心。福建境内最大的内河闽江经福州南境流入大海，与其众多支流在内地形成扇形的交通运输网络。汉朝利用东冶得天独厚的地理环境和人民擅长航海的传统，将其开辟为对外交通和贸易的港

〔1〕 福建省博物馆等：《福建连江发掘西汉独木舟》，《文物》1979 年第 2 期。
〔2〕《史记·东越列传》。
〔3〕《后汉书·郑弘传》。

口。至东汉前期,东冶与中南半岛已开辟了定期的航线,成为东南海运的枢纽和对外贸易的主要港口。

东冶在两汉和魏晋时期很可能已具有了东洋航运重要起航港的地位,它既是东洋远航的方位标志,又有了"道里"参照值。《后汉书》卷八五《东夷传》关于"倭"的记述中,以"东冶"作为方位标志:"倭在韩东南大海中,依山岛为居,……其地大较在会稽东冶之东,与朱崖、儋耳相近。"裴松之则在《三国志》中引用道:"今倭水人好沉没捕鱼蛤,文身亦以厌大鱼水禽,……计其道里,当在会稽、东冶之东。"〔1〕

三国时期,孙吴锐意经营江南,在其统治期间,江南有了较为明显的发展。会稽与西北诸郡同样作为安置徙民的地点,在北方人口南迁的带动下,以会稽为代表的江南地区的水利建设和农业生产技术得到了快速的发展,冶剑、船舶、竹箭制造亦有了相当发展。

孙吴时,会稽郡分会稽、临海、建安、东阳四郡;在闽中设建安郡,辖地包括福建全境,〔2〕郡治虽设在建瓯,但福州位于福建中部沿海,向为建安郡的主要出海港口,最大的造船厂也设于此。东吴曾在此置典船校尉,主持造船,有罪的官吏多被发往建安造船。〔3〕

会稽郡的手工业生产中,最为著名的应是青瓷制造业。至东汉晚期,上虞小仙坛越窑成功烧制青瓷器。三国时,上虞、始宁、绍兴等地出现了"胎质坚硬、釉色淡雅、造型优美、胎釉结合牢固,并出现点彩装饰"的青瓷器,其器物造型生动,纹饰多样,此一时期是青瓷发展史上继往开来的重要阶段。〔4〕

四、台湾海峡的交通

台湾与大陆之间的交通,虽然晚至隋朝才见于史籍,但最早或可追溯至先秦时期。根据《史记·东越列传》记载,建元六年(前135年),因闽越击南越,汉廷发兵讨伐闽越,闽越王弟余善即将"入海"作为退路。《汉书·朱买臣传》也有记载:汉武帝时,东越数反复,买臣因言:"……今发兵浮海,直指泉山,陈舟列兵,席卷南行,可破灭也。"这些都说明东南沿海在西汉初年已通海外,而此交通极有可能在先秦时期即已开辟。

三国时期,孙吴实现了对台湾初步的控制,东海海上交通得到了更进一步的

〔1〕《三国志·魏书·乌丸鲜卑东夷传》(裴松之注引《魏略》)。
〔2〕《三国志·吴书·吴嗣立传》。
〔3〕《太平寰宇记》卷一《江南东道十二·福州》。
〔4〕姚培锋等:《三国时期会稽郡的人口和社会经济》,《浙江社会科学》2005年第5期。

发展。孙权黄龙二年(230年),“遣将军卫温、诸葛直将甲士万人浮海求夷洲及亶洲”,“但得夷洲数千人还”。〔1〕虽然卫温、诸葛直此次航行只到达夷洲,没有到达亶洲,未达到预期目的,“皆以违诏无功,下狱诛”,〔2〕且“军行经岁,士众疾疫死者十有八九”,〔3〕付出了惨重的代价,但却实现了大陆政权对台湾的短暂统治,大陆对台湾也有了初步的认识。对于此次航行路线,有学者认为,卫温、诸葛直可能是从临海郡章安出发的,即由今台州湾起航向东南前行,到台湾北部登陆。

除了东西横渡台湾海峡外,台湾海峡本身也是中国沿海地区由南向北的交通要道之一。有汉以来,闽越人常沿台湾海峡航行。《史记·东越列传》记载:“至元鼎五年,南越反,东越王余善上书,请以卒八千人从楼船将军击吕嘉等。兵至揭扬,以海风波为解,不行。”至于汉末,天下大乱,或有士人通过台湾海峡南下避乱。《后汉书·桓晔传》记:“初平中,天下乱,(桓晔)避地会稽,遂浮海客交阯,越人化其节,至闾里不争讼。为凶人所诬,遂死于合浦狱。”另史料记载,三国时期,虞翻仕于吴,敢于直言正谏,却被孙权流放至交州。晚年,孙权思虞翻,令交州“给其人船,发遣还都”。〔4〕可见,虞翻往返交州、闽中,都是循海路进行的。

第二节　中原文化与古越文化的交融

一、古越文化的特征

古越滨海,境内多丘陵湿地,山洪、潮汐与虫蛇兽类对古越人的生存造成了严重威胁,“越人断发文身,以避蛟龙之害”。〔5〕且越地气候湿热,疫疠时作,人口稀少,环境恶劣,导致越地开发远远落后于中原地区。“越非有城郭邑里也,处溪谷之间,篁竹之中……得其地,不可郡县也……阻险林丛,弗能尽著。”〔6〕

---

〔1〕《三国志·吴书·吴主传》。
〔2〕《三国志·吴书·吴主传》。
〔3〕《三国志·吴书·全琮传》。
〔4〕《三国志·吴书·虞翻传》。
〔5〕《汉书·地理志》。
〔6〕《汉书·严助传》。

古越特殊严峻的地理环境，催生了古越文化中最初的特征。百越各部分布虽广，却具有共同的民族特征。

1. 因地制宜的生产生活方式。农业生产是古越人社会生产的基础，水稻种植是其中起决定性作用的部分。文献中不乏关于越人种植水稻的记载。《逸周书 · 职方氏》云：扬州“其谷宜稻”。《国语 · 越语》载“吴稻蟹不遗种”，“勾践载稻与脂于舟以行”。“总之，楚越之地，地广人稀，饭稻羹鱼，或火耕而水耨，果隋蠃蛤，不待贾而足，地执饶食，无饥馑之患，以故呰窳偷生，无积聚而多贫。是故江淮以南，无冻饿之人，亦无千金之家。”〔1〕因农业生产需要，越人制作了大量石器工具。而由于水泽密布，古越人充分利用这一优越的自然条件，除了从事以水稻种植为主的农业生产外，还大量捕捞鱼鳖蛇蛤以及其他的水生小动物，作为他们食物的重要来源。“越人得髯蛇，以为上肴，中国得而弃之无用”，〔2〕“楚越水乡，足螺鱼鳖，民多采捕积聚，棰叠包裹，煮而食之”。〔3〕

2. 断发文身与椎髻。文献中对越人行断发文身习俗有诸多记载，如：“翦发文身，错臂左衽，瓯越之民”，〔4〕“屦为履之也，而越人跣行；缟为冠之也，而越人被发”，〔5〕“越，方外之地，劗发文身之民也”〔6〕等等，可见，断发文身均为越人习俗。文身即在人体皮肤上刺划出各种纹样，以墨染之，待伤口愈合之后，其纹样便以青灰色的墨纹永远保留。一般认为，文身应该与生活实际相关。一方面，越人受蛟龙之害，而文身可起到符箓作用，可“避蛟龙之害”。另一方面，越人以蛇为图腾，身上黥以“龙蛇”等纹，可以获祖先庇佑，因而文身又被认为与图腾崇拜有关。

考古资料对于文献记载中的越人行椎髻的习俗也有相关印证。例如浙江吴兴棣溪出土的青铜镦，下半截为双膝下跪的裸身奴隶俑，脑后即梳有椭圆形发髻。

3. 习于水斗，善于用舟。越人所处地域水道纵横，“汤、武，圣主也，而不能与越人乘干舟而浮于江湖”。〔7〕越人善舟，在军事上也充分发挥这一特长，从而形成了强大的水师。早在春秋战国时期，吴、越便以水战著称。淮南王刘安上

〔1〕《史记 · 货殖列传》。
〔2〕《淮南子 · 精神训》。
〔3〕《史记 · 货殖列传》。
〔4〕《战国策 · 赵策》。
〔5〕《韩非子 · 说林上》。
〔6〕《左传 · 哀公七年》。
〔7〕《淮南子 · 主术训》。

书汉武帝论对闽越用兵时指出:“越……习于水斗,便于用舟。”[1]又云:“越人欲为变,必先田余干界中,积食粮,乃入伐材治船。”史书还记载:元鼎六年,南越相吕嘉叛乱失败,“建德已夜与其属数百人亡入海,以船西去”。[2] 1973年,福建连江发现了一只约属于汉初的独木舟,其结构与1958年故吴国辖地江苏武进淹城发现的春秋战国时期的独木舟类同。[3] 秦汉大一统之后,尽管越族已逐步加入汉民族大家庭,但他们“善于舟”的特点并未丢失,在越族的居住地域内,如广东、湖南等省,考古工作者经常发现有汉代(尤其是东汉)的陶、木船模型及独木舟等。

4. 营筑干栏式房屋。越人的干栏式建筑,早在原始社会时期就已普遍被采用。秦汉之后,越族先后与汉族同化,但在东南地区,其传统的建筑形式仍然被保留着。在汉代,特别是东汉时期的墓葬中,如广州西村的皇帝岗、广西贵县的汶井岭以及湖南长沙等汉墓中,还都随葬有干栏式的陶屋模型。

5. 保留浓厚的原始婚俗。秦至东汉初年,越人原始群婚遗俗在越地还有较大影响,越地尚无严格的一夫一妻制。“骆越之民无嫁娶礼法,各因淫好,无适对匹,不识父子之性,夫妇之道。”[4]

6. 崇拜鬼神,迷信鸡卜。“是时既灭两越,越人勇之乃言,‘越人俗鬼,而其祠皆见鬼,数有效。昔东瓯王敬鬼,寿百六十岁。后世怠慢,故衰耗。’乃令越巫立越祝祠,安台无坛,亦祠天神上帝百鬼,而以鸡卜。上信之,越祠鸡卜始用。”[5]这种占卜方式仍流行于后世。

7. 实行崖葬。崖葬是居住于高山悬崖的古越人所流行的葬俗,常见于古文献的记载。萧子开《建安记》记载,武夷山“半岩有悬棺数千”。[6]《索隐》记载:“《地理志》云,建安有武夷山,溪有仙人葬处,即汉书所谓武夷君”。[7] 而在百越族分布区内的福建、江西、浙江、广西等地所出土的考古资料也与文献相印证。1978年至1979年,江西贵溪仙岩发掘出了春秋末战国初期的越人葬。这些墓葬均葬于溪河两岸绝壁的岩洞内,岩洞位于距河面或地面四五十米高的岩壁中下部,洞口朝东南,大小不一,天然洞穴或经人工加工的洞穴均有。随葬品

---

〔1〕《汉书·严助传》。

〔2〕《史记·南越列传》。

〔3〕谢春祝:《淹城发现战国时期独木舟》,《文物参考资料》1958年第11期;福建省博物馆:《福建连江发掘西汉独木舟》,《文物》1979年第2期。

〔4〕《后汉书·循吏列传》。

〔5〕《史记·封禅书》

〔6〕《太平御览》卷四七。

〔7〕《史记·封禅书》。

十分丰富。[1] 类似的墓葬在福建崇安武夷山也有所发现,墓葬所用棺木呈船形,故又称船棺葬,随葬品较缺乏。[2]

武夷悬棺

二、东南地区多元文化的交融与发展

古越族人自商周时期便开始活跃于东南沿海地区。彼时,古越族独立于中原汉族,有自己鲜明的文化特色。自秦始皇统一天下之后,古越族才与中原汉族开始接触,随后逐渐融合。

秦并天下,中原势力初次到达南方海滨,汉人首次统治了越人。秦始皇对初纳入统治的越人实行移民政策,"乌程、余杭、黝、歙、无湖、石城县以南,皆故大越徙民也。秦始皇帝刻石徙之";[3]"是时,徙大越民置余杭,伊攻□故鄣,因徙天下有罪适谪吏民,置海南故大越处,以备东海外越",[4] 以分化瓦

---

[1] 江西省历史博物馆:《江西贵溪崖墓发掘简报》,《文物》1980年第11期。
[2] 福建省博物馆等:《福建崇安武夷山白岩崖洞墓清理简报》,《文物》1980年第6期。
[3]《越绝书·越绝外传·记吴地传》。
[4]《越绝书·越绝外传·记吴地传》。

解越族，巩固秦王朝的统治。在强制移民政策下，古越族人第一次大规模地与汉族进行接触。“闽”开始归入中华民族大家庭。秦王朝在福建设置了闽中郡，目的是加强对此地的控制，这一举措促进了闽越族文化和汉文化的交流。据考证，秦时闽中郡只是虚设，闽越王仍有独立性，与中原汉廷的关系也并不密切。不过，从人口流动上来看，一方面当时大量闽越族人迁移到现在的浙江省北部和安徽、江西等省境内；另一方面当时许多中原的罪犯也被流放到闽中。因此，不断有汉族移民入闽，他们与当地闽越族人交流日益密切，进而逐渐发展成为福建的主体民族。

秦末大乱，越人乘机独立为三国，浙南处为东瓯，福建处为闽粤，岭南处为南越。“汉击项藉，无诸、遥率越人佐汉”，越人首领协助刘邦，表现出对汉文化的趋同。东越佐汉有功，汉高祖秉呈秦制，封越将以诸侯。汉高祖五年（前 202 年）“复立无诸为闽越王，王闽中故地，都东冶。汉惠帝三年（前 192 年）举高帝时越功，曰闽君摇功多，其民便附，乃立摇为东海王，都东瓯，世俗号为东瓯王”。汉初仍以分封闽越、东海、南海的方法实行对越地的统治，“两粤俱为藩臣”。此时汉廷对越地只有朝贡关系，越地每年向汉廷进贡。“闽越王献高帝石蜜五斛，蜜烛二百枚，白鹇、黑鹇各一双。”〔1〕这种朝贡关系是松散的，自无诸逝世，闽越国不再向汉王朝纳贡。“（闽）越人名为藩臣，贡酎之奉，不输大内；一卒之用，不给上是。……其不用天子之法度，非一日之积也。”〔2〕

西汉景帝时期爆发吴楚七国之乱，吴王子子驹逃亡闽越，煽动闽越王报父仇，“至（汉武帝）建元三年，闽越发兵围东瓯”。东瓯被围困，向汉廷请求支援，而在汉朝军队还未到达目的地之时，“闽越引兵而去。东瓯请举国徙中国，乃悉举众来，处江淮之间”。〔3〕 元封元年（前 110 年），汉武帝平定闽越之乱后，鉴于“东越狭多阻，闽越悍，数反复”，乃“诏军吏皆将其民徙处江淮间。东越地遂虚”。〔4〕

东汉以后，史籍上对越族及其活动的记载逐渐消失，而改以其居住的地点，或社会经济特点，或语言特点，或文化习俗特点等称之，且这部分新的族称都是对活动于岭南西部和云贵部分地区的越族后裔的称呼，闽浙一带的越人已不见于史籍。直到东汉灵帝建宁二年（169 年），文献上始出现“山越”一称，此时距

〔1〕《西京杂记第四》。
〔2〕《汉书 · 严助传》。
〔3〕《史记 · 东越列传》。
〔4〕《史记 · 东越列传》。

闽越国灭已有279年。[1]

山越在三国时期出现尤多,不仅覆盖了原先东瓯、闽越的居住地,还辐射至周边广大区域,与汉族的关系呈现出“大杂居小聚居”的状态。山越人居住于险峻的山区,整体生产力较为低下,也基本不受当地政府的管辖,不缴纳赋税,不服徭役。作为在吴国境内仅次于汉族的第二大民族,山越的力量举足轻重。孙吴屡次征伐山越,除了采用镇压方式平定山越人的反抗浪潮外,还有掠夺和招抚山越人口以补充兵源和户口的重要目的,“强者为兵,羸者补户,得精卒数万人”,[2]以为部曲和奴婢。在孙吴政权征讨山越的过程中,大批山越人被迫移居平地,山越民与汉民杂居,成为编户齐民,共同为官府承担赋税徭役。与此同时,东吴还在山越原先居住地设置郡县进行管辖,将山越正式纳入东吴国家的政治管理体系之中。魏晋以后,随着山越人口日趋减少,山越逐渐沉寂,其活动情况只偶见于南朝、隋唐的史书,至宋以后消失于史籍。

此外,流民运动也是促进汉越民族融合发展的动因之一。百姓流亡是历代帝王都无法回避的问题,但客观上,百姓的流动促进了民族的融合发展。早在汉武帝时期,流民问题就成为统治者的一大问题,《史记·平准书》记载,元鼎年间,“山东被河灾,及岁不登数年,人或相食,方一二千里。天子怜之,诏曰:‘江南火耕水耨,令饥民得流就食江淮间,欲留,留处。’”中原人民成规模的南迁始于西汉末年。当时,土地兼并加剧,社会危机日益加重,特别是王莽“托古改制”的失败,导致“农商失业,食货俱废,民涕泣于市道”。[3] 在这种形势下,王莽又向匈奴发起大规模的战争,加之自然灾害连年发生,使民不聊生,经济全面崩溃,出现了“关东人相食”的惨象,北方人民开始向较为稳定的南方迁移。之后流民问题贯穿了整个东汉时期。东汉末年,诸侯割据,中原战乱,百姓流离失所,流民现象尤甚,南方成为移民运动的基本流向。汉献帝建安十四年(209年),曹操“欲徙淮南民”,而“江淮间十余万众皆惊走吴”。[4] 建安十八年,曹操“恐江滨郡县为权所略,征令内移。民转相惊,自庐江、九江、蕲春、广陵户十余万皆东渡江,江西遂虚,合肥以南惟有皖城”。[5] 其民宁南勿北,体现了流民运动的共同倾向。

---

[1]《资治通鉴·汉纪》胡三省注曰:“山越本亦越人,依山险阻,不纳王租,故曰山越。”
[2]《三国志·吴书·陆逊传》。
[3]《汉书·食货志》。
[4]《三国志·魏书·蒋济传》。
[5]《三国志·吴书·吴主传》。

第三节　航海文化与东南社会的变迁

一、航海与东南社会的对外拓展

秦汉时期是中国古代航海的第一个发展时期。航海对于国家的重要性日益彰显。相较于陆路交通，东南地区在海上航行与运输方面表现出内在的优越性。对天文导航的了解和对季风驱动的掌控，使中国航海人员有能力开辟驶往日本以及东南亚、南亚地区的远洋航线。

（一）航海发展的必要条件

1. 造船技术的发展

秦汉时期，全国性的水陆交通网络基本形成。随着经济社会的发展和造船经验的积累，这一时期的造船技术得到了显著提高。

秦汉时期船舶种类多，结构先进，特别是战船，代表了当时造船技术的先进水平。战船种类有先登、艨冲、舰等。据《释名》介绍："军行在前曰先登，登之向敌阵也；外狭而长曰艨冲，以冲突敌船也；轻疾者曰赤马舟，其体正赤，疾如马也；上下重版曰槛，四方施版，以御矢石，其内如牢槛也；五百斛以上还有小屋曰斥候，以视敌进退也……二百斛以下曰艇。艇，挺也，其形径挺，一人二人所乘行者也。"楼船是其中的一大特色。楼船首见于春秋时期，秦汉时期继续大量生产，其最高可达十余层，是当时水军作战的重要战舰，"楼船上建楼三重，列女墙，战格，树幡帜，开弩窗矛穴，置抛车垒石铁汁，状如城垒"。[1]

同时，船上设备日趋完备。至迟在东汉初，船尾即安装舵用以准确操控航向。广州东汉墓葬所出陶船模型尾部的宽叶桨板，正是尾舵的早期形态。此时开始使用橹，这是利用人力推动船只前行的一大进步，因为用橹划船的效率是用桨的两倍甚至三倍。季风的利用也在秦汉时期逐渐成熟。由于船舶上各种推进与操控设备基本齐全，秦汉时期的船舶与同时期的罗马木船相比要先进得多。

2. 航海技术的进步

秦汉时期航海技术的进步为近海与远洋航行提供了技术支持。据《汉书·艺文志》介绍，西汉时海上导航占星书籍已有《海中星占验》12卷、《海中五星经

---

〔1〕《武经总要》。

杂事》22卷等,总计达136卷之多。[1] 虽然这些古籍早已散佚,但仍可通过书名知悉,当时的航海知识已包含航海天文和航海气象等信息。从《淮南子》"夫乘舟而惑者,不知东西,见斗极则寤矣"的记载可以看出,汉代船员或已利用北斗星与北极星来进行定向导航。

利用季风进行航海的技术的掌握,是秦汉时期能够进行较大规模的远航活动的重要因素。不管是从山东沿海直驶闽粤,还是从会稽驶往闽粤,甚至汉武帝时期汉使远航印度洋,都显示出当时人对季风的熟练掌握。当然,对海洋更进一步的认识也是进行航海的重要信息支持。船员以"月"和"天"(或"日")为海上计程单位,对航程与航期开始有了初步的估算。对海上地形地貌进行精确测量的"重差法"在汉代也已出现。秦汉时代,人们对潮汐的认识已越过表面现象。东汉王充在《论衡·书虚篇》中正确提出了"涛之起也,随月盛衰"的科学假说,第一次把潮汐成因与月球运动联系起来,为我国古代航海活动提供了有力的理论指导。

此外,秦汉时期设有专门的机构对造船业进行专门的管理,如京兆尹的"船司空"、水衡都尉属下的船官"辑濯令臣"、庐江郡的"楼船官"等,这些都是造船工业制度上的保障。

(二)东南社会的对外拓展

秦汉之际,在造船和航海技术强有力的支持下,东南社会显示出对外拓展的趋势,东洋和南洋两个方向已有了成熟的航路。

考古发现,早在公元前10世纪,中国稻米就由中国东南沿海地区传入日本。[2] 此外,闽越国故城遗址出土的闽越国特有的锻銎铁器,与日本弥生时代最初出现的斧、凿类锻銎铁器,在制作和造型上有着惊人的相似。其制作手法的渊源关系也很明显,日本的斧、凿类锻銎铁器很可能是直接受闽越国的锻銎铁器及其制作技术的影响产生的。锻銎铁器及其技术传入日本的时间晚于稻作农耕技术,前者沿后者的传播途径进入日本,即从福建或浙南沿海通过海上通道传入日本九州。[3] 西汉初年,闽越国曾通过贸易从海外输入相当数量的奇珍,这也证明当时的闽越国已初步具备与海外进行贸易的航海能力。

---

〔1〕 王子今:《秦汉交通史稿》,中共中央党校出版社,1994年,第221页。

〔2〕 陈文华:《中国稻作的起源和东传日本的路线》,《文物》1989年第10期;王心喜:《江南地区远古居民航渡日本试论》,《海交史研究》1987年第2期。

〔3〕 杨琮:《西汉闽越国与日本及南洋的交往》,《海交史研究》1996年第2期。

汉朝平定闽越之后,中原汉人不断迁徙入闽,与越族遗民相融合,航海技术不断发展。据《后汉书·郑弘传》记载:"旧交阯七郡贡献转运,皆从东冶泛海而至,……弘奏开零陵、桂阳峤道,于是夷通,至今遂为常路。"可见在东汉前期,东冶与中南半岛已开辟了固定的航线,海上交通频繁。《后汉书·东夷列传》记载:"人民时至会稽市。会稽东冶县人有入海行遭风,流移至澶洲者。所在绝远,不可往来。"《三国志·吴书·吴主传》中也有记载:"(黄龙)二年春正月,……遣将军卫温、诸葛直将甲士万人浮海求夷洲及亶洲。……世相承有数万家,其上人民,时有至会稽货布,会稽东县人海行,亦有遭风流移至亶洲者。所在绝远,卒不可得至,但得夷洲数千人还。"夷洲已被史家考证为台湾,而澶洲所指何处,仍有争议,有学者认为,澶洲实乃菲律宾。[1] 至三国时期,东南沿海的海外交通有了长足的发展,而交往地区仍限于东亚、东南亚一带,海上航运尚停留于开创阶段。

二、移民促进了航海文化的发展

秦汉时期,官方组织的民众迁徙存在政治性移民、军事性移民以及经济性移民等多种性质,我国人口的空间分布呈现新的格局。虽秦汉两朝以武力统一全境,但边疆势力仍对中央政权造成巨大的威胁。为消除隐患,秦汉统治者采取了徙民的方式,如秦将六国遗民迁出原籍,汉将闽越国民迁入江淮等地。同时,如东瓯之类的小国,为保全自己,向力量更高者寻求保护,从而自主选择了迁徙。罪迁也是秦汉时期徙民的原因之一,"其自内郡徙边区者,多犯罪之人"。[2] 福建地区造船业的发展,也有赖于谪边官吏的贡献,《三国志》中常有吴国谪徙有罪官吏到建安造船的记载。《吴书·三嗣主传》记载:"(凤皇)三年,会稽妖言章安侯奋当为天子。临海太守奚熙与会稽太守郭诞书,非论国政。诞但白熙书,不白妖言,送付建安造船。"裴松之注引《会稽邵氏家传》言:"皓乃免诞大刑,送付建安作船。"

除了强制性的官方移民之外,因战乱饥荒等,民众自行移民的也不在少数,某些时期甚至成为统治者的头等问题。两汉时期,南方人口稀少,相对安定,逃避饥荒和战乱的民众多逃往南方,以致汉武帝时"令饥民得流就食江淮间,欲留,留处"。[3] 东汉以后,诸侯割据,中原战乱,民众向南迁徙成为一种趋势。

---

〔1〕 廖大珂:《福建海外交通史》,福建人民出版社,2002年,第6—7页。
〔2〕《华阳国志校补图注·蜀志》。
〔3〕《史记·平准书》。

大量汉人进入闽越地区,给闽越之地带去了先进的生产技术,闽越之地得到了进一步开发,这也为航海文化的发展奠定了物质基础。武夷山(崇安)汉城遗址出土的铁器具有明显的中原文化特征,这也是北方汉民南迁开发闽越之地的佐证。一些出土农具文物,如犁铧、五齿耙等,也充分说明了这点。

汉族南移也带去了汉人的文化,对百越后裔产生了巨大的影响。在土著与移民共处之中,越人对汉文化的抵制最终被汉族移民浪潮淹没。东南地区多元文化的交融,在一定程度上表现为越人的“汉化”。越族社会的发展过程,因汉族移民的进入,产生了重大变化。

经过自秦开始的多次强制性移民和民众自行移民,汉人逐步进入古越地,汉人的技术与越人的航海传统相互融合发展,带来了中国航海的第一个大繁荣。在此期间,中国的航海文化初步形成。

第五章　魏晋南北朝时期的东海海域

第一节　汉人南迁与古越经济社会

一、北方战乱与汉人南迁

进入魏晋南北朝时期，以北方黄河流域为重心的经济格局开始改变。江南地区得到迅速开发，中原发展相对缓慢，南北经济开始趋于平衡。其中一个重要因素就是人口的迁移。[1] 汉人南迁改变了南北地区在社会经济发展上的不均衡，相当数量北方人口的涌入，使南方获得了前所未有的发展机会。[2]

早在东汉末年，已经有北方汉人向长江流域迁徙。后因五胡乱华，北方尽沦胡人之手，晋室衣冠南渡，大批中原人士渡淮过江，遍布淮南、江南一带。东晋初，抵达长江一带的北方汉人达数百万之众。战乱，特别是持续时间较长、破坏力度较大的祸乱，是引起北方人口迁移的主因。

除了战乱之外，魏晋南北朝时期，北方遭遇了连年的自然灾害。干旱、洪水和蝗灾等，迫使许多人离开故土，迁往更适宜耕作的南方。更有部分人向今福建、两广乃至越南迁移。

自东汉末到南北朝，大致有两个阶段的大规模南迁。[3] 先是从东汉末年到三国时期，从灵帝光和七年（184 年）二月爆发“黄巾起义”起，到魏正元二年

---

〔1〕 参见葛剑雄：《中国移民史》第二卷，福建人民出版社，1997 年。

〔2〕 参见李剑农：《中国古代经济史稿》（第二卷）《魏晋南北朝隋唐部分》，武汉大学出版社，2005 年。

〔3〕 葛剑雄：《中国移民史》第二卷，福建人民出版社，1997 年，第 253 页。

(255年),有过五次较大规模的迁移。[1] 南迁者中有不少率领宗族和部曲同行,后在吴国定居。因迁入吴国的移民数量众多,吴国在境内新设了不少政区。

第二阶段为西晋末年至南北朝时期。[2] 自元康元年(291年)开始的"八王之乱"愈演愈烈,至永康二年(301年)变成诸王间的混战,洛阳、长安,以及河南、河北、陕西、山东、山西部分地区都沦为战场,遭到严重破坏,这导致了大批北人南移。永康年间,聚集在荆州的流民已有十余万,其中一部分来自洛阳。持续四五年的战争中,荆州聚集的流民中被俘或投降者又随晋军东迁,到建兴三年(315年)暴动平息时,最终在荆湘定居的流民还有二三万人。

前秦苻坚统一北方后,于宁康元年(前秦建元九年,373年)夺取了东晋的梁、益二州。此后数年东晋一直处于守势,疆土日蹙,一些已在他乡居留的北方流人继续南迁。太元八年(前秦建元十九年,383年),苻坚向东晋发动全面进攻,同年在淝水大败,损失惨重,国内大乱。不少前秦军民或被晋军俘虏,或趁机南奔。此后晋军北上西进,收复梁、益二州。与此同时,北方各政权间的争夺异常激烈,也引起了流民南迁。义熙六年(410年),刘裕攻克广固(今山东青州市),灭南燕,数万人被南迁。义熙十二年,刘裕北伐,克洛阳,次年兵临长安,灭后秦。但之后刘裕匆匆东归,不久晋军被赫连夏击溃,大败而还。在刘裕东归、晋军撤退时,不少北方官员、大族、士人随同南迁。关中乱后,不少百姓流入汉中和巴蜀,直到刘宋永初三年(422年),"秦雍流户"还在源源不断"南入梁州"。[3] 东晋末又设置了一些侨郡县,以安置北方流人。[4]

二、先进的农耕技术传入南方

随着北方移民的到来,古越地区开始进入一个新的繁荣发展时期。

古越族的居住区域大致在今江苏、安徽、浙江、福建、台湾、湖南、广东、广西以及越南北部等地。[5] 这一地区四季分明,气候适宜,平原辽阔,土地肥沃,非常适合农业生产。

两汉时期,我国古代农耕方式有了新的发展,农耕工具也得到了改进。就农具而言,随着铁器的使用,更为细致的耕作已成为可能。从汉代起,犁耕就有"牛耕"和"人犁"两种方式,此后两种方式并存。建安初年,曹氏推行民屯政策,

---

〔1〕 葛剑雄:《中国移民史》第二卷,福建人民出版社,1997年,第271—283页。
〔2〕 参见葛剑雄:《中国移民史》第二卷,福建人民出版社,1997年。
〔3〕《宋书》卷三《武帝纪下》。
〔4〕 如《宋书》卷三七《州郡志三》所载南义阳郡、汝南县、华山郡蓝田县等。
〔5〕 详参林正周:《百越农业经济初探》,《古今农业》1999年第1期。

屯田民采取了牛犁耕垦。整个魏晋时期,屯田获得了充分的发展。出于军事发展的需要,江淮地区的屯田基本采用“火耕水耨”的方式。“火耕水耨”初始用于新垦之土地,通过培植高产农作物,短时间内可以获得丰收。

随着北人南迁而传入的先进的农业技术,大大提升了东南沿海地区的农耕水平,改善了南方的生存条件,解决了更多北人因战乱而迁移南方后所面对的生计问题。同时,战备之需也推动了北方先进农业技术的传入。

三、先进的手工技术的发展

魏晋南朝,地处东南沿海的福建地区,纺织业、陶瓷制造业、造船业等各项手工业生产步入一个迅速发展的时期。〔1〕

福建气候温和,雨量充足,适合蚕桑业的发展。东晋南朝国家的财政收入的组成主要为布、绢、丝、绵、禄绢、禄绵,〔2〕从中可见江南主要州郡都产数量不等的布、绢、绵等纺织品。这一时期福建纺织业的较大发展,既表现在麻葛织品质量的提高上,亦表现在丝织业的大发展上。彼时麻葛织品技术精湛,花色品种很多,其中有所谓越布、香葛、细葛、南布等等。与此同时,丝织业也得到了政府支持,并获得了大发展。宋元嘉年间,文帝下诏,“凡诸州郡,皆令……蚕桑麻纻,各尽其方”。〔3〕出自建安郡的“绹”(即丝绵),相较东南其他产丝地区的质量好,史料记载,宋时许瑶之罢建安琊丞还家,以绵一斤珍重地送给邦原平,“今岁过寒,而建安绵好,以此奉尊上下耳”,原平乃“拜而受之”。〔4〕可知福建的绵质量之好名闻遐迩。

魏晋南朝时期,福建陶瓷制造业有了较快的发展,特别是青釉瓷的生产。瓷釉中首先出现的是青釉。魏晋南北朝是我国青釉瓷的重要发展时期。烧制青釉瓷,釉药里必须含有适量的氧化铁,必须经过还原火。铁的含量需要多少才最恰当,还原火如何掌握,都要求工匠有很高的技术和充足的经验,因此青釉瓷的烧造,说明我国瓷器制造业已经取得了很大的成就。福建出土的魏晋南北朝时期的青瓷很多,青瓷的釉色有青黄色、宝绿色、青灰色等不同色调。诸如福州仓山区乐群路东晋永和十二年墓出土的天鸡壶、南安丰州东晋墓出土的青蛙小瓷盂和三足瓷盘,既是当时南方青瓷系统流行的器形,也是精心制作的艺术品。它们证明了福建青瓷在全国青瓷史上的重要地位。

---

〔1〕详参唐文基《福建古代经济史》第二编,福建教育出版社,1995年。

〔2〕《隋书》卷二四《食货志》。

〔3〕《宋书》卷五《文帝纪》。

〔4〕《南史》卷七三《郭原平传》。

孙吴时期,福建造船业成绩显著。吴国在侯官(今福州)设典船校尉,负责督造船只;又在闽东沿海设温麻船屯,一些北来的谤徙之人被派到此地造船。温麻船屯不但规模大,而且其所造船舶种类多、装备好。[1] 吴亡时西晋从吴国接收的舟船达五千余艘,其中不少是福建的典船校尉监造、温麻船屯制造的。这一时期江南诸州民间私人造船很普遍,以致隋统一后曾下诏禁止江南吴越人私造大船。

手工业的发展促进了商业的兴盛,如史料形容梁永嘉郡"控带山海,利兼水陆,实东南之沃壤,一都之巨会";[2]"吴郡、会稽、余杭、东阳……数郡川泽沃衍,有海陆之饶,珍异所聚,故商贾并凑"。[3]

四、人口迁入导致的行政建置变化

南迁者不少是率领宗族和部曲同行的,而且基本就在吴国定居。迁入吴国的移民数量很多,因而吴国在境内新设了不少政区。以今浙江省境为例,自东汉中平至西晋太康(184—289 年)这百余年间,新设县达 26 个,比秦汉所设总数还多。福建境内原来仅 1 县,孙吴占有江东后增设了 7 县。[4]

吴国接受的移民数量很多,举福建省境的例子说明问题。直到东汉末年,当地还只有从秦朝沿袭下来的一个县——东冶县(今福州市)。但孙吴占有江东后,先后增设的县竟多达 7 个。其中东安县设于今南安县东丰州,在晋江下游,说明移民已开始进入晋江流域,但总的说来还多在闽江流域。今江西境内也有类似情况,但今湖南省和岭南地区的县级行政区划并没有明显的变化,由此可见北方移民主要分布在今苏南、皖南、浙江、江西、福建等地,以赣江流域和闽江流域为界。

从西晋至南朝陈的政区建置可以看出侯景之乱后入闽移民的影响。西晋为时虽短,却在今福建增设了一郡六县。东晋时,新置绥成、沙村、绥安三县;梁时增龙溪、兰水二县,并置梁安郡;陈时置丰州,统晋安、建安和南安(梁之梁安)三郡。[5] 但东晋的 16 县到宋时减少到 12 县,齐时也只有 12 县。从这一过程可以看出,政区建置的扩大既是人口增加的结果,也是为了适应开发的需要。如西

---

[1] 《三国志》卷六〇《贺齐传》。
[2] 《全梁文》卷五六《永嘉郡教》。
[3] 《隋书》卷三〇《地理志下》。
[4] 葛剑雄:《中国人口史》第一卷,复旦大学出版社,2002 年。
[5] 参见林汀水:《福建政区建置的过程及其特点》,载《历史地理》第十辑,上海人民出版社,1992 年。

晋之所以大幅增置政区，是为了进一步促进地区开发。东晋和梁增设的五县中，绥成治今建宁县西南，沙村治今沙县东北，绥安治今云霄县，龙溪治今漳州市东南，兰水治今南靖县境，分别分布于闽西和闽南。从地理条件分析，闽西的新县居民大概以来自今浙西南和闽东北的移民为主，而闽南的新县设置显然适应了闽江下游和晋江流域人口扩散迁移的需要。

第二节　造船业与海上交通之发展

一、典船校尉与温麻船屯

孙吴于三国时期在东南地区建立政权，并定都建业（今江苏南京），其统治范围广达荆、扬、交、广 4 州，44 郡，337 县的陆海区域。因军事、航海以及贸易的现实需要，吴国尤其重视造船业的发展。公元 269 年，东吴政权在建安郡侯官县（今福州市）设立“典船校尉”（也作“典船都尉”）一职，校尉营设在今福州开元寺东直巷（该处还设有船坞），掌督造海船；并在今霞浦县葛洪山脚下的古县村一带建立温麻船屯，利用“谪徒”（罪人）并征集当地的工匠、劳工造船。温麻船屯拥有今福鼎沙埕港、晴川湾、里山湾，霞浦福宁湾、东吾洋，三沙湾覆鼎洋、官井洋，罗源鉴江湾等辽阔的海域，以及长溪、霍童溪等 44 条水道、17 个河口，其覆盖的陆海域之广可见一斑。温麻船屯无疑是当时吴国最大的造船基地之一，其建造的大量海船，为发展吴国海洋事业及海军力量奠定了坚实的基础。

温麻船屯最具特色的当属五板所造海船，史称“温麻五会”（“会”或称“合”）。此种“五会”船的主体由五块巨型木板所构成（或有五层舷板），因此船体极其坚固。晋代周处《风土记》所记“其舟，则温麻五会。豫章合五板以为大船。因以五会名也”，说的就是这种船。此外，温麻船屯还制造“青桐大舡”“鸭头舡”等各类大船。这些船多以盘结坚劲的硬质木材楠、松、樟、杉、楮等为材料，船长 20 余丈（50 米左右），高出水面可达 3—4 丈，可载 600—700 人，装载物资万斛（300 吨）以上，船张七帆，堪称巨舶。〔1〕

西晋代吴后，仍保留典船校尉和温麻船屯的旧制，并于晋太康三年（282 年）

〔1〕 参见何静彦、陈晔：《历史名城　海丝门户——福州海上丝绸之路论文集》，海峡文艺出版社，2014 年，第 3—4 页。

在温麻船屯首次建立地方政权——温麻县。隋朝开皇九年(589年)废温麻县;唐代在废县所在地设置长溪县。

二、沈莹与《临海水土志》[1]

沈莹其人被记载在《三国志·孙皓传》及裴注中,我们从中知道沈莹曾做过丹阳太守,并统率过"青巾军",且"屡陷坚陈(阵)"。天纪四年(280年),晋军进攻东吴,沈莹战死。其生年与籍贯,及在丹阳太守的任前及任上的各种活动均不可考。[2]

虽然史书对沈莹生平的记录并不详细,但这并不影响他的著作的广泛流传。沈氏著《临海水土志》,又称《临海水土异物志》或《临海异物志》,是我国历史上最早的地方志。此书首次提及台湾(即当时所称之"夷洲")并对台湾进行了研究。该书当是孙权追求"普天一统"的产物。黄龙二年(230年)正月,孙权毅然决然地派遣卫温、诸葛直率"甲士万人"的庞大舰队,"远规夷州,以定大事"。这支舰队"军行经岁",于次年带数千名夷洲人返回大陆。军队到达台湾后,可能与"夷洲人"进行了广泛的接触,为《临海水土志》的编写提供了许多一手资料。遗憾的是,该书自宋以来已失传。书中内容最早著录于《隋书·经籍志》史部地理类中,《太平御览》中记载得最多,《旧唐书·经籍志》《新唐书·艺文志》中也有收录。

沈莹的《临海水土志》成书时间可以从其内容推之大概。书中提到了临海郡、安阳县设置的时间,太平二年(257年),以"会稽东部为临海郡"(参《三国志·孙亮传》)。又有"安固令,吴立曰罗阳,孙皓改曰安阳,晋武帝太康元年(280年)更名"(参《宋书》卷三五《州郡志》)。孙皓于公元264年至280年在位。据此推算,《临海水土志》成书时间应当在罗阳改成安阳之后,即公元264年到280年之间。

《临海水土志》内容主要分为两部分:一是关于夷洲民、安家民等古代东南海岛民族的历史,为研究台湾少数民族史和古越族史的重要资料;二是记录了虫鸟、竹木、果藤等动植物资料,这部分内容是我国古代农业科学知识的一部分,而且从中也可以或多或少地了解古越人的生产知识和生活状况。[3]

---

〔1〕 详参张重根辑注:《临海水土异物志辑校》(修订本),中国农业出版社,1988年。

〔2〕 姚永森:《〈临海水土异物志〉:世界上最早记述台湾的文献》,《安徽师范大学学报(人文社会科学版)》2005年第4期。

〔3〕 赵伍:《〈临海水土异物志〉成书时间考》,《西南民族学院学报(哲学社会科学版)》1999年第4期。

该书作为吴国临海郡的一部地方志，不仅记录了夷洲民、安家民、毛民三个古代民族的社会状况，且对夷洲的风土人情叙述尤详。《临海水土志》所记载的安家民，住的是“干栏”式的房子；死后实行悬棺葬；其他风俗习惯，如饮食、衣饰等，“与夷洲民相似”；他们分布在浙南、闽北沿海一带。综观安家民居住的地区与文化，他们无疑是古越人的一部分。同时，安家民既然与夷洲人在文化上相似，这也从古文献上佐证了台湾的少数民族先民的一支来源于古越人。

三、与东亚邻国的海上往来

三国至南朝时期，地处东南一隅的中国南方政权与朝鲜、日本邻国之间的海上航线逐渐开辟。早在三国时期，吴越地区即有与东亚邻国的官方往来和文化交流。吴王曾派谢宏循海道出使高句丽。南朝萧梁时，通往日本、朝鲜的北方航线和通往西亚、南亚、东非等地的南方航线逐渐开辟，如吴地的工匠、画师经常渡海到百济，高句丽、百济和新罗等国也多次派遣使节到吴地访问。当时高句丽、百济、新罗遣使东晋及宋齐梁陈的次数分别为：高句丽 47 次、百济 33 次、新罗 5 次。[1]

在日本的古代史料中，有许多与吴越地区外交往来的记录。若史料真实可信，则可说明在三国至南北朝时期，日本曾经多次派遣外交使臣来到吴越地区。再如，福建晋安郡（今福州城）与扶桑（日本）之间已有海上交通，《南史》有载：“梁天监六年（507 年），有晋安人度海为风所飘至……”

第三节　海外文化与古越文化的交融

一、佛教文化的传播

魏晋时期战乱不断，民众苦不堪言，面对苦难现实，许多百姓通过求神拜佛等方式来获得精神上的宽慰；而统治者为了维护自己的统治也大力提倡佛教。在寻常百姓的需求中，在当权者的支持与提倡下，佛教的发展与壮大获得了极其肥沃的土壤。佛典的大量翻译，僧俗两众佛教著述的大量出现，使佛教学派峰起，民间信仰者剧增，这一切形成了中国佛教发展的首个高潮。

吴越是较早接受佛教文化输入的区域，佛教文化在该地域有着显著的表

〔1〕 蔡丰明：《吴越文化的越海东传与流布》，学林出版社，2006 年，第 73 页。

五磊寺天王殿与三国东吴时期
印度高僧那罗延之墓塔

现。从出土文物的雕刻装饰来看,佛教在三国东吴、两晋时期通过海道传入浙东地区,当时此地佛教颇为流行。例如,著名的宁波江北慈城普济寺、慈溪五磊寺即是于三国时期吴国时所建。吴赤乌年间(238—251 年),印度高僧那罗延来到句章(今慈溪)五磊山“结庐修静”,并创建了浙江境内最早由外来僧人建立的佛教寺庙五磊寺,成为中外佛教文化交流的先导。为纪念这位开山祖,五磊山上建有那罗延尊者墓塔。又如阿育王寺始建于西晋太康三年(282 年),至今已有 1 700 多年历史;被誉为“东南佛国”的天童寺,始建于西晋永康元年(300 年),与日本往来关系密切,为浙东对外文化交流的重要窗口。这些佛教寺庙的兴建和佛教僧侣的活动,都是当时吴越地区海上丝绸之路中佛教文化传播和交流的标志。

迟至西晋时,佛教就传入了福建。西晋太康三年(282 年),晋安郡太守严高在郡北无诸旧城(即今福州市)建造绍因寺,这是福建见诸文字记载的第一个寺院。寺名绍因,有“继承”之意,可能在此之前福州已有佛寺。西晋太康九年(288 年),南安九日山建造了延福寺,为福建第二座佛寺。南北朝时期,佛教已由闽中向闽北、闽东传播。梁武帝时,福建全境共建佛寺 28 所,并开始建塔,福建尼庵也由此开建。陈朝时,福建建寺 30 座。陈朝永定二年(558 年),莆田郑生创建了广化寺前身金仙院。同年,印度僧人拘那罗陀到泉州,挂锡延福寺三年,其间翻译了不少佛经,由此拉开了福建译经的序幕。

二、海外贸易及其对东南社会的影响

魏晋南北朝时期,传统的陆上贸易通道——丝绸之路对于南国来说不再通畅,因此海上对外贸易得到了发展。这一时期江南地区经济得到了开发,六朝政府也开始实施积极的对外海贸政策,海上丝路得以迅速发展。

三国吴时,孙权派出以朱应、康泰为首的外交使团出使东南亚各国,进行了长达十年的对外交流。使团对到访各国的政治经济情况,特别是贸易物产情况进行了深入细致的了解。出使结束后,朱应、康泰分别撰写了《扶南异物志》和《吴时外国传》。此外史书还有吴国使者多次往返南海诸国和朝鲜等地的记录。两晋时期,因中国内乱纷争迭起,中外往来一度衰弱,至南朝宋齐才逐渐恢复,南海商船至者有十余国。至梁代,海外贸易才得到全面恢复,“自梁革运,其奉正朔,修贡职,航海岁至,逾于前代”。[1]

南朝宋文帝于元嘉二十三年(446 年)派兵攻讨林邑,林邑臣服于宋,刘宋随

〔1〕《梁书》卷五四《诸夷传》。

即恢复与林邑的通商贸易关系。此后林邑多次遣使入贡。林邑向中国输出的商品除各种珠宝、犀角、香药、象牙外，还有棉花和棉布。同一时期，刘宋也与北方朝鲜半岛国家进行来往，并且从高句丽获赠良马 800 匹，这为南朝军备交通提供了有力支撑。扶南曾三次遣使来华。史载，齐武帝永明二年(484 年)，扶南王遣使奉献“金镂龙王坐像一躯，白檀像一躯，牙塔二躯，古贝(即木棉)二双，琉璃苏钕二口，玳瑁槟榔柈一枚”。[1] 位于马来半岛上的狼牙修国、盘盘国、丹丹国和北部的顿逊国(泰国南部古国)等国，从南朝初年开始与中国有贸易往来。“盘盘国，宋文帝元嘉、孝武孝建、大明中，并遣使贡献。”[2]到梁时，交往更加密切，“中大通元年(529 年)五月，累遣使贡牙象及塔，并献沉檀等香数十种。六年八月，复使送菩提国真舍利及画塔，并献菩提树叶、詹糖等香”。中大通三年，丹丹国遣使“奉送牙象及塔各二躯，并献火齐珠、古贝、杂香药等”。大同元年(535年)，复遣使献金、银、琉璃、杂宝、香药等物。

由上述可知，南海各国及以朝鲜半岛的高句丽为主的北方国家，与南朝展开了频繁的海上贸易往来。贸易品包括可用于军事用途的马匹、供宫廷贵族使用的奢侈品。以马匹为代表的军用品的贸易促进了东南地区的军事发展。以牙象、檀木、香料以及金银玉器等为代表的贡物满足了贵族阶层的奢侈消费需要。这些海上贸易往来促进了造船业及航海技术的发展，为后来海上丝绸之路的发展打下了基础。同时，海外丰富的物产和奇珍异宝引发了当地人的种种幻想，这为其后海外贸易进一步的开拓奠定了思想基础。

---

[1] 《南齐书》卷五八《东南夷传》。

[2] 《梁书》卷五四《诸夷传》。

第六章　隋唐五代时期的东海海域

第一节　海上交通与贸易网络的初步形成

一、经略台湾与澎湖开发

（1）隋炀帝对台经略

据《三国志·吴书》记载："（黄龙）二年春正月……遣将军卫温、诸葛直将甲士万人浮海求夷洲及亶洲。"之后，魏晋南北朝时期，由于政权更迭、战乱频仍，对台经略活动被迫中断。581年，隋朝结束了魏晋以来的战乱与分裂，再度实现统一。从大业元年（605年）"入海访求异俗"开始，到大业六年万余人远征止，隋朝先后三次派人经略台湾（时称流求）。

《隋书·东夷传》记载了隋炀帝经略台湾的经过：

> 流求国，居海岛之中，当建安郡东，水行五日而至。土多山洞。其王姓欢斯氏，名渴剌兜。不知其由来有国代数也。彼土人呼之为可老羊，妻曰多拔茶。……大业元年，海师何蛮等，每春秋二时，天清风静，东望依希，似有烟雾之气，亦不知几千里。三年，炀帝令羽骑尉朱宽入海求访异俗，何蛮言之，遂与蛮俱往，因到流求国。言不相通，掠一人而返。明年，帝复令宽慰抚之，流求不从，宽取其布甲而还。时倭国使来朝，见之曰："此夷邪久国人所用也。"帝遣虎贲郎将陈稜、朝请大夫张镇州率兵，自义安浮海击之。至高华屿，又东行二日至鼊鼊屿。又一日便至流求。初，稜将南方诸国人从军，有昆仑人颇解其语，遣人慰谕之，流求不从，拒逆官军。稜击走之，进至其都……载军实而还。自尔遂绝。

除《隋书·东夷传》外,《隋书·陈稜传》亦有炀帝经略台湾的记载:

大业三年,(陈稜)拜武贲郎将。后三岁,与朝请大夫张镇周发东阳兵万余人,自义安泛海,击流求国,月余而至。流求人初见船舰,以为商旅,往往诣军中贸易。稜率众登岸,遣镇周为先锋。其主欢斯渴剌兜遣兵拒战,镇周频击破之。稜进至低没檀洞,其小王欢斯老模率兵拒战,稜击败之,斩老模。其日雾雨晦冥,将士皆惧。稜刑白马以祭海神,既而开霁,分为五军,趣其都邑。渴剌兜率众数千逆拒,稜遣镇周又先锋击走之。稜乘胜逐北,至其栅,渴剌兜背栅而阵。稜尽锐击之,从辰至未,苦斗不息。渴剌兜自以军疲,引入栅。稜遂填堑,攻破其栅,斩渴剌兜,获其子岛槌,虏男女数千而归。帝大悦,进稜位右光禄大夫,武贲如故,镇周金紫光禄大夫。

不过之后,隋朝对台湾的经略活动没有能够继续进行。但炀帝对台湾的三次经略,继三国吴之后再次登上台湾,意义非凡。

(2)施肩吾与澎湖列岛

施肩吾(780—861年),杭州地区第一位状元,是集诗人、道学家、台湾澎湖列岛第一位民间开拓者多重身份于一身的历史传奇人物。唐大中十三年(859年),为避战乱,79岁的施肩吾率族人乘木船横渡台湾海峡,到达了澎湖列岛,并最终在此定居。此事在许多典籍中均有记载。连横《台湾通史》卷一中亦记:“……及唐中叶,施肩吾率族人迁居澎湖,……其《题澎湖》一诗,鬼市盐水,足写当时之景象。”[1]施肩吾有多首有关澎湖生活的诗,《题澎湖屿》即其一,此外还有《感忆》《湖边远望》等。

二、唐代东南海外贸易大港之发展

唐代东南地区海外交通贸易活动开展迅速,福州(唐时曾称泉州)、岭南(广州)、扬州地区同为阿拉伯、波斯以及南海商人从海路来华经商贸易区。唐文宗《太和八年疾愈德音》云:

南海蕃舶,本以慕化而来,固在接以恩仁,使其感悦。如闻比年长吏,多务征求,嗟怨之声,达于殊俗,况朕方宝勤俭,岂爱遐琛,深虑远人未安,率税犹重,思有矜恤,以示绥怀。其岭南、福建及扬州蕃客,宜委节度观察使常加

[1] 连横:《台湾通史》卷一《开辟纪》,中华书局,1983年,第2页。

存问，除舶脚收市进奉外，任其来往通流，自为交易，不得重加率税。[1]

这段资料为我们提供了两条主要信息：其一，唐代福州港与广州、扬州并称当时三大对外贸易港；其二，唐代政府对于海外商人来华经商贸易奉行开放政策，对待“南海蕃舶”则“接以恩仁”“以示绥怀”。除舶脚（即下碇税）收市进奉外，任其与百姓交易，不得再行加税。

福州海上交通活动由来已久。隋唐以来，福建海外交通贸易兴起，福州成了重要的海外交通贸易港口，也成为当时福建的造船中心。唐咸通四年（863 年），南诏陷交趾，为解决军粮问题，唐政府采纳陈磻石建议，“请造千斛大舟，自福建运米泛海，不一月至广州”，[2]这些千斛大船可能就是在福州制造的。

唐代福州的海外交通贸易的发展，还可从一些诗文中得到印证。唐天宝、大历间诗人包何《送李使君赴泉州》[3]诗云：

傍海皆荒服，分符重汉臣。云山百越路，市井十洲人。执玉来朝远，还珠入贡频。连年不见雪，到处即行春。[4]

诗人描绘的“泉州”，地处近海荒服，须远涉重山百越之路方可到达。这里终年不见雪，到处温暖如春，市区中有很多来自海外各国的藩客，他们或是执玉来朝的使者，或是频繁入贡的商人。包何所送使君，即朝廷派往福建担任节度使或观察使的官员。唐代福州是福建的首府，是节度使、观察使的建衙之地，在唐初武德、贞观年间，福州也曾有“泉州”之称。因此，有学者认为，包何诗中称李某所到任所之“泉州”，实指福州。因为古人作诗属文，对地名称呼常用古称，以示古雅，故可能以“泉州”代指福州。[5] 从包何诗中所描绘的情景来看，当时福州的海外交通贸易已经相当发达。

唐宪宗元和八年（813 年）福建观察推官冯审作《球场山亭记》，其碑刻残文中记载：“海夷日窟，风俗时不恒。”也记载了当时福州城内有许多海外夷人寄

---

[1] （清）董浩、阮元等：《全唐文》卷七五，中华书局，1983 年；又见宋敏求编：《唐大诏令集》卷一〇，文渊阁四库全书本，第 18 页。

[2] （宋）司马光：《资治通鉴》卷二五〇，“懿宗咸通四年七月”，中华书局，1963 年。

[3] 一说该诗作者为张循之。

[4] （唐）包何：《送泉州李使君之任》，载（清）曹寅编：《全唐诗》卷二〇八，中华书局，1960 年，第 2170 页。包何，唐天宝年间登第，大历年间任起居舍人。

[5] 卢美松：《松轩话史》，《船到城添外国人——唐代福州的对外交流》，福建美术出版社，2012 年，第 6 页。

居,因为人多日久,以致影响了市井风俗。碑记还记述道:“迩时廛闬阛阓,货贸实繁。”反映了当时福州城内货物丰盛,贸易发达,市场繁华,市井嘈杂。[1]

晚唐人薛能也写过送别友人赴福州担任牧守的诗《送福建李大夫》,诗云:

> 洛州良牧帅瓯闽,曾是西垣作谏臣。红旆已胜前尹正,尺书犹带旧丝纶。秋来海有幽都雁,船到城添外国人。行过小藩应大笑,只知诗近不知贫。[2]

薛能所送的李大夫即李晦,据《旧唐书·僖宗纪》载,乾符二年(875年)四月,“河南尹李晦,检校左散骑常侍兼福州刺史、福建都团练观察使”。诗中描述了牧守所住之地福州,只要海船一到,城内就会增添许多外国人。[3] 福州城自此呈现出“万国之梯航竞集”[4]的盛况。

此外,马戴《送李侍御福建从事》诗云“宾府通兰棹,蛮僧接石梯”;李洞《送沈光赴福幕》诗亦有“潮浮廉使宴,珠照岛僧归”。马戴所送的李侍御与李洞所送的沈光,都是去福州供职的。“兰棹”即大船。这些诗句都生动地反映了唐代福州海外交通贸易发达,外国商船频频抵达福州,各国僧人也随船频繁往来福州的盛况。

唐代福州对外交通贸易的发展还表现在通商地区不断扩大上,除了有与中南半岛、马来半岛往来的传统航线外,还开辟了新罗(韩国)航线、三佛齐(当时的东南亚强国,领土包括苏门答腊岛和马来半岛)航线、印度航线、大食(阿拉伯帝国)航线。随着往来国家日益增多,当时福州汇聚了大量来自日本、新罗、三佛齐、印度、阿拉伯、波斯等地的商人、学僧、使者、游客等等,即所谓“市井十洲人”。其中不少人因种种原因暂居或定居下来,唐朝政府因此专门设立了“都蕃长”一职,来管理他们。[5] 唐朝政府对其收税也只限于“舶脚”(即下碇税),此外所谓“收市进奉”,即朝廷以价收买珍奇舶货以供皇家贵戚享用,舶脚、收市后,任其与百姓交易。这种政策促进了贸易发展。

---

[1] 卢美松:《松轩话史》,《船到城添外国人——唐代福州的对外交流》,福建美术出版社,2012年,第6页。

[2] (唐)薛能:《送福建李大夫》,《全唐诗》卷五五九,中华书局,1960年,第6478页。

[3] 卢美松:《松轩话史》,《船到城添外国人——唐代福州的对外交流》,福建美术出版社,2012年,第6页。

[4] (唐)崔志远:《奏招降福建道草贼状》,载《唐文拾遗》卷三五。

[5] 廖大珂:《论唐代福建的对外贸易港》,载《福建史志》1996年第3期。

三、明州港与东亚海上交通

位于钱塘江出海口南岸的宁绍平原，一直是吴越地区经济发展的中心地带。依山傍海的自然环境，造就了此地物阜民丰、挟山海之利的区域经济特色。随着历史的发展，宁波地区造船业也在不断进步。先进的造船技术和航海技术，为宁波开拓海洋贸易提供了条件，随着区域间经济交流和联系的加强，宁波在有唐一代进入跨越海洋的对外交通和贸易的发展阶段。唐时，宁波地区建造的海舟举世闻名。这一时期，经济开发和城市发展的中心逐渐移至三江口地区。开元二十六年（738 年），唐设置明州，州治设于小溪（后于长庆元年［821 年］迁至三江口）。城市发展进一步带动了港口贸易与海上交通的发展。

因地理位置之便以及官方的重视，明州港航运事业开始迅速发展起来。明州港对内疏通杭甬运河，对外开拓与高丽、日本及南洋诸国的航线，位于三江口的明州港逐渐稳定下来，不断发展成为著名的对外贸易港口。唐大中初年，明州已设有官办的造船场。从历史记载看，当时去日本贸易的明州商船已可乘坐 40—60 人，也即明州已有载重量为 25—50 吨的海船。[1]

隋唐时期，宁波地区的农田水利往往与内河水运紧密结合在一起。在兴修水利的同时，宁绍平原各地河渠得到整治，以州治为中心的内河水运航运网络逐渐形成。特别是通航后的杭甬运河，将杭州与明州及其周围的水系和流域联通在一起，极大地促进了商品的流通与交换。而在农业条件得到改善的情况下，明州地区的手工业如丝织业、制瓷业、造纸业、造船业等，也都蓬勃发展起来。这些为明州拓展海外贸易奠定了物质基础。

唐五代时，中国沿海由北至南，皆已开辟了海上贸易的通道。从明州港出发的船只，北上楚州，在登州与渤海海路相接，再由此扬帆高丽；南下温州、福州等港口，在广州与南洋航线连接。唐代明州港主要的对外航线是东往日本的航路，从明州港出发，横渡东海，最后到达九州岛的博多港。利用季风，横渡东海一般只用三至七个昼夜，很少超过十昼夜。大中元年（847 年），唐人张支信的船只从明州前往日本，充分利用季风，只用了三个昼夜，创造了横渡东海最快的纪录。

作为古代著名良港，明州港维系着古代中国与东亚世界的海域联系，尤其是与日本和高丽的贸易往来为其显著特色。

明州建立后不久，就有日本使船来港驻泊。随后明州被指定为中日两国间

---

〔1〕 郑绍昌：《宁波港史》，人民交通出版社，1989 年，第 20—21 页。

来往使节出入的重要门户。中日之间的贸易往来也随之发展起来,其内容主要有日本遣唐使贸易和民间贸易两种形式。有唐一代,日本渴慕中华文化,积极推动中日经济文化交流,日本曾先后 17 次派遣使者(即遣唐使)来华(实际到达者 13 次)。这些遣唐使入华后,不仅带来了中日间贸易的货品,更积极主动学习中国文化,并向日本传播中华文化,至今日本仍以唐人称呼华人,或用带有唐字的文字称呼中华风物,可见其倾慕中国文化之一斑。

到达明州的遣唐使,除了一小部分人入京觐见或学习外,其余留在明州等待,此间他们会与当地民间展开交易。而从 8 世纪下半叶开始,从明州港去往日本的民间商船不断增加。特别是文宗开成三年(838 年),日本停止派遣唐使来唐,中国民间商船在明州港与日本之间的往来更加频繁。日本的学问僧通过搭乘这些民间的“唐舶”来唐,中日间海上交通由此延续。此后直至唐末,以张支信、李邻德、李延孝、李达、詹景全、钦良晖等为代表的中国商人,频繁往来中日之间,不绝如缕。他们从明州港出发,横渡东海,抵达日本博多港经营贸易,在史籍上留下多达 30 次记载。[1]

除了日本,高丽也是唐五代时明州港对外交通贸易的重要地域。明州曾向高丽出口大量越窑青瓷。不仅如此,来自西亚的大食也积极与明州开展贸易,他们运来香药、象犀等珍品(一部分转运至日本),在明州换取丝锦与瓷器回国。

日本博多出土的越窑青瓷

作为对外出口大港,明州向外输出的大宗产品主要为丝织品和越窑青瓷。丝织品的主要出口对象是日本,少部分由唐廷以赏赐的方式赠给遣唐使一行,而更大量的丝织品由明州商人直接运销至日本国内。丝织品在日本非常抢手,达官贵人无不以高价竞相购买。越窑青瓷大量外销是在 9 世纪中叶后,当时明州

〔1〕［日］木宫泰彦著,胡锡年译:《日中文化交流史》,商务印书馆,1980 年,第 153 页。

港海上贸易发展迅速,刺激了越窑青瓷生产。当时明州慈溪县上林湖一带有十几个窑厂,形成了越窑生产中心。明州所产青瓷不仅数量多而且质量好,因而占据了广阔的市场。到了五代十国时期,越窑青瓷还成为吴越国财政收入的重要来源,由此说明青瓷广受海内外市场欢迎。

第二节　五代浙、闽的海外贸易

黄巢起义后,唐朝名存实亡,藩镇割据局面形成。907 年,朱温建立后梁,历史进入五代十国时期。这一时期,由于北方内乱、外族入侵,加之天灾不断,南方十国在人口、经济、文化与科技方面皆胜于北方五代。海外贸易方面,地处今天闽、浙二省的吴越国和闽国政权均十分重视,故闽、浙地区这一时期海外贸易得到了发展。

一、吴越国

在吴越国采取保境安民的政策下,吴越地区经济繁荣,渔盐桑蚕之利甲于江南。在这样一种经济环境中,对外贸易应运而生。

中日航海活动可以利用季风,夏季从杭州出发,横越东中国海,顺风驶达日本,秋后再乘东北风返航。往来于中日间的吴越商人,可见于文献的有蒋承勋、季盈张、蒋兖、俞仁秀、张文过、盛德言等,他们都拥有自己的船舶。从吴越外运的货物以香药、锦绮织物为主,也有名家诗文、经卷、历书等印刷品和佛画、佛像,这些产品很受海外市场的欢迎。进口货物则以沙金等为主。

此外,吴越与朝鲜半岛上的高丽、新罗、后百济诸国也有商务往来和文化方面的交流。吴越人也向西航行,远涉印度、大食(哈里发帝国,今中亚、北非),输出青瓷、丝绸,输入猛火油(石油)等稀有而实用的物资。可见,吴越商贸的范畴已涵括跨国海外贸易。有学者认为,当年长江下游为出口而发展专业化生产并增加区外贸易,是中国中世纪晚期经济革命和城市革命的决定性成分之一。[1]

---

〔1〕 施坚雅(G. William Skinner, 1925 - 2008),美国研究中国问题的著名学者,代表作有《中国农村的市场和社会结构》(中国社会科学出版社,1998 年)、《中华帝国晚期的城市》(中华书局,2000 年),并发表了大量研究中国社会、经济结构、社会科学、农村和农民、人口、民族、海外华人的论文。他提出了学界所谓的"施坚雅模式",用以解剖中国区域社会结构与变迁的规律。一般认为,该模式包括了农村市场结构与宏观区域理论两部分,前者用以分析中国乡村社会,后者用以分析中国城市化问题。斯波义信,日本研究中国史的著名学者,1953 年毕业于东京大学,长期在东京大学东洋文化研究所从事研究,退休后主持东洋文库。专攻宋代经济史、商业史及华侨华人研究。代表作有《宋代商业史研究》《宋代江南经济史研究》《中国都市史》等。

杭州湾航道拓宽后，除了吴越国的船只外，外国船只也纷纷涌入杭州湾，带来了琳琅满目的洋货。吴越国的海外邦交十分活跃，除了因地理位置便利与朝鲜、日本展开密切的交往外，还同印度、阿拉伯等国家有着经济、文化上的往来。

五代时期，朝鲜半岛上存在的政权主要有新罗、后百济和高丽等。由于地缘关系，吴越国和它们展开了一系列的交往。《新五代史》中，有钱镠"遣使册新罗、勃海王、海中诸国，皆封拜其君长"的记载。后唐天成二年（927 年），高丽、后百济两国交兵，钱镠派尚书班□为通和使，前往朝鲜劝说交战双方化干戈为玉帛。此事在《朝鲜史略》中也有记载。后百济与高丽交战失利后，后百济致书高丽王求和，并以吴越国王的诏书为借口；而高丽王在答书中也宣称"伏奉吴越国通和使班尚书听传诏书一道"，可见当时的高丽、后百济等国都曾向吴越国称臣。

当时，吴越国与朝鲜半岛的民间贸易往来也十分活跃。《十国春秋》卷八一载：北宋建隆二年（961 年）十二月，"海舶献沉香翁一具，高尺余，剜镂若鬼工，王号为'清门处士'"。又，"高丽舶主王大世，选沉木近千斤，叠为旖旎山，象衡岳七十二峰。王许以黄金五百两，竟不售"。吴越王愿意拿出五百两黄金向王大世购买"旖旎山"，王大世竟然不肯出售，而史书也没有记载吴越王强行索取，这也从侧面说明吴越国对待贸易往来，采取的是平等交易、买卖自由的政策。

吴越国从大食输入石油，究竟是吴越商人直接贸易输入还是间接得来，今已不得而知。不过，吴越的舟师将猛火油用于军事。当时，这种猛火油是稀罕之物，钱镠不惜"以银饰其筒口"，油筒一旦落入敌手，"必剥银而弃其筒"，不使威力无比的猛火油落入敌手。

吴越国派出的使者，东到日本，北往高丽、契丹，南迄林邑、婆利，西至大食、波斯。使节的往来，促进了文化、商贸、宗教等方面的交流。

二、闽国

五代时期，由于中原战乱，北方人口大量南迁，经济重心南移。而在这一时期，南方政权统治者多励精图治、发展生产，并注意缓和矛盾，区域社会出现了一定的繁荣景象，与北方的战火纷飞形成了鲜明对比。在此基础上，闽国统治者重视发展海外贸易，同渤海、新罗、印度、三佛齐、阿拉伯等国建立了贸易往来，这些促进了这一时期闽国海外贸易的发展，也奠定了其后闽国经济腾飞的基础。

《琅琊王德政碑》记云：

> 凡列土疆，悉重征税，商旅以之而壅滞，工商以之而殚贫。公（审知）则尽去繁苛，纵其交易，关讥廛市，匪绝往来，衡麓舟鲛，皆除守御，故得真郊溢

郭,击毂摩肩,竞敦廉让之风,骤睹乐康之俗。闽越之境,江海通津……山号黄崎,怪石惊涛,覆舟害物,公乃具馨香黍稷,荐祀神祇,有感必通,其应如响,祭罢一夕,震雷暴雨,若有冥助,达旦则移其艰险,别注平流,虽画鹢争驰,而长鲸弭浪,远近闻而异之,优诏奖饰,乃以公之德化所及,赐名其水为甘棠港。

从上引《琅琊王德政碑》碑文可见,王审知为了鼓励商业贸易、发展经济,创造了种种便利条件,同时为了"招来海中蛮夷商贾"而开辟了甘棠港。在鼓励海外贸易的同时,王审知还在福州设置榷货务,专门处理外商贸易事务。唐昭宗乾宁四年(897年),王审知授张睦三品官,领榷货务。在张睦任职期间,佐审知甚忠,能与抢掠之际,雍容下士,招蛮夷商贾,敛不加暴,国用日以富饶。[1] 除了"招蛮夷商贾"外,自福建发船到海外经商贸易者亦不少,其中有发自福州的,也有发自泉州等地的。黄滔《贾客》诗"大舟有深利,沧海无浅波。利深波也深,君意竟如何,鲸鲵齿上路,何如少经过",[2]正描述了商人在大海上随波逐利的情形。

闽国时代,福建水运系统较为发达,福州地处闽江下游且沿海,具有天然海港的优势。涨潮时海水倒灌闽江,大船可驶抵福州南门。福州城内水道四通八达,船只往来便捷。沿海一带的食盐、鱼干等海产及手工业品输入山区,山区木材、稻米则顺流而下。优良的地理位置使福州起到了中转站和集散地的作用。据载"饶江其南,导自闽,颇通商外夷。波斯、安息之货,国人有转估于饶者……"[3]说明当时福建与中亚已经互有往来。

闽国时代,福建的海上通道主要有两个方向:南向与北向。南向通道上,泉州开元寺建造所用木料即是从福州泛海运至的。再往南可达广州,两地之间的商品流通也走海商之路,曾有福建稻米装船运至广州,不到一个月便可到达,"……家人随海船至福建,往来大船一只,可致千石,自福建装船,不一月至广州。得船数十艘,便可致三万石至广府矣"。北向者,可以通达江南、渤海等地,加强了东海与北面海域的联系。唐人入闽常走海路,诗云:"云海访瓯闽,风涛拍岛滨。"[4]《杭州罗城记》载:"东眄巨浸,辏闽粤之周橹;北倚郭邑,通商旅之

[1] 沈瑜庆、陈衍等:《福建通志·名宦传》卷三《张睦传》,福建师范大学藏民国刻本。
[2] (清)李调元:《全五代诗》卷八四,《丛书集成初编》本。
[3] (唐)沈亚之:《沈下贤集》卷四,文渊阁四库全书本,第7页。
[4] (宋)王象之:《舆地纪胜》卷一一八,中华书局,1992年,第3675页。

宝货。”[1] 由于地方割据导致陆路阻滞，五代时期，福建海船不断向北方探航，“审知岁时遣使朝贡于梁，阻于江淮，道不能通。乃航海从登莱入汴，使者入海，覆溺大半”。[2] 当时福建商船抵达浙江宁波后，绕开长江口，直接北上山东半岛。这一段海程途中多浅滩，福建的尖底船若搁浅便会自行断裂，加上福建水手多不熟悉这段海程，所以事故特别多。但这条航线对于福建而言，政治、经济意义相当重大，只有把海外进出口的商品销往北方，才能获得最大的经济利益，因而闽国统治者非常重视和依赖北方航线。

闽王王审知及闽国统治者非常重视发展海外贸易。王延彬在泉州发展对外贸易，“每发蛮舶，无失坠者，时谓之‘招宝侍郎’”。闽国“招来蕃舶，绥怀海上诸蛮，贸易交通，闽俗康阜。”[3] 留从效割据闽南时，也十分重视对外贸易。近年在泉州发现了一座南唐时期的石经幢，上署：“州司马专客务兼御史大夫陈光嗣”，“州长史专客务兼御史大夫温仁俨。”[4] 其中“专客务”一职，应为留从效专门用于接待外商的官职。在这种背景下，福建的海外贸易有了相当大的发展。

有关福建海外贸易的商品货物，自福建输出的主要有陶器、瓷器、铜、铁、丝绸等手工业制品；从国外输入的以香料、象牙、珠宝、玳瑁等奢侈品为主。这些输入品除了进贡之外，多数由福建商人销往国内各地，从中赚取高额利润。

闽国政府从海外贸易中获得了大量的财政收入，“国用日以富饶”。同时，大量的异国珍品，如象牙、犀角、香药、珍珠、玳瑁、龙脑、沉香、胡椒、肉豆蔻、饼香、煎香、蔷薇水等，也都通过海道输入福建。这些舶来品还通过“闽商”输往中原地区，“闽商”因此殷富。闽王通过榷货务抽解，亦获得大量舶来珍品，这些珍品很大一部分归闽王及其统治阶层享用。例如，王审知作金银四藏经，以“旃檀为轴，玉饰诸末，宝鬆朱架，纳龙脑其中，以灭蠹蟫”。[5] 陈氏（华）于龙启元年（933 年）被立为闽惠宗（王延钧）皇后，“筑长春宫居之，惠宗……敕宫婢数十，擎杯盘，多金玉、玛瑙、琥珀、玻璃之属”。[6] 闽康宗（王昶）通文四年（939 年），“起三清台三层，以黄金数千斤铸宝皇及元始天尊、太上老君像，日焚龙脑薰陆诸香数斤”。[7] 又“道士谭紫霄，有异术，闽王昶奉之为师，月给山水香焚之，香

---

〔1〕（清）吴任臣：《十国春秋》卷七七，中华书局，1983 年，第 1054 页。
〔2〕（宋）范祖禹：《范太史集》卷三六；欧阳修：《新五代史》卷六八。
〔3〕（宋）范祖禹：《范太史集》卷三六。
〔4〕林宗鸿：《泉州开元寺发现五代石经幢等重要文物》，载《泉州文史》第 9 期，1986 年。
〔5〕《十国春秋》卷九〇。
〔6〕《十国春秋》卷九四。
〔7〕《新五代史》卷六八。

用精沉，上火半灭。则沃以苏合油”。[1]

此外，王闽政权仍与五代中原王朝保持贡奉关系，闽王还向中原王朝进贡。如：后梁太祖开平二年(908年)，福建贡玳瑁、琉璃、犀象器、珍玩、香药、奇器、海味，色类良多，价累千万。开平四年七月，福州贡方物，献船上蔷薇水。后唐庄宗同光二年(924年)十月，福建节度使王审知进万寿节，并贺皇太后到京，以金、银、象牙、犀、珠、香药等物，入贡于唐。后唐明宗天成元年(926年)十一月，王延钧进犀、象牙、香药、海味等。天成四年十月，王延钧进谢恩银器6 500两、金器100两，并犀、牙、真珠、龙脑、香药等。闽惠宗通文三年(938年)十月，王昶遣弟继恭，进奉天和节，并贺重午节白金50两于晋，又进金器6事、犀30株、真珠等物。闽景宗永隆三年(941年)十月，王曦遣使者至汴，贡晋白金4 000两，象牙20株，沉香、煎香600斤以及玳瑁诸物。永隆四年，贡胡椒600斤、肉豆蔻300斤，等等。[2]

五代时期，与福建来往的海外国家不少，日南国贡使于梁贞明三年(917年)来到福建。[3] 占城国也有使者来闽。

第三节　东南沿海的对外文化交流

唐五代，福建与海外积极开展贸易的同时，也重视文化的交流。东南沿海对外文化交流颇为密切，开创了中外关系发展的新局面。

一、遣唐使与东南海域关系

有唐时期，日本与中国往来最为密切，其向唐朝学习汉文化的情绪高涨。当时日本文化还处于从愚昧向开化过渡的阶段，日本朝野上下、僧俗各界掀起了一场全面学习中国文化的运动。日本遣唐使的派遣可谓是这方面的代表性事件。从公元630年派出第一批遣唐使起，到公元894年正式决定停派为止，共派遣18次，其中正式到达唐朝的为12次，时间跨度长达200多年。每次派出人员规模都在数百人上下，几乎涉及政治、经济、宗教、艺术、科技、工艺等各个领域。

---

〔1〕(宋)陶谷:《清异录》卷下，文渊阁四库全书本。

〔2〕《旧五代史》卷四;《古今图书集成·经济汇编·食货典》卷一八六、一八七;《十国春秋》卷九一、卷九二。

〔3〕《十国春秋》卷九〇。

在这过程中，地处东海海域的明州、台州和福州等地，是遣唐使前往唐代都城长安的重要登陆点和返航点。例如，公元 877 年 6 月，日人多治比安经由南线航路，在明州搭乘海船返回日本，带回很多香药和货物。

来华遣唐使成为中日文化交流的桥梁。在这一过程中，中华文化的诸多精华，如陶瓷工艺、茶文化、饮食习俗、美术艺术、文献典籍等，相继传入日本，同时传至朝鲜等地，在东亚文明的“汉文化传播圈”一体化发展中，扮演了关键的角色。

二、空海闽越纪行与佛教东传日本

空海（774—835 年），日本佛教高僧，俗名佐伯真鱼，谥号弘法大师。于公元 804 年到达中国，并在长安学习密教。806 年回国，传承金刚界与胎藏界二部纯密，为唐密第八祖，日本佛教真言宗的开山祖师。

空海于唐贞元二十年（804 年），随第十七批遣唐使入唐交流佛法。此次航行因海风漂流，遣唐使在福州长溪县赤岸（今宁德霞浦县赤岸镇）登陆，这是日本遣唐使船舶首次登陆福州境。

由于外国僧人频频来到福州，中唐之后，福州开元寺就被官方用作接待各国来闽僧人之会所。县长吏将空海一行送到福州，空海大师即驻锡开元寺，与开元寺僧交流、研习佛学，并留下《灵源深处离合诗》等诗稿。

福州开元寺（张淼海 摄）

在闽期间,空海作《为大使与福州观察使书》,请求进京。[1] 十月间,空海又作《与福州观察使入京启》。[2] 当年十一月三日,空海等人在福建观察使阎济美安排下,北上长安,并于次年十二月抵达长安求学。在长安期间,遍访各地高僧,交流和学习佛法,获得了"密教正宗嫡传"名位和向后代传法的身份。至唐元和元年(806 年),空海携带佛典经疏、法物等回国,途经越州,曾向节度使求书。求书范围很广,"三教之中,经律论疏传记,乃至诗赋碑铭,卜医五明,所摄之教,可以发蒙济物者",[3]尽在其中。除了大量佛典之外,空海还带走了《刘希夷集》《朱千乘诗》《王智章诗》《贞元英杰六言诗》《王昌龄集》《杂诗集》《杂文》《诏敕》等大批诗文作品和书法作品。回国后,空海创立佛教真言宗(又称"东密"),大力传播中国文化,并著有《文镜秘府论》等数十部著作。空海又以汉字为依据,始造平假名,对日本文化发展影响很大。[4] 除了著名的《文镜秘府论》外,空海还著有《篆隶万象名义》《聋瞽指归》《三教指归》等,保存了不少中国文学和语言学资料,对唐文化在日本的传播起到了非常重要的作用。

与空海同一时期来华学习佛法的日本僧人最澄,也于唐贞元二十年来到浙江天台的国清寺,从天台宗十祖道邃研习佛法教义,次年回国创立了日本佛教天台宗。该宗尊国清寺为祖庭,凡入唐僧人都要来此朝拜,在日本佛教界具有很大影响。除了最澄,日本还有许多高僧于唐代来到吴越地区学习佛法,如惠萼曾于会昌元年(841 年)、四年两度来华求学,并谒请杭州灵池寺派遣上首义空禅师前往日本弘扬佛法;[5] 等等。学问僧不仅将佛教教义传入日本,还带回大量的图书、经卷,推动了唐文化在日本的传播。

唐文宗时(827—840 年),印度高僧般若怛罗在福州开元寺传授佛法,慕名前来学习的日本僧人甚多。大中六年(852 年)(一说大中七年),日本僧人智证(圆珍)、丰智、闲静等随唐朝商人钦良辉的商舶至福州。智证进入开元寺学习,在福州居留时间长达 6 年之久,于大中十二年(858 年)才搭乘唐商李延孝的商船回国。在开元寺期间,智证从寺僧存式学《妙法莲华经》《华严经》与《俱舍论》,还向驻锡于开元寺的印度僧人般若怛罗学习悉昙章、梵字和密教,回国后创立了日本佛教开元寺门派。

---

〔1〕《遍照发挥性灵集》(京都醍醐三宝院藏本)卷五。

〔2〕《日本文学大系》第 71 卷,岩波书店,1965 年,第 271 页。

〔3〕《遍照发挥性灵集》(京都醍醐三宝院藏本)卷五。

〔4〕王利器:《文镜秘府论》,中国社会科学出版社,1983 年。

〔5〕蔡丰明:《吴越文化的越海东传与流布》,学林出版社,2006 年,第 80—81、269 页。

天台山国清寺

三、鉴真东渡与中日文化交流

鉴真（688—763 年），唐朝僧人，俗姓淳于，扬州江阳县（今江苏扬州）人。天宝元年（742 年），日本僧人荣睿、普照受日本佛教界和政府的委托，延请鉴真前往日本传戒，鉴真欣然接受。于是从当年开始至天宝七载，鉴真先后五次率众东渡。前五次东渡，由于海上风浪、触礁、沉船以及某些地方官员的阻挠而失败。虽屡屡受挫，但鉴真东渡弘法之志坚定而从未动摇。终于在天宝十二载（第六次东渡）到达了日本九州，并于次年二月至平城京（今奈良）。

值得特别关注的是鉴真的第四次东渡，真人元开（即淡海三船）于 779 年撰写的《唐大和上东征传》对此进行了详细记载。〔1〕从中可知，鉴真第四次东渡本打算从福州买船出海，但结果不了了之。虽东渡未成，但选择福州港出海，体现了这一时期福州在我国东南地区对外交通中的重要地位。鉴真的弟子，多出自江浙闽地，如扬州白塔寺僧法进、泉州超功寺僧昙静、台州开元寺僧

---

〔1〕［日］真人开元著，汪向荣校注：《唐大和尚东征传》，中华书局，1979 年，第 33 页。

日本奈良市唐招提寺(采自维基百科)

思讬、扬州兴云寺僧义静、衢州灵耀寺僧法载……他们跟随鉴真在日本传教,是鉴真赴日弘法的得力助手。[1]

四、浙闽地区与朝鲜的文化交流

唐代,在吴越地区活动的朝鲜和日本文化人士不少,新罗士大夫崔致远等是其中较具代表者。崔致远曾于18岁时在唐朝宾贡及第,被授予江南道宣州溧水县尉的官职。崔致远与江浙文人交游甚广,其诗作也反映了这位新罗诗人与江南士大夫接触与交往的经历。

唐末至五代,浙江天台山吸引了不少朝鲜僧人。据《天台全志》卷六“寺院”条记载,在天台山山麓的国清寺前曾经有一座由新罗僧人悟空修建的“新罗园”,说明新罗僧人曾长期在天台山求法。这些新罗僧人与信众,后来便成为吴越佛教东传的重要使者。他们回到自己的国家后,广泛宣传天台宗教义,弘扬天台宗思想,开创了朝鲜天台宗佛教文化的新局面。[2]

唐太宗贞观年间(627—649年),新罗僧人慧轮曾泛海至闽越之地,后涉步

[1] [日]木宫泰彦著,胡锡年译:《日中文化交流史》,商务印书馆,1980年,第206页。
[2] 蔡丰明:《吴越文化的越海东传与流布》,学林出版社,2006年,第80、261—262页。

长安。[1] 新罗僧人也常至泉州开元寺研习,并带回开元寺刊刻的经书。闽国与朝鲜半岛的新罗国依旧保持了友好关系。王继鹏与王延羲在位时,新罗国曾派使者赠送宝剑给闽王。[2] 民间交往也很密切,玄沙师备在福州安国寺说法,手下有高丽僧。[3] 新罗国的龟山和尚是福州长庆寺慧棱的弟子。[4] 又有裴长史,"新罗国人,慕华来归,居之建州城中"。[5] 福建人中也有赴朝鲜的,《宋史·王彬传》记载:"彦英……挈家浮海奔新罗。新罗长爱其材,用之,父子相继执国政。"[6]许多高丽僧人在福建寺院中学经。如灵照禅师,"高丽人也。萍游闽越,升雪峰之堂",[7]后他在杭州龙华寺开山说法。又如泉州福清院高僧玄讷也是高丽人,[8]泉州刺史王延彬建福清寺于南安以居之。

五、阿拉伯人与东南文化

古代中国与阿拉伯人的交流,主要通过海上和陆上丝绸之路进行。其中海上丝绸之路的西洋航线在与阿拉伯人的交流中尤为重要,而在广州、泉州等地,大批阿拉伯使者随商队前来,带来的阿拉伯文化与当地文化交流融合,萌发出新的生机。

唐称阿拉伯为大食。据官方记载,唐高宗至德宗时期,大食遣使唐朝达40余次。而官方交往之外的民间交流开始得更早,也更为频繁,双方的文献资料和民间传说中都保有大量的中阿民间交往的证据。851年成书的《苏莱曼游记》中记载,当时在广州的阿拉伯人和其他外国人数达十万之巨。民间的商业交往的繁盛也促进了官方管理的完善,唐714年在广州设立市舶司,明令保护和鼓励外商来华经营。

战争也是中阿文化交流的重要形式。天宝十载的怛逻斯之役唐军虽败,却对中阿交往意义深远:战后大批唐兵的西行为阿拉伯带去了先进的生产技术和生产工具,促进了阿拉伯经济社会各方面的进步;被俘文人杜环的《经行纪》一书,客观地介绍了阿拉伯人的社会生活,增进了中国对阿拉伯的了解。

阿拉伯商人在华从事贸易期间,他们所崇拜的伊斯兰教也随之来华,并逐渐

---

[1] (唐)义净著,王邦维校注:《大唐西域求法高僧传校注》卷上,中华书局,1988年。
[2] 《十国春秋》卷九六。
[3] 《三山志》卷三八。
[4] 《五灯会元》卷八,中华书局,1984年,第467页。
[5] 《十国春秋》卷三二。
[6] 《宋史》卷三四。
[7] 《五灯会元》卷七。
[8] 《五灯会元》卷七。

得到一些人的认同。据《旧唐书》记载,在“正统哈里发时期”,大食就已派使节,于唐永徽二年(651 年)朝见高宗,介绍其教及其“政教合一”之国,这是有史为证的伊斯兰教由西域传入的最早记载。而后官方、民间的传播记载逐渐增多,当时唐肃宗还允准阿拉伯人留居或世居中国。事实上,据《闽书·方域志》载,在“穆圣”从麦加迁麦地那时,即唐高祖“武德中”(约 622 年),就有“穆圣”的门徒“大贤四人”,越过阿拉伯海,经孟加拉湾,穿过马六甲海峡进入中国南海,分别到广州、泉州、扬州传教,其中的“三贤”沙谒储、“四贤”我高仕二人即在泉州传教至“归真”(逝世),而其墓就在后来的泉州城东郊外的山上,于是后来便称此山为“灵山”。

此外,唐五代时期福建与印度的文化交流也通过海路进行。唐大中七年,日本圆珍和尚乘商舶来到福州,在开元寺就中天竺般恒罗学悉昙,可见当时福州已驻有中天竺(印度)的和尚。〔1〕唐末,福建僧人智宣前往印度求法,“智宣,泉州人也。壮岁慕法,学义净之为人也。轻生誓死,欲游西域,礼佛入塔,并求此方未流经法。以唐季结侣渡流沙,所至国土,怀古寻师,好奇徇异,聚梵夹,求舍利。开平元年五月中达今东京,进辟支佛骨并梵书多罗叶夹经律。宣壮岁而往,还已衰耄矣。梁太祖新革唐命,闻宣回,大悦,宣赐分物,请译将归夹叶,于时干戈,不遑此务也”。〔2〕唐末,也有印度僧人渡海来到福建。天祐三年(906 年),“西天国僧声明三藏”来开元寺交流佛法。〔3〕声明三藏从海路来到闽中,应是搭乘海船。

〔1〕韩振华:《伊本柯达贝氏所记唐代第三贸易港之 Djanfou》,载《福建文化》第 3 卷第 1 期,1947 年。

〔2〕《宋高僧传》卷三〇。

〔3〕《十国春秋》卷九〇。

第七章　宋元时期的东海海域

第一节　东南沿海经济之繁荣与海商的形成

一、中国社会经济重心南移

中古时期，中国社会经济重心南移，这是迄今为止我国唯一一次经济地理格局的巨大变动，是我国古代社会历史发展的一个重大事件，对中国历史的发展具有深远的影响。

中国古代经济重心的形成离不开相对优越的自然条件。从汉魏之际开始得到较大规模开发的江南地区自然条件非常优越，这里气候温和，雨量充沛，土地肥沃，河网交错，有利于各种农作物的生长。一旦具备先进的生产工具、生产技术以及充足的劳动力，其自然优势便得以显现。

中国首位植物营养学家彭克明指出，我国南北地理环境的差异是古代经济重心南移的原因之一。暖温带的北方地区为土质疏松的黄土高原和一马平川的黄淮海冲积平原，降水比较充沛，而且基本上雨热同期，有利于先民抛荒轮作和迁徙。因此我国进入文明社会之初，形成了以黄河流域为中心的北方地区的经济重心。随着农业生产水平的提高和生产工具的改进，人们改造和利用自然条件的能力大幅度提高，而在河网密布的南方，其得天独厚的水热条件一经开发，自然比北方更利于农业生产。只要生产工具改进到可以对我国南方进行大面积开发，南方的农业生产终将超过北方，这为经济重心的南移打下了基础。〔1〕 而著名史学家郑学檬指出，仅从社会经济发展的不平衡出发，

---

〔1〕 彭克明：《我国古代经济重心南移原因析》，《安徽史学》1995 年第 4 期。

是无法彻底解释唐宋时北方经济落后于南方的现象的。他在研究了唐宋时期气候、水文、植被、土壤诸方面的自然条件之后得出结论：在当时的条件下，对土地、森林等资源的开发利用已接近饱和，而人口却在持续增长，进而导致土地生产能力减退，自然灾害不断。自然环境的恶化加快了北方经济的衰退。〔1〕 中国农史专家倪根金论述了气候对古代北方农业经济的影响，他同样认为气候变迁是造成我国古代经济重心逐渐南移的重要原因之一。〔2〕 而史学家董咸明在他的文章中指出："社会生产力与自然生产力的统一，才是决定经济重心所在的根本原因。"随着北方人口的大量南迁，南方的社会生产力逐渐赶超北方，与南方优越的自然条件相结合，经济飞速发展，并最终导致经济重心南移。〔3〕

战争被认为是我国古代经济重心南移的首要原因。秦汉以前，自然条件更为优越的南方迟迟未得到开发，其主要原因之一是地广人稀，劳动力严重不足。东汉末，北方战乱频仍，经济社会遭受严重破坏，尤其是经过"永嘉之乱""安史之乱"和"靖康之乱"三次大的战乱，北方产生了大量流民，人口大规模向南方迁移。这几次大规模的人口迁移，一方面为南方地区的开发提供了丰富的劳动力资源，另一方面也不断给南方地区带来先进的生产技术和经营管理经验，对南方经济的开发起到了关键的促进作用，使南方优越的自然条件得以充分发挥。有学者认为，宋辽金元时期，"北方人口大批南移的浪潮再度出现，南方农业经济持续发展，不但使我国经济重心的历史性转移最终完成，而且不断拉大南北农业的差距"。〔4〕

北方人口大量迁移导致南方社会在生产力、生产技术及生产关系上发生了变革。例如，山林地区的大面积开发耕作、铁制农具种类的完善与普及、作物栽培管理技术的广泛运用、灌溉技术和水利工程的进步等，无不使南方地区农业、手工业在质上得到提升。自唐代开始，南方稻作农耕方式发生变革，并于宋代基本完成，这使江南水田农业最后超越华北旱田农业。〔5〕 郑学檬进而指出，经济重心的南移正是由于江南地区精耕农业发展水平逐渐提高，经济重心由此南移，并最终完成"全部质变"。

---

〔1〕 郑学檬：《中国古代经济重心南移和唐宋江南经济研究》，岳麓书社，1996 年，第 32—57 页。

〔2〕 倪根金：《试论气候变迁对我国古代北方农业经济的影响》，《农业考古》1988 年第 1 期。

〔3〕 董咸明：《唐代的自然生产力与经济重心南移：试论森林对唐代农业、手工业的影响》，《云南社会科学》1985 年第 6 期。

〔4〕《中国农业通史》编辑部：《关于〈中国农业通史〉的若干问题》，《中国农史》1997 年第 3 期。

〔5〕［日］西嶋定生著，冯左哲等译：《中国经济史研究》，农业出版社，1984 年，第 162—166 页。

二、东南海商的崛起

宋元时期,中国的社会经济得到了极大的发展,东南沿海各地的经济发展水平逐渐赶上中原地区,从而为海外贸易的发展创造了更为良好的社会经济条件。于是,这一时期东南地区的海外贸易活动又有了新的进步,其标志之一即是以东南海商为代表的中国海商,作为东西方海上贸易的新兴力量开始崛起,并登上了历史舞台。

(一)东南海商崛起的原因

首先,闽粤浙诸省,在上古时期都是吴越族,尤其是古越族的居住区。时人以渔猎为生,大都善于驾舟,习于水斗,有着相当久远的勇于冒惊涛骇浪之险的传统。正是由于闽粤浙诸省居民善于驾舟,这一带的造船业自秦汉以来就负有盛名。福建所制造的"福船",广东所制造的"广海船""大龙艇"均名闻遐迩。[1] 福建、广东等东南沿海地区发达的造船业,为东南海商的崛起以及海上贸易的兴盛提供了极其有利的条件。

其次,福建、广东、浙江诸省的居民,有相当一部分是来自北方的移民,在长时间的移民过程中,他们形成了一种比较能适应陌生险恶环境、勇于冒险、敢于迁徙的移民性格。此外,东南沿海地区独特的地理位置,加上古代落后的交通条件,也在客观上促使当地居民熟练掌握驾舟技术。纵使造船、航海技术再发达,古代海上交通工具的安全性与陆上交通工具相比仍是存在差距的,进行远洋航海经常要面对舟毁人亡的危险,而尽量缩短海上航程是避免事故的最好方法。因此,远航而来的外国商人大多在航程最近的广东、福建一带登陆,然后再经陆路奔赴中国其他地区。这样一来,中国东南沿海就成了中国古代对外交通的必经之地,中国商人及各种航船通往东南亚和中东以及东非各地,也大多以福建、广东、浙江沿海为据点,起航出海。

早在秦汉时期,我国就出现了专门从事海洋贸易的商人。但是海商作为一个新兴的阶层登上历史舞台,确是始于宋代。宋代之前的航海贸易主要掌握在外国商人的手中,而且贸易额较少,没有形成大规模的贸易网络。入宋以后,这种局面开始改变。随着造船、航海技术的发展,东南沿海商人们冲破层层束缚,成群结队地走向海洋,到更加广阔的海外市场中开展贸易。宋元时期的海商活

---

[1] 陈支平、詹石窗:《透视中国东南:文化经济的整合研究》(上),厦门大学出版社,2003年,第377页。

动范围广,人数多,资本雄厚,经营规模极为庞大,可谓盛极一时。

值得一提的是,宋元两代政府实行的包容性的海外贸易政策,给予了东南沿海对外贸易巨大的发展空间。宋王朝在中国历史上相对较弱,与它并存的还有辽、夏、金等少数民族政权,彼此间战争不断。为了集中力量应对严重的边患,宋王朝需要与海外国家保持和平友好的关系,因此极力推行招徕政策,促进与海外国家的往来。加上长期的财政困难,故而宋朝统治者高度重视海外贸易,并将其视为增加财政收入的有效途径。宋廷采取"讲求市舶之利,以助国用"的方针,于浙江、福建和广东几大沿海地区设置"市舶司"这一海外贸易事务的专门管理机构,在一定程度上对海外贸易采取鼓励、提倡的态度。元朝基本继承了宋朝的政策,甚至更加宽容。传统儒家文化对商人是不屑的,但商人在元代社会却受到了前所未有的尊重。鼓励发展商业是元政府的一贯方针,并且元政府推行大规模的官营航海贸易制度,以国家政权的力量,投入巨大的人力、物力和财力,组织海外贸易,[1]极大地推动了海外贸易的发展,故而从官方层面刺激了东南海商的发展。

(二)宋元时期东南海商的发展历程

东南地区特殊的环境与历史条件,不仅孕育了该地区的海商阶层,而且还铺就了海商独特的发展道路。

东南海商的发展历程相当漫长。由于吴越人善于驾舟,因此,自先秦时期开始,东南地区就展开了海上贸易活动。有记载称,早在秦代以前,浙江宁波沿海近海岛屿上的渔盐商贩已从事集货贸易。福建地区的经济开发稍落后于江浙地区,但到了三国时期,孙吴政权就以福建为造船中心,船队已到达台湾、琉球等地。到了隋唐时期,中国东南地区已经得到了卓有成效的开发,加之盛唐时代中国经济文化的高度繁荣所引发的频繁的对外交流活动,进一步促进了中国海上贸易的繁荣。唐中叶以后,由于中原地区战乱不断,加之与西域诸国复杂的政治关系,陆上丝绸之路遭到阻隔,唐朝政府希望在中国的南方开辟新的对外贸易之路。而这一时期的福建泉州一带,凭借着良好的港口资源和当地居民熟练的航海技术,对外贸易活动悄然兴起。到宋元时期,泉州港更是后来居上,成为举世瞩目的贸易港口。

宋元时期,海商的通商贸易范围相当广泛,包括了今日的东亚、东南亚、南亚、西南亚以及非洲的广大地区。在东亚,宋代泉州及福建其他地方的海商与高

---

[1] 廖大珂:《福建海外交通史》,福建人民出版社,2002年,第69页。

丽、日本的贸易往来十分频繁。在东南亚,宋代泉州商人前往贸易的地区主要有三佛齐、渤泥、阇婆(今印尼爪哇岛中部北岸一带)、蓝无理(今印尼苏门答腊岛西北角亚齐)、凌牙斯加(即棱伽修)、佛啰安(今马来半岛西部)、新施(今印尼爪哇岛西部)、蓝蓖(今印尼苏门答腊岛东岸)、苏吉丹(今印尼爪哇岛中部)、登泛眉(今马来半岛)、麻逸(今菲律宾民都路岛)、三屿(今菲律宾群岛中的几个岛屿)和交趾、占城、真腊、罗斛等。在南亚,则有南毗(今印度西南部马拉巴尔一带)、故临(今印度西南奎隆)、胡茶辣(今印度西海岸北部古吉拉地区)、注辇(今印度科罗曼德尔沿岸)、鹏茄啰(今孟加拉国及印度西孟加拉邦地方)、细兰(今斯里兰卡)等。在西南亚,他们的足迹遍及麻嘉(今沙特阿拉伯麦加)、甕蛮(今阿拉伯半岛东南部阿曼)、记施(今波斯湾基什岛)、白达(今伊拉克首都巴格达)、弼斯罗(今波斯湾北岸巴士拉)、吉慈尼(今阿富汗加兹尼)、勿斯离(今伊拉克北境摩苏尔)等。在非洲,他们与北非的易斯里(今埃及开罗)、遏根陀(今埃及亚历山大港)、默伽猎(今摩洛哥)和东非海岸的层拔(今坦桑尼亚桑给巴尔)、弼琶啰(今索马里柏培拉)、中理(今索马里沿岸)、昆仑层期(今马达加斯加岛),甚至西欧的斯加里野(今意大利西西里岛)都有贸易联系。[1]

时至元代,权贵商人蒲寿庚弃宋投元,被任命为福建行省中书右丞,元世祖授予其金符,赋予其掌管泉州的市舶大权,其权势日益显赫,其家族在泉州的海外贸易中独占鳌头。泉州城亦因之避免了一场战争劫难,商业繁荣程度甚至超过了备受战火蹂躏的广州,加上元政府重视色目人,提倡海外贸易,泉州港迈向了它的最繁荣时期。

同样因为宋代社会经济的高度繁荣以及东南地区经济的迅速发展,宋元时期浙江的海外贸易也得到了相应的发展。由于水陆交通顺畅,沿海航线也得到了扩展。在浙江一带,商人们从事贸易的主要方向仍然是东亚,特别是日本。北宋时期,由于明州在中国对日本和高丽贸易上的突出地位,宋廷把两浙路市舶司从杭州移置明州定海,东南地区的贸易商船若要前往日本、高丽经商,都得在明州停靠,而后放洋。据《扶桑记》记载,北宋元丰三年(1080 年)闰八月,宁波商人孙忠曾携带明州牒文,进入越前敦贺港。元丰八年,宋廷解除了对高丽通商的禁令,但限定只有明州市舶司签发的船只才允许开赴高丽,明州与高丽礼成港之间,两国商船往返不绝。而与日本的贸易往来,则基本上是以明州(后又称庆元)和日本的博多之间进行的,两国的商船大部分都是从这两个港口起航的。

---

〔1〕 陈支平、詹石窗:《透视中国东南: 文化经济的整合研究》(上),厦门大学出版社,2003 年,第 389—391 页。

此外,浙江庆元港与高丽、真腊、印度等国也保持了一定程度的海上贸易往来关系。[1]

宋元时期,商品经济和海外贸易的高度发展,对封建社会的固有关系产生了巨大的冲击,各个阶层的人们都投入到海外贸易的浪潮之中。以福建海商为例,这一群体内部就包括权贵商人、舶商、散商、船户、水手以及华侨商人等不同阶层。[2] 他们以不同方式从事航海贸易。东南海商经宋元时期的酝酿发展,形成了海外通商区域广泛、从业人数众多、经营规模巨大、资金雄厚的局面,为随后明清时期的发展强盛奠定了坚实的基础。

三、东南沿海地区社会经济的繁荣

宋元时期,由于北方多年征战,中国古代经济重心南移的历程进一步加快。尤其是东南沿海地区,农业发展水平有了大幅度的提高,商业和手工业更是发展迅速,不仅涌现出诸多大型商品交流中心,一些以商品交换或特色农业、手工业产品驰名的中小城镇亦悄然兴起。与此同时,东南沿海地区的泉州、庆元(今浙江宁波)、太仓等港口迅速崛起,成为享誉世界的东方大港,与东南亚、南亚、西亚、非洲乃至欧洲各国均保持着广泛的贸易往来。加之宋元时期朝廷实行宽容鼓励的海外贸易政策,此时的海外贸易得到了进一步的发展。在此基础上,东南沿海地区的经济达到了相当繁荣的程度。

(一) 两宋时期东南沿海经济的繁荣

入宋以来,东南沿海地区总的来说处于相对安定平和的局面,人口增长速度比较快。例如,江南东路在宋真宗天禧年间(1017—1021 年)有户 59 754,到宋神宗元丰年间(1078—1085 年)已达 105 804 户;两浙路在宋太宗太平兴国年间(976—984 年)有户 31 941,到了宋徽宗大观三年(1109 年)已达 243 507 户;福建路在太平兴国年间有户 33 735,元丰年间则达到 55 237 户。[3] 在自然经济占统治地位的古代中国,人口的增加直接促进了农业生产的发展,同时也使相当一部分劳动力进入手工业、运输业和商业领域,进一步繁荣了东南沿海地区的经济。除了人口的增长,科学技术的发展也成为沿海经济发展的重要动力。农业

---

〔1〕 陈支平、詹石窗:《透视中国东南:文化经济的整合研究》(上),厦门大学出版社,2003 年,第 392—393 页。

〔2〕 廖大珂:《福建海外交通史》,福建人民出版社,2002 年,第 70—83 页。

〔3〕 张炜、方堃:《中国海疆通史》,中州古籍出版社,2003 年,第 178 页。

生产工具的创新，优良种子的引进、培育和推广，使许多沿海地区的农业由原先的粗放经营走向精耕细作，粮食产量有较大增长。并且在这一时期，南方人民因地制宜，发展“圩田”“沙田”“架田”“山田”[1]等多种形式的农业生产，使耕地面积大大增加，农业上的这些进步为南宋及元的发展奠定了基础。

与此同时，沿海地区人民扩大棉花、麻、桑蚕、甘蔗、果树等经济作物的种植范围，发展以盈利为目的的农林业。与商品经济关系密切的渔业、盐业、造船业及海上贸易亦得到了进一步的发展。北宋时，淡水养鱼范围从广南东路传统养鱼区进一步扩大到江南西路、两浙路、福建路等地，并且出现了专门以养鱼为生的农户。宋代盐业分为海盐、池盐、井盐、岩盐四种，其中与东南沿海经济相关且产量最大的是海盐，其中以淮南盐场、浙东地区的盐场最为有名。北宋王朝统一南方后，在沿海许多地区都设立了造船务、造船厂或造船坊，其中两浙路的杭州、明州和温州，福建路的泉州，广南东路的广州等都是制造海船的基地。当地还有大量的私人造船作坊。

南宋初年，中国北方大部分地区沦入金人之手。由于女真贵族实行残酷的民族统治政策，大批北方民众不愿受女真统治者的压迫，纷纷迁入江南。再加上南宋王朝定都临安，实行更加积极的海外贸易政策，沿海经济的繁荣程度远远超过北宋。

丝绸是海外贸易的重头物品，两宋时期的丝织业也很受重视，丝织业得到了进一步的发展。在当时的中央机构中，有两个掌管皇族事务，同时又与对外贸易很有关系的机关，一个叫“西外宗正司”，一个叫“南外宗正司”。南宋初年，这两个机构全都迁移到福建，西外宗正司设在福州，南外宗正司设在泉州。

宋代海上丝绸之路的兴盛也刺激了南方地区茶叶贸易的发展。宋代茶叶“出于闽中者，尤天下之所嗜”。[2] 据南宋官员所言，茶叶是当时海外诸国十分愿意得到的货物。

南宋的疆域不足北宋的三分之二，但当时农业发展水平最高的江、淮、湖、广皆位于南宋境内。这些地区大都放弃了刀耕火种的粗放农业生产形态，实行精耕细作。其中太湖流域的苏州、湖州和常州等地是农业经济最发达的地区，“苏湖熟，天下足”这一民谚即出于此。南宋时，许多农作物和经济作物新品种传入南方沿海地区，在当地广泛栽种，原有农作物的品种也不断增加。如南方最主要的粮食作物水稻，也不断培育出新品种，仅两浙路的六七个县就有籼稻、粳稻

---

[1] 齐涛：《中国古代经济史》，山东大学出版社，1999 年，第 163 页。
[2] 《演山集》卷四六《茶法》。

140 多种，糯稻 50 多种。[1]

南宋沿海地区经济发展的另一个重要标志是城市的繁荣、镇市的兴盛以及由此所带来的手工业的发展。以都城临安为例，它不仅是当时全国的政治中心，也是经济、文化的中心。咸淳年间（1265—1274 年）临安包括所属九县在内，户数已达 391 259，人口达 1 240 760 人。[2] 大城市的繁荣带动了周边地区的经济发展，同时集市、镇市的兴盛对经济发展的作用也不可低估。比如，为供应都城临安的需要，其北门外出现了著名米市"湖州市"（今湖墅），候潮门外形成了柴市，崇新门外出现了菜市。城市集镇的繁荣与手工业的发展是相辅相成的。南宋手工业比北宋更进步，生产规模也更大。各城镇、乡村都有手工业作坊分布，临安等大城市中纺织业、瓷器业等更为发达。

城市的繁荣也与海外贸易的兴盛有很大关系。南宋时，杭州的海外贸易十分发达，据载："穹桅巨舶，安行于烟涛渺莽之中，四方百货，不趾而集。"[3] 作为杭州湾外港的澉浦，在这一时期更是得到迅速发展，出现了"商旅阜通"的景象，以一种海外贸易港的姿态出现在杭州湾北岸。江浙瓷器在海外贸易出口中很受欢迎，尤其是浙江青瓷。朱彧的《萍洲可谈》卷二记载了当时瓷器大规模输出的情况："海舶大者数百人，小者百余人，以巨商为纲首……舶船深阔各数十丈。商人分占贮货，人得数尺许，下以贮物，夜卧其上。货多陶器，大小相套，无少隙地。"朝鲜、日本出土的大量青瓷碎片，印证了当时瓷器出口的盛况。温州也是宋代吴越地区著名的港口城市。这里交通便利，物资丰富，商业繁荣。南宋时宋廷在此设置市舶务，当时的温州港与东南亚各国、日本、朝鲜和印度等都有通商往来，"其货纤靡，其人多贾"。[4]

此时的盐业和造船业在北宋的基础上得到了更进一步的发展。北宋灭亡后，河东地区解池及北方各地盐场被金朝所控制，但由南宋控制和管理的长江南北的煮盐业更加兴盛。南宋时，淮东楚、通、泰三州有盐场 15 座、盐灶 412 所，浙西平江府有盐场 3 座，[5] 产量比北宋时期有大幅度增加。南宋时期的造船业以建造战船为当务之急。长江以北楚、泗、真、扬和江南的苏、润、江宁等州府都是重要的造船基地，其中官办船厂承建相当数量的战船，还建造座船、马船和渡船，供官员或行旅客商旅差、运输马匹以及渡口之用。

---

[1] 蔡美彪：《中国通史》第三册，人民出版社，1978 年，第 367 页。
[2] 《咸淳临安志》卷五八《户口》。
[3] 《梦粱录》卷一八《恤贫济老》。
[4] 《北山小集》卷二二。
[5] 《太平寰宇记》卷一二四。

（二）元代沿海经济的恢复与发展

元朝在统一全国的过程中，对各地的经济破坏十分严重。但由于各地战争规模不同，战事持续长短不同，破坏的程度也有很大区别。总体来说，东南沿海地区的战争破坏程度大都比较低，随着战争的结束、社会秩序的重归安定以及元朝重农政策的推行，经济很快恢复到南宋时期的水平，有些地区甚至还有所发展。

为了维护封建统治，自小深受汉文化熏陶的忽必烈采取重农政策，设立劝农司、司农司等机构，要求各道提刑按察司、各县达鲁花赤和县令兼管农事，并以人口的增长和农业的收成作为官吏考核的重要指标；向全国各地颁发《农桑辑要》，指导农业生产；严禁抑良为奴，将贵族们非法占有的奴隶编籍为民；组织兴修水利，鼓励开荒种桑，大力开展军民屯田等。〔1〕这些农业政策促进了各地农业，尤其是东南沿海地区农业的恢复与发展，昔日的蛮荒之地被改造成膏腴之田。

元朝东南沿海经济发展的重要表现之一是官办手工业得到了很大程度的发展。从成吉思汗时代开始，蒙古军队就在战争中俘掠了大批工匠，并强制其在官府设立的局、院里从事军需和日用品生产。元朝统一全国后，这种由官府和皇亲贵族经营的手工业作坊几乎遍布全国各地。诸路金玉人匠总管府下属的制造金银玉器、玛瑙、玳瑁等司局，诸路总管府下属的织造局，储政院下属的织染局、杂造人匠提举司，中政院下属的织染局等，由官府直接控制的官办手工业都与沿海经济关系密切。在元代，盐业是国家财政的主要来源。元朝设立的管理盐业的专门机构为盐运司，全国计有两淮、两浙、山东、福建、河间、广东、广海以及河东、四川等九处。〔2〕元代的盐业生产中，海盐产量明显高于池盐和井盐，在相当程度上带动了沿海地区的经济发展。

南宋时期的民间私人手工业得到了一定程度的发展，元代在此基础上继续推进。一方面，传统的丝织业仍然很发达。根据意大利旅行家马可 · 波罗的描述，江浙的镇江、苏州、吴兴、吴江，福建的泉州和广东的广州，其居民大都以丝织为生，当地丝织品品质精良、种类繁多。另一方面，由于棉花在全国各地得以普遍种植，新兴的棉织业得到了较大的发展空间。最为著名的当属元代松江民妇黄道婆，她将海南的棉纺技术带回了家乡。其他如麻织业、制瓷业，在制作技术

---

〔1〕张炜、方堃主编：《中国海疆通史》，中州古籍出版社，2003年，第230—231页。

〔2〕张炜、方堃主编：《中国海疆通史》，中州古籍出版社，2003年，第232页。

和产品质量上都较前代更进一步。

元代在福州设立了“文绣局”，专管有关丝绸纺织生产等事宜。文绣局规模很大，其工匠都是民间调发的织工绣女。范德机有诗云：“去年居作匠五千，耗费府藏犹烟云。”由于丝绸是海外贸易的急需品，范德机亦有诗云：“那更诛求使者急，鞭棰一似鸡羊群。古来闺阁佩箴管，今者女工征六军。”〔1〕

东南沿海地区的浙江龙泉窑、福建德化窑和建窑瓷器声名远扬，远销国内各地及东南亚、阿拉伯国家。福州连江浦口窑烧制的青白瓷和部分黑釉瓷从福州港出口，销往日本九州博多等地。这些瓷器也有出福州港后北行，经由浙江宁波销往日本的。上述瓷器不但销往九州各地，还流向南部的奄美群岛以及琉球本岛北部地区。浦口窑的青白瓷还出口到韩国，从韩国新安沉船上打捞出来的瓷器文物就是最好的例证。闽清东桥的义窑、青窑和安仁溪窑烧制了大量脱胎白

福建晋江金交椅山磁灶窑遗址（林瀚 摄）

〔1〕（元）范德机：《范德机诗集》卷四《闽州歌》，文渊阁四库全书本，第2页。

瓷、青瓷和黑釉瓷。其中,青瓷和黑釉瓷主要销往东南亚诸国;而在北宋末年到南宋初年间,则有相当数量的白瓷被销往日本。闽清义窑及南平茶洋窑生产的厚胎白瓷碗(日本称作ビロスク[Birosuku]类型),沿中琉航路,途经台湾、琉球八重山、宫古群岛,最终销往琉球王国所在的琉球本岛大部,并在北部与自日本博多南下的连江窑瓷器相汇合。这些陶瓷是作为日常生活容器被广泛使用的。福州洪塘窑酱釉小罐也在日本13到14世纪的遗址中被大量发现,日本人使用这种小罐放置抹茶粉,被称为"唐物茶入""肩冲"。

"南海Ⅰ号"沉船出水文物(吴巍巍 摄)

这一时期,东南沿海地区的商业异常繁荣。从事商业活动的既有垄断某些商品的官府,也有贵族、官僚和色目商人,还有一般百姓。元朝对金、银、铜、铁、盐、茶、水银、矾、铅、锡、酒、醋以及农具、竹、木等都实行专卖。其中有些商品由官府直接经营,有些商品则由官府卖给商人,再由商人运到市场上出售。在元代社会"舍本农,趋商贾"的风气影响下,在一向有经商传统的南方沿海地区,商业活动十分活跃。元代商业的发展,促进了作为商品交换中心的城市的繁荣。这些城市中,有些是有悠久历史传统的工商业城市,进入元代以后更加兴盛,如扬州、镇江、杭州、温州、广州等。元代在上海也设置了市舶司,上海因此得到迅速发展,此时的上海已经有榷场、酒库、官署、儒塾、佛宫、仙馆、贾肆,成为当时中国一大巨镇。值得一提的是代替广州成为中国最大海外贸易港口的泉州,因未遭战火摧残,进入元代后得到了更进一步的发展。

第二节 泉州与海上丝绸之路

一、泉州港的崛起

泉州位于我国东南沿海的福建省内,因唐、五代时环城遍植刺桐,故又被称作“刺桐城”。泉州港是我国古代海上交通要塞,宋元时期就以“刺桐港”之称闻名海内外。它是福建省泉州市晋江下游滨海的一个港湾,是我国海外交通史上一颗闪耀的星,距今已有1 000多年的历史。早在公元6世纪的南朝时期,泉州就与海外诸国有所往来。印度僧人拘那罗陀(汉名真谛)于陈武帝永定二年(558年)、文帝天嘉六年(565年)两次来到泉州,后在泉州乘船到棱加修国(位于今马来半岛)和优禅尼国(位于今印度)。至唐代,泉州成为中国四大对外贸易港口之一,与当时的交州、广州、江都并列。唐廷专门在泉州设置参军事一职,负责管理海外交通贸易事宜。该时期,主要为阿拉伯、波斯商人在泉州行走贸易,其次是来自日本、朝鲜、印度等国家和地区的商人,当时的泉州港人口繁杂。唐末五代时期,王审知等人先后割据福建,他们极力招揽海外商客,用以增加财力,扩大自身势力。其中,在王审知之后的福建动乱中,泉州人留从效(906—962年)据治泉州十七年,采取安民保土政策,不仅广收游民垦荒,大力发展农业、手工业等,还特别重视海外贸易交流,积极招揽海上商贾,允许自由贸易。一时,泉州城内货物充盈,商业繁荣。

北宋初年结束了五代十国分裂的局面,国家统一,社会安定,经济得以迅速恢复与发展,泉州港的港口地位得到进一步巩固。哲宗元祐二年(1087年)正式在泉州设立市舶司,直至明成化八年(1472年)福建市舶司迁往福州,近400年间,泉州市舶司管理着泉州诸港的海外贸易及相关事务,为泉州港乃至我国的古代海外贸易发展和对外文化交流作出了重大贡献。当时的泉州已经成为世界性的经济文化中心。到了南宋时期,中国古代政治、经济重心南移,朝廷十分重视和鼓励海外贸易,不仅在沿海各地陆续设置市舶司,甚至派人携诏书和丝织品出海,招徕外国商人。在此大机遇下,泉州港得到了空前发展,已逐渐有与广州并驾齐驱的态势。南宋乾道元年(1165年),朝廷撤两浙市舶司,所下诏令明确将泉州与广州同等对待。南宋末年,阿拉伯商人后裔,宋元时期著名的穆斯林海商、政治家、军事家蒲寿庚任泉州市舶司,他利用自身关系,广招海商,更多的海外商人来泉州贸易,极大地促进了泉州经济的发展。

元代，泉州港进入鼎盛时期，成为当时全国最大的港口，并与世界上多个国家和地区有着商贸往来，影响力堪比亚历山大港。据《岛夷志略》所载，元代与泉州贸易往来的国家和地区有近百个，主要集中在东南亚地区，以中介贸易形式出现于与西亚、东非、欧洲国家之间的贸易之中。作为对外贸易的中转站，国内外商贾从泉州运载丝绸、瓷器、茶叶、糖、书籍等货物前往他国销售，种类比宋代增加了不少，同时从国外运来香料、药材、宝石、琉璃、胡椒等到中国，品类之多，难以枚举。元代泉州港的对外贸易已有很大规模，这一通商巨埠、国际大都会成为元帝国最大的商品集散地和中外海上交通的重要枢纽。各种外来宗教，如伊斯兰教、印度教、基督教等，均可在泉州传播，阿拉伯式、波斯式、印度式等教堂林立，在这个国际大都市形成了一种多教并存的局面。在元代种族歧视制度下，蒙古族等地位较高的族群拥有诸多政治、经济特权，他们中出现了许多达官显贵、富商巨贾，如阿拉伯富商后裔蒲寿庚、居华穆斯林海商佛莲、西域人赛洛夫爱丁等，他们在很大程度上垄断了当地的香料与丝绸。此时形成的泉州城市商业特色完全不同于赵宋时期。在当时"国际化"的泉州城里，生活着多个民族。他们拥有不同的信仰与生活习俗，相互间除了排挤和斗争外，也进行着交流与融合。许多人与当地居民通婚，从此定居泉州，他们所生的孩子被称为"半南蕃"。

宋末及元代，泉州港一跃成为"东方第一大港"，是由多种因素促成的。首先，泉州港有着无比优良的自然条件。泉州港从北至南，海岸线总长421公里，具有深水线长、掩护条件好、环境容量大、距海上主航道近等特点。其次，经济和政治重心的南移，为泉州经济的迅速提升创造了条件。自安史之乱以后，中国古代的经济重心开始南移，泉州的农业、手工业和商业得到迅速发展。到了元代，泉州制造业更为发达，为港口外销提供了物质基础，各类商品数量与种类繁多，仅就《岛夷志略》所载，就有二十多种商品产自泉州，如"刺桐缎"（又称泉缎）、德化瓷等。再者，这一时期海上丝绸之路极为兴盛。宋代以前，陆上交通发达，尤其是陆上丝绸之路更是闻名中外。但是到了宋代，北方少数民族兴起，不断侵扰内地，通往域外的陆路交通被割断，人们开始重视海上交通。在这种情况下，泉州港获得了快速发展，成为当时海上贸易的中心。最后，泉州的兴盛和港口的繁荣与宋元统治者的积极态度和精心经营息息相关。南宋政权在临安（今杭州）的建立，使东南沿海地区聚集了大量的达官贵人、地主财阀，其对奇珍异宝、香料等奢侈品的需求量很大，临安成为全国最大的消费性城市。宋元交替之际，时任福建安抚沿海都置制使的蒲寿庚弃宋降元，使得泉州港虽接近政治中心，却未在战乱中遭到任何破坏。加之泉州与南宋时期主要的海外贸易对象如阿拉伯、南洋各国的关系较好，自然而然地成为当时举足轻重的货品运输地。元统治者对海外贸易的态度是积极主动的，因此在泉州归元后，元世祖对泉州非常重视，并且给予了大力扶持。元廷特别下令在泉州设置市舶司，对来货物较多的外商进行奖励，同时尊重外国商人的宗教信仰，这些措施对双方的贸易往来与良好关系的发展起到了积极的促进作用，泉州由此走向它的黄金时代。

二、赵汝适与《诸蕃志》

赵汝适，字伯可，生于南宋乾道六年，卒于绍定四年（1231 年），享年 62 岁。他祖籍河南开封，据《宋史 · 宗室世系表》载，乃宋太宗赵炅八世孙。绍兴年间，其祖父南渡，此后定居临海。赵汝适自幼出身于封建官僚家庭，父亲赵善待曾官至朝请大夫、岳州知州。绍熙元年（1190 年），赵汝适以祖上遗泽，补授将仕郎。庆元三年（1197 年），以进士及第，授修职郎。后历任卿、监、郎官等职。嘉定十七年（1224 年）任朝奉大夫、朝散大夫、福建路市舶司提举。次年即宝庆元年（1225 年）七月又兼权泉州市舶，十一月加兼知南外宗正事，此后又转任几处。绍定四年（1231 年）任朝议大夫，终于官告院主管，死后葬在了临海县（今浙江省临海市）重晖乡之赵岙山。从其生平功绩来看，赵汝适称得上是南宋的地理学家，为地理学研究作出了重要贡献。

赵汝适在任福建路市舶司提举兼权泉州市舶期间，正当北方丝绸之路的陆路交通受阻、海上交通兴盛之时。尤其是泉州的海外贸易往来不断，海外诸方“胡贾航海踵至”泉州。赵汝适勤办舶务，重视与蕃商的交往，并利用闲暇时间与职务之便，广泛阅读诸番地图、书籍，加上遍访当时居住在泉州的外国商人，编撰了一部专门记述当时中国与海外诸国贸易、交通等内容的海交史著述，即《诸蕃志》。其成书于宝庆元年，以赵汝适任内采访所得，共上下两卷。上卷《志国》，记载了东自日本，西至地中海东岸诸国及北非埃及、摩洛哥、东非索马里等 58 个国家和地区的风土人情；下卷《志物》，主要记载了海外诸国运进泉州港的物产资源，如乳香、金颜香、安息香、沉香、槟榔、珊瑚树、琉璃、黄蜡等等，详细介绍了它们的产地、性状、制作、用途及运销等情况，也记载了泉州港运往各国各地区的商品，共有 54 篇之多；该书末尾还附有《海南地理志》。全书内容丰富而详细，书中还记述有从中国沿海至海外诸国的里程以及所需要的时间。赵汝适并未亲自到访书中各地，有关海外诸国风土人情的部分多采用周去非《岭外代答》的记载，有关各国物产资源的描写则多来自外国商人，特别是来自阿拉伯地区的商人，通过询问其国名、风土、山泽、畜产等，据此采辑成书。虽然其中不免错讹，但不影响其珍贵的史料价值。该书是一部记述古代中外交通的佳作，乃至于经常被后来的史地学家所研读与引用。

因赵汝适与周去非生活在同一个时代,故《诸蕃志》与《岭外代答》在内容上颇有一些类同的记载。《岭外代答》是周去非于淳熙五年(1178 年)任桂林县尉时所撰写的笔记,较《诸蕃志》早一些,影响了《诸蕃志》的写作。《岭外代答》记载了有关宋代广西地区的人文、地理、物产等方面的内容,可谓是一部宋代广西地方志;同时也记述了占城、三佛齐、爪哇、大秦等海外国家的概况,也可说是宋代中外交通史书。而《诸蕃志》主要以描述海外国家与地区为主,对中国内地的叙述涉及较少,是一部纯粹的异域志书。两书均非作者亲历,更多的是访问所得。其后问世的由元人汪大渊撰写的《岛夷志略》,则是一部元代中外海上交通地理名著。全书基本由作者根据亲身经历所记,其中所记载和涉及的地点有 200 多个,远远多于《诸蕃志》和《岭外代答》中的记述。

赵汝适著述《诸蕃志》的原因可以归结为两点。其一,南宋朝廷在泉州、广州等地设置市舶司,以司互市,"盖欲宽民力而助国朝",泉州等地汇集了大量的外国商人,呈现了"涨海声中万国商"的繁荣景象。真德秀评论当时的泉州"田赋登足,舶货充羡,称为富州"。在这样便利的社会环境下,《诸蕃志》的撰写是水到渠成。其二是赵汝适想为有识之士提供了解海外诸国情况的资料,以便其与各国更好地互通有无,友好往来。正如"山海有经,博物有志,一物不知,君子所耻"。可惜该书原书已亡佚很久,现存版本是从《永乐大典》卷四二六二"蕃"字韵下辑出来的。旧刻本有《函海丛书》本和《学津讨原》本两种,另有《四库全书》本。《诸蕃志》作为中外关系史上的一部占有重要地位的著作,于 19 世纪末开始得到了西方学者的关注,20 世纪初,德国汉学家夏德(Friedrich Hirth, 1845—1927 年)与美国汉学家柔克义(William Woodville Rockhill, 1854—1914 年)将其翻译成了外文。[1] 该译本一经出版即引起了不小的反响。另外法国汉学家费琅(Ferrand G.)曾在《苏门答腊古国考》一书中,将《诸蕃志 · 三佛齐国》部分译成法文。民国时历史学家、中外交通史家冯承钧(1887—1946 年)利用自身的中外文能力,将国内外前人的成果加以整合和吸收,踵事增华,写出《诸蕃志校注》,对《诸蕃志》进行了甚为详尽的考订。

总而言之,《诸蕃志》是一部记载宋代边疆与海外地理、宋代泉州港海外交通贸易的著名作品,是研究南宋海上交通状况、对外经济贸易以及与海外诸国友好交往的重要文献,多层次、多角度、全方位地记载了泉州港在南宋时的繁华景

---

〔1〕 译本出版时的英文标题为 *Chau Ju-kua: His Work on the Chinese and Arab Trade in the Twelfth and Thirteenth Centuries, Entitled Chu-fan-chi*(赵汝适:他关于十二和十三世纪中国和阿拉伯贸易的著作,名为《诸蕃志》)。

象，留给后人一份极其珍贵的历史资料，为宋史研究提供了诸多可靠信息。书中对当时沿海诸古国几乎列举无遗，对北非、东非的记载可谓是中非之间交往悠久历史的见证。其中关于穆斯林商人来华情况的记述等，既显示了回族先民对海上丝绸之路与泉州港的繁荣作出的重要贡献，也为研究中国回族史、伊斯兰教史以及中国与海外诸国关系史提供了资料。另外，书中所记海外诸国的风土人情事物等，常为后来史家所引用，甚至被作为正史校补依据，如《诸蕃志》是编写《宋史·外国传》的主要底本，《文献通考》《密斋笔记》等书也都引有《诸蕃志》的内容。《四库全书总目提要》评价道："此书乃其提举福建市舶司时所作……故所言海国之事，《宋史·外国列传》实引用之，核其叙文、事实、岁月皆合。"称赞其"叙述详核，为史家之所依据矣"。

三、《马可·波罗游记》中的泉州

700多年前，意大利商人马可·波罗（Marco Polo，1254—1324年）来到中国，在中国居住了十几年，足迹遍布中国大江南北。归国后，他在威尼斯和热那亚的一次海战中被俘。1298年在监狱里口述了其去东方国家尤其是中国的整个旅程中的所见所闻，由狱友鲁斯蒂谦（Rustichello da Pisa）代笔写成了《马可·波罗游记》（又名《马可·波罗行纪》《寰宇记》《东方闻见录》）。这是第一部较全面地描述中国并在欧洲社会引起极大反响的书，也让欧洲人了解了东方的神秘与富庶，大大激发了欧洲人对东方世界的好奇与向往，对后世大航海时代以及西方海外殖民扩张产生了深刻影响。与此同时，欧洲绘制的早期"世界地图"，就是一些西方地理学家根据游记中对东西方世界的具体描述而作成的。如1375年的西班牙喀塔兰大地图，就是以马可·波罗的游记为主要参考书制成的，它是冲破传统天圆地方观念、摒弃宗教谬说的代表，是中世纪具有很高科学价值的地图，以后许多地图以此为依据。《马可·波罗游记》问世以后，广为流传。该书原稿已亡佚，而根据原稿传抄的多种译抄本中，没有两种版本完全相同。700多年来，世界各地出现的译本可达100多种，而今流行的版本有5种。自1913年中国出现最早的译本《元代客卿马哥博罗游记》以来，我国学者根据不同版本翻译过多个汉语译本，其中以上海商务印书馆1936年出版的冯承钧《马可·波罗行纪》与1937年出版的张星烺《马哥孛罗游记》译本为最佳。此外，还有中英对照本、英文本等其他版本，多数为通俗读物。

《马可·波罗游记》（后简称《游记》）共有4卷，另外还有1篇序言。第1卷记载了马可·波罗一行人自意大利出发东游直至上都的沿途见闻；第2卷不仅记载了元统治者忽必烈其人与宫殿、游猎活动，以及上都都城、朝廷、政府、民间节庆等事，还有中国其他城市如杭州、福州、泉州等地，甚至东地沿岸及诸海、诸洲之事；第 3 卷大多记载的是亚洲其他国家和地区，如日本、越南、东印度、南印度、印度洋沿岸诸国及诸岛屿，最后涉及非洲东部地区；第 4 卷记载了亚洲北部，以及一代天骄成吉思汗之后裔即诸鞑靼宗王之间的战争。每卷分章，共有 229 章，分别叙述一方水土一方人。书中记述的地名达 100 多个，连线几乎涵盖了东方大部分地区。介绍的不仅仅是其地的风土人情、地理风貌、物产气候，还包括经济贸易、宗教信仰等社会层面现象，甚至描述了一些国家的典章制度、政治轶闻。这是一本关于亚洲的游记，它记录了西亚、中亚、东南亚等许多国家与地区的情况，其中大篇幅描述的是中国。马可 · 波罗在中国前前后后十几年的时间，足迹遍及中国大江南北。《游记》第 2 卷以叙述在中国的见闻为主，共 82 章，其中以大量的篇幅和充满赞誉的语言，记述了中国华丽的宫殿建筑、繁荣的商业城市、便利的交通设施，以及无穷无尽的财富。《游记》事无巨细，甚至提供了一些关于中国社会非常细微的信息，如其中描述的当时中国人生活中使用的煤，《游记》称之为“黑色石块”，并向西方介绍了中国的用煤知识；《游记》还对忽必烈的军事功绩、治国方针、宫廷生活、行猎场面，蒙古人的游牧生活和婚姻习俗等等进行了记述，点点滴滴都描述得绝妙而精彩。

在《游记》第 2 卷中，泉州被称为刺桐城，泉州港被称为刺桐港，其空前繁荣的风貌为世人所注目。马可 · 波罗详细地介绍了该地的种种现象。《游记》描述说，离开福州向东南前行五日，沿途经过人口稠密的市镇、城堡和坚固的住宅，一路崎岖不平，便到达了宏伟美丽的刺桐城。马可 · 波罗认为刺桐港是世界上最大的港口之一，大批商人云集于此，货物堆积如山，买卖的盛况令人难以想象。《游记》提到，此处每个商人必须付出自己投资总数的百分之十作为税款（这是元政府财政收入的一部分）。此外商人租船装货，对于精细货物必须付该货物总价的百分之三十作为运费，胡椒等需付百分之四十四，而檀香、药材以及一般商品则需要付百分之四十。据马可 · 波罗估算，这些商人要付的费用即连同关税和运费在内，总共占到货物价值的一半以上，然而就是剩余的一半中，商人们也有很大的利润，所以他们往往运载更多的商品回来交易。[1]《游记》中的这些描述无不再现了元代泉州作为全国第一大港的繁华面貌。

马可 · 波罗的中国之行及其《游记》中的一切，仿佛离奇怪诞、言过其实，在中世纪的欧洲被当作是“天方夜谭”。但《游记》向当时的欧洲人提供了大量有关中国的较为全面的资料，首次比较正式地以文字形式向欧洲世界通报了中国

---

〔1〕 陈开俊等译：《马可 · 波罗游记》，福建科学技术出版社，1981 年，第 192 页。

的古代文明，它告诉欧洲人，中国不仅仅是丝绸与瓷器大国，而且还凝聚了上下几千年的文明，它大大丰富了人们的地理知识，对之后两个世纪欧洲的航海事业起到了非常大的推动作用。13世纪以前，中西方通过中亚这座桥梁间接地进行着政治、经济、文化等方面的交流，但也仅仅是浅层次上的，缺乏真正的接触和了解，西方人对中国的认识和了解一直停留在道听途说。《马可·波罗游记》对东方世界进行了神话般的描述，开启了一扇西方人窥视东方文明之窗，在欧洲人面前展示了一片宽阔而富饶的神秘土地，大大刺激了欧洲人对东方的好奇心，客观上促进了中西方之间的直接交往，开辟了一个中西方交往的新时期。欧洲众多的航海家、探险家、旅行家在读了《马可·波罗游记》以后，从中得到莫大的鼓舞，东来远航探险的想法更加坚定，如葡萄牙航海家亨利王子、意大利航海家哥伦布等都看过马可·波罗的书，非常钦慕中国、印度之文明与富裕。这些大大促进了中西交通的发展，双方的往来与接触更加频繁，同时也挑战了中世纪西方神权统治，给中世纪的欧洲带来了新时代的曙光。《马可·波罗游记》开启了中国与欧洲通过文献交流的先河，对后世学者的中世纪地理学、亚洲史、中西交通史等研究，具有不可替代的历史价值。

第三节　海上文化交流的兴盛

一、多元宗教在东南沿海的传播

在宋元时代的中国东南地区，偏于一隅的地理位置使此地战事较少，海上交通便利，加之统治者相对宽容的宗教政策，以及中国经济和文化重心的相继南移等，都为宗教在这一地区的传播和发展提供了良好的氛围。这一时期，除了基督教的传教活动较为沉寂外，佛教、伊斯兰教、摩尼教等其他海外宗教均得到了大范围的传播。

（一）佛教

两宋以后，内地佛教与儒、道合一的趋势增强，其势力逐渐衰微，但在东南沿海地区，因前文提到的得天独厚的传播条件，其传播延续了隋唐五代的繁盛局面。具体体现在以下几个方面：

1. 寺院林立。这一时期，仅福建一省就兴造了1 180座寺院（含庵、堂）。所建寺院不但数量多，而且规模也很大，例如福州怡山长庆寺周垣几百丈，为屋三千;莆田广化寺有百二十庵院。[1] 江西也新增寺院775所。另外,据广东方志记载,宋时韶州、广州、肇庆、潮州、高州、雷州等地区,共创建佛寺约130所。除此之外,苏南、浙江等地区也涌现了大量佛教寺院。

2. 名僧辈出,宗派纷繁。天台宗、律宗、华严宗、净土宗、密宗、禅宗等佛教宗派在这一时期的东南地区都得以弘扬。各派或有法嗣在东南弘化,或收东南籍人为弟子,一时东南佛教名僧辈出,高僧济济。特别是禅宗,"五家七宗"大部分开宗立派者来自东南,他们卓有成效的传法活动,促使禅宗枝繁叶茂、长盛不衰。

3. 著述丰富,刻经繁荣。两宋时,东南佛教的兴盛还体现在佛籍著述和刻经事业方面。在佛籍著述方面:其一,杭州灵隐寺云门宗僧人契嵩的《传法正宗记》《传法正宗论》和《传法正宗定祖图》等影响深远。另外,天台宗禅师义寂、知礼、智圆、义通等也多有著述。其二,僧传、灯录、语录大量出现,其中有浙江僧人赞宁的《宋高僧传》和《大宋高僧传》、福州鼓山赜藏主编的《古尊宿语录》、南宋浙东释志槃的《佛祖统记》,后者因采择史料面广,编选精审,成为研究中国佛教史的重要参考资料。其三,佛教文学作品也出现不少,较具代表性的是有"禅门司马"之誉的江西籍僧人惠洪,他一生勤于笔耕,传世之作有《林间录》《石门文字禅》《冷斋夜话》和《甘露集》等。

在刻经方面,虽然我国早在隋唐时期已经发明了雕版印刷术,但直到两宋时期才改变了佛经主要由手工抄录的传统。由此可见,宋朝的刻经业是非常发达的。其中尤以东南为繁盛,囊括了全国两大刻经中心:一是浙江,宋代官私刻藏佛经共有5个版本,其中之一就是浙江湖州思溪圆觉禅院刻版,通称思溪版;二是福建的建阳麻沙书坊。

在元朝未正式建立以前,蒙古时代的佛教就很兴盛。太祖成吉思汗奉密教为国教,并允许其他宗教的存在。其后裔尊重并奉行先祖的信仰,佛教极为盛行。以福建佛寺为例,元代福建全省兴造的寺院有119处,庵、堂、精舍262所。此外,元代福建还有重建毁废的寺院65所,庵堂3所。[2] 这些新建与重建的寺院、庵、堂、精舍主要集中在成宗大德年间,仁宗延祐年间和惠宗至元、至正年间。以惠宗朝最为突出,无论寺院或庵、堂、精舍,新建的数量都达到元代福建全省新建与重建的寺院数量之半。就区域分布而言,新建的寺院主要集中在闽北的建宁路、邵武路、延平路。而庵、堂除了闽北、闽西普遍兴造以

[1] 陈支平、詹石窗:《透视中国东南:文化经济的整合研究》,厦门大学出版社,2003年,第702页。

[2] 王荣国:《福建佛教史》,厦门大学出版社,1997年,第295页。

外,沿海的莆田、晋江亦相当可观。庵、堂的大量出现可能与佛教的民间化、世俗化有很大的关系。

福建泉州刺桐双塔(成冬冬供图)

（二）基督教

总体来说,两宋时期是基督教在中国传播的沉寂期。基督教于唐朝传入中国,时称“景教”,亦即基督教聂思脱利派。经晚唐“武宗灭佛”,景教受到严酷打压,在中国内地陷入几乎绝迹的境地,在五代及宋朝的史籍中也几乎找不到任何有关景教的描述。

至元代,一度中断的基督教(其在元代称“也里可温教”)复盛于中国,其在东南地区的传播也相当繁盛。江浙地区是元代基督教在华传播的重要阵地。杭州、镇江、扬州、温州以及泉州等地皆有景教教堂,其中以镇江最为繁盛。至元十五年(1278 年),元世祖忽必烈委任马薛里吉思为镇江府路总管府副达鲁花赤(元职官名),他共建有教堂 7 座。镇江由是成为景教在江南传播的重镇。元代镇江曾建有规模较大的景教寺庙,并留下了已存世不多的第一手资料,为我们了解当时景教在镇江地区的传播情况,提供了极为重要的线索。

元代景教在江南地区得到重视,这与元代统治者对外来宗教持开放态度不无关系。不仅如此,景教在民间也得到很大范围的传播。当时镇江及其周围地方是江浙一带奉教人数最多的地区之一。据《至顺镇江志》记载，镇江计有景教徒 23 户，106 口，109 躯，共计有景教徒 250 人。当时镇江侨寓 3 840 户，其中景教徒 23 户，约 167 户侨寓户中有 1 户景教徒。约 63 人中即有 1 名景教徒。[1] 除了镇江，江浙地区还有徐州、扬州、杭州、温州等地有景教活动的足迹和景教徒分布。[2]

马可 · 波罗在他的游记中也有关于这些教堂的记载。温州为元代七处通商港口之一，《元典章》卷三三《禁也里可温搀先祝赞》有载：大德八年（1304 年），江南诸路道教呈控也里可温"温州路有也里可温创立掌教司衙门，招收民户，充本教户计，及行将法箓先生诱化，侵夺管领，及于祝圣祈祷去处，必欲班立于先生（道士）之上，动致争竞，将先生人等殴打"。[3] 景教徒竟敢与道教徒竞争甚至殴打道教徒，表明温州地区景教徒的势力已颇为可观，不容小视。泉州号称东方的"亚历山大港"，是东南沿海交通的门户。目前在泉州存有不少景教的文物，说明元代泉州已有不少景教徒，以至于需要设立专门的管理机构——崇福司，来对景教徒加以有效的管理。

元代景教碑石（泉州海外交通史博物馆藏）

---

〔1〕 方豪：《中西交通史》（下册），上海人民出版社，2008 年，第 379 页。

〔2〕 张星烺：《中西交通史料汇编》，第 1 册，中华书局，1977 年，第 297—303 页；方豪：《中西交通史》（下册），上海人民出版社，2008 年，第 379 页。

〔3〕 张星烺：《中西交通史料汇编》，第 1 册，中华书局，1977 年，第 303 页。

此外,元代泉州、杭州天主教的传教活动也非常活跃。1313 年,罗马教皇任命孟德高维诺为大都总主教,并在福建泉州设立主教区,先后由方济各会士哲拉德(Gerard)、裴莱格林(Pofegrine of Castello)和安德鲁(Andrew of Perigia)担任泉州主教一职。当时的泉州不仅有主教堂,还有分教堂,奉教的信徒"前后甚众",估计达 1 万人左右。[1] 杭州天主教的信仰也引人注目。1347 年,阿拉伯旅行家伊宾拔都塔经印度来华,在他的游记中亦提及杭州的天主教信仰情况:"城门名为犹太人门,犹太教徒、基督教徒及拜日之突厥人俱居于是区内,为数甚夥。"[2]

(三) 伊斯兰教

伊斯兰教于唐代时传入中国,一沿海路,一沿陆路。伊斯兰教在我国东南地区的传播在唐朝时就已经相当兴盛了。至宋朝,因中原与北方部族的连年战争,中西陆路交通被阻断,而海上贸易则空前繁盛,东南沿海的伊斯兰教借海上贸易之力,得到进一步发展。其表现有: 其一,穆斯林来华人数增多。宋统治者在东南沿海港口城市设置"市舶司",给予"蕃商"优厚待遇,鼓励中外贸易,所以宋代穆斯林商人来华者较之唐代增多。其二,随着穆斯林经济实力的增加,其政治地位也得到很大提高。广州的阿拉伯籍商人辛押陀罗资产达数万缗,他曾向府学赠田捐资,熙宁(1068—1077 年)年间还被授予"归德将军"的美誉。泉州蒲氏家族长子蒲寿晟,于"咸淳七年(1271 年)知梅州",[3] 次子蒲寿庚,曾"提举泉州舶司,擅蕃舶利者三十年"。[4] 其三,清真寺的大量修建。这一时期建成了中国东南沿海地区四大清真古寺中的三个,分别为: 广州的怀圣寺,建于北宋熙宁年间;泉州的艾苏哈卜寺,又名圣友寺,建于北宋真宗大中祥符二年(1009 年);扬州的仙鹤寺,建于南宋恭帝德祐元年(1275 年)。另外,泉州还有另一清净寺,由纳只卜·穆兹喜鲁丁建于南宋绍兴元年(1131 年)。

元代是中国伊斯兰教历史上的关键时期。在蒙古军队中有大量的波斯人、阿拉伯人及中亚人,这些信奉伊斯兰教的穆斯林,随着蒙古大军的征战而散居于中国各地。《明史·西域传》有"元时回回遍天下"之说。如南宋时期杭州城内就有不少穆斯林,"元时内附者,又往往编管江、浙、闽、广之间,而杭州尤夥,号

---

[1] 陈支平、李少明:《基督教与福建民间社会》,厦门大学出版社,1992 年,第 4 页。

[2] 《东方杂志》卷二六,第十号,第 102 页。

[3] (宋元) 蒲寿宬:《心泉学诗稿》卷一《梅阳壬申劭农偶成书呈同官》。

[4] 《宋史》卷四七《瀛国公》。

泉州清净寺(成冬冬供图)

色目种”。[1] 又如泉州城内亦有穆斯林聚居区;蒲寿庚降元后协助元政府平定东南沿海,从而升任福建行省中书左丞;其后阿拉伯人赛典赤 · 瞻思丁之孙艾卜伯克 · 乌马儿也曾担任泉州提举市舶司。

(四) 摩尼教

两宋时期,摩尼教在东南沿海地区很是风行,其中尤以浙江和福建的传播势头最盛。原因之一,这两地区有多所摩尼教寺院的存在。其一是四明(浙江宁波)的崇寿宫,这是一座道化的摩尼寺。据宋代末期该寺住持张希声所言:“吾所居初名道院,正以奉摩尼香火……摩尼之法之严,虽久已莫能行,而其法尚存,庶几记之以自警,且以警后之人也。”[2] 其二是福建泉州石刀山麓的摩尼寺,建于南宋初年。据 1980 年代在福建晋江发现的《西山杂志》记载:“宋绍兴十八

[1] (明) 田汝成:《西湖游览志》卷一八,上海古籍出版社,1958 年。
[2] (宋) 黄震:《黄氏日钞分类》卷八六《崇寿宫记》。

年,宋宗室赵紫阳在石刀山之麓筑龙泉书院。夜中常见院后石壁五彩光华,于是僧人吉祥,募资琢容而建之寺,曰摩尼寺。"[1]原因之二,在《崇寿宫记》等宋代文献中,还提到宋朝政府到福州、温州等地征取摩尼经以编入《道藏》。原因之三,明教及其活动成为备受朝野关注的社会现象。入宋以后,东南沿海地区经常有利用明教起事的事件,仅浙江境内就有不下六起。

相较于两宋时摩尼教在东南沿海的传播之盛,元代的势头有所下降,但它表现出一种新的特征,即隐迹涵化于佛道寺院之中。如泉州石刀山摩尼寺(建于南宋绍兴十八年),元大德年间(1297—1307年)尚有人光顾。另一座摩尼教寺院华表山草庵亦建于宋代,元代仍存,是一座典型的佛化摩尼教寺院。其建筑外观与佛寺无异,还有"摩尼光佛"的摩崖石刻字样。按照传统的摩尼教教义,摩尼塑像应着白色衣冠,而草庵的摩尼坐像却十分类似于佛祖释迦牟尼像。莆田涵江也有一座摩尼寺,残存的石碑上尚存有"大力智慧,摩尼光佛"八个大字,据碑文可知,此碑立于元延祐年间(1314—1320年)。温州平阳亦有一处摩尼寺院,名为"潜光院",其主人石心上人乃"儒家子,幼诵六艺百家之书,趣淡泊而习

摩尼佛造像

---

[1]《西山杂志》"草庵条"。按:抄本今藏泉州海外交通史博物馆。

高尚,故能不汩于尘俗而逃夫虚空。其学明教之学者,盖亦托其迹而隐焉者欤”。[1] 近年来,在闽东地区霞浦、屏南等地相继发现了一些摩尼教遗址和文书,从中也可以明显见到其佛道化乃至民间化的特征,深刻地反映了外来宗教在华传播不可避免地要走“本土化”的道路。

(五) 其他外来宗教的传播

由于元朝统治者对于各种宗教采取兼容并蓄的政策,犹太教、印度教也在元朝的东南沿海地区得到传播。

犹太教是一种古老的宗教,大约在公元前 13 世纪古希伯来人摩西就开始利用宗教来团结犹太人。此后,犹太教便成为犹太人的精神纽带。除去北方的开封,元代杭州也有犹太人的社区。杨瑀在《山居新语》中记载:杭州砂糖局“糖官皆主鹘、回回富商也。”由此可见,杭州的砂糖局由犹太人和回回人所把持。摩洛哥旅行家伊本 · 白图泰在他的游记中也曾谈到杭州居住着不少犹太教徒,并且城中第二门就称“犹太门”。

印度教是 4 世纪前后形成并流传至今的印度主要宗教。它在婆罗门教的基础上,吸收耆那教、佛教等教义和印度民间信仰演化而成。《唐大和上(尚)东征传》有载,唐天宝九载(750 年),鉴真和尚一行途经广州,曾见到该地“有婆罗门寺三所,并梵僧居住”。[2] 所谓“婆罗门寺”,即印度教寺院,可见当时印度教已传入广州。在宋元时代,由于大量印度教商旅和移民来到泉州,泉州也开始出现印度教寺院。据元末人所写的《丽史》记载:“泉州故多西域人……建番佛寺,备极壮丽。”[3]但这座漂亮的番佛寺建筑却毁于元末战火。据考古研究,泉州番佛寺也是一座印度教寺院,系圣班达 · 具鲁玛或泰米尔商旅在至元十八年(1281 年)获得元朝恩准建立的。近半个世纪以来,泉州多次发现印度教石刻,总共达 300 多方。

二、理学在闽浙的流布与海外传播

(一) 理学在闽中的早期传布[4]

理学的南传,与北宋江南士人在政治上地位的提升有相当大的关系,如参与

---

〔1〕《不系舟渔集》卷一二《竹西楼记》,转引自林悟殊:《宋元时代中国东南沿海的寺院式摩尼教》,载《摩尼教及其东渐》,中华书局,1987 年。

〔2〕《唐大和上东征传》。

〔3〕杨钦章:《泉州印度教毗湿奴神形象石刻》,《世界宗教研究》1988 年第 1 期。

〔4〕详参陈支平、詹石窗:《透视中国东南:文化经济的整合研究》(上),厦门大学出版社,2003 年,第 536—539 页。

王安石变法的大都是以闽赣为主的江南士人。江南地区政治地位上的提升和经济实力的增强,也使得相当数量的江南士人有机会游学于中原理学家,其中闽人又居多数。

儒学在八闽地区的流布始于唐,以欧阳四门为代表。北宋时理学在闽中泛成涓涓之流,出现了陈襄、陈烈、周希孟、郑穆等“闽中四先生”。其中以陈襄最具代表性,他曾提出“好学以尽心,诚心以尽物,推物以尽理,明理以尽性,和性以尽神”的主张,以期重构儒家知识和思想体系。庆历年间(1041—1048年),闽中又有章望之、黄晞、刘彝、游烈、徐唐、邵清、王苹等研精覃思,发明精蕴,倡鸣道学,儒学亦由此盛。

“程门立雪”的游酢与杨时,二者皆为闽理学创始人。游酢“载道南归,创建州理学之始……闽著道学之统,与濂、洛、关并称著,首推建郡,实游定夫开其先也”。但其后杨时(1053—1135年)以其徒显,于是言周程之嫡派,咸宗龟山,而定夫之学,稍稍晦而不传。杨时更被尊为“程氏正宗”或“南渡洛学大宗”。杨时传学给沙县的罗从彦,罗从彦传给南平的李侗,李侗又传给尤溪的朱熹。史称杨、罗、李为“南剑三先生”。而早在李侗授学朱熹之前,崇安刘勉之(朱熹之岳父)就是杨氏弟子。人们称杨氏所传为“道南学派”。

总之,在中原理学草创时期,东南士人特别是闽人已受益良多,并参与了严谨繁缛之理学体系的建构,闽地俨然成了“海滨邹鲁”“道南理窟”。从学统上看,二程对东南地区的闽人影响无疑是巨大的。然而“南剑三先生”所传更近“如沐春风”的程颢道脉。集大成者朱熹在融合各家之际,转而直承了“正襟危坐”之风,闽学自此隶属于时贤所谓的“别子为宗”的程朱一系。理学在东南学者的“默契道妙”之下,开始进入蓬勃发展的辉煌时期。

(二)“永嘉学派”与理学在浙江的早期发展

汉唐时期,浙江特别是浙东地区人才辈出,如名哲王充、经学家虞翻、释者慧皎等,延至宋代,人文更为兴盛,逐渐发展形成了学界所称的“永嘉学派”,名噪一时。永嘉学人与湖、洛、关学皆有渊源关系。杨适、王致、王说、杜醇、楼郁等“庆历五先生”及王儒志、经行等采纳王安石的新学,其所创学风,皆凸显出经世致用的传统。其后的“永嘉九先生”周行己、许景衡、沈躬行、刘安节、刘安上、戴述、赵霄、张辉、蒋元中等,将洛学教授于乡里。北宋永嘉九先生洛、关并传,并无门户之见,其学说虽未成系统,却求务实,重改革,显示出浙东人文化上的开放性格。至南宋,永嘉之说发展至与伊洛相对的事功之学。薛季宣、陈傅良皆阐发“实事实理”观点,以求见事功,至叶适始将功利与义理归一。时陈亮之永康学派虽无所承,却专倡王霸并用,义利双行。永康与永嘉两派,皆以鲜明的“反理学”姿态,推崇“事功之学”,可谓独树一帜。南宋浙东钱塘尚有张九成(1092—1159 年),折衷二程理学与陆九渊心学。张九成尝试用禅家“顿悟见性”来诠释儒家的“格物致知”之修养方法,强调“穷一心之理以通天下之理,穷一事之理以通万世之理”,[1]已包含“心即理”的心学内涵。沿至南宋淳熙年间,浙东理学形成了以吕祖谦为代表的金华学派,虽遵性命义理之学,亦重致用,与朱熹的闽学、陆九渊的心学并驾齐驱。

(三)朱子学在海外的传播

朱子学在随后几百年的时间里逐渐越出中国范围,辐射到整个东亚地区,先后形成了日本儒学、朝鲜儒学、越南儒学,并随着中国的移民及其他方式传往东南亚其他岛屿国家。[2]

1. 朱子学在朝鲜半岛的传播

程朱理学,在 13 世纪末元世祖忽必烈时开始流入朝鲜。蒙元入主中原后,多次征伐高丽,终以失败告终。元统治者转而采取怀柔政策,通过联姻加强与高丽的联系。此后,高丽与元朝的关系日益密切,当时上至高丽国王、贵族,下至使臣、随从,频繁往来于两国之间,不绝如缕。大批高丽王公及随从常年定居元大都,他们通过耳濡目染,接受了朱子学潜移默化的熏陶。[3]

朱子学在朝鲜的传播大致分为两个阶段: 一是 13 世纪末至 14 世纪上半叶的初传阶段;二是进入 14 世纪下半叶的高丽末、李朝初的王朝交替时期。终元一世皆处于理学传播朝鲜的第一阶段。初传阶段的代表人物为安珦、白颐正、李齐贤、李贽等人,其中把理学传入高丽的第一人是安珦(1243—1306 年)。安珦是高丽忠宣王的宠臣,曾经跟随忠宣王入元,得以接触程朱理学。安珦在大都期间接触到了新刊行的朱子书,发现其对加强集权统治、教化百姓、稳定社会有着非常重要的作用,于是“手抄朱子书,又摹写孔子、朱子真像。时朱子书未及盛行于世,先生(即安珦)始得见之,心自笃好,知为孔门正脉,手录其书,摹写孔朱真像而归”。因此安珦成为将朱子学引入高丽的第一人。[4] 1290 年,安珦携

---

[1] 《横浦文集》卷一七《重建赣州州学记》。

[2] 吴吉民:《新模式: 朱子学与东亚文化圈》,《朱子学与文化建设学术研讨会论文集》,2012 年 8 月 23 日。

[3] 王国良:《朝鲜朱子学的传播与思想倾向》,《安徽大学学报(哲学社会科学版)》2001 年第 6 期。

[4] 刘刚:《朱子学传入朝鲜半岛研究(1290—1409)》,厦门大学博士学位论文,2012 年。

《朱子全书》归国，并在太学讲授朱子学，开启了朱子学入高丽的先河。安珦在高丽积极传播朱子学与教育学，为此捐献财物，并大力提携后辈。其后在朝鲜传播理学的代表人物白颐正、权溥皆为其弟子。不得不说，安珦为开创理学在朝鲜的传播局面立下了不朽的功绩。继安珦之后，其弟子白颐正亦是传播理学的先驱。白颐正曾留居大都十余年，潜心学习朱子学，同时还将朱子学典籍带回国供人们研习。《高丽史》载："时程朱之学始行中国，未及东方。颐正在元得而学之，东还。李齐贤、朴忠佐首先师受孝珠(颐正)，官至大护军。"〔1〕

融合儒释道三教基础而建构的程朱理学，充分利用文化交流的契机，适应朝鲜自古以来的思想文化传统，更迎合了朝鲜统治阶级的需要，因此作为一种外来思想，从高丽末期起至李氏王朝建立为止，仅仅用了约 100 年的时间，便在朝鲜的土地上生根开花，对朝鲜社会产生了广泛的影响。

2. 朱子学在日本的传播

日本镰仓时代(1185—1333 年)中叶，朱子学开始传入日本。中日两国的学僧在传播过程中起到了关键作用，学界通常认为朱子学是作为佛学的副产品而传入日本的，因此有"儒学在佛门学，儒生自佛门出"的说法。最初将朱子学传入日本的是两位日本僧人：俊芿法师和园而辨园。公元 1199 年，俊芿法师来华学习佛法，回国后带去有关宋明理学和朱子学的中国典籍 2103 卷，促进了中国传统文化和朱子学在日本的传播。其后，日本高僧园而辨园入宋留学，回国后也带去了包括朱熹《大学或问》《中庸或问》《论孟精义》等典籍在内的近千种儒学书籍。

不仅如此，宋元时期，中国僧人陆续前往日本弘法和交流，也间接地将朱子学传至日本。如南宋高僧道隆法师应北条时赖邀请，东渡日本进行为期 32 年的佛法传布。他主张佛学与理学相结合、吸收理学思想要素。他提倡"圣人以天地为本""行三纲五常""正心诚意，去佞绝奸""兴教化，济黎民，实在于人身"等思想，可谓充分体现了朱熹伦理纲常思想。宋元之际前往日本传播理学的中国僧人还有普宁、正念、祖元等人，他们以禅僧的身份赴日，同时传授禅学和朱子学，在朱子学在日本的推广和传播中扮演了重要的角色。

三、西方传教士与元代东南沿海社会

(一) 传教士与元代江浙社会

基督教在华传播，以景教于唐代之活动为第一阶段，两宋趋于消匿，元代重

〔1〕《高丽史》卷一〇六。

现轨迹。这一时期,元代基督教活动主要以两大宗派景教和天主教为主,统称为“也里可温”。在这一历史过程中,基督教传教士活跃于东南社会,他们在传教的同时,也记录了有关东南地区社会文化的点滴情况。

《马可 · 波罗游记》记载了马可 · 波罗在江浙一带游历时所见的基督教活动概况。例如,在杭州,马可 · 波罗见到“城中有聂斯脱里派基督教徒之礼拜堂一所”(该礼拜堂为所建七寺之一,名样宜忽木剌大普兴寺,在杭州荐桥门附近)。〔1〕 而在镇江,他看到“其地且有聂斯脱里派基督教徒之礼拜堂两所,建于基督诞生后之 1278 年”。〔2〕 这些宗教场所,是西方传教士来华活动的基础平台。他们借助官方支持,积极开展文化传播与交流活动。

14 世纪天主教方济各会士〔3〕还以游历报道的方式记述了江浙社会的诸多事项。他们是著名的传教士兼旅行家鄂多立克〔4〕和马黎诺里。鄂多立克于 1318 年启程东来,1321 年到达广州,过泉州、福州,而至杭州、南京、扬州等城市,一路北上,并在北京居住三年。游历期间,对中国社会风貌有了基本的了解。晚年在病危中口述其在华游历和见闻,由修士威廉用通俗的拉丁文加以记录,整理成《鄂多立克东游录》一书。书中留下了许多亲身经历的见闻,其中有不少是《马可 · 波罗游记》未曾涉及的新鲜内容。书中对元朝的典章礼仪、大汗的巡狩、大都的宫殿建筑、全国的驿站和急递铺、各地的宗教信仰和生产生活状况,如广州人以蛇肉为佳肴、福建沿江渔民用鸬鹚捕鱼、杭州的妇人缠足和富贵之家喜留长指甲、扬州的旅舍包办筵席、西藏的天葬等等,都有翔实的记载。马黎诺里是教皇应元顺帝之请而派出的最后一位出使中国的使节。他于 1342 年 8 月抵达元大都,四年后启程回国。他亦曾在杭州逗留游历,约于 1346 年到泉州,并经此乘船泛海,踏上归途。其在见闻录《马黎诺里游记》一书中对杭州城赞叹不已。

鄂多立克是在马可 · 波罗寓华 40 多年后来到中国的,在这期间,天主教在中国社会继续发展。例如,马可 · 波罗曾到访扬州,那个时候扬州还没有基督教堂,故而在其游记中亦没有记录。但到了鄂多立克访问扬州时,这里已经有天主教堂和景教堂,说明基督教在此地得到了一定程度的发展。“吾人(指方济各

〔1〕 冯承钧译:《马可 · 波罗行纪》,上海书店出版社,1999 年,第 355—357 页。

〔2〕 冯承钧译:《马可 · 波罗行纪》,上海书店出版社,1999 年,第 347 页。

〔3〕 方济各会是中世纪天主教托钵修会之一,他们效忠教皇,反对异端。该会曾受罗马教廷和教皇的信任与重用。

〔4〕 江文汉先生将之译为和德里。

会)小级僧侣在那里有所房屋。这里也有聂斯脱里派的教堂";〔1〕据张星烺先生考证,鄂多立克所记中,"扬州有圣方济各会小级僧人之教堂一所,聂斯脱里派教堂三所"。〔2〕又如杭州,鄂多立克记到该城有基督徒,"我极力打听有关该城的情况,向基督徒、撒拉逊人、偶像教徒及别的所有人提出问题……此外有基督徒、商人和其他仅从该地过路者",〔3〕说明杭州也有基督教活动的踪迹。

除了宗教活动情况外,鄂多立克和马黎诺里也对江浙一带的社会经济生活有所关注。例如他们都对杭州的富裕美丽赞叹有加,鄂多立克记道:我来到杭州城,这个名字义为"天堂之城"。它是全世界最大的城市,……那里有很多客栈,每栈内设10或12间房屋。也有大郊区,其人口甚至比该城本身的还多。城开12座大门,而从每座门,城镇都延伸八英里左右远,每个都较威尼斯或柏都亚为大;〔4〕马黎诺里也记道:康勃绥(Campsay)城(笔者注:京师,即南宋之都城杭州也)最著名,面积最广,市街华丽,人民殷富,穷奢豪侈。建筑物雄壮伟大,尤以佛寺为最。有可容僧侣一千以至二千人者,实为今代地面上未有之大城,即古代恐亦罕有其匹。〔5〕他们对南京城的壮美,也不吝惜溢美之词;我抵达另一座叫做金陵府的大城,其城墙四周为四十英里,城中有三百六十座石桥,比全世界上的都要好。蛮子国王最初驻跸在此城,他常住在那里。它的人口稠密,有大量使人叹为奇观的船只。城市座落在交通方便之处,有大量的各种好东西。〔6〕从天主教传教士对江南一带城市的描述,可以看到这一地区不负中国政治、经济和文化重心之誉。

(二)方济各会士与元代福建社会

如前所述,元代来华游历并报道旅途经历的除了马可·波罗、伊本·白图泰等旅行家外,还有一个重要的群体,即来华传教的天主教方济各会传教士。传教士的主要目的是传播天主教福音,他对中国的自然、人文风情也有描述,他们在传教、游历之余,记述了在华的见闻和感受,其中不少内容涉及东南地区福建社会。

元代是天主教传华的第二个阶段。元代天主教方济各会与景教一起被称为

---

〔1〕何高济译:《鄂多立克东游录》,中华书局,1981年,第70页。
〔2〕张星烺:《中西交通史料汇编》,第1册,中华书局,1977年,第297页。
〔3〕何高济译:《鄂多立克东游录》,中华书局,1981年,第68页。
〔4〕何高济译:《鄂多立克东游录》,中华书局,1981年,第67页。
〔5〕张星烺:《中西交通史料汇编》,第1册,中华书局,1977年,第253页。
〔6〕何高济译:《鄂多立克东游录》,中华书局,1981年,第70页。

也里可温。方济各会士们首先在北京立足,进而将教务推广到江南、闽南。泉州是其中一个主要的传教中心,是目前可以确知的西方基督教在福建传播的渊薮。福建基督教史滥觞于元代方济各会士在泉州的传教活动,后因战乱而销声匿迹。方济各会士虽然留下的史料不多,其中却有对泉州社会之见闻的吉光片羽。

基督教最早于何时传入福建尚无确证。而目前所确知最早到闽传教者为元代天主教方济各会士无疑。据研究,在蒙古人尚未入主中原以前,罗马教皇就派了一些方济各会的修士到和林进行活动。到了忽必烈统治中国时期,才正式准许天主教传教士在北京和福建泉州等地开设教堂。[1]

从1245年起,教皇英若森四世和法国国王路易九世先后派遣勃朗嘉宾和卢布鲁克前往蒙古都城和林,目的是要争取蒙古大汗信奉基督教并刺探情报,同时争取联合蒙古对抗伊斯兰世界。两位传教士的主要目的皆未达成,但他们却留下了两部游记,记述了有关鞑靼和中国的信息。后在马可·波罗等人的帮助下,忽必烈同意提请教皇派遣传教士来中国传教。正是在得到这一许可的前提下,1289年,教皇尼古拉四世命方济各会士、意大利人约翰·孟高维诺前往中国传教。孟高维诺于1294年到达中国,拉开了西欧天主教在华传播的序幕。孟高维诺时任中国教区总主教,主要活动地点在北京。随着教务的拓展,1313年方济各会于福建泉州设立了主教区,方济各会士哲拉德(Gerard)、裴莱格林(Pofegrine of Castello)和安德鲁(Andrew of Perigia)先后担任泉州主教一职。其中,安德鲁主教在泉州任期最长,从1323年被任命为泉州主教至1332年在泉州逝世,共在泉州生活了10年,与裴莱格林一道留下了许多有关泉州教务和社会情况的宝贵文字资料。

总之,正是通过方济各会士们的报道,我们了解了14世纪西方人眼中的福建社会,得到了不可多得的第一手材料。归纳而言,天主教传教士们眼中的福建社会,主要包括下述几个方面内容:

第一,福建的宗教信仰状况。与马可·波罗等人不同,方济各会士来华的根本目标是传播上帝福音,故而对与基督教迥然有异的福建社会的各种宗教信仰状况给予了很高的关注。他们口径一致地认为福建是一个偶像崇拜盛行的王国。长期在泉州活动的安德鲁在1326年寄给佩鲁贾(Perugia)教友瓦尔敦(Friar Warden)的一封信中说道:在这个辽阔的帝国中有各种各样的民族和教派。与其说是信仰,毋宁说是谬误在他们中间传播,因为他们中的每个人都是根据自己的那个教派的信仰而进行修炼的。我们可以自由安全地布道,但没有一

---

[1] 江文汉:《中国古代基督教及开封犹太人》,知识出版社,1982年,第112页。

位犹太人或撒拉逊人改变信仰;许多崇拜偶像的人接受洗礼,但受洗之后并未正确地沿着基督信徒所应走的路继续走下去。〔1〕佩里(裴莱)格林主教也在刺桐写信说道:在不信仰宗教的人中间,我们能自由地讲道。在萨拉森人的伊斯兰教寺院中,我们常常去讲道,希望他们或许会改信基督教。同样的,我们也通过两位译员,向居住在他们的各大城市中的偶像教徒们讲道。〔2〕鄂多立克亦叙述了刺桐(泉州)城中偶像崇拜的现象:该城有波洛纳(Bologna)的两倍大,其中有很多善男信女的寺院,他们都是偶像崇拜者(idol worshippers)。我在那里访问的一所寺院有三千和尚和一万二千尊偶像。其中一尊偶像,看来较其他的为小,大如圣克里斯多芬像。我在供奉偶像的时刻到那儿去,好亲眼看看;其方式是这样:所有供食的盘碟都冒热气,以致蒸气上升到偶像的脸上,而他们认为这是偶像的食品。但所有别的东西他们留给自己并且狼吞虎咽掉。在这样做后,他们认为已很好地供养了他们的神。〔3〕可见,在方济各会士眼中,福建是异教徒的土地,偶像崇拜十分盛行,因而迫切需要天主教传播上帝福音以改造和拯救这个"异教的世界"。

同时,通过传教士的记录,可以发现当时福建社会信仰自由的状况和统治者对基督教的支持。安德鲁在前往刺桐的途中,"途间各处皆极受欢迎",安德鲁在泉州居住活动期间,依皇帝所赐俸金为生。据此间基奴亚(即热那亚)商人之计算,照本年汇价,皇帝每年给余之俸金,可值一百金佛罗林(florins 约今英金五十英镑)左右云。俸金大半,余皆用之于建筑教堂。在吾所居全省内,教堂寺庙,华丽合适,无有过于吾所建者矣。〔4〕

第二,福建特殊的民间习俗和日常生活方式。鄂多立克经过福州时,目睹了此地奇丽的物产和生活习俗:从那里我东行抵达一个叫福州(FUZO)的城市,它四周足有三十英里。这里看得见世上最大的公鸡,也有白如雪的母鸡,无羽,但身上仅有像羊那样的毛。该城雄伟壮丽,滨海。离此旅行十八天,我经过很多市镇,目睹了种种事物。在我这样旅行时,我到达一座大山。在其一侧,所有居住在那里的动物都是黑的,男人和女人均有极奇特的生活方式。但在另一侧,所有的动物都是白的,男女的生活方式和前者截然不同。已婚妇女都在头上戴一个

〔1〕 Epistola (da Quanzhou, gennaio1306), ivi, p.376,引自[意]白佐良等著,萧晓玲等译:《意大利与中国》,商务印书馆,2002年,第45页;又见[英]道森编,吕浦译:《出使蒙古记》,中国社会科学出版社,1983年,第274—275页;江文汉:《中国古代基督教及开封犹太人》,知识出版社,1982年,第136页。

〔2〕 [英]道森编,吕浦译:《出使蒙古记》,中国社会科学出版社,1983年,第271页。

〔3〕 [意]鄂多立克著,何高济译:《鄂多立克东游录》,中华书局,2002年,第71页。

〔4〕 江文汉:《中国古代基督教及开封犹太人》,知识出版社,1982年,第136页。

大角筒,表示已婚。[1] 这是西方人首次对福建山民(主要应指畲族)已婚妇女头梳螺式或筒式发髻的习惯进行的记载和报道,意义十分重大。鄂多立克还最早记述了福建沿江渔民捕鱼的生活方式:我看见他(指鄂氏住所的屋主)在那里有几艘船,船的栖木上系着些水鸟。这些水禽,他现在用绳子圈住喉咙,让它们不能吞食捕到的鱼。接着他把三只大篮子放到一艘船里,两头各一只,中间一只,再把水禽放出去。它们马上潜入水中捉鱼,一当捉住鱼时,就自行把鱼投入篮内,因此不多会儿工夫,三只篮子都满了。主人这时松开它们脖子上的绳,让它们再入水捕鱼供它们自己吞食。水禽吃饱后,返回栖所,如前一样给系起来。(原注:这种捕鱼的水禽即鸬鹚,俗称鱼鹰或鱼鸦[鸭]。)离开该地,旅行若干天后,我目睹了另一种捕鱼法。捕鱼人这次是在一艘船里,船里备有一桶热水;渔人脱得赤条条的,每人肩上挂个袋子。随后,他们潜入水中[约半个时刻],用手捕鱼,装入背上的口袋。他们出水时,把口袋扔进船舱,自己却跳进热水桶,同时候,另一些人接他们的班,如前一样干;就这样捕捉了大量的鱼。[2]

当然,天主教传教士们也对福建自然景观做了介绍,如教皇所派遣的最后一位来华特使马黎若里,曾在泉州居留游历期间,对泉州的物质景观称颂道:刺桐城(Zaytun)为大商港。亦面积广大,人口众庶。吾国僧人(指方济各会修士)在此城有华丽教堂三所。财产富厚。僧人又建浴堂一所,栈房一所,以储存商人来往货物。[3] 由此可见马氏对泉州充满向往和赞叹,同时印证了鄂多立克等人对天主教在泉州之发展的记述。

第四节 海洋管理政策

一、市舶司的设置及发展

市舶司是古代中国在各海港设立的管理海上运输货物进出境的专职机构,相当于现在的海关。具体而言,中国的市舶司制度初始于唐代,发展于宋代,终止于明末,依附于海外贸易的发展,因清代锁国政策而废弃。早在汉代中国就已

---

[1] [意]鄂多立克著,何高济译:《鄂多立克东游录》,中华书局,2002年,第72页。

[2] [意]鄂多立克著,何高济译:《鄂多立克东游录》,中华书局,2002年,第72—73页。

[3] 《中西交通史料汇编》第一册,第254页;英国学者穆尔对此段内容的摘译文为:"这是一个令人神往的海港,也是一座令人惊奇的城市……"见[英]阿克·穆尔著,郝镇华译:《一五五〇年前的中国基督教史》,中华书局,1984年,第289—290页。

经开始发展对外贸易,但当时的对外贸易以陆地为主,如张骞的“凿空”,为探索一条从中国通往西方的商路作出了卓越贡献。汉武帝时期也有官营的海外贸易活动,但当时的海上贸易还只是初见端倪,只占整个贸易很小的一部分。短暂的隋朝期间,中国的海外贸易有了进一步的发展,但直到唐朝,情况才开始发生较大的改变。显庆六年(661 年),唐廷在广州创设市舶使,乃市舶司前身,一般由宦官担任,或由节度使兼任,负责总管海路邦交外贸。市舶使的主要职责是向前来贸易的船舶征收关税,为宫廷采购一定数量的舶来品,管理外国商人向皇帝进贡的物品,以及监督和管理市舶贸易等。开元二十九年(741 年),唐廷又在广州城西设置“蕃坊”,供外国商人侨居,并设“蕃坊司”和蕃长进行管理。市舶使的设立,可谓古代中国海外贸易的里程碑。

宋代,陆上丝绸之路日益衰落,几度阻塞中断。而在造船技术十分发达,指南针广泛应用,海外贸易受统治者高度重视的前提下,海路贸易在当时的对外贸易中日益占据重要的地位,并给朝廷带来丰厚的财政收入。北宋开宝四年(971 年)仍在广州设立市舶司。其后,随着海外贸易的发展,宋廷陆续于端拱二年(989 年)设两浙路市舶司(淳化三年即 992 年,曾移置明州定海县,翌年则又以“非便,复于杭州置司”)。咸平二年(999 年)“又命杭、明州各置司,听番客从便”,〔1〕设杭州市舶司、明州(今宁波)市舶司。元祐二年(1087 年)设泉州市舶司和密州市舶司。除广州市舶司外,其他几处市舶司在政和二年(1112 年)前曾一度被停废。政和三年设秀州华亭(今上海市松江县)市舶司。南宋建炎二年(1128 年)复置两浙、福建路提举市舶司。此后共有江阴、秀州华亭、秀州澉浦(今浙江海盐)、杭州、明州、温州、泉州、广州等 8 个市舶司分布于东南沿海,且基本集中于东海海域。乾道二年(1166 年),又罢两浙路提举市舶司。

宋代市舶官制和名称的变化十分频繁。北宋中前期,各处市舶机构皆称为市舶司,由当地的行政长官和转运使共同管理领导,并由朝廷派人管理具体事务。元丰三年(1080 年),改由转运使直接负责市舶司事务。北宋末年,统称各地管理海外贸易的机构为“提举市舶司”,专设市舶司提举官,并将各港口的市舶司改称市舶务。南宋时,各处市舶司曾一度短暂性地并归转运司,或由提点刑狱司、提举茶事司兼管。此后,两浙路各港口市舶务的职事由地方官负责,而福建路、广南东路的市舶司仍置“提举市舶”一职管理。有宋一代,两浙、福建、广东三大区域之市舶司统称“三路市舶司”(或“三路市舶”)。

在职能与事务管理方面,宋代市舶司除了延续唐代市舶司已有的职能之外,

---

〔1〕《宋会要辑稿》卷四〇《职官》。

还有所扩展。市舶司要管理船舶出入口，给外国船舶发放入港许可证(大船发公据、小船发公凭)，记载船舶所载货物、人员组成及其身份地位等。他们会严加盘查出入口的货物，派兵监守入港船舶，防止偷税漏税，同时监管违禁品货物(金、银、铜、铁、盐等)的输出。同时，他们还会监管禁运地区，如辽、金，以防经济贸易危害国防安全。

元代将“市舶司”改称为“市舶提举司”。至元十四年(1277 年)，元朝统治者在攻占浙、闽等地之后，即在澉浦、上海、庆元(今宁波)、泉州 4 处港口设立市舶司，后来又陆续添设杭州、温州、广州 3 处，这样全国共有 7 处设置市舶提举司衙门。元代各地市舶司最初均沿用南宋制度，但时日一久，官僚机构的各种弊端显现，最终阻碍了海外贸易的开展。至元三十年，元政府调整、制订了“整治市舶司勾当”二十二条法则，以加强朝廷对海外贸易的控制，增加政府财政收入。至 13 世纪末，经过整顿裁并，仅保留庆元、泉州、广州 3 处市舶司。

有元一代，市舶司由行省直接管辖。其主要职责有：根据舶商的申请，发给他们出海贸易的证明(即常称之“公验”“公凭”)，并对准许出海的船舶进行检查，察看有无挟带违禁之物(金、银、铜钱、马匹、人口、军器等)。针对回港船舶，衙门派人前去封存货物，押送抵岸后，差官在指定货库对货物进行检查，既可抽取舶税，又防商户私自挟带舶货，同时还会对全体船员进行搜检。对于前来中国贸易的外国商船，市舶司也采取与本国船舶类似的管理办法。东起日本、高丽(今朝鲜)，西至南亚、西亚和东北非，与中国建立海道贸易关系的国家和地区有 100 多个，均见诸记载。在此基础上，市舶司的税收成为一笔不小的财富，在元政府财政开支中占有重要的地位。例如在至元二十六年，市舶司为元政府带来了珠 400 斤、金 3 400 两的厚利，时人称市舶收入是元朝“军国之所资”。从市舶司职责的细分与职权的设置上，可以看出，相较于宋代市舶制度的不稳定与不完备，元代的市舶制度更为系统严密，表明了统治者对海外贸易愈益重视，并积累了更加丰富的管理经验。

总体来看，宋元两代对海外贸易采取了积极的态度，设置市舶司在于“使商贾懋迁”“以助国用”。[1] 宋元时期统治者鼓励私人出海贸易，对外商持招徕的态度，市舶司的职责乃“掌番货、海舶、征榷、贸易之事，以来远人，通远物”。[2] 宋端拱二年规定：“自今商旅出海外藩国贩易者，须于两浙市舶司陈

---

〔1〕《宋会要辑稿》之《职官四四》。
〔2〕《宋史》卷一六七《职官志》。

牒,清官给券以行,违者没入其定货。”〔1〕可见,市舶司的工作,主要是发遣进出海港商舶(无论是本国还是外国的)的凭证,对商舶的货物进行抽解和征税,防止商舶货物走漏等。〔2〕 由于市舶司收入与国家财政关系重大,故宋元统治者对市舶司的官员配置非常重视。市舶司提举一般由转运使兼任或另设专官,这些人当中“多儒绅,为名吏者众”。〔3〕 宋高宗绍兴二十一年,朝廷派遣知州李庄任福建市舶提举时,认为“提举市舶官委奇非轻,若用非其人,则措置失当,海商不至矣”,要求李庄到朝廷禀议后再上任;而元朝更是以高官兼领或监督市舶司。〔4〕

海外贸易的开展,有助于中外物质文化与精神文化等各个层面的交流和沟通。市舶司作为中国古代管理海外贸易的专设机构,它使得海外贸易日趋制度化,它见证了宋、元乃至后来明代海上贸易的繁荣。同时不可否认的是,市舶司属于封建王朝统治机器的一个组成部分,无论是统治者出于政治考量,还是官僚机构中种种弊端的存在,往往都会对海外贸易造成一定的阻碍,尤其是在宋、元之后明清两朝的反复海禁,对经济贸易的自由发展是一种严重遏制。

二、造船业的发展与管理

宋元时期是东南地区海上交通与贸易发展的高峰期。官方在海洋政策的制定和执行层面积极鼓励对外贸易,其中造船业的发展和相应的管理是重要的保障性条件。

入宋以来,浙江和福建地区的造船技术进一步发展。北宋时,明州是全国造船业的重要基地之一,当时在三江口设立官办造船厂,并设置造船监官厅事和船场指挥营,负责督造官用船只。当时所造的尖底海船,吃水深,船身宽阔平稳,十分适合海洋航行。宋徽宗宣和五年(1123年)遣路允迪一行出使高丽时,就组成“以二神舟、六客舟兼行”的大型船队。随行团员、《宣和奉使高丽图经》的作者徐兢写道:旧例每因朝廷遣使,先期委福建、两浙监司顾募客舟,复令明州装饰,略如神舟,具体而微。其长十余丈,深三丈,阔二丈五尺,可载二千斛粟。〔5〕 可见,当时造船由福建和浙江两地相关部门通力合作建造完成,并在宁波装饰成型。不仅如此,该船还装备了当时已经应用于航海的指南针,大大提高了海上航

〔1〕《宋会要辑稿》之《职官四四》。
〔2〕陈高华、吴泰:《宋元时期的海外贸易》,天津人民出版社,1981年,第67页。
〔3〕(明)郭造卿:《闽中兵食议》,载《天下郡国利病书》卷九六《福建六》。
〔4〕《元史》卷九四。
〔5〕《宣和奉使高丽图经》卷三四。

行能力,“若晦冥则用指南浮针以揆南北”,正如当时宋人朱彧在《萍洲可谈》中最早记录指南针用于航海:舟师识地理,夜则观星,昼则观日,阴晦观指南针。〔1〕 装备指南针技术的船舶是当时世界上比较先进的航海船只,具有较强的远洋航行能力。

温州也是宋代重要的造船基地。宋皇祐年间(1049—1054 年)于温州成立造船场,后于大观二年(1108 年)合并入明州造船场。但收集管理造船所需木材的买木场仍设在温州,因为温州为出产木材最佳之地。温州的造船数量仅次于宁波地区,据宋吴潜的开庆《四明续志》记载,庆元府(即宁波)及温州的船只统计数量如下:“庆元府六县共管船七千九百一十六只”;“温州(瑞安府)四县共管船五千八十三只,一丈以上一千九十九只,一丈以下三千九百八十四只:永嘉县一千六百单六只,一丈以上二百五十九只,一丈以下一千三百四十七只;平阳县八百单九只,一丈以上三百只,一丈以下五百单九只;乐清县一千六百八十六只,一丈以上三百七十一只,一丈以下一千三百一十五只;瑞安县九百八十二只,一丈以上一百六十九只,一丈以下八百一十三只。”〔2〕

宋元时期的泉州港海外贸易繁盛,推动和促进了福建地区造船业的发展,而具有优秀技术传统的造船业给予了迅速发展的福建各港口航海业以最有力的保证。有宋一代,福建沿海的福州、兴化、泉州、漳州都有专门的造船工场,据《宋会要辑稿》所记:“漳、泉、福、兴,凡滨海之民所造舟船,乃自备财力,兴贩牟利”;宋人漕运总管吕颐浩在给宋高宗上的《论舟楫之利》的奏折中也做了如下论断:“海舟以福建船为上,广东西船次之,温州明船又次之”,可见福建海船在当时海洋航运中的地位。元代,蒙古大军东征日本,南下占城,所用战船也多由泉州领造。《元史 · 世祖纪》载:至元十六年二月,“以征日本,敕扬州、湖南、赣州、泉州四省造战船六百艘”,其中泉州领造 200 艘;至元十七年,“敕平滦……扬州、隆兴(南昌)、泉州共造大小船三千艘”。至元二十九年,元世祖攻爪哇,大军会泉州,自后渚港起行。

正是由于宋元政府积极鼓励海外贸易和支持海商活动,官方十分重视造船业,并广设造船工厂负责建造各类大小型船舶,每舶大者数百人,小者百余人,海商之舰大小不等,大者五千料,可载五六百人,中等二千料至一千料,亦可载二三百人”。海船的运行需要船上操作人员分工合作,需以一定形式加以组织管理。战船自有其军事组织,使节也有从正副使到三节人的等级结构,搭乘船只的商人

〔1〕《萍洲可谈》卷二。
〔2〕(开庆)《四明续志》卷六,清咸丰四年刻本。

在行船过程中也会被编成和组织起来。例如，崇宁三年（1104 年）泉州商人李充从明州申请公凭出海，“将自己船壹只，请集水手，欲往日本国，博买回赁”[1]。全船共 69 人，李充作为船主随行。该船可能是一艘中型海船，梢工、水手大概二三十人，还有不少搭乘的商人。全船被分为三甲，第一甲 23 人，第二甲 25 人，第三甲 18 人，组成了从船主、纲首、杂事到水手和搭乘人员，等级和编组清晰的管理秩序。

福建、浙东两路民间海船的数量高峰时应超过四万艘，南宋政府甚至还专门制定了海船征调政策，负责近海航路纲运和海防保障。如福建是最主要的海船制造地，南宋政府每年都大量征调福建海船到两浙布防，福建海船遍布江阴、许浦、定海等地，形成东南沿海区域海上互动的联网格局。此外，在东亚海域还经常会发生往来于不同国家和地区之间的船只遭难事件，对于船难，官方也采取了积极的救助，由此形成的救助政策逐步定型和稳定下来，主要形式有：1. 收容安置，提供口食。2. 安排遣返本国。有宋一代遣返漂风难民最多的是高丽人，主要地点在泉州和明州。3. 保护海难船主和海商的财产。4. 给海难者额外赏赐、有偿借贷及其他救助。5. 对遭遇海难的船只免征税收等。[2] 有宋一代对海难船只和遭风难民的处置，深刻体现了政府海上救助的人道主义机制，以及东亚海域国与国之间的睦邻友好外交关系。

三、澎湖巡检司与东南海防经略

澎湖列岛位于台湾海峡距台湾约 50 公里处，由大小 90 个岛屿组成，仅 19 个岛有人居住，其中以澎湖本岛最大。澎湖旧称“平湖”，因港外波涛澎湃，港内水静如湖而得名。澎湖的开发比台湾岛还早，至今已有 700 多年的历史。宋、元、明各朝均在此设置官守，澎湖因而被称作福建晋江的“外府”。唐安史之乱以后，大陆屡遭战乱，百姓流离失所。尤其到了宋朝，少数民族政权南侵，南宋朝廷偏安江南一隅，沿海百姓纷纷渡海求生。因此南宋朝廷开始注意对澎湖的管理，派兵到澎湖巡防，将澎湖正式列入版图。南宋乾道七年汪大猷（1120—1200 年）任泉州郡守时，为保护“平湖”百姓不受海上毗舍邪人侵扰，特命人在平湖建造房屋，并派军民屯戍。赵汝适《诸蕃志》载：“泉有海岛曰澎湖，隶晋江县。”元代，随着移民数量日益增多，朝廷遂于元顺帝至元十八年（1281 年）设置了巡检司（澎湖寨巡检司），隶属泉州同安。此后，澎湖逐渐成为大陆海船往来台湾岛

[1] 《朝野群载》卷二。
[2] 参见黄纯艳：《造船业视域下的宋代社会》，上海人民出版社，第 144—206 页。

南方诸港的必经之地，以及移民台湾的中转站。

海防经略是站在国家的立场，为抵御外敌从海上入侵而展开的一系列政治、军事实践活动。严格来讲，明代以前的历代王朝与周边海洋世界的军政关系，主要是一种以大陆性文化为中心的华夏与四方的从属关系，不存在真正意义上的海疆边防问题。元朝初期，统治者积极经略海外，曾派兵南征安南、占城和爪哇等地，两次东征日本，对台湾也有两次招抚之举。元政府在福建行中书省下设置澎湖巡检司，表明元政府加强了东南海防的力量，也表明元政府极其重视保护海外贸易航道的畅通。但由于元朝存在时间较短，且多以对外扩张为主，故对于东南海域疆土的防范是谈不上有规模与计划的，即便是澎湖巡检司，其官员也是非常设的。

第八章　明代的东海海域

第一节　明初的海禁政策及其影响

明朝建立之初，社会尚未安定，统治者出于维护政权的需要，对内实行休养生息、发展经济的政策；对外则招谕诸国，厉行海禁。明朝沿袭前制，仍设市舶司，可惜其职能与宋元时相较，已发生了较大的改变。明代市舶司职能主要为招待外国贡使、转运贡物，亦即掌管朝贡贸易之事，“专管进贡方物，柔待远人”，[1]实际上成为官方控制和垄断海外贸易的工具。

一、明初海禁政策与明州的争贡之役

（一）明初海禁政策的出台

公元1368年，朱元璋在南京称帝，建立了明朝。由于多年战争的破坏，社会经济极度凋敝，城垣残破、土地荒芜、人口锐减成了全国普遍的现象。例如向来繁华的扬州，在1357年朱元璋部将攻克时，城中居民仅十八家；[2]山东、河南经元朝军阀的长期摧残，亦多是无人之地。[3] 面对这样的局面，朱元璋为巩固新生政权，采取了一系列“休养生息”的措施。

农业方面，奖励开荒，兴修水利，移民屯田。手工业方面，把官府中服役的工匠分为“住坐匠”和“轮班匠”两种，“轮班匠”除分班期轮流应役外，其余时间由自己支配，制成的产品可以在市场上出售，这在一定程度上提高了工匠的生产积极性，对明初手工业的发展起到了促进作用。商业方面，采取轻税政策，规定：

---

〔1〕（明）高岐：《福建市舶提举司志》，1939年铅印本，第6页。

〔2〕《明太祖实录》卷五，丁酉岁十月甲申。

〔3〕《日知录》卷一〇《开垦荒地》。

凡商税，三十而取一，过者以违令论。[1] 通过上述措施，明初的社会经济得到了迅速恢复和发展，史称：计是时，宇内富庶，赋入盈羡，米粟自输京师数百万石外，府县仓廪蓄积甚丰，至红腐不可食。[2]

明初东南沿海及海上局势紧张，沿海割据势力、倭寇武装等虎视眈眈，频繁骚扰沿海地区。洪武年间始设卫所体制下的城、堡、关、寨、墩等海防建筑，实行"军卫法"，将沿海地区划分为七大海防区——广东、福建、浙江、南直隶、山东、辽东、鸭绿江等，东南海防体系初见端倪，其中闽浙之地为重点防御区域。明代东南海防体系的第一道防线是水寨，如福建的 5 个水寨——浯屿水寨、南日水寨、烽火门水寨、铜山寨、小埕水寨；第二道防线是卫所、巡检司，如到洪武二十一年（1388 年），福建沿海已经设立了镇东、永宁、福宁、平海、镇海 5 个指挥使司；第三道防线是沿海城堡，如洪武年间在万里海疆就筑有 60 多座卫所城堡。这样的防御体系在抵御外来侵略、捕捉盗贼、平定叛乱、维护海疆安全等方面发挥了有效作用。

当时，明王朝的外部环境尚不安定，北方有蒙元残余势力的顽抗，东南沿海有曾与太祖朱元璋相抗衡的张士诚、方国珍余部盘踞近海岛屿，同时来自日本的倭寇更是不断地骚扰沿海各地。为巩固新生的政权，明太祖一方面派使臣出访海外各国，宣布明王朝将推行和平的外交政策，以争取海外各国承认明王朝的正统地位，断绝与蒙元残余的联系；另一方面，极力阻断国内外反抗势力的勾结，实施全面的海禁政策。洪武四年，明太祖下令：濒海民不得私出海；[3] 十四年，鉴于倭寇侵扰不已，明廷又重申：禁濒海民私通海外诸国；[4] 二十三年再次申严交通外番之禁。[5] 明前期，海禁政策虽然或严或弛，但始终是明王朝一以贯之的"祖宗定制"，严格时甚至"片板不许下海""禁民间用番香番货"。

但海禁政策是针对私人出海贸易的，对于官方贸易，明政府则大力支持。为了最大限度地控制和垄断海外贸易，明政府执行一种以"朝贡贸易"为主的官方海外贸易制度，要求海外诸国以"朝贡"的形式入境进行贸易。

（二）争贡之役的起因及经过

自唐末至明建立，日本一直未通中国。朱元璋即位后遣使往谕，日本遣使来

---

〔1〕《明史》卷八一。

〔2〕《明史》卷七八。

〔3〕《明太祖实录》卷七〇，洪武四年十二月丙戌。

〔4〕《明太祖实录》卷一三九，洪武十四年十月己巳。

〔5〕《明太祖实录》卷二〇五，洪武二十三年十月己酉。

贡，才恢复了邦交，但双方的关系一直不谐。朱元璋鉴于元军征日惨败的教训，将日本列为十五个“不征之国”之一。洪武十三年发生了“胡惟庸案”，朱元璋认为胡惟庸与日本有勾结，故“怒日本特甚，决意绝之”，〔1〕当年就拒绝了两起日本贡使。明成祖即位后恢复了与日本的邦交，许其“十年一贡，人止二百，船止二艘”，并给予诸多优待。从《明实录》的记载可以看到，永乐年间几乎每年都有日使来朝，明廷都给予接纳和赏赐。日本使团违禁贸易，私售兵器，明廷也未给予惩治。宣德初年又进一步放宽限制，允许日使团人三百、船三艘。但这远远不能满足其要求，因“日本所需的丝绵、药物、制钱、器物等皆仰给于中国，不可或缺”。据说当缺货时，湖丝每100斤价至五六百两，丝绵每100斤价至200两，红线每斤价至70两，水银缸100斤价至300两，针1根价7分……加之两国金银的比价相差较大，就以嘉靖年间来说，日本的白银生产增加，金银比价为1∶10，而中国是1∶6至1∶7，把日本银运入中国购买货物一般可获巨利。〔2〕正因如此，日本诸大名、寺社者纷纷把入明朝贡当作赢利之机。但由于明政府对日本朝贡进行限制，不仅船数少，而且贡期长，所以日本各势力集团争相来贡，遂酿成嘉靖初年的争贡之役。

嘉靖二年（1523年）四月，日本西海道大内氏贡使宗设率三艘船到达宁波。几日之后，细川氏的贡使鸾冈瑞佐、宋素卿亦率船到达宁波。宋素卿原为华人，幼年流落日本，后来充任使者入贡。其到宁波后，贿赂市舶司太监赖恩。于是在验货时，宋素卿等人后到却先验货，由此引起宗设等人极大的愤怒，他们闯入仓库，抢出武器，烧毁宋素卿等人的船只，并杀死瑞佐及船员，追杀宋素卿直到绍兴城下。在追之无及后返回宁波，沿途还一路焚掠。

表面来看，这次争斗因市舶司太监赖恩贪赃枉法、处置不公而引起，真正的原因乃是大内氏和细川氏两个大名为了争夺对中国的贸易权利所致。该事件同时也暴露了明朝海防的虚弱。大内氏不过百多人，却如入无人之境，竟无海防官兵能够有效地执法制止。

事后，宋素卿和宗设的余党被逮捕审问，而当时夺船逃跑的宗设同伙遇暴风飘至朝鲜，被朝鲜军击杀；宗设本人则逃回了日本。嘉靖四年，明廷对宋素卿及被朝鲜活捉的宗设党羽审讯完毕，均处以死刑。六月，明廷敕谕日本国王：以宋素卿、等（中）林等凶叛就戮，妙贺等无罪，以礼遣还。其元恶宗设及佐谋倡乱数人，亟捕系，缚送中国，以听天讨，余并罔治。掳去人民，仍优恤送归。否者，将闭

〔1〕《明史》卷三二二。
〔2〕李金明：《明代海外贸易史》，中国社会科学出版社，1990年，第66页。

绝贡路,徐议征讨。〔1〕但此事却不了了之,明廷所威胁的“闭绝贡路”和“徐议征讨”最终不过是一纸空文。

(三)争贡之役的影响

争贡之役看似短暂微小,但其影响却十分深远。经历该次事件后,明廷倾向于实行海禁政策,屡下海禁之诏,并派兵巡视海防。嘉靖三年(1524 年),明政府规定福建滨海居民“凡番夷贡船官未报视,而先迎贩私货者”“私代番夷收买禁物者”“搅(揽)造违式海船私鬻番夷者”,都要论罪,并张榜晓谕浙江、广东一体执行。〔2〕嘉靖四年,兵部下令浙、闽二省查禁双桅海船,“但双桅者即捕之,所载虽非番物,以番物论,俱发戍边卫。官吏军民知而故纵者,俱调发烟障”。〔3〕嘉靖八年,“出给榜文,禁沿海居民毋得私充牙行,居积番货,以为窝主,势豪违禁大船,悉报官拆毁,以杜后患。违者,一体重治”。〔4〕嘉靖十二年又重申,浙、闽、两广“一切违禁大船,尽数毁之。自后沿海军民私与市贼(贼市),其邻舍不举者,连坐。各巡按御史速查连年纵寇及纵造海船官,具以名闻”。〔5〕海禁政策虽然能够禁止一部分较为守法的商人出海与外番贸易,但另一方面又使得一些不法商人更加疯狂地从事走私贸易。明代走私贸易常常是与武力相伴的,武装走私集团猖獗活动,亦商亦盗的走私劫掠活动盛行于东南海面。走私者还和外国的海盗商人(包括葡萄牙和日本的海盗商人)相互勾结,明朝沿海海域愈益不安定,终致严重的“倭患”之害。

二、闽、浙市舶司的演变

明代,仍旧延续前代之做法,保留设置市舶司作为官方控制海外贸易的机构。其“掌海外诸蕃朝贡市易之事,辨其使人表文勘合之真伪,禁通番,征私货,平交易,闲其出入而慎馆穀之”〔6〕的职责,与宋代市舶司“掌番货海舶征榷贸易之事,以来远人,通远物”〔7〕的职责相比,有了明显的改进。

出于利益考量,明初留置市舶司管理海外诸国朝贡和贸易事务,隶属于布政

---

〔1〕《明世宗实录》卷五二,嘉靖四年六月己亥。
〔2〕《明世宗实录》卷三八,嘉靖三年四月壬寅。
〔3〕《明世宗实录》卷五四,嘉靖四年八月甲辰。
〔4〕《明世宗实录》卷五四,嘉靖四年八月甲辰。
〔5〕《明世宗实录》卷一五四,嘉靖十二年九月辛亥。
〔6〕《明史》卷七五。
〔7〕《宋史》卷一六七。

使司管辖,置提举一人,从五品,提举人员或由朝廷特派,或由按察使和盐课提举司提举兼任。在很长一段时间内,市舶司税收大权掌握在布政使司等长官手中。直至明末,改为定额包税制后,税收权才交回提举负责。吴元年(1367年)明廷设市舶提举司于直隶太仓州黄渡镇(今江苏太仓附近)。洪武三年朱元璋以太仓逼近京城而"罢太仓、黄渡市舶司",改于明州(宁波)、泉州(后移至福州)、广州各设一司,分别对口日本、琉球、东南亚等朝贡事务。后朝廷实行海禁政策,于洪武七年撤销此三处市舶司。永乐元年(1403年),明成祖复置宁波(设安远驿)、泉州(设来远驿)、广州(设怀远驿)三市舶司,但并没有取消民间海禁事例。永乐六年又在交趾云屯(今越南广宁省锦普港)设市舶提举司,以接待西南诸国贡使及其随员。嘉靖元年,因东南沿海倭寇猖獗,明廷严申海禁,遂罢去宁波、福州二司,唯留广州一司,不久亦废止。直至嘉靖三十九年,三地市舶司才得以复设。嘉靖四十四年,又罢宁波一司,福州一司亦开而复废,至万历中始恢复。此后直至明朝灭亡,市舶司再无大的变动。

(一) 明初市舶司的设置

立国之初,明代统治者出于"通夷情,抑奸商,俾法禁有所施,团以消其衅隙"[1]的考虑,于吴元年在太仓设立市舶司,俗称"六国码头"。因太仓距离京师(南京)太近,"恐生他变",遂于洪武三年停罢。

随着朝贡贸易的全面实行,入明朝贡的国家越来越多,于是明政府沿袭前代的做法,在朝贡船舶经常出入的广州、泉州、明州三地设置市舶司。在广东省专为占城、暹罗诸番而设;在福建省专为琉球而设;在浙江省专为日本而设。[2]至洪武七年九月,又停罢三地市舶司。[3]

明成祖永乐皇帝执政后,一方面遵循洪武旧例,严禁沿海军民私自出海与外国进行通商贸易;另一方面则大力招徕海外诸国入贡,规定:诸国有输诚来贡者听,[4]由此朝贡人数急剧增多。为了加强对朝贡使者的管理,明成祖于永乐元年八月规定:于浙江、福建、广东设市舶提举司,隶布政司,每司置提举一员,从五品;副提举二员,从六品;吏目一员,从九品。[5] 永乐三年九月,又因诸蕃贡使益多,命令于三地市舶司分设驿馆招待,以供贡使及其随行人员住宿:在浙江

〔1〕《明史》卷八一。
〔2〕(明)胡宗宪:《筹海图编》卷一二,明嘉靖四十一年(1562年)刻本。
〔3〕《明太祖实录》卷九三,洪武七年九月辛未。
〔4〕《明太宗实录》卷一〇上,洪武三十五年七月壬午;卷一二上,洪武三十五年九月戊子。
〔5〕《明太宗实录》卷二二,永乐元年八月丁巳。

设“安远驿”，福建设“来远驿”，广东设“怀远驿”，各置驿丞一员。从三个驿馆的名称也可以看出，明成祖对诸国来华人员的友好态度。

福建泉州明来远驿遗址（吴寿民 摄）

（二）福建市舶司的演变

福建市舶司原设于泉州城南水仙门内宋市舶务的旧址，“来远驿”设在城南车桥村。[1] 最初，琉球船只泊于泉州港，由泉州市舶司接待。但由于琉球贡使到达泉州后，赴京进贡要通过闽江北上，若在福州驻泊便可直入闽江，加上从事琉球朝贡贸易的人员相当部分是明洪武、永乐年间移居琉球的福州人，故琉球船只航至福建后，多停泊在福州河口一带。为便于对中琉贸易进行有效、灵活的管理和控制，成化年间，明朝中央政府将福建市舶司从泉州移至福州，其附属机构有提举司、进贡厂和柔远驿。嘉靖二年争贡之役发生后，福建市舶司一度停罢，嘉靖三十九年始得恢复；万历八年（1580 年）又遭裁革，[2] 到万历二十七年明

---

〔1〕《泉州府志》卷一二《公署》。

〔2〕《明会典》卷一五《户郎二 · 州县一》；《闽书》卷四九《文莅志》。

政府大榷关税时,才得以再度恢复。[1]

在管理层面,福建市舶司设提举一员,从五品;副提举一员,从六品;吏目一员,从九品,还设有通晓番文、精通礼法的土通事及门子、弓兵等。隆庆海禁开弛后,朝贡贸易退居至海外贸易的次要地位,掌管朝贡贸易的福建市舶司景况也就一落千丈,虽有年例银,不敷岁用,然署僻、官贫、俸薄、役稀,恒称贷以应之,[2]濒临无法维持的境地,最终于万历八年被裁撤。

(三) 浙江市舶司的演变

浙江市舶司于洪武三年设于宁波,以浙东按察使陈宁为提举官;洪武七年宣告停罢,不久又恢复;洪武十九年再度被废止。永乐元年(1403 年),因对日本勘合贸易之需要,明成祖复设浙江市舶提举司,隶属浙江布政使司。署址在宁波府城内,在其右侧建有吏目厅、市舶库、安远驿、四明驿等附设机构和设施。

浙江市舶司主要对口接待日本贡使,但其繁盛程度远远不如广东和福建市舶司,十数年间,仅一再至。[3] 正统元年(1436 年)八月,浙江右布政使石执中等人以"近年日本诸国来贡者少,市舶司官吏人等冗旷"为由,大幅裁减市舶司人员。[4] "争贡之役"发生后,市舶司旋即于嘉靖二年被停罢。直到万历二十七年明神宗大榷天下关税时,浙江市舶司才得以恢复。[5]

综上可见,明代市舶司的设置和撤停,根本上是出于明朝统治者加强对海外贸易控制的需要,反映了明廷既厉行海禁,又招徕、准允海外诸国来华朝贡的统治策略,随着海禁的严弛与朝贡贸易的盛衰而几经变迁、置罢反复。

第二节　郑和下西洋与闽浙社会

郑和(1371—1433 年),回族人,明代杰出的航海家、外交家。明永乐三年到宣德八年(1433 年),郑和奉明成祖朱棣和明宣宗朱瞻基之命,先后七次统率庞大的中国舰队,统领舟师两万多人,历经南洋、印度洋、红海等海域,访问了东南

---

[1] 《明神宗实录》卷三三一,万历二十七年二月戊辰。
[2] (明) 高岐:《福建市舶提举司志》,1939 年铅印本,第 12 页。
[3] (明) 张邦奇:《西亭践别诗序》,载《明经世文编》卷一四七《张文定甬川集》。
[4] 《明英宗实录》卷二一,正统元年八月甲申。
[5] 《明神宗实录》卷三三一,万历二十七年二月壬子。

亚、南亚、西亚及东非 30 多个国家和地区。郑和下西洋是明代中国乃至整个世界的一项壮举,对促进中国与亚非国家之间的朝贡友好关系,推动中国海外贸易和中外文化交流产生了极大的积极影响。

一、郑和下西洋前在福建的准备工作

郑和下西洋规模之大,人数之多,足迹之广,为古代中外航海家所不及;其航海技术之先进,也为世人所称道。而这一伟大的航海事业,与我国东南沿海福建等省则有着极为密切的联系。

据相关史料研究发现,郑和七次下西洋,每次必在福建驻泊,长乐《天妃灵应之记》碑云:若长乐南山之行宫,余由舟师累驻于斯,伺风开洋,乃于永乐十年奏建,以为官军祈报之所。该碑就说明郑和船队不止一次驻泊福建。驻泊时间一般两三个月左右,如费信《星槎胜览 · 前集 · 占城国》记云:永乐七年己丑,上命正使太监郑和、王景弘等往诸番国,开读赏赐,是岁秋九月,自太仓刘家港开船,十月至福建长乐太平港停留。十二月于福建五虎门开洋,张十二帆,顺风十昼夜至占城国。这一记载明确指出船队在长乐停留了两个来月,最久一次甚至长达一年。

郑和下西洋需在福建驻泊停留,究其原因,主要有以下几点:

1. 福建是郑和下西洋所使用船舶的主要建造地之一。

《明实录》中有关福建造船的记载:永乐元年五月辛巳,命福建都司造海船百三十七;[1]永乐二年正月癸亥,将遣使西洋诸国,命福建建造海船五艘。[2]《重纂福建通志》也有相关的记载:永乐七年春正月,大监郑和自福建航海通西南夷,造巨舰于长乐。[3]

可见永乐年间在福建建造海船的目的明确,就是供"遣使西洋诸国""通西南夷"使用的,而且造船的数量不可小观。郑和下西洋的船舶主要是在福州建造完成的,此外,长乐、泉州、漳州等地也承担了部分建造海船或改造海船的任务。《西山杂志 · 三宝太监下西洋》条云:

> 永乐三年,成祖疑惠帝南逃,命中官郑和、王景弘、张文等造大船百艘,率军二万七千余。王景弘,闽南人,雇泉州舟,以东石沿海名舵导引,从苏州

---

〔1〕《明成祖实录》卷一九。

〔2〕《明成祖实录》卷二七。

〔3〕《重纂福建通志》卷二一一《祥异志》。

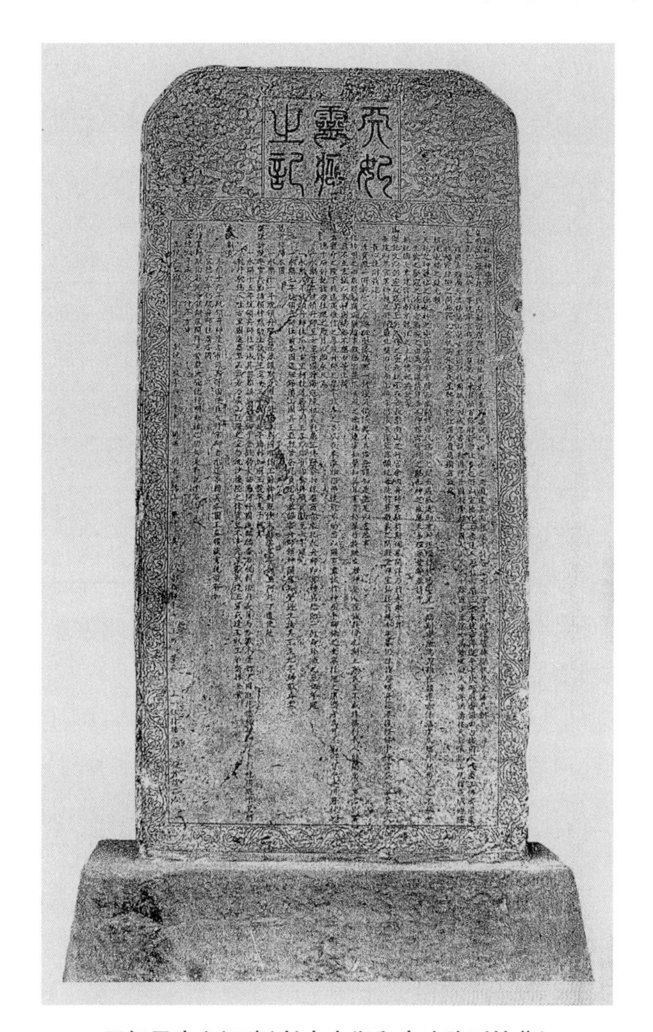

天妃灵应之记碑(长东市郑和史迹陈列馆藏)

刘家港入海,至泉州寄泊。〔1〕

另外,之所以说郑和航海之船舶造于福建,还可从以下两个方面进行分析。

首先,就船型而言,郑和宝船是尖底海船,而不是平底沙船。我国船舶大致可分为两大类:一是适用于长江或沿海航行的平底沙船(海运船、江船);一是适用于深海远洋航行的尖底船舶,即福船。泉州后渚港出土的宋代海船,据《泉州湾宋代海船发掘简报》,海船残长 24.2 米,残宽 9.5 米,尖底造型,多根桅杆,三重

---

〔1〕《西山杂志》,东石蔡崇草藏本(手抄本),转引自《郑和与福建》,福建教育出版社,1988 年,第 10 页。

木板，隔舱数多，容载量大，结构坚固，稳定性好，抗风力强，是宜于远洋航行的海上运货船。其长宽比例，近三比一，与文献所记宋代海船长宽比例大致相近。[1]

我们可以此与郑和宝船的长宽比值作一比较。《西洋记》有关郑和船队的记载如下：

名　称	船只(艘)	长度(丈)	宽度(丈)	长宽比值
宝　船	36	44	18	2.44
马　船	700	37	15	2.47
粮　船	240	28	12	2.33
坐　船	300	24	9	2.67
战　船	180	18	6.3	2.86

通过上面的长宽比值可知，郑和下西洋海船大抵与泉州宋船长宽比值一致，因此其建造地点极有可能是在福建。

其次，从福建的造船基础来看，福建的福州、泉州等地，自古以来就是我国南方重要造船基地。有关这方面的材料，史载不绝。早在宋元时期，“泉舶”驰名于世，为中外商客所乐用。如上所述，郑和下西洋所用之船是由泉州建造的，这更有直接史料可证。

福建福船型的尖底船制造技术，也曾传到江苏和浙江，《造修福船略说》云，他们借助福建的造船技术力量和某些原料，进行了大批生产。[2]

据《历代宝案》记载：比先洪武永乐年间数有30号船，递年往来，多被破损，止存海船7只。缘照前船原系宣德六年间钦拨福建都司永宁卫金门千户所“顺”字船领付。[3] 在郑和下西洋活动停止后很长一段时间里，福建沿海卫所仍在使用这些船只往返于中国东南沿海广阔的海域，还有一些海船应琉球国王的请求，赠送给了琉球。琉球借助福建的海船和航海技术力量，迅速成为中国与东南亚各国及日本、朝鲜海上贸易的中转站。

2. 福建有天然的优良港口。

长乐县太平港是郑和舰队驻泊地。据弘治《长乐县志》卷一记载：太平港，在县治本半里许，旧名马江。本朝永乐中，遣内臣郑和使西洋，海舟皆舶于此，因

---

[1] 《泉州湾宋代海船发掘简报》，《文物》1975年第10期。

[2] （明）侯继高：《造修福船略说》，《玄览堂丛书续集》第16册。

[3] 《历代宝案》第一集，台湾大学抄印本，1972年，第102页。

改名。《八闽通志》卷一〇亦云：太平港，国朝永乐十一年。大监郑和通西洋，泊舟于此，奏改今名。由此可见，太平港旧名马江，是郑和第三次下西洋后才奏改此名的。“太平”在福州方言中有“平安”的意思，太平港的意思即为“安全港”。该港位于闽江下游，上距府城福州 20 公里，下距东海 30 公里，为海河交汇的港口。马江是由上游两水汇合而成的，江面宽阔水深；下游两山对峙，出口狭窄如线，非常适合大批水师船只的驻泊和演习。闽浙总督杨昌浚称这里“形势完固，实甲东南各省”。[1]

3. 福建严密的军事防务体系。

福建背山靠海，位于台湾海峡西岸，上承浙江与东海，下接广东与南海，地理位置优越，在明代的军事战略中具有十分重要的地位。明代倭患严重，从明太祖朱元璋开始就十分重视东南沿海海防建设。福建是倭患重灾地区，明太祖在洪武前期就注意到福建的海防建设，洪武四年任命驸马都尉王恭镇守福建。五年命浙江、福建造海舟防倭。[2] 洪武六年，正式建立了北方海军舰队，有四个卫兵力，由吴祯任总兵官，京卫及沿海诸卫军悉听节制，每春以舟师出海，分路防倭，迄秋乃还。[3] 这支舰队于当时抗击倭寇两次，一直追击到琉球国海面，威震东海，对加强以南京为中心的江、浙两省海防起到了重要的作用。洪武二十年，明太祖派遣江夏侯周德兴前往福建，委以加强海防建设、防备倭患的重任。周德兴至闽，按籍佥练，得民兵十万余人。相视要害，筑城一十六，置巡司四十有五，防海之策始备。洪武二十一年，明太祖又命汤和行视闽粤，筑城增兵。置福建沿海指挥使司五，曰福宁、镇东、平海、永宁、镇海。领千户所十二，曰大金、定海、梅花、万安、莆禧、崇武、福全、金门、高浦、六鳌、铜山、玄锺。[4] 至此，建立起了以福州为中心的福建沿海防务体系。这不仅为郑和下西洋舰队驻泊太平港提供了安全保障，而且也为郑和舰队输送了大量经验丰富的官兵和航海人员。

二、郑和下西洋与东南沿海的社会变迁

郑和下西洋多在福建集结，庞大的船队和人员队伍需要大量物资的补给，在一定程度上推动了福建的农业、商业等的发展。与此同时，郑和从西洋归来后，带来了大量的外国使节和商人以及外国物品，大大丰富了东南沿海人民的生活。

1. 郑和下西洋促进了东南沿海造船业的发展。郑和下西洋，需要大量的海

---

〔1〕 中国史学会主编：《中法战争》(六)，上海人民出版社，1957 年，第 147 页。
〔2〕《明史》卷九一。
〔3〕《明史》卷一二三。
〔4〕《明史》卷九一。

船，在一定程度上促进了东南沿海各省造船业向更高的水平发展，以至于造船工场遍布沿海各地。据弘治《八闽通志》记载：福建都指挥使司下辖有烽火门等五水寨造船厂，在府城东南河口，旧福州三卫各置一厂，左卫厂在庙前，中卫厂在象桥，右卫厂即今所是也。[1] 仅福州就有三个官办的造船厂，在明一代是罕见的。

2. 郑和下西洋促进了沿海各省的商业发展。郑和下西洋前，以福建为基地，许多准备工作都在福建进行。出航前，几万名船员在此集中等候起航，还有数倍于船队的民众为船队驳运和装卸货物，这些人需要在福建就地采办生活必需品；郑和船队的粮食、生活用品，以及运载西域各国的土布等，因为取之方便，常在福建采办。这一切无疑为福建地区，乃至东南沿海地区的农副产品和手工业产品开辟了一个广阔的市场。

明代东南亚各国人民仰慕和渴求中国产品。郑和船队通过赏赐、贸易等途径输往东南亚的物品，有青花瓷器、茶叶、漆器、湖丝、绸缎、金属制品等等。其中又以丝绸、瓷器为大宗。例如，中国精美的丝绸产品，通过郑和船队的输出，在东南亚各国广泛传播，深受各国人民的欢迎。郑和船队携带的丝绸在海外之畅销，促进了国内丝织业的发展。明初管辖丝织业的官办织造局应运而生。除京师外，杭州、绍兴、严州、金华、衢州、台州、温州、宁波、嘉兴、湖州、镇江、苏州、松江、德州、宁国、广德、福州、泉州、成都、济南等地，均开设织造局，负责丝绸生产和销售。又如陶瓷器具，特别是青花瓷器在东南亚很受欢迎。《瀛涯胜览》“占城国”条说：中国青瓷盘碗等品……甚爱之；爪哇国人最喜中国青花瓷器。这时期的青花瓷还适应海外的需求，生产符合国外喜好的器形、纹饰的外销瓷。陶瓷制品在东南亚的热销又促进了中国制瓷业的发展。永乐、宣德年间乃是中国青花瓷生产的鼎盛时期，很重要的一个原因即郑和船队从东南亚带回大量的青花瓷制造原料“苏泥”和“勃青”，使得除了景德镇外，河北定州、甘肃华亭、山西平定、河南禹州、安徽祁门、浙江龙泉等地窑址，都出产数量可观的瓷器制品。这一时期，制瓷工艺不断改进，制瓷技术分工也愈益专门化。

3. 丰富了东南沿海人民的生活。东南亚物产丰富，若干物货成为中国人日常生活不可或缺的必需品。东南亚盛产的香料主要有龙涎香、沉香、乳香、木香、苏合香、丁香、降真香、豆蔻、胡椒等；药材主要有大枫子、阿魏、没药、荜澄茄等，这些都是中国没有或很少出产的。香药在中国有多种用途：首先是在饮食方面，可使饮料和食品气味芬芳，刺激、增加食欲，还可起到防腐作用；其次用于净化环境、祛除秽气；再次可用于宗教仪式和祭祀活动，有助于增加宗教仪式和祭祀场合严肃、神

---

[1] （明）黄仲昭：《八闽通志》卷四〇，福建人民出版社，1990年，第844页。

漳缎机(福建省博物院藏)

秘的气氛。东南亚出产的香药不仅种类齐全,而且产量多、质地好,实乃"中国不可缺者"。在郑和下西洋前,中国与东南亚虽已有香药贸易,但主要是富贵人家的奢侈品消费,一般百姓无法享有。郑和下西洋之后,香料逐渐平民化,成为平常生活日用之物,丰富了中国民间的饮食文化,还推动了传统医学的发展。

三、闽浙沿海与侨居东南亚的华人

明初,东南沿海有张士诚、方国珍等势力活动,此外倭寇时常骚扰沿海地区,沿海地区的海防受到严重的威胁。因此,统治者出于海防安全以及维护朝贡贸易垄断地位的需要,对民间航海活动以及私人海外贸易活动采取了严格的限制政策,"明祖定制,片板不许下海"。《大明律》还专门规定:凡将马牛军需铁货、铜钱、缎匹、绸绢、丝绵,私出外境货卖及下海者,杖一百,挑担驮载之人,减一等,物货、船车并入官;于内以十分为率,三分付告人充赏。若将人口军器出境及下海者,绞;因而走泄事情者,斩。在这种高压政策下,任何私自出海的行为都是"犯罪",要处以严重的刑罚。

虽然明政府实行严厉的海禁政策,但东南沿海民众历来以海为田,人民素有出海经商的传统,加上海外贸易利益丰厚,历史上也早已形成了较为发达的航海交通与贸易系统,因此有不少人或迫于生计谋求海外发展,或谋求暴利而往来航海贸易,部分人甚至定居当地。故而在南洋各国,在郑和使团到来之前,在当地居住的华侨已是随处可见。

据《明史》记载,福建人到菲律宾经商,仅吕宋一地,在明万历年间,已有数万。因着马尼拉大帆船贸易的兴起,赴菲的中国商船不断增多,随商船而去的漳州与厦门籍商人及民众逐渐定居菲律宾,至 1602 年已近三万人。〔1〕 16 世纪中叶,西班牙殖民者来到菲律宾时,已看到许多华侨在此生息。大量的丝绸、瓷器、药材、铁器和各类杂货,皆由华侨商人从中国运来,再从吕宋运送美洲白银回中国。中国货物与美洲白银贸易,对促进中国社会经济的发展起到了重要的作用。

中国华侨在海外,尤其是东南亚地区有广泛的影响,一些华侨甚至主导了当地的社会,甚至充当当地国家的使节访问中国,并以此身份进贡和进行私人贸易。有文献记载,早在洪武五年,暹罗(今泰国)来华使团由华人李清兴担任通事。此后,暹罗又多次让华人以正使或副使等身份参加来明朝贡使团。爪哇国是派遣华人使节入明朝贡次数最多的国家,据统计,从永乐二年至成化元年,爪哇向明廷派遣有华人参加的朝贡使团多达 24 次。〔2〕

自隆庆、万历开海禁以来,福建华侨不畏艰险移民至东南亚地区,不断开垦拓荒,为东南亚社会带去先进的生产力、生产技术和生活方式。福建华侨在东南亚的分布北起缅甸,南至印度尼西亚群岛,东至菲律宾的吕宋,西达苏门答腊的旧港、爪哇的巴城和下港,暹罗的大城,越南的广南等。他们与当地人民一起胼手胝足、辛勤劳作,为东南亚诸国的开发作出了卓越的贡献,也绘就了闽人在海外的流播繁衍的生动图景。

第三节　中琉关系的建立与发展

古代琉球是太平洋上的一个岛国,“国无典籍,其沿革不能详”。〔3〕 琉球国早期的历史较为模糊,有神话传说琉球国第一位首领为“天孙氏”,共传二十五代。其后为舜天时代(1187—1295 年),此乃琉球国信史之始,当在中国的南宋时期。舜天王之后为英祖王时代(1260—1349 年),当在中国的元代时期。1350 年开始了琉球国的察度王时代。中国与琉球之间的交往始于何时,至今尚难于

〔1〕 福建省地方志编纂委员会编:《福建省志华侨志》,福建人民出版社,1992 年,第 80 页。
〔2〕 林晓东、巫秋玉:《郑和下西洋与华侨华人文集》,中国华侨出版社,2005 年,第 150 页。
〔3〕《使琉球录》。

定断，但明洪武五年中琉建立正式的邦交关系是可以确定的。

一、杨载诏谕琉球

明朝初创，百业待兴。统治阶级为了稳固其政权，对内休养生息，实行一系列恢复社会经济的措施，安置失去土地的农民，实行军屯、民屯与大规模的边区移民，同时打击豪强地主，发展手工业，出现了“宇内富庶，赋予盈羡”[1]的繁荣景象。对外则采取和平相处、友好往来的方针。《皇明祖训》记称：……吾恐后世子孙倚中国富强，贪一时战功，无故兴兵，致伤人命，切记不可。……今将不征诸夷国名开列于后：朝鲜、日本、大琉球、小琉球、安南、真腊、暹罗、占城、苏门答腊、西洋、爪哇、彭亨、白花、三佛齐、渤泥。[2]

洪武五年，太祖朱元璋派遣行人杨载携诏书出使琉球，从此拉开了长达500余年的中琉友好往来的历史。[3] 当时琉球分裂为三个小国家，即中山国、山南国和山北国。中山王察度首先“受其诏”，并派遣王弟泰期随同杨载前往中国“奉表称臣”，“由是琉球始通中国，以开人文维新之基”。[4] 此后，中山王察度又陆续向中国派遣使节，“奉表贡方物”。明太祖除了回赐《大统历》及金织文绮、纱罗、币帛外，对使节、通事及其随行人员也“皆有赏物”。

之后，山南王承察度和山北王怕尼芝，也相继于洪武十三年和十六年，向中国皇帝称臣入贡。是时，正值琉球“三山分立”，相互征战之时。于是，明太祖在向察度颁赐镀金银印的同时，于同年派遣内使监梁民、尚佩监路谦，携带诏书前往琉球，诏谕琉球三王“息兵养民，以绵国祚”。[5]

中山王察度、山南王承察度和山北王怕尼芝，各受其诏，罢战息兵，并“皆遣使谢恩”。[6] 由此可见，中国皇帝以“中国奠安，四夷得所”为原则，通过和平外交调解了琉球三王之间的争斗。这可谓是中琉册封关系形成的政治基础，也是洪武十八年“补给山南、山北二王驼纽镀金银印”[7]的前提。

二、闽人三十六姓与琉球社会发展

明初，琉球是亚洲最贫穷、最弱小的地区之一。落后的社会发展水平也让明

---

〔1〕《明史》卷七八。

〔2〕《皇明祖训》，“祖训首章”。

〔3〕《明太祖实录》卷七一，洪武五年春正月甲子。

〔4〕球阳研究会编：《球阳》卷一，角川书店，1982年。

〔5〕伊波普猷等：《琉球史料丛书》第四，第42页。

〔6〕伊波普猷等：《琉球史料丛书》第四，第42页。

〔7〕伊波普猷等：《琉球史料丛书》第四，第42—43页。

朝统治者唏嘘不已。鉴于琉球国造船航海技术之落后,明太祖朱元璋为了加强中琉间政治联系及朝贡贸易,在不断赐予琉球大型海船的同时,还颇具前瞻性地赐琉球"闽人三十六姓善操舟者,令往来朝贡",〔1〕这不仅是明朝对其他海外诸国都不曾有过的特殊政策,而且也是明以前历史上绝无仅有的一次由政府派遣的大规模中国移民移居海外的活动。此后,一个琉球闽人社会群体应运而起,并逐渐帮助琉球社会发展成为一个较为兴盛的海洋国家。

闽人三十六姓移居琉球,充分显示了明政府对琉球的特殊优待。闽人三十六姓在琉球受到了极高的礼遇。琉球国王即令三十六姓择土以居之,号其地曰唐营(即久米村)。他们中知书者授大夫、长史,以为贡谢之司;习海者授通事,总管为指南之备,〔2〕其子孙世袭通使之职,习中国之语言、文字。〔3〕闽人三十六姓居住地——久米村,自然成为中国先进文化及科学技术向琉球传播的中心。在此后的岁月里,众多闽人三十六姓后裔被派遣回中国学习。他们中的许多人奋发学习,学成后返回琉球,深受重用。闽人三十六姓及其后裔是将中国儒家思想文化和先进生产技术直接传播到琉球的最主要使者之一,而且由于他们主要从事与中琉朝贡贸易有关的活动,因此他们对中琉间政治、经济、文化的交往也起到了特殊的桥梁和纽带作用。尤其重要的是,他们在向琉球人传播中国文化与生产技术的同时,也逐渐地"在地化",与琉球人通婚、繁衍后代,最终完全融入琉球社会,从而实现了与琉球社会的互动与融合。

移居琉球的闽人三十六姓,积极从事对外贸易等活动,不仅使明代的中琉关系更为密切,而且使琉球与东南亚诸国,与朝鲜、日本都有密切的贸易往来,使"地无货殖,缚竹为筏,商贾不通"的弹丸岛国琉球,一跃而成为以"海舶行商为业""以舟楫为万国津梁"〔4〕的贸易中转国。

不仅如此,移居琉球的闽人三十六姓,在治理琉球国政和传播中国科技文化等方面也起了很大的作用。如闽人三十六姓中的程复和王茂都曾担任琉球国相,郑迥曾担任法司官。在与琉球人民共同拓植的过程中,他们将中国先进的农业手工业生产技术、文学艺术、建筑风格、陶瓷制造、染织石雕、饮食习俗等带入琉球。在中国移民的影响下,许多琉球人学习中国文化,中国的文化典籍如《四书》《五经》《韵府》《通鉴》《唐三体诗》等书也传入琉球,供琉球人学习。中国的戏曲作品、舞蹈艺术等也通过闽人三十六姓传入琉球,丰富了琉球艺术人文的内涵。

---

〔1〕《吾学编·皇明四夷考》。
〔2〕《明神宗实录》卷四三八,万历三十五年九月己亥。
〔3〕《中山纪略》。
〔4〕[日]新屋敷幸繁:《新讲冲绳一千年史》,雄山阁,1971年,第214页。

总之,闽人三十六姓移居琉球,在中琉关系史上,尤其在中国海外移民史上是一件极其重要的事情。近年来,众多的闽人三十六姓之后裔远渡重洋来福建寻根访祖,深刻表明他们对中华文化的持守和传承。今日福建各地留存着众多反映中琉关系的史迹。例如,因客死他乡而安葬于福建的琉球闽人或琉球土民之墓地,在福州、漳州等地多有发现。这些琉球人墓地和墓碑,以及闽人三十六姓家族流传至今的各姓族谱等文物和文献,承载了两地民众心灵相通、精神相契的历史记忆,充分体现了中琉友好往来关系的历史事实,并将继续谱写当代福建与冲绳友好关系的新篇章。

三、中琉封贡体制的形成与发展

中琉友好交往500余年,每位琉球国王嗣立,"皆请命册封"。[1] 明清两朝统治者大都应其所请,派遣大型册封使团,远渡重洋册封琉球,并形成了一种固定的制度,在中琉之间建立起了特殊的政治关系。其间,中国政府册封琉球共23次,派出正副册封使43名。其中明朝凡15次、27人,清朝8次、16人。

(一)中国对琉球的册封

中国对邻邦小国进行册封由来已久。早在秦汉时期,文献上就有诸国入华"来献""来贡"的记载。隋唐史书记载更为明确、详细,中国封建王朝或以征伐,或以分封来确立邻邦对其的臣属关系。宋元时期,一些依附中国的邻邦小国,如高丽、安南、占城、缅甸等国的国王即位,必请求中国政府的认可,以中国政府的册封为荣。到了明朝,请求中国册封的藩属国更多。占城、爪哇、三佛齐、渤泥、暹罗、满剌加、苏门答腊、苏禄、安南、朝鲜等国,都先后得到明朝的册封。册封不仅巩固了诸国对中国的臣服关系,而且在稳定东亚地区的政治秩序上也起到了很大的作用。

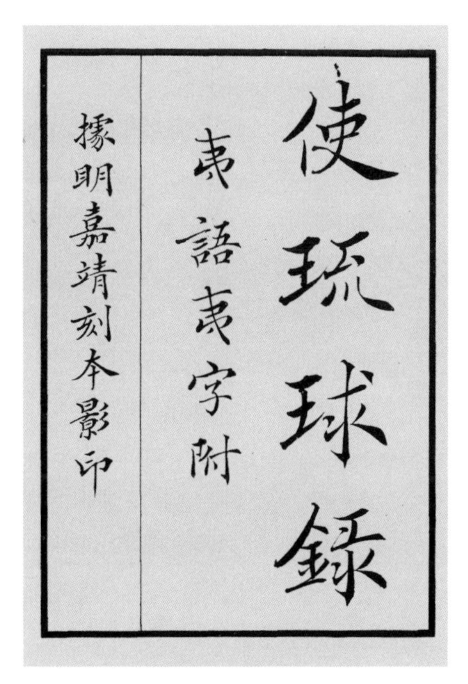

陈侃《使琉球录》

[1] (明)高岐:《福建市舶提举司志》,1939年铅印本,第36页。

据史籍记载,琉球国受中国册封当从明代开始。洪武十六年明太祖赐给琉球国中山王察度镀金银印一枚。王印的授予使原有的臣属关系更加深化,并由此向册封制度演进。继琉球中山王受赐王印之后,琉球的山南王、山北王也相继受赐王印。洪武二十八年,中山王察度薨;永乐元年,世子武宁遣侄三吾良叠讣告中国。永乐二年,明成祖遣行人时中赴琉球吊祭察度,"赙以布帛,遂诏武宁袭爵",[1]并册封中山王,此即为册封琉球之始。《中山世谱》载:"察度王始通中朝……天使数次来临,至于武宁始授册封之大典,著为例。"[2]永乐十三年,琉球国山南王汪应祖世子他鲁每,因其父兄为"达勃期所弑,各寨官舍兵诛达勃期,推他鲁每摄国事",[3]后遣使入明请袭爵,此乃琉球国主动向明政府提出册封的请求。同年五月,明成祖"遣行人陈秀芳等赍诏往琉球国,封故山南王汪应祖世子他鲁每为琉球国山南王,赐诰命、冠服及钞万五千锭"。[4]

首里城(吴巍巍 摄)

〔1〕《明太宗实录》卷二八,永乐二年三月壬辰。
〔2〕《琉球史料丛书》第四,第46页。
〔3〕《明太宗实录》卷一六二,永乐十三年三月甲寅。
〔4〕《明太宗实录》卷一六四,永乐十三年五月乙酉。

自琉球请封后，明清两朝统治者就派遣使者册封琉球。明初两次册封，行人任册封使，不设副使。“宣德间遣内监，其遣正使给事中，副使行人定正统之年。”[1]为叙述的便利，现将明朝历次册封琉球使臣列表如下：

明朝册封琉球使一览表

册封年代	使臣姓名		琉球国王名	著述及其他
	正使	副使		
永乐二年(1404年)	行人 时中		武宁	
永乐十三年(1415年)	行人 陈秀芳		山南王 他鲁每	
洪熙元年(1425年)	中官 柴山		尚巴志	柴山：《大安禅寺碑记》《千佛灵阁碑记》
正统八年(1443年)	给事中 俞忭	行人 刘逊	尚忠	
正统十三年(1448年)	刑科给事中 陈傅	行人 万祥	尚达思	
景泰三年(1452年)	给事中 陈谟	行人 董守宏	尚金福	《明英宗实录》卷二〇六作乔毅、童守宏
景泰七年(1456年)	给事中 李秉彝	行人 刘俭	尚泰久	《明英宗实录》卷二五二正使作严诚
天顺七年(1463年)	吏科给事中 潘荣	行人 蔡哲	尚德	潘荣：《中山八景记》
成化八年(1472年)	兵科给事中 官荣	行人 韩文	尚圆	
成化十五年(1479年)	兵科给事中 董旻	行人司司副 张祥	尚真	
嘉靖十三年(1534年)	吏科给事中 陈侃	行人 高澄	尚清	陈侃：《使琉球录》 高澄：《操舟记》
嘉靖四十年(1561年)	刑科给事中 郭汝霖	行人 李际春	尚元	郭汝霖：《使琉球录》
万历七年(1579年)	户科给事中 萧崇业	行人 谢杰	尚永	萧崇业：《使琉球录》 谢杰：《琉球录撮要补遗》

[1] 《明经世文编》卷四六〇《李文节公文集·乞罢使琉球录》。

续 表

册封年代	使臣姓名		琉球国王名	著述及其他
	正　使	副　使		
万历三十四年（1606年）	兵科给事中 夏子阳	行　人 王士祯	尚　宁	夏子阳：《使琉球录》 王士祯：《琉球入太学始末》
崇祯六年（1633年）	户科给事中 杜三策	行　人 杨　抡	尚　丰	胡靖：《杜天使册封琉球真记奇观》

中国对琉球的册封，由于种种原因（诸如倭寇的干扰、请封的迟缓、往封的准备等等），并非全都是及时的，有的甚至隔上数年或十来年。

（二）琉球对明政府的入贡

琉球国王接受中国的册封后，为了表示"谢恩"，从洪武年间开始，连续向中国皇帝"奉表，贡方物"。明朝政府也遣使往琉球国进行赍赐、市易等活动。但随着琉球频繁入贡，明朝政府也做了一些规定。

1. 规定贡期，限制船数、人数及贡品数

琉球国小，资源缺乏，大部分贡品购自日本和东南亚诸国，而其入贡的目的是欲贸中国之货以专外夷之利，〔1〕因此在经济上高度地依赖于对明的朝贡，往往一岁再贡、三贡，"天朝虽厌其烦，不能却也"。〔2〕成化十年，琉球国使臣在福建杀死怀安县民陈二观夫妻，焚其房屋，劫其财物，明政府因此限其两年一贡，人数只许一百，多不过加五人，贡物除国王正贡外，不能附带私货。这对琉球当然是一大打击，第二年即遣使臣程鹏奏乞如常例，岁一朝贡，〔3〕但未获准。成化十四年又再次要求一年一贡；〔4〕在成化十八年的奏疏中甚至谦卑地自称"以小事大，如子事父"，但仍未得到允许，礼部认为"其意实欲假进贡之名，以规市贩之利，不宜听其所请"，敕令照旧两年一贡。〔5〕直至正德二年（1507年），明武宗因不胜其一再奏乞，只好同意恢复一年一贡，〔6〕但嘉靖元年又敕令遵先朝旧例，两年朝贡一次，每船不过百五十人。〔7〕由此可见，明政府对琉球国进贡的

〔1〕《明宪宗实录》卷一七七，成化十四年四月己酉。
〔2〕《明会要》卷七七《外蕃·琉球》。
〔3〕《明宪宗实录》卷一四〇，成化十一年四月戊子。
〔4〕《明宪宗实录》卷一七七，成化十四年四月己酉。
〔5〕（明）徐学聚：《国朝典汇》卷一〇七《礼部·朝贡》。
〔6〕《明武宗实录》卷二四，正德二年三月丙辰。
〔7〕《明世宗实录》卷一四，嘉靖元年五月戊午。

琉球贡品漆器匣子(北京故宫博物院藏)

贡期、人数的限制是反反复复的。

2. 规定贡道

明朝政府为了加强对朝贡使者的管理和控制,分别规定了各国入贡的贡道,要求朝贡船必须停泊在指定的港口,按规定的路线将贡品运送至京都。所谓指定的港口,一般是指设置市舶司的广州、泉州和宁波三个地方。

柔远驿(福州琉球会馆)

永乐年间初置市舶司时,明太祖规定琉球贡船泊于泉州港,由设在泉州的市舶司来接待,但实际上琉球贡船来时大多由那霸港开航,泊于浙江定海或福建长乐的五虎门,然后到福州城南河口;返时亦由福建长乐出海后直航那霸港。这样,设在泉州的市舶司未起到作用,后来只好迁往福州。

据记载,当年琉球使者向中国进贡的路线是:从福州“至浦城县水路,从浦城县至浙江江山县清湖为陆路,自清湖至钱塘江水路,上岸后由杭州府经运河至张家湾水路”,然后进北京。全部行程 4 912 里,大约需要 72 天。[1]

四、中琉文化交流

历史上中国文化对周边国家产生了深刻、广泛的影响。随着明初中琉正式邦交关系的建立、人口的移动,明代中琉文化交流甚为频繁。

(一) 中琉文化交流的途径

1. 册封琉球使团的传播

自明洪武五年琉球与中国建立正式的邦交始,至崇祯六年,明朝政府册封琉球共 15 次,派出正副册封使 27 人,均由文职人员充任,有行人、中官、各种给事中或翰林院属官。使团人员除政府规定的职司员外,各册封使还会携带自己的从客,这些人常为文人、天文生、医生、画匠、琴师、高僧、道人,以及各色工匠艺人等。而且使团人数通常在 300 至 700 人之间。由如此众多人才组成的使团,除了在琉球进行各种政治外交活动外,同时也向琉球各界人士广泛地传播中国先进的科技、文化。他们在琉球居留数月,其生活习俗、信仰思想也对琉球社会产生了一定的影响。

2. 来华琉球进贡使团的传播

洪武五年,朱元璋遣杨载持诏谕琉球,同年十二月中山王察度遣其弟泰期随杨载入明朝贡。自此,琉球国以各种名义接连来朝,如进贡、接贡、报丧、请封、迎封、谢恩、庆贺、进香、送留学生、报倭警、送中国难民、上书等,有时一岁数至。琉球进贡使团通常由百余人至数百人组成,抵达福州后(成化前在泉州),安歇在柔远驿,小住一段时间,在福建地方官员的安排下,正副使臣及有关人员进京,其余人员留在驿馆,从事贸易活动或学习各种技艺。等到翌年使节归福建后,再一同搭船回琉球。在中国留居的半年或一两年里,琉球人亲闻中国的文化典制、礼仪习尚,耳濡目染,并带回琉球。

3. 闽人三十六姓的传播

洪武二十五年,朱元璋为了加强中琉之间的朝贡贸易关系,赐琉球“闽人三十六姓善操舟者,令往来朝贡”。[2] 闽人三十六姓移居琉球,不可避免地将政治思想、道德观念、宗教信仰、生活习俗、各种技艺引入琉球,以至于《琉球国由

---

〔1〕 宫城荣昌等:《冲绳历史地图》,柏书房,1983 年,第 122 页。

〔2〕《明会要》卷七七,中华书局,1956 年。

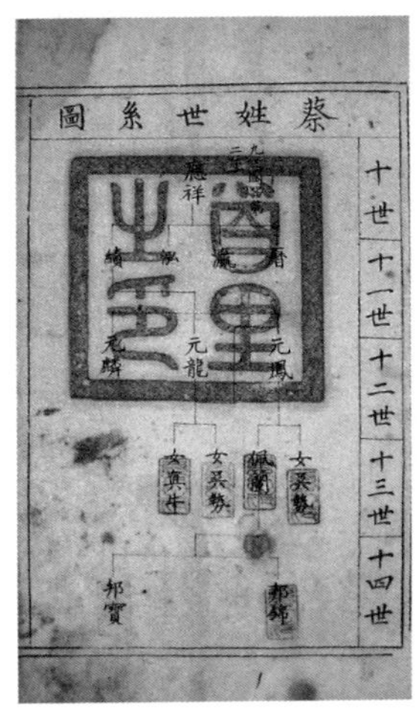

琉球闽人蔡氏家谱

琉球闽人毛姓家谱

琉球闽人郑氏家谱

来记》上记载:“从此本国重师尊儒,始节音乐,不异中国”“中山文风真从此兴”。由此可见,中国文化不仅在移居琉球的闽人居住群中推广,还扩大到琉球人中间。中国人移居琉球不啻是中国文化在琉球最重要的传播途径之一。

4. 来华的琉球留学生的传播

琉球自明洪武五年与中国建立友好关系以来,至万历八年,先后派遣留学生(明清史籍中称“官生”)来中国学习先进的文化、技术。每次来华留学生三至五人不等,有案可稽者共 17 次、54 人。这些留学生通常学习三至五年,长者甚至达七年,在学成回国后都得到琉球国王的重用,委以要职。他们兴教办学,传习汉文,推崇儒家思想,在琉球传播中国文化中起了很大的作用,影响颇大。官生之外,还有一部分琉球人留在福州学习。这些人可分成两类:一类是“读书习礼”的留学生,通常在福州琉球馆延师受业,称之为“勤学”;另一类是来华学习专业知识和生产技术的留学生。他们的学习期限和方法都比较灵活,也较有成效。因此,来华的琉球留学生是中国文化传播到琉球的又一重要途径。

中国文化主要通过以上四个方面传播到琉球。当然,漂风难民、海上私人贸易亦是中国文化传播琉球的途径,在此不一一赘述。

(二) 中琉文化交流对琉球社会的影响

中国文化对琉球的影响至深,涉及社会的方方面面。

1. 语言文字

在中琉长期的友好交往中,琉球国的汉语言学习蔚然成风,“陪臣子弟与民之俊秀者则令习读中国书,以储他日长史通事之用"。况且闽人三十六姓移居琉球,深入到琉球社会的各个阶层,也推动了汉语言在琉球的使用,以至于今日的琉球方言中仍有许多与福建方言发音相同的用语,如"吃饱了、阮、阿妈、香片、龙眼、大碗、斗鸡、斗牛、橘饼、猫、猪、南瓜、线面、瓮菜等词汇",〔1〕显然借用了中国的词汇。至于琉球的文字,其受汉字的影响也十分明显。许多保留至今的琉球历史文献、诗文都是用汉字书写的,这足以说明历史上中国文化对琉球语言文字的影响。

2. 文学艺术

就中国文化对琉球艺术的影响而言,书法绘画也是一个十分重要的方面。由于明清时期琉球国重视培养汉学人才,以适应对中国交往的需要,因此琉球国中学习汉字书法的人也比较多。历朝册封琉球使臣及其从客的书法作品在琉球广为流传,对琉球的书法艺术发展有一定的影响。此外,琉球在长期与中国交往中,收藏了不少中国书坛名家的作品。绘画艺术也是如此,除了中国册封使团的书法家、画师的现场表演,以及所馈赠的绘画作品的影响外,中国文化在绘画艺术方面对琉球的影响,主要反映在琉球人学习中国绘画的技艺过程中,这些均使琉球绘画艺术吸收了中国绘画的特点。

琉球的音乐、舞蹈、戏曲也与中国文化有着密不可分的关系。《球阳》记载,明太祖赐琉球闽人三十六姓后,琉球国"始节音乐,制礼法,改变番俗,而致文教同风之盛"。嘉靖年间,陈侃使琉球时曾记有当时的琉球:乐用弦歌,音颇哀怨,尝译其曲有人老不少年之句,亦及时行乐之意。如唐风之山有枢也。更以童子四人手击杖而足婆娑,以为舞焉。明万历年间,萧崇业、谢杰使琉球时所见琉球文艺已不仅是"不用弦歌,酒间度新声",而且还常常上演戏剧"姜诗得鲤""王祥卧冰"和"荆钗记"等。这些剧目是宋元以来在中国盛而不衰的传统剧目。

3. 手工艺

中国手工艺在琉球的传播是多方面的,其中有石雕制作、漆器制作、乐器制作等。渡名喜明《从美术工艺看琉球接受中国文化之形态》一文,对此做了详尽的论述,其中对琉球残留的青石作品与中国文化的关系,从作品的传入与技术的引进两方面来讨论。《琉球国碑文记》中所收集的百浦添之栏干之铭,以及《安国山树花木之记》(1427年)、《万岁岭记》(1494年)、《官松岭记》(1497年)、《圆觉禅寺记》(1497年)等碑,圆觉寺放生桥(1498年)、国王颂德碑(1478年)、王御殿之碑(1501年)等,还有首里城王官正殿的龙柱、瑞泉门下的龙头,都反映

〔1〕《明经世文编·南宫奏议》。

了当时琉球国石雕工艺的最高水平。而琉球国的石雕工艺,正是吸收了中国的技艺而发展的。

4. 园林建筑

琉球国的园林建筑风格在很大程度上受中国园林建筑风格的影响,其典型的例证就是琉球的王宫和天使馆。琉球王宫与天使馆的布局,采用了中国庭院的传统布局,这从历代册封的使臣著述的图文中可以得到证明,其曰:王宫正殿为奉神门,左右三门并峙,西向,王殿九间,皆西向……左右两楼,北向,右为北宫,南向。[1] 从这一描绘可知,王宫的主体部分为中国式的四合院建筑,这显然是受到了中国特别是福建地方传统建筑风格的影响。

5. 医学

早期琉球国的医学并不发达。嘉靖年间,陈侃出使琉球时就说:琉球"国无医药"。然而在与中国的长期交往中,优秀的中国医学很快就传到琉球。据《琉球国由来记》载:当国有医师者,察度王世代,闽人三十六姓之中有医师哉。由于琉球国屡屡派人到福建等地学习中医医术,琉球医药事业得到了很大的发展。

6. 宗教信仰

早期琉球国的宗教信仰中有女神信仰,后佛教渐兴。中国道教对琉球的影响,则始于闽人三十六姓移居琉球。琉球国王多次遣人往福建学习风水地理、占卜等,促使道教在琉球传播开来。琉球的天妃信仰也源于闽人三十六姓移居琉球。《球阳》记载:永乐二十二年,昔闽人移居中山者创建(天后)庙祠,为同祈福。天妃又称天后、天上圣母,俗称妈祖,是中国东南沿海一带所奉祀的海神之一。受中国天妃信仰的影响,琉球人也开始信奉天妃。琉球其他信仰,如灶神、土地神、关帝王的崇拜,驱鬼避邪的石狮子,"泰山石敢当"的应用,都是从中国传入的。

7. 生产技术

琉球生产技术主要在两个方面受中国影响较大:一是农业,一是手工业。农业方面,主要从中国引进了粮食、蔬菜品种和栽培技术,包括先进的农业生产工具。琉球国于1605年就遣野国前往福建学习番薯栽培技术。此后,番薯成了琉球国的主要粮食。与农业生产密切相关的还有天文历法,1465年,琉球闽人三十六姓后代金锵赴闽学造历法,回国后编制了琉球第一个历法,可见琉球的历法编制与使用都源于中国。

手工技术方面,琉球国制糖工艺受中国影响较大。弘治《兴化府志·货殖

---

〔1〕 球阳研究会编:《球阳》,角川书店,1982年,第299页。

冲绳当地的“石敢当”

志》载：冬月蔗成后，取而断之，入碓捣烂，用大桶装贮，桶底旁侧为窍，每纳一层，以灰薄洒之，皆筑实及满，用热汤自上淋下，别用大桶自下承之，旋盘拖置盆内，遂凝结成糖，其面光洁如漆，其脚粒粒如砂，因又名砂糖。万历初年王世懋所著《闽部疏》言：凡饴蔗捣之，入釜经炼为赤糖。此时制糖工艺尚处落后阶段。而稍后成书的陈懋仁所著《泉南杂志》有“甘蔗干小而长，居民磨以煮糖”。也就是说，万历年间，福建制糖工艺已从捣蔗飞跃到磨蔗，而恰恰在这工艺飞跃阶段，1623年琉球国仪间村人来福建学习制糖之法。显然，琉球制糖手工业的发展是直接引进福建制糖技术的结果。

琉球的造船技术在引进了中国先进的技术后得到不断的发展。琉球早期的造船业十分落后，“缚竹为筏，不驾舟楫”。在中国朝廷的关怀下，琉球国的造船业有了长足的进步，琉球人不仅可以在福建各造船场所修船补船，甚至可以出资买船。逐渐地，中国的造船技术传到了琉球。

在其他如制瓷、造墨、冶铜、制茶、烟花制作等方面，琉球政府均派人来中国

琉球的石狮子(闽南俗语称“风狮爷”)

学习制作方法，故在琉球史书上多有“琉球有烟花药自此而始”“制墨自此而始”等说法，所以，可以说中国文化在一定程度上影响了琉球这些工艺的发展。

中国文化传播到琉球的途径多、范围广、影响深远，在历经数百年后的今天仍依稀可辨。

第四节　东南海盗、倭寇与海商集团

14 世纪末至 15 世纪初，农业经济逐渐呈现出商品化趋势。造船技术的进步，促进了私人海外贸易的发展。明朝嘉靖年间，在东南沿海商品经济和资本主义萌芽的刺激下，私人海外贸易港口增多，海商资本加大积累，东南沿海出现了许多相互竞争的海商集团。明王朝因稳固其政权的需要，特别是为防止倭寇和反明势力残部在沿海一带的骚扰破坏，先后多次颁布禁海令。虽因时期不同而时紧时松，却无形中阻碍了日趋上升的商品经济和海外贸易的正常发展，阻扼了中外商人的生路和财路。这些海商首领在严厉的“禁海”政策下，下海通番，与“倭寇”合流，为害东海沿海一带。许多一般商人也因商道不通，“失其生理，于是转而为寇”，走上亦商亦寇的道路，活跃于东南亚及日本一带。他们拥有雄厚的商业资本和一定的武装力量，其活动范围遍及东西二洋，并在沿海地区的交通要道上建立了诸多贸易据点。〔1〕

其中，郑氏海商集团依托得天独厚的社会环境，以及所掌握的东南沿海的海上贸易大权，逐步发展为私人海上贸易的龙头。然而，荷兰海盗占据台湾后，妄图控制中国与日本、南洋各地之间的贸易航线，封锁中国的对外贸易，严重威胁到了郑氏集团的利益。为此，郑氏海商集团与荷兰保持着时而相互妥协、时而相互竞争的复杂关系。直至清康熙元年，郑成功凭借军事力量收复了台湾，推翻了荷兰殖民者对台湾近四十年的统治。〔2〕 随即郑成功开始统治台湾，并在经略台湾方面有较多的建树。

由于海禁所造成的惨痛教训，明政府也不得不重新考虑海外贸易政策的制定。隆庆元年（1567 年），在福建巡抚涂泽民的奏请下，明廷同意福建漳州月港部分开放海禁，准许私人出海贸易。长期以来遭到严厉禁止的私人海外

---

〔1〕 林瑞荣：《明嘉靖时期的海禁与倭寇》，《历史档案》1997 年第 1 期。

〔2〕 陈支平：《第九届明史国际学术讨论会暨傅衣凌教授诞辰九十周年纪念论文集》，厦门大学出版社，2003 年。

贸易得以合法化，漳州月港地区出现繁荣场景。自隆庆五年西班牙人占领吕宋后，吕宋就成为中外海商进行贸易的主要场所和中转地，此地出现了所谓“大帆船贸易”，并形成了以漳州月港为起点、马尼拉为中点、墨西哥的阿卡普尔科为终点的海上丝绸之路，漳州月港成为把中国与菲律宾和墨西哥连结在一起的桥梁。

一、亦盗亦商的海寇集团之争斗

宋元时期，积极有效的鼓励政策推动了海上贸易的发展，此时是我国海外贸易大发展时期。至迟到明初，已基本形成了以中国商品、中国帆船和中国市场为依托的东亚、东南亚的海上贸易网络。[1] 然而明末清初，在严厉的海禁政策的制约下，私人海上贸易集团也衍生出了商人和海盗的双重性。他们既是做买卖的商人，又是杀人越货的海盗。海禁不严时，他们从事商业活动；海禁一严，立即转商为盗，变为海寇。可见，海禁政策的松弛与严厉，是海商与海盗相互转化的关键。

明代立国之初，开始实行严厉的海禁政策。究其原因，最直接、最主要的即所谓“海疆不靖”。一方面，明初，“禁滨海渔民不得私出海，时方国珍余党多入海剽掠故也”。[2] 方国珍、张士诚的残余势力亡命东南海上，继续与朱明王朝为敌。另一方面，日本倭寇严重骚扰中国沿海。元代曾两次对日用兵，都以失败告终。入明以后，倭寇为祸更烈，“四出剽掠扰濒海之民”，给沿海人民的生命财产造成了很大的损失。[3] 更严重的是方、张余党勾结倭寇，气焰更嚣张。再加上北方蒙元残余势力对明朝北部边境的严重威胁，使明廷无暇顾及东南海域的经营；况且，明初社会经济残破，朝廷着重推行重本抑商政策，海外贸易亦在禁止之列。故此，明太祖实行了严厉的海禁政策。明廷用严厉的法律禁止百姓交结番夷互市称贷，严禁揽造违式海船和私鬻番夷。

明廷严厉的海禁政策导致了以下后果：第一，断绝了长期以来以海为生的东南沿海人民的生路；第二，极大地破坏了宋元以来已初步形成的海外华商贸易网络。

然而“民者趋利，如水走下”，利之所在，禁而不止。被断绝了生路的东南沿海人民无以为生，只好冒禁下海市贩，从事海上走私贸易。而明政府对冒禁下海

[1] 庄国土：《华侨华人与中国的关系》，广东教育出版社，2001年，第55页。
[2] 晁中辰：《明代海禁与海外贸易》，人民出版社，2005年，第35页。
[3] 晁中辰：《明代海禁与海外贸易》，人民出版社，2005年，第36页。

者一律视为海寇而予以严厉的打击、镇压。这样就迫使这些人武装起来，组织走私集团，与官府对抗，而且他们又常常与倭寇相勾结。海禁严时，转商为盗；海禁松时，他们从事正常商业贸易。亦商亦盗式武装走私贸易不仅是明王朝海禁政策的产物，也是当时国际国内贸易形势使然。就国内而言，各个海商集团都有独霸制海权、垄断贸易之奢望；就国际而言，海盗（尤其是倭寇）横行，确有武装自卫之必要。因此，这一时期海上私人贸易异常地错综复杂。

（一）明初到嘉靖前的海商与海盗

明初到嘉靖前的海商与海盗有以下三个特点：一是与倭寇有别；二是多为违禁下海走私经商而被明政府视为“贼寇”的；三是多为分散、小规模的。

从明初海禁实施之始，东南沿海百姓就纷纷冲破禁令，下海通番，进行走私活动。洪武年间，两广、浙江、福建，愚民无知，往往交通外番，私易货物。〔1〕而这个时期中国沿海的寇患，基本是日本“真倭”所为，北自辽海、山东，南抵闽浙、东粤，滨海之区，无岁不被其害。〔2〕他们经常伪装成贡船，得间则张其戎器而肆侵掠，不得则陈其方物而称朝贡，东南海滨患之。〔3〕从明初以来，日本倭寇入侵，祸害沿海各地的记载不绝于史。〔4〕他们被称为“倭”“倭贼”。

自明成祖开始，海上走私活动有了进一步的发展，首先是守卫沿海的官兵等加入这个队伍中。明成祖即位，在其诏书中说：缘海军民人等，近年以来，往往私自下番，交通外国。〔5〕随后又出现了“近岁官员军民不知操守，往往私造海舟，假朝廷干办为名，擅自下番”〔6〕的状况，可见这一时期连朝廷官员也参与其中，下海通番了。这些违禁下海走私经商的海商，一律被官府视为“海贼”“海寇”（但显然与“倭”“倭贼”有别）。

而从成化开始，豪门巨室通过贿赂地方官员，也积极参与走私。成化时，魏元“出为福建右参政，巡视海道，严禁越海私贩。巨商以重宝贿，元怒叱出之”，〔7〕可见此事甚多。成、弘之际，豪门巨室间有乘巨舰贸易海外者，奸人阴开其利窦，而官人不得显收其利权。〔8〕由于明廷越来越严厉的海禁，走私通商

〔1〕《明太祖实录》卷二〇五。
〔2〕《明史纪事本末·沿海倭乱》卷五五。
〔3〕《明史》卷三二二。
〔4〕林仁川：《明末清初私人海上贸易》，华东师范大学出版社，1987年，第51—54页。
〔5〕《明成祖实录》卷一二。
〔6〕《明宣宗实录》卷一〇三。
〔7〕《明史》卷一八〇《魏元传》。
〔8〕（明）张燮：《东西洋考》卷七。

逐渐发展为武装对抗,成为名副其实的“海贼”“海寇”。正统年间“凡濒海居民贸易番货,泄漏事情,及引海贼劫掠边地者”,均属此类。见于史载的较著名的海盗之一是永乐时广东人梁道明,以苏门答腊的旧港为据点,“是时南海豪民梁道明窜泊兹土,众推为酋。闽广流移从者数千人”。〔1〕

总体来说,从明初到嘉靖之前,虽然海外走私贸易数量不少,且沿海官兵、地方官员、豪门巨室不少参与其中,但多为小规模的、分散的走私形式,尚未形成拥有庞大武装的海盗贸易集团,大多数海商都是独家经营的小商人,“各船各认所主,承揽货物,装载而返,各自买卖,未尝为群”。〔2〕

(二)嘉靖始至隆万之际的倭寇、海盗与海商集团

明初以来海上私人贸易的持续发展,造船业与航海技术的发达,以及国内社会经济的繁荣等都促进了海外贸易的发展。另外,资本主义全球扩张的进程开启,不仅为中国的私人海外贸易提供了广阔的国际市场,亦使中国的海外贸易成为世界贸易网络的一个重要组成部分。因此嘉靖时,私人海外贸易规模庞大,人数众多,出海贸易船只往来络绎于海上。浙江海上,浙海瞭报,贼船外洋往来一千二百九十余艘。〔3〕 从嘉靖二十三年到二十六年,因私到日本贸易而为风漂入朝鲜,进而被解送回国的福建人有上千之多。〔4〕 福建漳州月港万帆云集,更是繁荣,“私造双桅大船不啻一二百艘,鼓泛洪波巨浪之中,远者倭国,近者暹罗、彭亨诸夷,无所不至”。〔5〕 而且一些富裕的日本商人通过出资搭股,加入到中国的海商贸易活动中。可见,走私贸易走向集团化、国际化,海商队伍实力不断扩大,出现了“十数年来,富商大贾,牟利交通,番船满海间”的独特景象。

自嘉靖始,一者由于明廷海禁政策愈加严厉,小股分散的走私船队无法抗衡官方的镇压;二者由于这一时期社会经济的发展、西方殖民者的东来,海外贸易的需求量急剧增大,利润也大增,〔6〕商家间争夺市场,激烈角逐,“强弱相凌,自相劫夺”,很多海商集团从走私商贩转变为海寇商贩,即大小海商、舵工水手因走私与武装反抗的需要而分化组合,形成了财势雄厚、人多船众、规模庞大的亦

〔1〕(明)张燮:《东西洋考》卷三。

〔2〕《玩鹿亭稿》卷五。

〔3〕《明经世文编》卷二〇五。

〔4〕《明世宗实录》卷三二一。

〔5〕崇祯《海澄县志》卷一九。

〔6〕毛丽:《明中叶的海商、海盗集团与漳州的对外贸易》,《福建史志》2008年第6期。

盗亦商的海上集团。这些海商武装集团之间或争斗或联手，小船主依附大船主，弱者依附强者，逐渐形成若干个实力强大的武装走私集团，规模达数十艘至百多艘，“沿海商民，成群合党，各以所立承揽货物装载，或五十艘，或百余艘，载来珠琲、象犀、玳瑁等舶来品，分泊各港”，“私与内豪市”，控制各自地盘，自行牟利之道。〔1〕这些海商集团虽群龙无首，但各自啸聚一方，从事海外贸易，在岛屿间、大海上演绎着“以大吃小，亦商亦盗”的惊心动魄的争斗传奇，由此明初以来小规模的海外私商演变成明代中后期大规模的海寇集团。大船挡道，小船被迫廉价出让货物，或缴纳“买路钱”。有的企图反抗，则被武力收拾，掠货毁船，人被丢进大海。有的海商集团不但雇佣本地人，还招募、接纳了一些日本的贫穷浪人，充当舵工、水手和保镖。

这些亦商亦盗的海上集团的形成，多与明廷厉行海禁有关。像浙江许氏兄弟原是下海通番入赘于满剌加的海商，〔2〕后来与福建人李七（李光头）皆以罪系福建狱，逸入海……出没诸番，分船剽掠，而海上始多事矣。〔3〕而纵横海上的王直集团亦是因为国中法制森严，动辄触禁，于是到广东造巨舰，收带硝黄、丝绵等违禁之物，抵日本、暹罗、西洋等国，往来互市，〔4〕后来吞并了陈思盼集团后，以杀思盼为功，叩关献捷求通市，但不仅未允，反受围剿，于是突围而出，在日本建立基地，成为中日海寇的总头目。后王直在向胡宗宪递交的“胡军门代为疏请通商”书中亦述说：窃臣觅利商海，卖货浙福，与人同利……蒙蔽不能上达，反惧籍没家产，举家竞坐无辜，臣心实有不甘。〔5〕而漳州的洪迪珍集团的形成更具典型性和代表性：洪迪珍初止通贩，嘉靖三十四、三十五年，在日本富夷三百南澳得利。自是岁率一至，致富百万……官府不能禁，设八桨舶，追捕竟无一获。又妄获商船解官，于是迪珍始轻官府，官府又拘系其家属，迪珍始无反顾之期，与寇表里为乱。〔6〕

此外，这些海上集团得到了沿海民众的支持，有的干脆就有时为盗，有时为民。朱纨说沿海民众或出本贩番，或造船下海，或勾引贼党，或接济夷船。〔7〕漳州诏安梅岭男不耕作而食必粱肉，女不蚕织而衣皆锦绮，所以俞大猷说他们莫

---

〔1〕陆儒德：《海殇：遭封建王朝湮灭的中国海商》，海洋出版社，2011年，第49页。

〔2〕《日本一鉴》卷八。

〔3〕《筹海图编》卷五。

〔4〕《三朝平壤录·海寇》卷一。

〔5〕《倭变事略·附录》。

〔6〕康熙《海澄县志》卷二〇。

〔7〕《甓余杂集》卷五。

非自通番接济为盗行劫中得来,[1]他们有的在浙直为倭,还梅岭则民也。[2]嘉靖四十一年,北自福建福宁沿海,南至漳泉,千里萧条,尽为贼窟,附近居民,反为贼间,始虽畏威协从,终则贪利而导引,弥漫盘居。[3] 当浙江双屿港成为海寇集团的据点后,三尺童子,亦视海贼如衣食父母,视军门如世代仇雠。[4]

正是因为这些海上集团是被逼为盗的,所以他们有别于单纯的海盗集团,有时经商,有时为盗,是当时海外贸易的一个重要组成部分:寇与商同是人也,市通则寇转而为商,市禁则商转而为寇。[5] 如:王直集团在控制了浙江海域后,还组织庞大的船队,满载货物,扬帆他国,凡五六年间,致富不赀,夷人信服,皆称"五峰舡主",[6]后在日本,自称"徽王",进行中日之间的海盗式走私贸易,并对明廷派来的使者说倭国缺丝绵,必须开市,海患乃平。还有洪迪珍,原为王直部下,初与直通番,后直败,其部下残倭依洪迪珍,往来南澳、浯屿间,[7]进行走私贸易活动。

万历《温州府志》卷六《兵戎志·海防》"入寇海道"条中有一段记述:日本居大海中,东南则琉球、吕宋诸国,西北则月氏、朝鲜诸国,倭夷自本国开船时,遇东北风,则必由萨摩洲或五岛,至大小琉球,而视风之变迁,北风多则犯广东,东风多则犯福建,东北风则至菲山、大陈、积谷、邳山、大鹿,而犯温州,或进乌沙门、普陀,而犯舟山、定海,或经由菲山,而犯象山、昌国、台州。若正东风多则至李西嶴、壁下、陈钱,分舟宗,或由洋山之南而犯临观、钱塘、海宁,……大抵倭船之来,恒在清明之后,以其东北风多,若过五月,风至南来,倭不利矣。重阳后,风亦有东北,若过十月,风多西北,倭也不利矣。[8] 从这段记载可以看到,倭寇借助风向,船只飘向浙江省中部沿海地区的可能性比较大,那时的航行目标是位于宁波府象山县和东部海上的菲山列岛;从那里如沿海南下可袭击温州,北上则可袭击舟山列岛,因此,浙江也与相邻的福建一样,是明中叶倭患的重灾区。

不过这一时期的海上集团中也有与倭寇混同一起者,或假倭名,攻城略地,烧杀劫掠,故他们亦被称为"倭"或"倭寇"。胡宗宪就明确说:"今之海寇,动计数万。

---

[1] 《正气堂集》卷二。

[2] 光绪《漳州府志》卷四九。

[3] 《明经世文编》卷三四七。

[4] 《明经世文编》卷二〇五。

[5] 《筹海图编》卷一一。

[6] 《玩鹿亭稿》卷五。

[7] 《嘉靖东南平倭通录》。

[8] (万历)《温州府志》卷六《兵戎志·海防》,《稀见中国地方志汇刊》第18册,中国书店出版社,1992年,第143页。

皆托言倭奴，而其实出于日本者不下数千，其余皆中国之赤子无赖者入而附之耳。”[1]昆山一男子，曾被倭所掳，逃回后叙其所见，称所谓倭寇“其诸酋长及从，并闽及吾温、台、宁波人，间亦有徽人，而闽所当者十之六七，所谓倭而椎髻者特十数人焉”。[2]福建亦和浙江一样，“闽倭寇止十二三耳，大抵皆闽乱民也”。[3]而以上所叙“倭寇”之首领，则多为这些海上集团首领，像许氏集团“寇掠闽浙地方”“每掳掠海上官民以索重赎”“勾引倭奴……出没诸番，分船剽掠”。[4]如王直集团在嘉靖三十一年“纠岛倭及漳泉海盗”“蔽海而来，浙东西、江南北，滨海数千里，同时告警”，[5]他们攻黄岩，占拓林，纵横往来，如入无人之境。许朝光集团以南澳为据点，嘉靖三十八年(1559年)“倭寇闽广则归此澳，掠得财货、人口，许朝光等则预备大船市之，同贼众将载而归，劫得金银同赴伢市而去”，[6]又与谢老集团犯月港，“贼焚十余家，掳千余人而去”。张琏集团在嘉靖三十九年“引倭千余自大埔三饶岭”攻平和，后又陷云霄，破宁德、福清、永福，纵掠汀、漳及赣南，闽、粤、赣三省震动。

由以上所述可看出，这些海上集团虽多是受明廷海禁所迫，亦在一定程度上得到沿海民众的支持，但他们勾结倭寇或假冒倭寇在沿海地区攻城略地，烧杀抢劫，造成了很大危害。故明廷平定倭寇的战争，特别是戚继光、俞大猷的功绩，是值得肯定的。

从嘉靖末到万历初年，原活跃于东南沿海的许多海上集团大都消亡，真正的日本倭寇也逐渐退出中国。这一时期活跃于海上的主要是漳潮(漳州与潮州)海寇，亦即曾一本、林道乾、林凤等集团，他们或为漳州人，或为潮州人，活动区域也主要在漳州诏安的梅岭、走马溪及潮汕的南溪等地，由于两地相邻，可往来穿梭，因此称之为漳潮海寇。他们之间关系密切，曾一本、林道乾曾是漳州人吴平的部下，林凤又曾是曾一本的部下，而曾一本、林凤又都是嘉靖时著名海寇首领林国显的侄孙，林国显是吴平的叔公。后在明军围剿下，曾一本被捕获，而林道乾、林凤亡命海外，不知所终。

二、防倭抗倭与明代记录钓鱼岛隶属于中国的史籍文献[7]

明嘉靖年间，倭寇屡犯我国东南边境，朝廷下诏招揽“御侮平倭”人才，郑舜

---

〔1〕《筹海图编》卷一一。

〔2〕《明经世文编》卷二五六。

〔3〕《明经世文编》卷二五三。

〔4〕《筹海图编》卷五。

〔5〕《海寇议后》。

〔6〕《日本一鉴》卷六。

〔7〕本目之写作，主要参考了郑海麟教授所撰之《中国史籍中的钓鱼岛及其相关岛屿考》一文，载《太平洋学报》2014年第9期。在此衷心感谢郑教授提供并授权使用该论文的电子文档。

功于嘉靖三十四年“赴阙陈言”，嘉靖帝准其所请，下“移谕日本国王”朱书，由兵部遣其前往日本，于是郑舜功有“奉使宣谕日本国”之行，目的乃为“采访夷情，随机开谕，归报施行”。[1] 郑于嘉靖三十五年仲夏起航，同年六月，“舟至日本丰后国”，次年正月，“惟时布衣郑舜功使日本还”，[2]在日本前后六阅月，归而著《日本一鉴》(《日本一鉴》虽成书于嘉靖四十三年，但该书稿本应起自嘉靖三十六年郑舜功归国之后，并有抄本流传)。该书第三部分即《桴海图经》卷一之《万里长歌》亦有记“福建往琉球”针路及钓鱼屿事，其中“小东岛”即台湾岛。据《万里长歌》那霸琉球国为大琉球者句自注云：“小东岛，岛即小琉球，彼云大惠国。”按当时有称台湾为小琉球的，即 Lequio menor(台湾)、Lequio mayor(琉球)。郑舜功清楚地指出：“钓鱼屿，小东小屿也。”即谓钓鱼屿属台湾岛的附属小屿，亦即是当时中、琉、日人士的共识。此外，从《桴海图经》卷二之《沧海津镜》所绘台湾至琉球沿途岛屿来看，台湾(即小东)为中国东南海域之大岛(主山)，花瓶屿、彭嘉山、钓鱼屿皆置于小东之旁，亦表明属台湾之小岛。

有明一代，倭寇猖獗，东南沿海祸患尤烈。俊彦之才，有识之士，莫不以筹海戍边、防倭抗倭为当务之急。边疆史地，沿海岛屿，皆在考究之列，有关东南沿海及周边国家之史地著述，前有薛俊《日本考略》、[3]郑舜功《日本一鉴》，后有郑若曾《郑开阳杂著》集其成。然这些经世之作，莫不将钓鱼台、黄尾屿、赤尾屿划入我国东南沿海版图，归入防倭抗倭之海防区域，其中以郑若曾[4]《郑开阳杂著》最为明显。《郑开阳杂著》有关钓鱼岛列屿的记载，分别见于卷七《琉球图说》及卷八《海防一览图》。

《郑开阳杂著》卷七有“福建使往大琉球针路”一条，记由福建往那霸沿途各岛屿针路、更程，完全采自郑舜功《日本一鉴》之《万里长歌》，唯在黄麻屿与赤坎屿之间多出一赤屿，可能是因陈侃《使琉球录》在黄毛屿(即黄麻屿)后为赤屿

---

〔1〕《日本一鉴》。

〔2〕《日本一鉴》。

〔3〕(明)薛俊：《日本考略》，初刻于嘉靖二年；嘉靖九年重刊，此后翻刻者甚多。

〔4〕郑若曾，字伯鲁，号开阳，昆山人，明嘉靖初贡生，好留意时事。倭患事发后，曾究心海防，绘制了一些沿海地图，并以著论解说，由苏州府镌刻刊行，后为胡宗宪所见，遂正聘入幕，专事《筹海图编》之编纂。郑于入幕之前所撰著述，即为今日所见《郑开阳杂著》。据四库全书总目《郑开阳杂著》十一卷“提要”云：“是书旧分《筹海图编》《江南经略》《四隩图论》等编，本各自为书。国朝康熙中，其五世孙起泓及子定远，又删汰重编，合为一帙，定为《万里海防图论》二卷；《江防图考》一卷；《日本图纂》一卷：《朝鲜图说》一卷；《安南图说》一卷；《琉球图说》一卷；《海防一览图》一卷；《海运全图》一卷；《黄河图议》一卷；《苏松浮粮议》一卷。其《海防一览图》即《万里海防图》之初稿，以详略互见，故两存之。若曾尚有《江南经略》一书，独缺不载，未喻其故，或装缉者偶佚欤。……此十书者，江防、海防、形势皆所目击；日本诸考，皆咨访考究得其实据，非剽掇史传以成书。与书生纸上之谈，固有殊焉。”

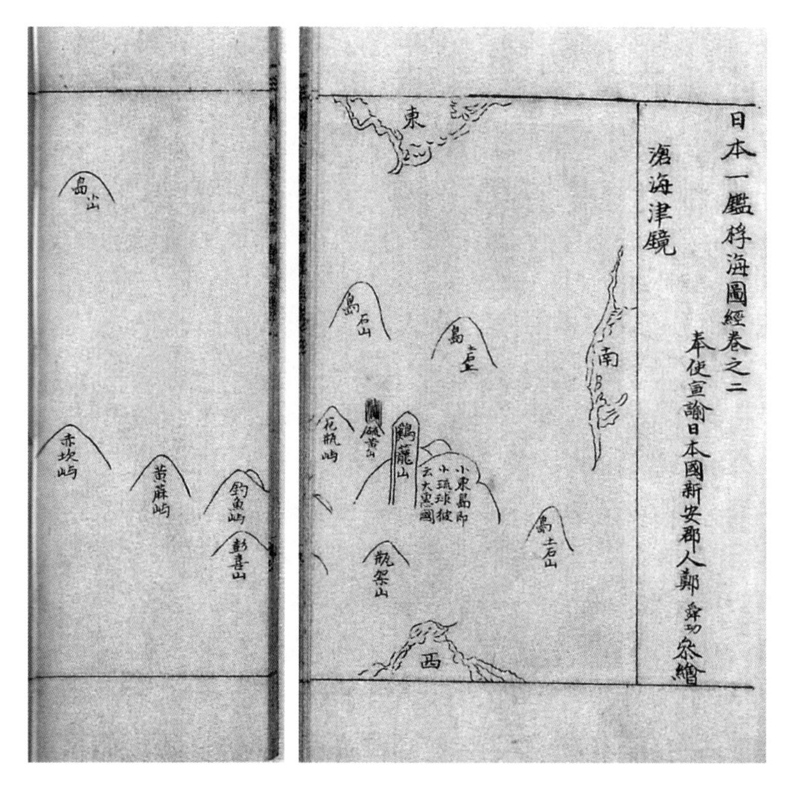

《日本一鉴》中的桴海图经

(即赤尾屿),而郑舜功《万里长歌》则作赤坎屿(与《顺风相送》所记同名),以至于郑若曾误作两屿。值得注意的是,郑若曾在这里所记钓鱼岛列屿皆用中国名,以“名从主人”之史例,无疑属中国海域岛屿。

《郑开阳杂著》卷八为《海防一览图》(原书将“一”作“二”),该图“即《万里海防图》之初稿”,两者实为一图二刻,故该图题头亦作《万里海防图》,下有小注云:“嘉靖辛酉年浙江巡抚胡宗宪序,昆山郑若曾编摹”。按嘉靖辛酉年即四十年(1561 年),而《筹海图编》刻于嘉靖四十一年,知该图早于《筹海图编》之《沿海山沙图》。

《万里海防图》第五、第六幅东南向分别绘有彭(澎)湖屿、小琉球、东沙山、瓶架山、鸡笼山、彭如(加)山、钓鱼屿、黄毛山、花瓶山、黄茅屿、赤屿等岛屿,这些岛屿的位置虽有错乱,个别岛屿亦出现衍名(如黄毛山及黄茅屿),但作者清楚地标明这些岛屿皆在闽地海域,属中国版图。相对于前人纪程文字所述且不十分确定之岛屿,作者则用长方形加注以示区别(如高华屿、元辟屿等),领土意识十分明确。同理,在该图第十一幅中国与朝鲜国交界的“鸭绿江”,亦是用长方形格,以示区别于椭圆形格内的中国属岛。

另外，从《万里海防图》中可以看出，福建沿海岛屿，包括彭湖岙（即澎湖列岛）、小琉球（台湾）以及彭加山、钓鱼屿，一直至赤屿，皆属闽海海域岛屿，而古米山则不同，图中用表示领土分界的长方形格标示，正好与陈侃《使琉球录》中“古米山，乃属琉球者”的领土地方分界为同一意思。由此亦可证明，由福建往琉球，从梅花所经小琉球一直到赤尾屿，皆为中国领地，中间并不存在“不属于两国中任何一方的情况”，〔1〕即所谓“无主地”。可见，《万里海防图》注明了赤屿乃属中国领土，中琉两国的分界线在赤屿与古米山之间。

《筹海图编》是郑若曾在以上所述《郑开阳杂著》等书基础上修订、补充、综合而成的一部以抗倭防倭为目的，系统讨论海防的经世之作，也是明代海防和边疆史地研究的集大成之作。该书成书于嘉靖四十一年，共十三卷，由当时驻防东南沿海最高军事将领胡宗宪主持，郑若曾实际编撰。本书卷一为《舆地全图》《沿海山沙图》。在《沿海山沙图》中分为六个地区：广东、福建、浙江、直隶（江苏）、山东、辽东六省。内中之“福七”“福八”两幅图，从右到左依次排列标有鸡笼山、彭加山、钓鱼屿、花瓶山、黄毛山、橄榄山、赤屿等岛屿，郑若曾将这些岛屿归属划入中国海防区域。另外，在《筹海图编》的《福建使往日本针路》中，对福建往琉球的航海针路作了记录，记载了梅花东外山至琉球那霸港沿途所经过的海山岛屿及针路，标明出使琉球的船只须经过小琉球、鸡笼屿、梅花瓶、彭加山、钓鱼屿、黄麻屿、赤屿后才能到达姑米山，进入琉球境内。〔2〕

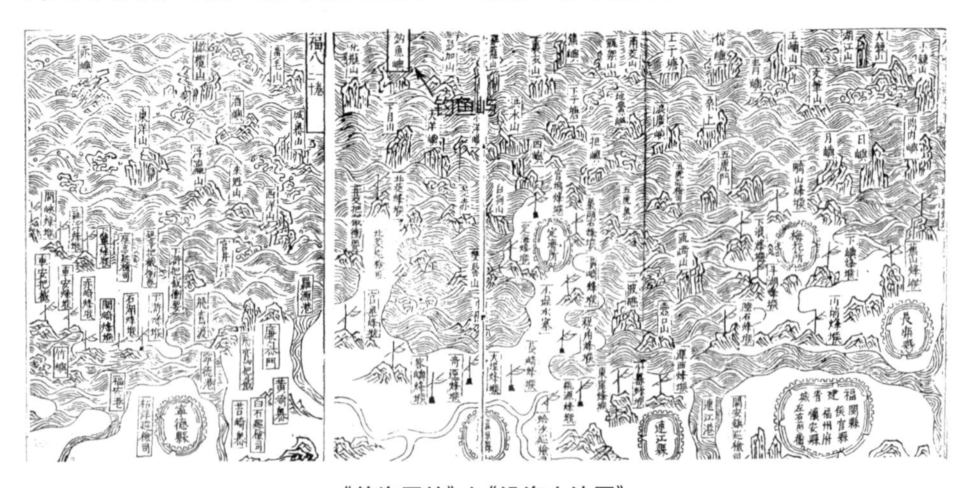

《筹海图编》之《沿海山沙图》

〔1〕［日］奥原敏雄：《“尖阁列岛”の领有权问题——台湾の主张とその批判》，载《冲绳季刊·“尖阁列岛”特集》，56号，1971年。

〔2〕《筹海图编》卷之一《福建沿海山沙图》、卷之二《使倭针经图说》。

《筹海图编》刊印后，明天启元年（1621年）由茅元仪编撰了《武备志》，[1]其中《海防》卷一之《福建沿海山沙图》，即是以《筹海图编》之《沿海山沙图》福建部分为蓝本绘制的；明末施永图辑录《武备秘书》[2]卷二之《福建防海图》亦参考《筹海图编》之《沿海山沙图》而绘。以上海防图皆将钓鱼屿（钓鱼岛）、黄毛山（黄尾屿）和赤屿（赤尾屿）划入福建海域版图，置于中国海防区域，[3]可见当时中国政府对钓鱼岛及其附属岛屿拥有绝对主权，这是无可争辩的。

由明末朝廷要员王在晋编纂的《海防纂要》，成书于明万历二十三年至四十一年，是继《筹海图编》《筹海重编》《海防类考》三大海防专书之后又一部重要的防倭抗倭专书。王在晋（？—1643年），字明初，号岵云，南京太仓州（今江苏太仓市）人，万历二十年进士，官至兵部尚书。《海防纂要》绘有海防纂要图十一幅，记载了沿海各省份地区海防事宜，以及御倭方略、备倭兵器及战船、抗倭斗争等。书中卷二所载《福建使往日本针路》记录了经过钓鱼岛及其附属岛屿的海行针路。[4]

明朝军队对倭寇的打击不遗余力，明初曾将倭寇驱逐至琉球大洋，在此过程中或已将钓鱼岛及其附属岛屿纳为海防范畴了。据载："（洪武）七年，靖海侯吴祯败于琉球洋。倭扰海边，祯遣舟师逐之及于琉球洋中，斩获甚众，悉送京师"；"（洪武）七年，海上有警。（祯）复充总兵官，同都督佥事于显总江阴四卫舟师出捕倭，至琉球大洋，获其兵船，献俘京师"；"是时，倭寇出没海岛中，乘间辄傅岸剽掠，沿海居民患苦之。……赫在海上久，所捕倭不可胜计。最后追寇至琉球大洋，与战，擒其魁十八人，斩首数十级，获倭船十余艘，收弓刀器械无算。……统哨出海，入牛山洋，遇倭，追至琉球大洋，擒倭酋。俘获多人"。[5]

另外，在明代出使琉球的册封使所撰之使录中，也记录了诸多有关钓鱼岛的

---

[1] 《武备志》是明代大型军事类书，集中国历代兵书之大成，成书于明天启元年。茅元仪（1594—1640年），字止生，号石民，浙江归安（今湖州）人，崇祯初因功入翰林院，其祖父茅坤曾参与编纂《筹海图编》并为之作序。《武备志》全书240卷，200余万字，738幅图，是一部百科全书式的重要兵书。该书卷二一〇为《福建沿海山沙图》，此图参考并辑录《筹海图编》中的《沿海山沙图》福建部分而成，将钓鱼岛及其附属岛屿绘入福建海防区域。

[2] 《武备秘书》由施永图辑于明天启、崇祯年间（1621—1628年），旨在防倭筹海。其所附《福建防海图》沿袭《筹海图编》《筹海重编》《武备志》等兵书所载的防海图绘制法，明确标出了明政府管辖下福建海疆地域的大小岛屿，包括了钓鱼岛及其附属岛屿。

[3] 详参郑海麟：《钓鱼岛列屿之历史与法理研究》（增订本），中华书局，2007年（2012年重印），第43—57页；国家图书馆中国边疆文献研究中心：《文献为证：钓鱼岛图籍录》，国家图书馆出版社，2015年，第60—85页。

[4] （明）王在晋：《海防纂要》卷之二《福建使往日本针路》，明万历四十一年刻本。

[5] 以上史料见《筹海图编》卷之五《浙江倭变纪》；《明史·吴祯传》；《明史·张赫传》。参见海军军事学术研究所：《中国钓鱼岛资料选辑》，海潮出版社，2000年，第25页。

文字信息,如陈侃、郭汝霖、萧崇业、夏子阳出使后分别撰写的《使琉球录》[1]等,为我们提供了钓鱼岛及其附属岛屿隶属于中国领土范畴的有力证据。

三、郑成功收复台湾及其经略

如前文所述,东南海商的形成和发展过程是与政府的朝贡政策和海禁政策进行不断的斗争的过程。在东南沿海相继出现的许氏兄弟、王直、徐海、萧显、林碧溪、何亚八、许西池、谢策、洪迪珍、张维、曾一本、林道乾、林凤等一系列海商集团中,以郑氏海商集团最为著名。郑氏海商集团以台、澎为据点,设旗号、竖帅旗,整军经武,其资本及影响力都超过其他海商集团。郑氏海商集团在中国商业史上占有很重要的地位。[2]

(一)郑氏海商集团的崛起

郑芝龙早年便已亦盗亦商,他依附于海盗李旦、颜思齐等人,不时劫掠沿海州县,同时还远洋贩运,兴贩琉球等外国珍奇玩物,收购苏杭各地的细软宝玩。郑芝龙活动于葡萄牙人占据的澳门和东面的日本以及台湾一带,在此过程中逐渐形成自己的势力集团,凭借安海港的地理优势和郑氏家族的人脉保障,建立起自己的根据地,取得了进可出海击敌、退可防御自保的主动权。

天启年间,郑芝龙首先接纳并兼并了李旦、颜思齐两大海商集团,声势大振。其海上武装集团,在李旦、颜思齐等海商集团的基础上进一步向前发展。但郑氏在海上势力的日益扩张,引起了明朝统治者的恐惧而遭多次追剿。崇祯元年,明王朝派遣福建巡抚熊文灿前往招抚。郑芝龙接受招抚,归附明朝,海上活动方式从亦商亦盗转变为亦商亦官。郑芝龙借助朝廷的力量,竭力扩大自己的势力范围。从崇祯元年至八年,先后消灭了李魁奇、杨六、杨七、钟斌、刘香等海商集团,逐步统一了海上势力。他在消灭海上异己力量的过程中,既为明朝立下了军功,又扩大了自己的海上势力,并逐渐控制了东南沿海的制海权,独揽海洋巨利。

郑芝龙因靖海战功,官秩爵禄频迁,由游击升参将,晋协守潮漳副总兵事、前军督府带俸右都督。郑氏家族雄踞海上,"坐论海王,奄有数郡",[3]几乎独占东南海上之利,垄断海上交通贸易。福建乃至东南沿海各省的海上贸易权均在郑芝龙

---

〔1〕 参见福建师范大学闽台区域研究中心编:《钓鱼岛历史文献资料汇编》,2013年未刊稿;郑海麟:《中国史籍中的钓鱼岛及其相关岛屿考》,《太平洋学报》2014年第9期。

〔2〕 林仁川:《明末清初私人海上贸易》,华东师范大学出版社,1987年,第111页。

〔3〕 蒋棻:《明史纪事》,王以镇:《二十四史论海》卷三〇,均转引自上海中国航海博物馆编:《航海:文明之迹》,上海古籍出版社,2011年,第255页。

集团的帷幄之中,“海舶不得郑氏令旗不能往来。每舶例入三千金,岁入千万计,以此富敌国”。[1] 至此,在郑氏集团的保护下,海岛宁靖,抢劫鲜闻,海商、贫民海上经济活动有了保障,故八闽皆以郑氏为长城。同时,郑氏集团还进行大规模海外贸易,其商船络绎不绝地川流于中国沿海、台湾、澳门以及日本、吕宋等地,赚取利润,积累资本。荷兰、葡萄牙、西班牙的商船都要经他的允许,才能与中国的商船进行贸易。入清以后,东南沿海的海外贸易大权仍然掌握在郑氏家族的手中。郑芝龙虽然投降了清朝,但是他的儿子郑成功及其后的郑经等人,率领郑氏集团的主要力量,凭借着雄厚的海上实力,与清朝军队在东南沿海一带周旋了三四十年之久。[2]

当时,霸占我国台湾的荷兰殖民主义者,威胁到了郑氏海外贸易活动。荷兰海盗占据台湾后,妄图控制中国与日本、南洋各地之间的贸易航线,封锁中国的对外贸易,严重威胁到了郑氏集团的利益。[3] 他们在海面上肆意劫掠中国商船,致使郑氏集团遭受极大损失。被劫掠过去的中国商船,不但货物被洗劫一空,船员还被运到巴达维亚拍卖为奴或从事苦役。为了扫除荷兰殖民者对海外贸易的阻碍,郑成功决心进取台湾。

郑成功画像(台湾博物馆藏)

(二) 郑成功收复台湾

郑成功率军收复台湾是经过长期筹划的。永历十五年(1661 年),荷兰人所用的台湾通事何斌,潜入厦门,向郑成功献策:“……移诸镇兵士眷口其间,十年生聚,十年教养,而国可富,兵可强。”何又口述鹿耳门港的布防情况以及高山族

---

〔1〕(清)郑居仲:《郑成功传》,转引自上海中国航海博物馆编:《航海:文明之迹》,上海古籍出版社,2011 年,第 255 页。

〔2〕陈支平:《第九届明史国际学术讨论会暨傅衣凌教授诞辰九十周年纪念论文集》,厦门大学出版社,2003 年。

〔3〕陈支平:《第九届明史国际学术讨论会暨傅衣凌教授诞辰九十周年纪念论文集》,厦门大学出版社,2003 年。

和汉人对荷兰殖民者的痛恨。郑成功十分心动,便召集文武僚佐,提出收复台湾计划。

永历十五年二月,郑成功留兵官洪旭、前提督黄廷守厦门,从兄郑泰守金门,亲率十一镇官兵出征,派镇守澎湖游击洪暄为引港官,传令舰队在料罗湾集中。四月,从料罗湾出发,向台湾进军。二十九日,在鹿耳门内禾寮港登陆。五月四日,收复赤嵌城。二十六日,开始进攻台湾城。前后围困九个月,直至翌年二月一日,荷兰殖民者才被迫投降,退出台湾。

(三) 对台湾的开发和建设

郑成功收复台湾之后,一方面整顿政治,加强士兵的军事训练,继续肃清荷兰的殖民势力;另一方面大力进行开发和建设工作,奖励农业生产,发展贸易,有计划、有组织地开垦台湾。

首先,废除一切殖民体制和机构,按照大陆的政权形式,建立新的行政机构。改赤嵌城为东都明京,设一府两县。府称承天府,以赤嵌城为府治,杨朝栋为府尹。承天府下设天兴、万年两县,以新港溪为界,溪北为天兴县,庄文烈任知县;溪南为万年县,祝敬任知县。改台湾城为安平镇,后又在澎湖设立安抚司。从此台湾也建立了和大陆一样的府、县、镇等行政机构。并委派管理人员,专门处理地区的行政事务。

福建厦门鼓浪屿郑成功雕像(林小芳 摄)

福建厦门鼓浪屿水操台遗址（林小芳 摄）

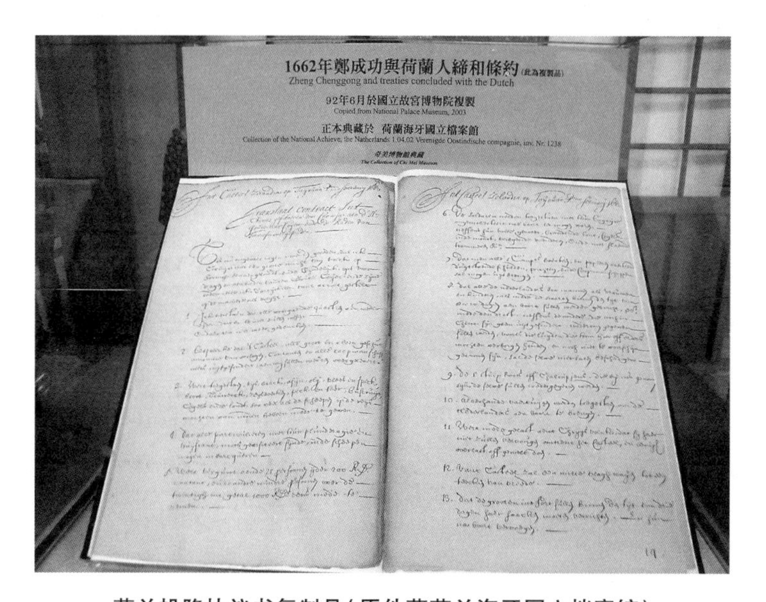

荷兰投降协议书复制品（原件藏荷兰海牙国立档案馆）

除了设立府县、委派官员外,郑成功还着手整顿吏治、严明法纪,对犯有贪污舞弊行为的人,即使是亲信也毫不留情,给予严厉惩处。如对过去立有战功的将领吴豪、府尹杨朝栋、县知事祝敬等人一律判处死刑,绝不宽贷。当时,马信曾劝他"宜用宽典",但郑成功认为"法贵于严,庶不至流弊,俾后之守者,自易治耳"。因此,郑氏父子治台时期,吏治清明,人心悦服。

其次,移民入台。清朝政府为了防止沿海人民与郑成功往来贸易,实行禁海政策,不许寸板下海,并强令"迁界",把北起辽东、南至广东的沿海各省几十里内的居民一律内迁,然后尽夷其地,空其人民,[1]使闽、浙、粤沿海数千里化为焦土,人民颠沛流离,死亡枕藉。郑成功得此消息后,积极鼓励不愿归顺清朝的人移居台湾。"驰令各处,收沿海之残民,移我东土,开辟草莱,相助耕种"。[2]招沿海居民之不愿内徙者数十万人东渡,以实台地。郑成功在招致沿海流民的同时,还"严谕搬眷",把官兵眷属陆续迁移台湾,其"水陆官兵眷口三万有奇"。[3]郑成功的移民政策也被其子郑经承袭下来。当"三藩"之乱发生时,海禁松弛,郑经即乘机招徕漳、泉、惠、潮之习水者,泛海入台,每岁数万人。[4]侨居吕宋的华人,因久遭西班牙殖民者之虐待,也有不少人相继入台。郑经"皆抚附之,给以田畴,乐其生业,故有久居之志"。[5]不愿内迁的沿海居民和官兵眷属的大批迁入,使台湾人口急剧增加,这对于台湾经济的发展,尤其是农业生产的发展,有着重要的推动作用。

第三,略地取粮。在郑成功入台的时候,台湾的社会生产力仍然十分低下。当时的台湾,"丰草弥望,多鹿场,故无治。田器不足用,耕者盖鲜"。[6]这些情况表明,台湾社会的原始状态,虽经荷兰殖民者长达38年的统治,并没有改变。郑成功进军台湾,带来了数万官兵和眷属,以如此低下的生产力,要养活这样庞大的人口无疑是困难的。大军进入台湾之初,军粮供应一度发生严重的危机。因此,解决军粮问题是当务之急。郑成功取粮的方式,一般是分县征派。郑成功几乎每年都分兵驻扎各地,取粮自足,设立大饷司,"随各镇出征,查给粮饷",以防下属作弊。如有多余,集中运载厦门,分拨其他用途。厦门和海澄是囤积粮草的地方。据统计,自顺治十三年十月至顺治十八年四月,前后4年半时间,郑成

---

[1] 《广东新语》卷二《地语》,转引自王耀华、谢必震:《闽台海上交通研究》,中国社会科学出版社,2000年,第73页。

[2] 《台湾外纪》卷五。

[3] 连横:《台湾通史》卷七《户役志》,商务印书馆,1983年,第114页。

[4] 《癸巳类稿》卷九。

[5] 连横:《台湾通史》卷七《户役志》,商务印书馆,1983年,第114页。

[6] 《诸罗县志》卷八。

功出动兵力征粮共达24次之多。

第四，寓兵于农，屯田自给。在抗清形势下，郑成功略地取粮的方式，所得很不稳定，军粮的来源无法得到可靠的保证。因此，在略地取粮的同时，郑成功也实行屯田，以补军粮之不足。郑成功收复台湾后，接管荷兰殖民者非法占有的"王田"，并变为官田，租给农民耕种，依附于土地的农民每年缴纳一定数量的实物地租。同时，郑成功初到台湾，为了解决官兵的口粮，实行"寓兵于农"，在新开垦的区域里施行屯田，又名"营盘田"。据文献所载及后世勘查所知，郑氏所垦屯的营盘田有数十处之多，大都分屯于彰、嘉以南，台南、凤山一带。另外，郑成功还允许文武官员和各路官兵圈地占地，开垦耕种。而且部分移居台湾的汉族人民可以开垦土地，并为自己所有。为了解决军粮问题，郑成功以"屯田自给"代替"略地取粮"，从而克服了此前粮食供应不稳定的困难局面，开发了大量土地，促进了农业生产的发展，有力地推动了台湾开发和建设的进程，并对以后台湾社会经济发展产生了深远影响。这些都说明封建地主占有土地的形式已从大陆移植到台湾。

郑成功去世后，其子郑经继续实行"寓兵于农"的政策。《台湾外纪》载：郑经分配诸镇荒地，寓兵于农。郑经的亲信勇卫陈永华，不惜劳苦，亲历南、北二路各社，劝诸镇开垦，栽种五谷，蓄积粮糗。这样，寓兵于农的制度获得了稳定的发展。

第五，郑氏政权在发展农业的同时，又多方面发展手工业。陈永华"以煎盐苦涩难堪，就濑口地方修筑丘埕，泼海水为卤，曝晒作盐……"这是晒盐法传入台湾的开始。此外，还"教匠取土烧瓦"，教民"插蔗煮糖"，这些措施促进了手工业生产的发展。

再者，在郑成功的谕令中，还及时规定了一些赋税条例。当时，荷兰殖民者征收人头税，每丁四盾；郑成功为减轻赋税负担，改为每丁赋税六钱，并在屯垦之初宣布暂不纳税，三年以后，再分上、中、下三则缴纳田赋；所有官兵和当地居民一样，必须如实呈报垦地数以及所占的网位、罟位与缴纳租税等。这些规定，对于保证郑氏政权的财政收入，有着重要的意义。

此外，对于高山族同胞，郑成功始终采取团结帮助和保护他们利益的政策。他亲率官兵慰问高山族同胞，谕令全军不准搅扰土社，[1]宣布不准混侵土民及百姓现耕物业，兹将条款开列于后，咸使遵依，如有违越，法在必究，着

---

[1]《从征实录》。

户宫刻板颁行;[1]不许混圈土民及百姓现耕田地,违者从重究处。高山族地区的农业生产技术相对滞后,生产工具十分简陋,耕作方法极为粗放,严重阻碍了当地农业生产的发展。郑成功"教之以耕耘之法及栽种收获之术","教之以交往犁"。据《小琉球漫志》载:"近生番深山,产野黄牛,千百为群,诸番取之,用以耕田驾车。"[2]此外,郑成功还委派部下洪初辟等分管高山族事务,帮助高山族发展生产。而且郑成功还积极收购新港、目加溜湾、萧垅、麻豆四大社高山族人民的鹿皮,努力增进高山族和汉族人民之间的贸易往来,活跃城乡物资交流。[3]

在开发和建设台湾的同时,郑成功并没有放弃海上经营,在其"通洋裕国"的思想支配下,始终把发展海上贸易放在首位。郑成功入台后就筹划全面发展海外贸易,但不久即与世长辞。他的未竟事业,由其子郑经继承下来。在郑氏入台的 22 年间,对外贸易从未间断。

郑成功于 1662 年病卒,其子郑经、孙郑克塽相继袭位。郑氏统治台湾 23 年,时间虽短,但在台湾地区开发史上却有着重要的地位。

福建泉州郑成功墓(福建省文物局 摄)

---

〔1〕《从征实录》。

〔2〕《小琉球漫志》卷七《海东胜语》(中)。

〔3〕参见施联朱:《台湾史略》,福建人民出版社,1980 年,第 92 页。

第五节　造船、航海与海外贸易

明代的经济发展超越了前朝，无论是农业、手工业、商业，还是海外贸易，各个方面都达到了新的高度。同时，明代的造船与航海技术也居于世界领先地位，郑和下西洋的壮举充分体现了这一点。

一、闽浙商业、手工业与海外贸易

由于社会生产力的不断提高，社会分工不断扩大，商品的种类与数量迅速增多，明代是我国商品经济迅速发展的一个重要时期。即使明代初期推行海禁政策，使商品经济受到一定的压制，但明穆宗隆庆元年开禁后，商品经济的繁荣及社会产品的大量增加，使海外贸易重新活跃起来。

1. 农业经济呈现出比较明显的商品化趋势

这一时期农业经济所呈现的商品化趋势，首先表现在经济作物的增长上。原来单一的粮食生产发展为广泛种植棉、桑、茶、甘蔗、果树等经济作物，种植面积日益扩大，品种日益增多，产量不断上升，经济作物的种植在农业经济中占据越来越重要的地位。如棉花，浙江地区“海上官民军灶，垦田凡二百万亩，大半种植（棉花）当不止百万亩”；〔1〕嘉定“其民独托命于木棉”，昆山“物产瘠薄，不宜五谷，多种木棉”。〔2〕 王世懋在《闽部疏》中，也介绍了福建的棉花种植业日益增多的情况，“过泉至同安龙溪间，扶摇道旁，状若榛荆，迫而视之，即棉花业”。〔3〕 而水果的种植，特别是龙眼、荔枝、柑橘的种植，则主要在福建、广东，“闽中柑桔，以漳州为最，福州次之”，〔4〕泉州“田有荔枝、龙眼之利，焙而干之行天下”。〔5〕 除此外，还有桑树的种植逐渐普遍。明清之际，浙江湖州府“民力本射利，计无不悉，尺寸之堤必树之桑，环堵之隙必课以蔬”，出现了“富者田连阡陌，桑麻万顷”的景象。〔6〕

其次，粮食生产商品化的程度提高，甚至出现了专业化的趋势。一些产粮地区除供应本地区外，尚有不少远销外地。而原来的一些产粮地区，由于经济作物

〔1〕《农政全书》卷三五。

〔2〕《震川先生集》卷八。

〔3〕 林仁川：《明末清初私人海上贸易》，华东师范大学出版社，1987年，第2页。

〔4〕 厦门大学历史研究所、中国社会经济史研究室：《福建经济发展简史》，厦门大学出版社，1989年，第59页。

〔5〕《闽书》卷三八。

〔6〕 林仁川：《明末清初私人海上贸易》，华东师范大学出版社，1987年，第2页。

种植面积的扩大,商业人口的猛增,粮食不能自给,只有从外地运进大量粮食,像漳泉地区,因粮食不能自给,多“仰粟以外,上吴越而下广东”。[1] 同时,出现了以盈利为目的的经营地主,他们往往拥有大片土地,进行多种经营,专为供应市场而经营各种经济作物,像歙西吴处士,拥有大片田地山林,“易以茶、漆、栌、栗之利”,“一年而聚,三年而穰,居二十年,处士自致百万”。[2]

最后,农业生产区域性的分工比较明显,一般来说,江浙是棉花、桑蚕产区,福建是茶、烟、水果产区,广东则是蔗、糖、水果产区。一个地区的生产不再是自己需要什么生产什么,而是根据土地所宜、气候所适以及交换的需要、盈利的可能而定。

2. 手工业的兴盛

东南沿海地区的手工业,特别是民营手工业,从15世纪开始得到了迅速的发展,主要有丝织业、棉织业、制瓷业、制糖业、造纸业和造船业等。

丝织业,太湖流域成为著名丝织业中心集中区,如苏州便是丝织业中心之一,“东北半城,皆居机户”“苏民无积聚,多以丝织为业……工匠各有专能。匠有常主,计日受值”。[3] 到了万历年间,苏州城中机户雇佣的织工已达数千人之多。丝织业的发展,为明代后期海外贸易的发展提供了雄厚的物质基础。[4] 即使是素不蓄蚕的福建,也不惜从湖州贩运湖丝。还出现了专门从事丝织业的专业市镇,像苏杭的盛泽镇、江泾镇、南浔镇等等,都是丝织业的专业市镇。此外,一些非蚕桑产地,如珠江三角洲,福建的福、漳、泉等地的丝织业亦很发达。

棉织业,由于棉花种植的推广和纺织工具的改进,棉织业,特别是江南的棉织业十分发达,种类繁多,式样精美,产量相当大,因而有“买不尽松江布,收不尽魏塘纱”之语。

制瓷业,瓷都景德镇以烧制青花瓷为特色,烧制出的各种精美瓷器成为私人海上贸易的主要输出品。此外,福建德化以烧制白釉瓷为主,又称“象牙白”,流行于欧洲。据说在明代后期的极盛时期,德化县之东、南、北各地满布瓷窑,其生产规模之大足以惊人。[5] 到明嘉靖、万历年间,随着海外对青花瓷器需求量的与日俱增,景德镇生产的瓷器已不能满足需求,于是漳州的“漳窑”青花瓷迅速

〔1〕《闽书》卷三。

〔2〕《太函集》卷四七,转引自谢国桢:《明代社会经济史料选编》(上),福建人民出版社,2005年,第94页。

〔3〕乾隆《苏州府志》卷三,转引自谢国桢:《明代社会经济史料选编》(下),福建人民出版社,2005年,第124页。

〔4〕李金明:《明代海外贸易史》,中国社会科学出版社,1990版,第127页。

〔5〕李金明:《明代海外贸易史》,中国社会科学出版社,1990版,第127页。

兴起，远销日本、东南亚、荷兰等地。

此外，制糖业、造纸业、印刷业、冶铁业都有很大的发展。像制糖业，在福建泉州，由于水稻利薄，种糖蔗利厚，故“往往有改稻田种蔗者”，且将所种糖蔗“磨以煮糖，泛海售焉”。[1] 随着生产技术的改进，糖的产量大幅度上升，特别是闽广两省，糖产量占全国总产量的90%以上，产品远销海外。

可见，明代后期几种主要的手工业，如丝织业、陶瓷业、制糖业等均有了显著的发展。不仅生产技术上有了新的突破，发明并推广了一批新的技术和新的工艺，制造出了一批新产品，而且生产规模也有较大发展，这些都大大刺激了商品经济的发展与繁荣。

3. 商业的繁荣与资本主义萌芽的出现

农业、手工业的发展促进了商业的繁荣，很多人纷纷脱离农业生产，转而从事工商业，商人数量剧增。万历年间的《去伪斋集》卷二中说当时的人“或给帖充斗秤牙行，或纳谷作粜籴经纪，皆投揣市井间，日求升合之利，以养妻孥，此等贫民天下不知几百万矣”。商品交换由此繁荣，“燕、赵、秦、晋、齐、梁、江、淮之货，日夜商贩而南；蛮海、闽广、豫章、楚、瓯越、新安之货，日夜商贩而北”，[2] 而福建的产品不仅流向国内，更多的还出口国外，“凡福之绸纱、漳之纱绢、泉之蓝、福延之铁、福漳之桔、福兴之荔枝、泉漳之糖、顺昌之纸，无日不走分水岭及浦城之小关，下吴越如流水，其航大海而去者，尤不可计”。[3]

在商品经济和商业资本十分活跃的背景下，明中叶开始，闽浙地区出现了以手工业生产和商业经营为主的工商业城市，如杭州“为水陆之要冲，盖中外之走集，而百货所辏会”，商业十分发达，城内“衢巷绵亘数十里”，“车毂击，人肩摩”。[4] 除此之外还崛起了一些地区性的商帮，如徽州的徽帮、福建的闽帮、广东的粤帮以及浙江商帮、江西商帮等等。而论资本之雄厚、人数之众多，经营活动范围之广则推徽帮。

随着经济的繁荣发展，明代中叶始，原有的社会经济结构内部已发生了某些变化，特别是在经济发达的东南沿海地区，无论是农业、手工业还是商业，都可以看到这些变化，一种新的生产关系——资本主义生产关系的萌芽开始出现。如

---

〔1〕 转引自李金明：《明代海外贸易史》，中国社会科学出版社，1990年，第130页。

〔2〕《李长卿集》，转引自谢国桢《明代社会经济史料选编》（下），福建人民出版社，2005年，第23页。

〔3〕《闽部疏》。

〔4〕 万历《杭州府志》卷三四，转引自林仁川《明末清初私人海上贸易》，华东师范大学出版社，1987年，第15页。

手工业方面,在江南地区形成了工场手工业,出现了"机户出资,机工出力"的资本主义雇佣关系。在农村,有些地区专门为手工业提供原料,为了交换而进行生产,其实质纯属商品生产,商业性农业开始勃兴。而商业方面,商品货币经济繁荣,白银广泛使用,具有近代城市性质的新型工商业市镇纷纷出现。

总之,在15、16世纪的中国东南沿海地区,社会经济的高度繁荣发展,社会风气的变化和资本主义萌芽的产生等等,都为当时海外贸易提供了强有力的保障,极大地推动了海外贸易的发展。

二、明代的造船与航海技术

众多丰富的产品,必须有运输工具——船,才能源源不断地运往世界各地,从而维持活跃的海外贸易。在元代的基础上,明代的造船业和航海业有了进一步的发展,并进入了鼎盛时期。特别是明代初期,船舶的建造技术和建造能力,均达到空前的水平。远洋船队规模之大,航行范围之广,航海技术之先进,在当时世界上也是少有的。如:福建的福船、广东的广船,都是能不畏风浪、远洋航行的航海大船,"其船只底尖能破浪不畏横风",能"斗风行驶便易,数日即至也"。[1]

(一)造船

明代,造船业发展到了中国古代造船业的顶峰。造船工场遍布全国滨江沿海各地,尤以江苏、福建、湖广、浙江等地最为密集。而闽浙地区的造船业在明代也有了很大的发展,除民办的以外,还有官办的和官召商营。其特点一是类型丰富、厂家众多、总体规模较大;二是民营造船业发达,散处各港澳,持续数百年;三是经营分工较细,客观上形成了专业化的造船配套系统;四是有其物料市场与船舶市场,从这两方面给它的进一步发展以强大的推动。

明代,闽浙地区造船能力十分惊人。闽浙地区船厂规模大,组织严密,工种齐全。如明初,福州三卫各置一船厂,左卫船厂在庙前,中卫船厂在象桥,右卫船厂在河口。永乐元年,明成祖朱棣曾下令"福建都司造海船百三十七艘",第二年,因"将遣使西洋诸国",又"命福建造海船五艘"。[2] 又如南京龙江船厂,隶属工部都水司,占地8 100亩。厂设工部分司,掌管督察;提举司,负责造船业务;指挥厅,指挥生产。该厂的生产组织仿照明代城市居民的坊厢组织,按专业

〔1〕《筹海图编》卷二。
〔2〕《明太宗实录》卷二〇。

性质分为四厢：一厢制木梭橹；二厢制造船木、铁件及缆；三厢修补旧船；四厢制造棕篷等物。通过合理组织生产和严密分工，促进了生产力的提高。[1]

明代的海船基本上分为三大类型，即广船、福船和沙船。凡海船，无论是民船还是战船，都属于这三种船型。其中，福船因福建所造而得名。福建所造之船可分为战船、册封舟、民用船只三大类。福船一般有四层，最下层装压舱石，第三层放置淡水柜，第二层住人。底尖上阔，首尖尾宽两头翘，尾封结构呈马蹄形，两舷边向外拱，有宽平的甲板，舷侧用对开原木厚板加固。造船用材主要为福建的松、杉、樟、楠木。有些福船首或尾有活水舱，舱在满载水线附近有孔。当首或尾在浪中下沉时，水流入活水舱；上升时，水又缓缓流出，减缓船只上升速度，以达到减小纵摇的目的。福船的破浪性能好，宜于海上深水航行。福船中还派生出一些船型，如哨船（草撇船）、冬船（海沧船）、鸟船（开浪船）等。鸟船中有一种小型的称为快船。冬船中最小的叫苍山船，比苍山大一些的叫艟艇。有人将鸟船看作一个独立的船型，与福船、广船、沙船并列，从而将我国海船分成四大类。[2]

明代闽浙地区造船业日趋专业化、配套化，行业内有一批优秀的造船工匠以及木、铁、漆、编织等匠人。如福州河口工匠，“经造封船，颇存尺寸，出坞浮水，俱有成规”，因此“福匠善守成，凡船之格式赖之”；而漳州一带的“漳匠善制造，凡船之坚致赖之”。[3] 各地工匠相互交流，互相取长补短，从而在闽浙地区形成了一支雄厚的造船技术人员队伍，由此使明代闽浙地区造船技术水平日益提高，造船业也得到不断发展。

（二）航海

东南沿海人民在长期的航海活动中积累了相当丰富的经验。开展海上贸易，不仅要有坚固的船舶，而且还需有丰富的航海经验，才能定方向、避暗礁，顺利地抵达目的地。“经济大海，绵邈弥茫，水天连接，四望迥然”，既“无复崖涘可寻，村落可志”，也“无驿程可计”，[4] 只有以指南针为导引，以日月星辰确定船位，方可安全驰航。因此，熟练掌握航海技术，对于商船的安全航行是十分必要的。

1. 地文

在航速的计算和航道的测定方面，我国早就发明了木片计程法和测深器。

---

〔1〕 张铁牛、高晓星：《中国古代海军史》，解放军出版社，2006年，第93页。

〔2〕 张铁牛、高晓星：《中国古代海军史》，解放军出版社，2006年，第93页。

〔3〕 《〈琉球录〉撮要补遗》。

〔4〕 《东西洋考》卷九《舟师考》。

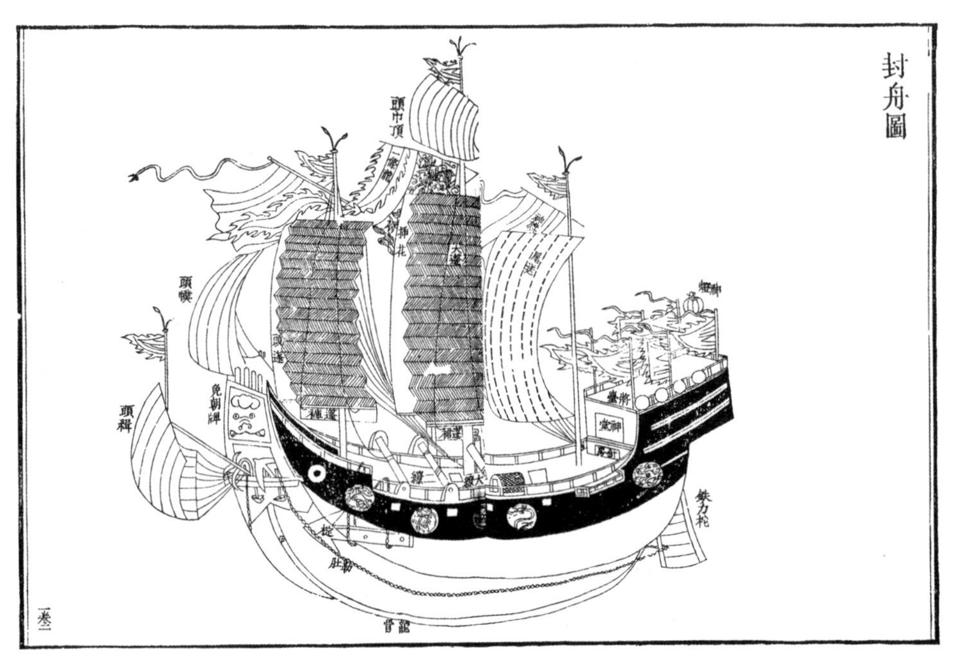

封 舟 图

到了明代，计程法更为精密，计算更加准确。《东西洋考》载："如欲度道里远近多少，准一昼夜风所至为十更，约行几更，可到某处。"即把一昼夜分为十更，用点燃香的支数来计算时间。再把木片投入海中，人从船首走到船尾，如果人和木片同时到，计算的更数才准确，如人先到叫不上更，木片先到叫过更。一更是三十公里航程，这样便计算出航速和航程。这种计程方法，已接近近代航海中扇形计程仪的方法。测深器的使用也很普遍，一种是下钩测深，一种是"以绳结铁"测深，即用长绳系结铁器沉入海底测量海的深度，"赖此暗中摸索，可周知某洋岛所在与某处礁险宜防"。〔1〕

在积累了大量的航速和海深数据的基础上，东南沿海人民已编绘出东西二洋各条航线的详细针路（针路即航路，因用指南针引路，故称针路）。同时在实践过程中，不断发现一些航路更短、航行更快的新航线。同时，指南针在航行中的运用也日趋完备。明代称掌管指南针的人为"夥长"，每船"用夥长八人，舵二十六人"，"夥长二人一班，舵工四人一班，昼夜番休，无少间，上班者管事，下班者歇息"，司针之处称为"针舱"，一般人员不得随便进入，"唯开小牖与舵门相

〔1〕 林仁川：《明末清初私人海上贸易》，华东师范大学出版社，1987年，第26页。

对，欲其专也，针舱内燃长明灯，不分昼夜，夜五更，昼五更，故航行十二时辰为十更”。[1] 可见当时对使用指南针的重视。

2. 天文

我国古代的航海家，早已知道通过观测天象来辨明方向。《淮南子·齐俗训》云：“夫乘舟而惑者，不知东西，见斗极则寤。”到西晋，葛洪在《抱朴子外编·嘉遁卷》中更明确地指出可凭观察北极安全返航。他说：“夫群迷于云梦者，必须指南以知道，并于沧海者，必仰辰极以得返。”到宋代，虽然指南针已运用到航海上，但并没有排斥天文导航方法，而是把指南针导航与天文导航结合起来，进一步促进了航海天文技术的发展。元代，航海天文技术继续发展，马可·波罗乘我国海船航行印度洋时，船上舟师已能根据北极星的高度来确定船舶的位置。到明代，我国航海天文技术已进入新的发展阶段，不仅熟练掌握了“牵星术”，观日月出没辨航行方向，测量星斗高低定船舶位置，而且已研制出了能观测天体高度的仪器。从此，我国古代天文航海从肉眼观星斗、辨方向进入用仪器测天体、定船位的新阶段。[2]

3. 气象

古代船舶的动力主要依靠风力和潮流，因此掌握海洋季风的规律，对于商船的航行具有极其重要的意义。南宋的真得秀已注意到“风之从律”的问题，泉州九日山的祈风石刻也反映了当时对季风的认识。每年夏四月和冬十月，正是季风开始盛行的季节，泉州地方官会同市舶司官员，到九日山麓延福寺，为中外海船的安全航行举行祈风仪典。南宋赵汝适《诸番志》记载得更加具体：三佛齐国在泉之正南，冬月顺风，就是利用东北季风向南海航行的真实记录。到了明代，对海洋季风又有了进一步的认识。郑和七次下西洋，起程时间总是在冬季和春初的东北风季节，而回国总是在夏季和秋初的西南风季节，马欢《瀛涯胜览》载，郑和“去各国船只回到此处（麻六甲国）取齐，打整番货，装载船内，等候南风正顺，于五月中旬开洋回返”。

海上的风潮，不仅影响航行的通阻，还关系到船只的安全，所以沿海人民对于变幻莫测的气象特别在意，他们将丰富的实践经验，编成许多占天、占月、占风、占雾，占电、占海的谚语，作为航海时测候工作的依据和参考。如台风，在明代，已有台风天气特征及前兆现象的谚语：风雨潮相攻，飓风难将避，初三须有飓，初四还可惧，望日二十三，飓风君可畏，七八必有风，汛头有风至，春雪百二

[1] 《虔台倭纂》上册《倭针》，见《玄览堂丛书续集》。
[2] 林仁川：《明末清初私人海上贸易》，华东师范大学出版社，1987 年，第 29 页。

旬,有风君须记;又云:三月十八雨,四月十八至,风雨带来潮,傍船人难避,端午汛头风,二九君还记,西北风大狂,回南必乱地,六月十一二,彭祖连天忌,七月上旬来,争秋莫船开,八月半旬时,随潮不可移,对于台风发生的时间、破坏力及应回避的注意事项都作了正确而生动的记述。

海雾也是航海的一大障碍,宋朝福建沿海人民已有“兴风霁日”的记载,到明朝已明确提出,航海要“防有大雾”,并把海雾的变化规律也编成歌谣:虹下雨雷,晴明可期,断虹晚现,不明天变,断风早挂,有风不怕,晓雾即收,晴天可求,雾起不收,细雨不止,三日雾蒙,必起狂风。[1] 从上可见,当时人们对于海洋气象与航行安全的关系已经有了科学的认识。

三、西方殖民者对东南海域的通商探索与文化考察

15 世纪末 16 世纪初,位于伊比利亚沿海一隅的葡萄牙率先揭开了世界航海史和地理大发现的序幕。由于陆路的阻滞,葡萄牙殖民势力迫切需要开辟新的航路前往东方寻找黄金、换取香料,从事海上贸易。1557 年,葡萄牙人强行“租借”中国澳门,成功开辟了从里斯本经好望角到中国南部的航线。葡萄牙的“成果”刺激了西班牙、荷兰、英、法等国,这些西方殖民势力相继东来,并开辟了从欧洲经美洲、穿越太平洋到达菲律宾、再达中国东南沿海的航路,于是,欧洲到中国的东西两条海上商道自此开通,西方殖民者开始了对中国持续不断的商业贸易与文化探察。在这一轮中西交往的大潮中,西方国家多在中国东南海域从事商业往来活动,进而窥视、探察中国信息,位处东南沿海的闽台地区便成为他们透视中国最重要的窗口之一,也成为西方人开展对华商贸与文化活动的前沿平台。

(一)葡萄牙人率先进入东亚海域

首先开辟东印度航线的是葡萄牙人。在葡萄牙航海家亨利亲王倡导和奖励下,1445 年,D.迪亚斯首先抵达非洲最西端佛得角。15 世纪中叶以后,葡萄牙人沿着非洲西岸逐渐南进。1497 年,达 · 伽马航抵好望角后,继续沿着东非南端向北航行至马林迪,随后由一名阿拉伯海员领航,横渡印度洋,翌年抵达印度的卡里库特。不经过地中海东部,终于开辟了欧洲直达东方的新航路。

随着新航路的开辟,西方殖民主义者纷纷东来,进行殖民扩张。首先是葡萄牙人于 1505 年占领印度的卧亚,使其成为葡萄牙在东方商贸、政治活动的根据

---

[1] 《东西洋考》卷九《舟师考》。

地，和西方传教士派往中国的中转站。明正德九年，葡萄牙占领了马六甲，从那里获得了不少有关中国的资讯，并利用马六甲为明朝贡国的关系，以进贡为名，开始对中国作试探性的远征。第一个来到中国的葡萄牙人是1514年抵达广东屯门的阿尔发勒斯（Jorge Alvares）。

为了与中国建立通商贸易关系，1517年，奉葡萄牙国王之命，费尔南·佩雷斯·德·安特拉德（Fernao Perez d'Andrade）偕同身份为赴华使节的托梅·皮雷斯（Tomé Pires）抵达广东屯门，在说明来意后获准前往觐见皇帝，这样，皮雷斯成为葡萄牙派往中国的第一任使臣。不过皮雷斯并未完成使命，而是离奇地成为阶下囚并最终死于广州狱中。〔1〕安特拉德没有随皮氏等人登岸。同年葡萄牙人又派一部分舰队，由马斯卡林纳（George Mascarenhas）率领，北上寻找琉球群岛，因气候所阻，最远航抵漳州，〔2〕他们踏查了中国海岸，为葡萄牙人入闽求市作了准备。这是葡萄牙人首次抵闽。1522年葡军在屯门败北，并在广东互市中受阻，故葡萄牙人把目标转向闽浙，自此入闽增多。时闽浙两市舶司罢置，可逃税免饷。两广巡抚林富说："有司自是将安南、满剌加诸番尽行阻绝，皆往漳州府海面私自驻扎，于是利归于闽，而广之市井萧然矣。"〔3〕由于葡萄牙人皆往漳州，漳州遂继广州之后成为当时外贸中心之一。

争贡之役发生后的第二年，葡萄牙人也开始在中国东南沿海进行走私贸易。嘉靖五年，葡萄牙殖民者侵占舟山的六横岛，以此地——双屿港为据点，建成了当时世界上最大的走私贸易港。在双屿港最鼎盛的时期，曾游历宁波舟山一带的葡萄牙人平托在其《远游记》中描写到："城镇上有3 000居民，其中1 200人是葡萄牙人。这是与日本贸易的重镇，任何贩卖至日本的商品，都可以赚到三至四倍的利润。设有大法官、法官、市政厅和各种公职，有两家医院和仁慈堂（教堂）。……据许多熟悉这里的人讲，葡萄牙人的贸易额超过300万埃斯库多（conto），大部分买卖都是两年前发现的日本白银。……人们常说，这是亚洲同

---

〔1〕万明：《中葡早期关系史》，社会科学文献出版社，2001年，第25—34页。

〔2〕对于葡萄牙人马斯卡列纳斯一行所停留的Chincheo究竟为福建何地，目前学术界尚有分歧：一说为漳州，参见张星烺：《中西交通史料汇编》（第一册），中华书局，1977年，第355页；林金水、谢必震：《福建对外文化交流史》，福建教育出版社，1997年，第111页；另一说为泉州，参见张泽天：《中葡早期通商史》，中华书局，1988年，第92页；第三说为尚不确定，认为还难以判定，参见［英］博克舍编注，何高济译：《十六世纪中国南部行纪》，中华书局，1990年，第224—225页；万明：《中葡早期关系史》，第49页。笔者认为，虽然Chincheo究竟是哪一个地名尚有待于进一步考证，但马斯卡列纳斯一行曾到往福建沿海可谓是确凿无疑的。

〔3〕《天下郡国利病书》卷一二〇《海外诸蕃入贡互市》。

类规模小镇中最尊贵、强大和富裕的。”〔1〕双屿港特殊的地理位置，使得这里成为了国际走私贸易的摇篮，并带来了许多经济纷争和海防安全问题。嘉靖二十六年（1547 年），明朝政府派朱纨为浙江巡抚，前往闽浙厉行海禁，整顿海防。当年四月，朱纨派军队趁黑夜突袭了双屿岛，扫荡了那里的走私商人，并将葡萄牙势力赶出了东南海域。

1547 年，葡萄牙人在浙江被逐之后，又大量逃往漳州通商，《明史 · 佛郎机传》说：“至嘉靖二十六年，朱纨为巡抚，严禁通番，其人无所获利，则整众犯漳州之月港、浯屿。”有关葡萄牙人在漳州的情况，平托《东洋纪行》说：“葡人在漳州之浯屿，亦有自建房屋，大概葡人自被逐于宁波后，即勾结中国奸商，贿赂中国地方官吏，来漳州经营其第二区居住，以为贸易之根据。当时并公推葡人苏舍（Ayrex Botelhode Sousa）为漳州港太守，管理一切行政。”〔2〕对于葡萄牙人东来，闽海边民因从对外贸易中获利，乐于与之为市。而官府则严禁通番，加以征剿。

双屿之战后，葡萄牙余党往南逃至福建的浯屿和漳州沿海港湾。嘉靖二十八年正月底，退据浯屿的葡萄牙人和海贼船只南行，陆续抵达诏安湾走马溪一带，对周围的村庄进行侵犯和劫掠，引发了当地民众的仇恨情绪。不久后，朱纨带兵追击进剿，于此发生了激烈的走马溪之战，葡萄牙势力被剿灭，从此消逝于福建海面。据记载，在这次战役中，明军生擒葡萄牙上百人，斩首 239 人。〔3〕这次战斗是明代反击西方殖民者的一次重要海战，意义重大。

被擒的葡萄牙人，先被押往泉州，后经陆路到福州，判处入狱。在俘虏中，有一名叫盖洛特 · 伯来拉（Galeot Pereira）的，他在囚徒生活中仍保持对周围环境的敏锐观察，写了《中国报道》，对南中国尤其福建作了大量的介绍。这是西方殖民主义者东来之后有关中国的最早记录之一。书中表现出对福建的浓厚兴趣，篇首介绍中国十三省时就说：

> 福建被葡萄牙人看作第一个省，因为他们的麻烦是从那儿开始，由此才有机会认识其余的省。这个省有八个城市，最重要和最著名的叫做福州，另七个也相当大，其中最为葡人所知的是泉州，因为它下面有个港口，他们过

---

〔1〕 金国平、贝武权：《双屿港史料选编》（葡西文卷），海洋出版社，2018 年，第 264 页。

〔2〕 周景濂：《中葡外交史》，商务印书馆，1936 年，第 52 页。对于平托（Pinto）记载，张维华先生认为“语涉浮夸，未足为据”（《明史欧洲四国传注释》，上海古籍出版社，1982 年，第 29 页）。但近来更多的人认为它的内容有可信的地方（［英］C.R 博克舍编注，何高济译：《十六世纪中国南部行纪》之《导言》，中华书局，1990 年，第 62 页）。

〔3〕《甓余杂集》卷四《六报闽海捷音事》。

去经常到那里去做生意。[1]

伯来拉在描述泉州时说：

泉州(Chin Cheo)的街道，及我们在别的城市看到的街道，都相当平坦，又大又直，使人看来惊羡。他们的房屋用木头构造，屋基例外，那是用石头作地基，街的两边盖有波形瓦，下面是连接不断的廊子，供商贩活动，街道宽到可容十五人并排骑行而不挤。当他们骑马行走的时候，他们必须穿过横跨街道的牌楼，牌楼是木结构，雕刻成各种式样，上盖的是细泥烧的瓦。在这些牌楼下，布商叫卖他们的小商品，他们要站在那里抵御日晒雨淋。富绅在他们家门口也有这些牌楼，尽管其中一些修得不及另一些雄伟。[2]

伯来拉的《中国报道》葡文稿，最初由欧亚神学院学生在1561年仓促抄录，并作为耶稣会的年度报告传回欧洲。1565年被译成意大利语，首次在威尼斯出版，1577年又译成英语。葡文稿直到1953年才刊登在《耶稣会历史档案杂志》(AHSI)上。同年，博克舍又对1577年版英文稿作补充和修改，重新发表。

伯来拉的报告，是另一位葡萄牙人克路士《中国志》的主要内容来源。克路士是多明我会的传教士，他仅到过广州，没到福建，但是他的著作影响甚大，被誉为"欧洲出版第一部中国的书"，比马可·波罗对中国的描写更清楚，启迪了那些尔后常常被认为最早把中国揭示给欧洲的耶稣会作家，甚至可以说，填补了马可·波罗之后、利玛窦之前300多年之间欧洲记载中国著作的空白。克路士《中国志》于1569—1570年在恩渥拉首次付印。虽然当时葡萄牙语著作在西方未能广泛流传，但它受到少数有鉴赏眼光的外国作家的青睐，在他们的著作中，有的稍加改装意译，有的大量引用，如中西交通史上的名著——门多萨的《中华大帝国史》。1625年《中国志》英文节译本首次在伦敦刊印，英文全译本1953年由博克舍收入《十六世纪中国南部行纪》。

---

〔1〕［葡］伯来拉：《中国报道》，见博克舍编注，何高济译：《十六世纪中国南部行纪》，中华书局，1990年，第1页。

〔2〕［葡］伯来拉：《中国报道》，见博克舍编注，何高济译：《十六世纪中国南部行纪》，中华书局，1990年，第5页。

（二）西班牙人继之而来

继葡萄牙之后，第二个与福建接触的西方殖民主义国家是西班牙。葡萄牙人在中国东南沿海的活动深深刺激了其他西欧国家，与葡萄牙并称15、16世纪两大殖民先锋的西班牙更是按捺不住，他们紧随葡萄牙之后，开辟了欧洲—美洲—菲律宾—中国的航线，并占据了菲律宾作为其在东南亚的殖民基地，试图以此为跳板寻求与中国建立关系。

1575年，"海盗"林凤在吕宋西部彭加丝兰海湾（Pangasinan Bay）被西班牙战地司令萨尔西多（Salcedo）率领的军队所围困，此时福建把总王望高正率兵追剿林凤至菲律宾。王望高被邀赴马尼拉，会见西班牙菲律宾总督拉维扎列斯（Guido de Lavezares）。总督热情款待他们，并答应协助生擒林凤。作为回报，王望高同意西班牙派遣修士拉达（Martin de Rata）和马任（Jerónimo Marin）为使节，由两名军官助手洛阿卡（Miguel de Loarca）和萨尔密安托（Pedro Sarmiento）陪同，率15名成员组成的使团赴闽。其使命是请求准许与中国互市，并寻找通商口岸。

拉达是奥斯定会的修士，同时也是一位科学家，精通数学、地理和天文，有"西班牙艺术的花朵和凤凰"之称。他1553年生于西班牙的旁布罗纳（Pamplona）。1559年，获国王菲利普二世诏准赴墨西哥传教。1564年，拉达等4名奥斯定会修士被航海家乌尔达内塔（Andrés de Urdaneta）选中，参加舰队司令勒格司比（Miguel López de Legazpi）率领的对菲律宾的远征，次年4月21日抵朔雾（Cebu，即宿务）岛，随后在当地传教，并从中国人那里了解有关中国的情况。他向雇佣的中国佣人学习汉语，还阅读郑若曾的《筹海图编》，深被中国吸引。

1575年6月12日，使团搭乘王望高的船离开马尼拉，7月5日抵达中左所（厦门），7日抵同安，9日晚抵达泉州。他们按照中国礼仪，跪下参拜兴泉道，并呈递证书与礼物单。次日兴泉道回赠礼物，并询问有关林凤近况，又设宴款待他们，12日派专人护送他们赴兴化、福州。17日拉达一行抵达福州，翌日谒见巡抚刘尧诲，呈交有关的信件。19日巡抚向使团赠送礼物并举行隆重的宴会。20日拉达正式提出要求留在福州，传播福音，学习中国语言和风俗习惯。巡抚表示无权决定，要由皇帝敕准方可。

8月2日，林凤在吕宋冲出西军的包围，逃往大海。消息尚未传到福州前，刘尧诲就已决定护送使团回马尼拉，8月22日使团离开福州赴厦门。后中国官员获悉林凤潜海逃跑的消息，加上新任西班牙菲律宾总督桑德（Sande）对中国官员的粗暴态度，使本来很有可能让西班牙在浯屿开辟通商口岸的计划彻底破产，故拉达使团在10月17日返回马尼拉后，[1]再也没有可能回到中国。西班牙与中国的第一次接触，就这样寿终正寝。然而，拉达从福建带回的各种礼物和他购买的一百多部中国的图书，以及在这基础上写成的《出使福建记》和《记大明的中国事情》两篇报告，是16世纪福建与西班牙文化交流的历史见证。

拉达从福建购回的百余种图书，内容包括行政区划、财政、税务、航运、港口、历史、帝王世系、祭祀、宗教信仰、司法、本草、医学、天文学、外国地理、圣贤传奇、游戏娱乐、音乐、数学、妇产科、建筑、风水、星占术、相术、算命术、尺牍类、养马、朝政和兵器类，共28类。[2] 拉达请在菲律宾既懂得汉语、又懂得西班牙语的华人行商"常来"，将这些图书或完整或部分地译成西班牙语。据推测，原书曾部分运至欧洲。可见，这是明末耶稣会士来华之前，西方传教士对中国典籍所作的一次系统的收藏和研究，是东学西渐的前奏。

《出使福建记》详细记述了拉达访闽经过，除了对途经沿海各地作一般介绍外，我们还可以从外国人眼里，看到当时福建沿海经济繁荣的景象。然而，其中最为难得的是与巡抚会见的记载，它勾画出闭关自守的福建官员首次与西方世界打交道时的心理状态：

> 总督通过译员询问关于我们本人，及我们的礼仪、国情和风俗等许多稀奇古怪的事。他对我们的回答十分惊骇，因为中国是那样傲慢，他们认为他们在全世界上数第一。他很惊异地得知我们也有印刷，而且用印刷出书，跟他们的一般，因为他们在我们之前许多世纪已有印刷术了。他为了能够相信，向我们要一本印刷的书，我们在这种情况下没有别的东西可满足他的好奇心，就送他一本祷告书，他才不敢确定唯有他们享有印刷术的天才发明权。但是，最引起他注意的是十字架和柱头上的耶稣基督像，还有圣母和各使徒的其他图像，那是当书签用的，所以他留下这些，告诉我们说，他对它们十分珍视。总督还问到我们最虔诚和最熟悉的祷告是什么。我们告诉他说："圣父""圣母"和"圣经"。他要求解释，显得很有兴趣地聆听，表示要记住，他还用了相当时间打听这样那样的事。[3]

---

〔1〕《明代名人传》(*Dictionary of Ming Biography*, 1368－1644, New York, 1976)，第1134页。

〔2〕张铠：《从沙勿略到庞迪我——晚明西班牙来华传教士纪略》，《世界宗教研究》1991年第4期。

〔3〕［西班牙］拉达：《出使福建记》，见博克舍编注，何高济译：《十六世纪中国南部纪行》，中华书局，1990年，第181、176—177、180—181页。

《记大明的中国事情》,对中国的幅员、省份、城镇、人口、赋税、历史、风俗、服饰、食物、建筑、农耕、物产、司法、宗教等作了介绍。在这篇报告中,拉达最大的贡献,是先于利玛窦“第一个明确无误地把中国考订为马可 · 波罗的契丹的欧洲作家”。〔1〕

拉达第一篇报告《出使福建记》,首次发表在 1698 年加斯帕(Gasparde San Augustin)《征服》一书中;第二篇报告《记大明的中国事情》,1884 年刊布在《奥古斯定会志》第 8 至 9 卷中,同时也刊出第一篇报告。至于英译本,1953 年才由博克舍翻译并收入《十六世纪中国南部行纪》中。拉达两篇报告的价值与影响,主要是通过门多萨《中华大帝国史》产生的。

(三)荷兰人在闽台海域的活动

荷兰经过 16 世纪 60 年代资产阶级革命,国力逐渐强盛。16 世纪末,荷兰海军打败西班牙海军,荷兰商队开始称霸世界海洋。1602 年,荷兰商人成立东印度公司,1621 年西印度公司成立。随着航海业的发展,17 世纪荷兰进入黄金时代。

在入侵福建的西方殖民主义国家中,荷兰与福建有着特殊的关系。荷兰在福建的活动大致分为两个时期。第一时期(1604—1653 年),在闽海游弋活动,以武力侵占澎、台,后为郑成功集团所驱逐;第二时期(1655—1687 年)〔2〕,遣使朝贡,派舰队与清军联合反对郑氏集团,并以此为筹码获准入贡。

1600 年,荷兰海军军官番诺特(Van Noort)率船侵扰菲律宾马尼拉,被西班牙击退。次年转泊澳门,要求通商,遭到当道的拒绝。〔3〕 1604 年因商贩闽人李锦、潘秀的勾引,荷兰东印度公司水师提督韦麻郎(Wijbrand Van Waerwijk)率船转向闽海,夺占澎湖,企图在漳州通商。时福建税监高审贪财好货,接受贿赂,颇有允意。而沿海居民也为利益所驱,私相与荷兰互市。地方官员反对与荷通商,对上司说以利害,晓以大义,对荷人则示以兵威,终于迫使韦麻郎挂帆而去,此即史上著名的沈有容谕退红毛番事件。这是荷兰船队第一次入侵澎湖,历时 4 个多月。

---

〔1〕[英]博克舍编注,何高济译:《十六世纪中国南部行纪》之《导言》,中华书局,1990 年,第 47 页。

〔2〕 此一时期主要是清朝统治阶段,故而不在本节叙述,详见第九章。

〔3〕 郭廷以:《近代中国史》第一册,第 178 页。一说 1600 年由雅可布 · 范 · 莱克(Jacob Van Neck)指挥,航向摩鹿加岛,被葡人逐出。次年转向澳门。参见包乐史、庄国土:《〈荷使初访中国记〉研究》,厦门大学出版社,1989 年,第 28 页。

荷兰东印度公司的舰船(引自[荷] 包乐史:《中荷交往史》)

1622年,荷兰水师提督列也尔森(Cormelis Reijersen)在攻击澳门失败后,转而侵占澎湖,修筑堡垒,并再次提出在福建互市。7月21日,由船长庞特古(Willem Ysbrantsz Bontekoc)率东印度公司"格罗宁根"号与"熊"号船只,驶抵漳州九龙溪。[1] 8月7日,列也尔森派遣范米德(Johan Van Meldert)抵漳州、厦门,后入福州,与福建当局谈判通商事宜。这是荷兰第一次派遣使臣来华。[2] 福建当局坚持,荷兰与中国通商的先决条件是从澎湖撤走。荷兰方面见求市不成,10月18日又派东印度公司舰队第二号人物、商务长尼乌文罗德(Nieuwenroode)率八艘船进犯漳州、厦门,在虎头山烧毁中国帆船六七十艘。[3] 在以武力胁迫明朝政府的同时,1623年1月,列也尔森再由厦门前往福州,2月6日抵达,与巡抚商周祚谈判,未有结果。[4] 谈判期间,荷军又对沿海边民进行骚扰,抢夺渔船、烧毁村庄。1624年,南居益继任巡抚,对荷持强硬态度,派遣舟师进攻澎湖,大破荷军。荷兰人拆屋还地求和,同意撤离澎湖。荷兰第二次占据澎湖至此结束,为时两年多。

1624年至1662年荷兰占据台湾期间,在台构筑城堡炮台,设立学校,传播基督教,企图建立永久性的统治。1631年初,荷兰台湾长官普特曼斯(Putmans)

---

〔1〕［荷］邦特库著,姚楠译:《东印度航海记》,中华书局,1982年,第76页。庞特古又译作邦特库。

〔2〕［美］麦克福著,金云铭译:《十八世纪前游闽西人考》,《福建文化》第2卷第2期,1947年。又见杨彦杰:《荷据时代台湾史》,江西人民出版社,1992年,第20页;郭廷以(《近代中国史》,第192页)和张维华(《明史欧洲四国传注释》,第109页)将Meldert来闽定为1623年。

〔3〕［荷］邦特库著,姚楠译:《东印度航海记》,中华书局,1982年,第79页。

〔4〕杨彦杰:《荷据时代台湾史》,江西人民出版社,1992年,第22页。

率四艘船到厦门“期望进行自由贸易”。同年 11 月又率四艘船到漳州，携带现金 7 万里尔，贷给郑芝龙手下两名商人。1632 年至 1633 年，荷兰人又多次进入漳州、厦门等地，企图强行进行自由贸易，遭到中国军队的抵制。[1] 随着 1642 年郑成功收复台湾，将荷兰人势力驱逐出闽台海域，荷兰人在东南沿海转入零星的海上活动阶段，并开始与清朝政府合作，联合对抗郑氏集团的海上力量。

四、漳州月港与马尼拉大帆船贸易

明代实行严厉的海禁政策，不仅百姓不得交结番夷互市称贷，不得揽造违式海船、私鬻番夷；而且地方豪绅、中外人员也禁止参与出海贸易，严禁海防官员“串通交易”等。明廷明文规定下海船只凡擅造二桅以上桅式大船，将违禁货物运往国外贩卖者，正犯处以极刑，全家发边卫充军；同时还对进出口商品加以限制，如绸绢、丝绵、缎匹、铜器、铁货等均严禁作为商品出口，凡私运下海者，杖一百，货船没官，并且严禁私自买卖香料等进口货物，甚至禁止民间使用进口香料。[2] 尽管如此，由于商品经济利益的刺激，再加上福建东南沿海人民长期以来借海为生，海禁后舟楫不通，生计萧条，因而只好冒禁出洋市贩，私人海外贸易故而迅速崛起。当时泉州已衰落，而漳州独领风骚，形成了以漳州为中心，北起日本，包括中国东南沿海各港口，南至东南亚，影响远及拉丁美洲的贸易网络。漳州成为当时中国与世界交往的中心。乾隆《福建通志》列举了 6 个福建当时著名的走私港口，“漳之诏安有梅岭、龙溪、海沧、月港，泉之晋江有安海，福鼎有桐山”，漳州占了 4 个，其中月港在整个东南沿海走私贸易中最为活跃。

（一）漳州私人海外贸易的发展

早在建州之前的唐朝嗣圣年间（684 年），就有一位叫康没遮的外国商人来漳浦。五代时有三佛齐镇国李将军携带香料到漳州贸易。[3] 北宋时，太平兴国七年（982 年）宋太宗下诏：闻在京及诸州府人民或少药物食用，今以下项香药止禁榷，广南、漳泉等州舶船上，不得侵越州、府界，紊乱条法，如违依条断遣。[4] 宋廷为了维护航道安全和招徕番舶，在漳州设“黄淡头巡检”。此外，还有“比有漳州百姓黄琼商贩南蕃，共父客死异乡”，[5] 漳州陈使头的“过蕃船”载

---

[1] 杨彦杰：《荷据时代台湾史》，江西人民出版社，1992 年，第 53—55 页。
[2] 洪佳期：《试论明代海外贸易立法活动及其特点》，《法商研究》2002 年第 5 期。
[3] 福建省龙海市归国华侨联合会编：《龙海华侨史记》，未刊稿。
[4] 《宋会要辑稿》卷一一二四《职官四四之二》。
[5] 转引自廖大珂：《福建海外交通史》，福建人民出版社，2002 年，第 94 页。

着水手、纲首 91 人前往海外贸易[1]等记载。由此可见,北宋时漳州的海外贸易已经很频繁。至南宋后期,泉漳一带,盗贼屏息,番船通行,[2]延续了北宋的情况。

元代,漳州海外贩运活动依旧频繁,明代冯梦龙《喻世明言》中有一篇《杨八老越国奇逢》,叙述元朝至大年间(1308—1311 年),西安府人杨复,小名八老,祖上原在闽、广为商,欲凑些资本,买办货物,往漳州商贩,后行至漳浦,专待收买番禺货物。[3] 虽是小说家言,但却从一个侧面反映了当时漳州海外贸易的情形。这一时期,漳州的海外贸易虽不及广州、泉州繁荣,但也在海外贸易中占有一席之地。

而到明宣德五年(1430 年),漳州巡海指挥扬全"受县人贿赂,纵往琉球贩鬻",[4]宣德八年明政府令漳州卫同知石宣等人"严通番之禁",[5]但却丝毫不起作用,次年即宣德九年又发生"漳州卫指挥覃庸等私通番国",[6]正统三年(1438 年)又有"龙溪县民私往琉球贩货",[7]景泰年间"湖海大姓私造海舰,岁出诸番市易",[8]天顺三年(1459 年)漳州人严启盛首次"招引番船至香山沙尾外洋",[9]至成化七年(1471 年)还发生了这样一件事:"福建龙溪民丘弘敏,与其党泛海通番,至满剌加及各国贸易,复至暹罗国,诈称朝使,谒见番王,并令其妻冯氏谒见番王夫人,受珍宝等物"。[10] 成化八年又有福建龙溪县 29 人到国外贸易,被官军追击拒捕的记载。[11]

到明中叶嘉靖时期,明廷的海禁空前严厉,达到无以复加的程度,然而走私贸易更加活跃,在从浙江至广东沿海的走私网络中,漳州独占鳌头,占据优势地位。由于欧人的东来,这时贸易规模更大,并融入世界贸易体系中,或漳州人与欧人合作从事走私贸易,或欧人以漳州为贸易中转地。漳州月港也在这时应运而兴,逐渐成为从事海外私人贸易的港口。

---

[1] 《西山文集》卷一五。
[2] 唐文基:《福建古代经济史》,福建教育出版社,1995 年,第 391 页。
[3] 《喻世明言》卷一八《杨八老越国奇逢》。
[4] 《明宣宗实录》卷六九。
[5] 《重纂福建通志》卷二七〇。
[6] 《明宣宗实录》卷一〇九。
[7] 《明英宗实录》卷四七。
[8] 《闽书》卷四八。
[9] 徐晓望:《福建人与澳门妈祖文化渊源》,《学术研究》1997 年第 7 期。
[10] 《明宪宗实录》卷九七。
[11] 《明宪宗实录》卷一〇三。

（二）漳州月港的繁荣

月港，又名月泉港，在漳州城东南 50 里，“外通海潮，内接山涧，其形如月，故名”。[1] 月港位于今龙海县海澄镇西南部九龙江下游的江海汇合处，其所处的漳州平原直接连接着福建通江西的要冲——汀州，西可到赣州，北则可趋抚州。月港地区修造船舶所需的杉松木材可在九龙江上游的南靖、华安、龙岩等地砍伐，并沿江顺流而下。同时，就月港的海域而言，隔海与台湾琉球对峙，附近海域是我国与“东西二洋”诸国进行海上贸易的传统航道。商船从月港出发，一潮可抵中左所（今厦门），在此地略作休整，“候风开驾”，至担门分航东西二洋各个国家和地区。[2]

福建漳州月港遗址（吴巍巍 摄）

尽管月港拥有九龙江出海口的优越地理位置，但其实它并非深水良港，九龙江不断地把上游的泥沙带到港口，港口附近逐渐淤塞，“商人发船，必用数小舟曳之，船乃得行”，[3] 一潮至圭屿，一潮半至厦门。[4] 这样的一个港口竟然会一跃而成为重要的对外贸易港口，究其原因，大概与其走私活动猖獗有着密切联系。明代前期，由于其“僻处海隅，俗如化外”，隆庆元年（1567 年）之前，月港“官司隔远，威命不到”，并未设县。专司海禁的机构——巡海道又远在数百里

[1] 林仁川：《明末清初私人海上贸易》，华东师范大学出版社，1987 年，第 142 页。
[2] 陈榕三：《明代海商集团与漳州月港兴衰》，《现代台湾研究》2002 年第 2 期。
[3] 转引自林仁川：《明末清初私人海上贸易》，华东师范大学出版社，1987 年，第 153 页。
[4] 李金明：《明代海外贸易史》，中国社会科学出版社，1990 年，第 111 页。

克拉克瓷

外的省城,鞭长莫及。明成化以前,专司督察之职的市舶司设在泉州港,民间私商与海外私舶不可能在此自由贸易。而福州港地处政治中心,更难进行民间海外贸易。再加上港阔水深的厦门尚未获得发展,仍是地旷人稀。在这种情况下,民间私商把目光投向了远离封建统治中心的月港。而且月港附近港汊曲折,内有河流与内陆相连,港外又有众多岛屿便于海商活动,如海门岛、浯屿等。出月港海门岛,就进入“回沫粘天、奔涛接汉”的大海,浯屿“积年通番”“居民多负海为盗”,是海商的“老穴”。因而月港及其附近岛屿成了私商贸易的理想之地。

月港从兴起到繁荣,经历了近一个世纪的历史时期。景泰年间(1450—1457年),“民多货番”,中外商船“皆往漳州府海面地方,私自驻扎”,〔1〕那时就有“月港、海沧诸处居民多货番,且善盗”之名;〔2〕到成化、弘治年间(1456—1505年),月港已是“人烟辐辏,商贾咸聚”,出现了“风回帆转,宝贿填舟,家家赛神,

〔1〕 王耀华、谢必震:《闽台海上交通研究》,中国社会科学出版社,2000年,第17页。
〔2〕《闽书》卷六四。

钟鼓响答，东北巨贾，竞鹜争持，以舶主上中之产，转盼逢辰，容致巨万……"[1]的繁荣景象。此时的月港有"小苏杭"之称，成为"闽南一大都会"。到正德、嘉靖年间（1506—1566年），月港对外贸易更是活跃，"豪民私造巨舶，扬帆外国交易射利"[2]"月港家造过洋大船往来暹罗、佛郎机诸国通货易物"，[3]而且广东、浙江的海商也于"漳泉等处买船造货"，由月港入番。[4]一些外国商船也连翩而至，原本到广州的外商或因"广东官吏所阻"，或"欲避抽税，省陆远"，由"福人导之改泊海沧、月港"。[5]葡萄牙人"杂诸夷中为交易首领"，[6]他们于1518年来到漳州并"进行了极有利的贸易"。[7]不久，西班牙、日本商人也前来互市。1521年前后，外国商人尤其葡萄牙人大批来到漳州，其"皆往漳州海面，私自驻扎，于是利尽归于闽，而广之市井皆萧然也"，[8]可见漳州月港一带的对外贸易已明显超过广州。月港一带成为中外走私贸易的汇集地，"有佛朗机船载货泊浯屿，漳龙溪八九都民及泉之贾人往贸易焉，巡海道至发兵攻夷船而不可止"。[9]当时不仅停泊在月港的外国商船很多，仅葡船就有13只，[10]而且留居在漳州的外国人的数量也不断增加，仅嘉靖二十年（1541年）就有500多人。[11]当时泉州港已衰落，泉州商人也改变以往的贸易方式，或以安平港为基地，或往漳州从事贸易。明代有关文献一致肯定月港是福建最大的海外贸易港口，"闽中贩海为生，旧俱由海澄出洋，兴贩东西洋诸岛"，"向年闽人通番者，皆从漳州月港帮船"。[12]在《顺风相送》里一共记载了16条针路，其中从月港门户浯屿、太武为出发点的就占了11条。

尽管明政府对这一地区的私商活动采取了极为严厉的禁绝措施，然而月港附近海域依旧呈现"漳闽之人与番舶夷商贸贩方物，往来络绎于海上"[13]"每岁孟夏以后，大舶数百艘，乘风挂帆，蔽大洋而下""嗜利通番，今虽重以充军、处死

---

[1] 《甓余杂记》卷三。
[2] 乾隆《海澄县志》卷一。
[3] 《天下郡国利病书》卷九六。
[4] 《明经世文编》卷二六七。
[5] 《筹海图编》卷一二。
[6] 《天下郡国利病书》卷一一九。
[7] ［英］C. R.博克舍著，何高济译：《十六世纪中国南部行纪》，中华书局，1995年，第3页。
[8] 《明世宗实录》卷一〇六。
[9] 万历《漳州府志》卷九。
[10] 周景濂：《中葡外交史》，商务印书馆，1961年，第12页。
[11] 廖大珂：《福建海外交通史》，福建人民出版社，2002年，第223页。
[12] 《崇相集 · 闽海事宜》。
[13] 《明经世文编》卷二四三。

葡萄牙商船(引自[荷] 包乐史:《中荷交往史》)

之条,尚犹结党成风,造船出海,私相贸易”[1]的场景。这样,明王朝不得不对月港的私商贸易加以承认。嘉靖四十四年,明廷在月港所在地设县,县名海澄,取“海疆澄清”之意;隆庆元年,在福建巡抚涂泽民的奏请下,明廷同意月港开禁,“准贩东、西二洋”,[2]准许私人出海贸易。海禁的解除和海澄县治的建立,标志着月港已由走私贸易港口转变为合法的民间私商海外贸易港口。[3]

海澄月港部分开禁后,长期以来遭到严厉禁止的私人海外贸易合法化,月港地区更加繁荣,至万历年间(1573—1620 年)达到全盛,史称:我穆庙时除贩夷之律,于是五方之贾,熙熙水国,刳艅艎,分市东西路,其捆载珍奇,故异物不足

〔1〕 王耀华、谢必震:《闽台海上交通研究》,中国社会科学出版社,2000 年,第 17 页。

〔2〕《东西洋考》卷七《饷税考》。

〔3〕 林仁川:《明末清初私人海上贸易》,华东师范大学出版社,1987 年,第 149 页。

述,而所贸金钱,岁无虑数十万,公私并赖,其殆天子之南库也。〔1〕 其实数十万亦是保守之数,万历四十二年八月初五台风袭击海澄,月港中仅泊部分洋船,但损失洋货已达数十万两之巨。那时月港是"汪洋巨浸之区,商舶百货之所丛集……寸光尺土,捋比金钱,水犀火浣之珍,虎珀龙涎之异,香尘载道,玉屑盈衢"。〔2〕 同时,商品经济的发展也促进了进出口商品加工等手工业的发展,"家家蔗煮糖""雕镂犀角巧,磨洗象牙光""田妇登机急",真实地反映了当时的情况;尤其是在工艺美术加工方面,"工作以犀为杯,以象为栉,其于玳瑁或栉或杯,沈檀之属或为佛身玩具,夷赀之外,又可得直",技术更为突出。百姓的生活水平也不断得到提高,"今也入其野,而见屋有新瓦,身有具衣,不至呰窳偷生"。〔3〕 亲眼目睹此盛况的张燮感叹说:"市舶之设,始于唐宋,大率夷人入市中国,中国而商于夷,未有今日之夥者也。"〔4〕每年从这里起航的船只多达一百多艘,极盛时进出的远洋大船多达200余只,这还是经批准有船引的,加上那些未批准走私的,则更多。在月港经营海上贸易的"富商巨贾,捐亿万,驾艨艟,植参天之高桅,悬迷日之大篷,约千寻之修缆"。〔5〕 张燮在《东西洋考》中说:"舟大者广可三丈五六尺,长十余丈。小者广二丈,长约七八丈。"〔6〕这些船只大者载重可达600—800吨,载人可达上千余人;小者亦可载200—400余人。所以开禁后的月港,无论是在规模还是在人数上都远超宋元时期的泉州港,成为全国私人海外贸易的货物聚散地,"四方异客,皆集月港"。〔7〕 当时由月港扬帆出海的商船航行于东西两洋及日本、琉球,遍历47个国家和地区。王世懋在《闽部疏》中言:"凡福之绸丝、漳州纱绢、泉之蓝、福延之铁,福漳之桔、福兴之荔枝、泉漳之糖、顺昌之纸……其航大海而去者,尤不可计。"〔8〕月港沿岸的码头也是星罗棋布,时至今日,在溪口至溪尾不到1公里的海岸上尚遗留有7个码头,据说当时这里有"十三行",每一行都有一个专用码头,现今海澄镇还保留有十三行的地名。

由于月港海上贸易急速发展,外商云集,货物堆积如山,所以原有的城区已不敷使用。隆庆四年,郡守罗青霄扩建东边城区,扩建后的新城周围长522丈,

〔1〕《东西洋考 · 周起元序》。

〔2〕(乾隆)《海澄县志》卷一五。

〔3〕 转引自李金明:《明代海外贸易史》,中国社会科学出版社,1990年,第113—114页。

〔4〕《东西洋考》卷七。

〔5〕《海赋》,见《古今图书集成 · 职方典》。

〔6〕《东西洋考》卷九。

〔7〕《崇相集 · 闽海事宜》。

〔8〕《闽部疏》。

高 2.1 丈；万历十年又建著名的晏海楼；万历二十三年（1595 年）又再扩城。经多次扩建，海澄已成为商贾辐辏、居民数万家的商业城市，城内百工麟集，商店如林，十分繁华。

月港的兴盛，也带动了内河航运的发展。沿月港溯九龙江西溪而上，即可达漳州府。漳州的浦头港为内河码头，因为直通九龙江西溪，所以对外贸易兴盛时也成为客货聚散地，当时民间客货外出台湾、澳门及南洋各地，都从这里中转，故有"浦头日集千帆，随潮水涨落而行"的说法。浦头港立于万历十年（1582 年）的石碑刻着当年客货摆渡收费的规定：头摆渡收 40 文，二摆渡收 20 文。与浦头港相连的岳口街上有立于清初的石牌坊，各种洋人的形象赫然在目，它们与浦头港的石碑都是当年漳州海外贸易繁盛的历史见证。

开禁后，明廷在月港设督饷馆负责收税，馆内配置税务官一名、饷吏二名、书手四名。月港商税有水饷、陆饷、加增饷三种。初开禁时，每年仅三千两，至万历四年达"万金"，至万历二十二年（1594 年）已近三万两。〔1〕 万历四十一年整个福建的税银为六万两，而月港的税银即为三万五千余两，超过全省税银的一半以上，还不包括那些走私漏税的，时人周玄晖甚至说"其报官纳税者，不过十之一二而已"，〔2〕此时月港已是"万宝攒罗，列隧百里"的闻名商港。

当时，南洋各国以及日本是月港海外贸易的主要对象。从月港输出的商品除丝织品、瓷器、糖果之外，还有铁、纸、布、竹器、药材、茶、酒、漆器等手工艺品，〔3〕输入的商品亦达 114 种。可见当时月港海外贸易之繁荣。

（三）马尼拉大帆船贸易

月港的兴盛跟马尼拉大帆船贸易有一定的关系。反过来说，马尼拉至墨西哥阿卡普尔科的大帆船贸易也因有来自月港的中国商船而显得更有生气。

由于严厉的海禁政策，大批商人向海外移民，目的地以东南亚为主，尤其像菲律宾这样的地方，何乔远云："其地迩闽，闽漳人多往焉，率居其地曰涧内者。其久贾以数万。"〔4〕张燮亦言："华人既多诣吕宋，往往久住不归，名为压冬。聚居涧内为生活，渐至数万，间有削发长子孙者。"〔5〕吕宋本一荒岛，漳州人是最早的开发者，"魑魅龙蛇之区，徒以我海邦小民行货转贩，外通各洋，市易诸夷，

---

〔1〕《东西洋考》卷七。
〔2〕《泾林续记》。
〔3〕 王耀华、谢必震：《闽台海上交通研究》，中国社会科学出版社，2000 年，第 19 页。
〔4〕《名山藏 · 吕宋》。
〔5〕《东西洋考》卷五。

十数年来,致成大会”。[1]

1564年,西班牙殖民者在马尼拉的首任总督利牙实备出航到菲律宾,占领了吕宋。他们原以为吕宋是与日本、中国、爪哇、婆罗洲等地区贸易的理想据点,但由于菲律宾“既无香料,又无金银”,生产力十分低下,根本无法从事资源开发与种植,连日常用品都缺乏,“贫瘠到每一个人都必须靠施舍来过日子”,“在这个岛上,不可能有任何利益可想,除了有可能打开中国或其他岛屿的贸易联系”。因此,他们必须依赖于以福建人为主的移民及贸易,“如果没有中国人的商业和贸易,这个领地也就不能存在”。[2] 他们采取积极吸引中国商人的政策,招徕中国商船。

1571年(隆庆五年),利牙实备将其司令部从宿雾迁至马尼拉湾原先摩洛人居住的地方时,其船长营救了一艘沉没的福建商船的船员,并把他们转移到安全地点。这些幸存者返回福建后,宣扬了西班牙人的好处。[3] 而恰逢1567年(隆庆元年),明政府准许月港部分开放海禁,允许商船驶往东印度及其他各地贸易,这进一步刺激了福建人出海谋生和去海外经商的欲望。当时获准从月港扬帆出海贸易的商船主要是往东西洋,东洋航线主要是到菲律宾群岛的大港、吕宋、棉兰老、苏禄、猫里雾等地及渤泥、文莱等。而菲律宾去福建最近,航程最短,因而风险小,费用少,相对来说,利润就大,“吕宋去南海中,去漳州甚近……先是闽人以其地近且饶富,商贩者至数万人”[4]“其地迩闽,闽漳人多往焉”。[5] 1572年,福建商人急于寻求贸易机会,便载运丝绸和瓷器至马尼拉,为马尼拉海上丝绸之路打下了坚实基础。

1573年,载运有712件中国丝绸和22 300件“优质的镀金瓷器和其他瓷器”的两艘大帆船到达墨西哥阿卡普尔科。随后,前来贸易的大帆船数量逐年增加。1574年有6艘船,翌年有12—15艘,直至1576年马尼拉大帆船贸易已基本稳固。福建商人为美洲提供了无穷的商品,不断满足了他们对奢侈品的需求;而墨西哥商人也在确定贸易前途后开始移居到菲律宾。在此背景下,马尼拉成为贸易中转地,[6] 在当时的国际市场上,中国的丝绸、瓷器等物品价廉物美,具有很好的销路与很强的竞争力,而西班牙的殖民地墨西哥与秘鲁等地盛产白银,在中

---

[1] 《明经世文编》卷四三三。
[2] 洪卜仁:《明代月港与西班牙的海上贸易》,《月港研究论文集》,1983年。
[3] 李金明:《联系福建与拉美贸易的海上丝绸之路》,《东南学术》2001年第4期。
[4] 《明史》卷三二三。
[5] 《名山藏 · 吕宋》。
[6] 李金明:《联系福建与拉美贸易的海上丝绸之路》,《东南学术》2001年第4期。

国有很高的购买力。于是来自漳州的商船满载生丝、丝织品、棉布、瓷器和各种商品，供给菲律宾当地的百姓及西班牙统治者，而西班牙殖民者则将中国的丝绸、瓷器运往墨西哥进行贸易，然后运回墨西哥银元来购买中国商品，其利润可高达10倍，这就是所谓"大帆船贸易"。据记载，明万历年间，虽规定去东洋的商船仅为44艘，但因路近利多、风险小，所以很多商船领了去西洋的船引，却"阴贩吕宋"，〔1〕"海舶出海时，先向西洋行，行既远，乃复折而入东洋"。〔2〕其中仅前往吕宋一地的福建"商贩者至数万人"。至1580年，每年到菲律宾的中国商船有四五十艘。〔3〕1609—1612年，每年平均为37.2艘。在各国驰往马尼拉的商船中，中国商船占压倒优势。〔4〕根据另一资料，1572年至1644年，共有1 086艘中国货船驶抵马尼拉，扣除来自台湾和澳门的，来自大陆（主要为福建）的船就有991艘，年均15.2艘。〔5〕由此可见，明后期兴盛的月港海外贸易已与马尼拉大帆船贸易联系起来，形成了以漳州月港为起点、以马尼拉为枢纽、墨西哥的阿卡普尔科为终点的海上丝绸之路。

从漳州月港运抵墨西哥的生丝，多半在墨西哥加工织造，然后运往秘鲁贩卖。1637年，菲律宾大法官孟扎法尔向西班牙国王报告说，"由于这种贸易和织造，墨西哥、普厄布拉和安蒂奎拉等城镇有14 000以上的人靠织机维持生活""如果禁止生丝输入墨西哥，则以丝织品为生的14 000人立时遭到毁灭"。〔6〕除墨西哥外，还有不少运销于中、南美洲及西印度群岛。自智利至巴拿马，西班牙人穿着的服装，无论是僧侣的法衣，还是秘鲁首都居民的斗篷和长筒丝袜，都是用中国丝绸缝制的，或以生丝织造的。〔7〕

这些生丝与丝绸不仅使少数富有者的物质欲望得到满足，而且由于物美价廉，原来无力购买丝织品的当地印第安人、黑人及其他穷人也能购买，甚至在秘鲁，印第安人的教堂也用中国丝绸来加以装饰，以便看起来庄重些。这些都大大

---

〔1〕转引自李金明、廖大珂：《中国古代海外贸易史》，广西人民出版社，1995年，第298页。

〔2〕转引自林仁川：《明末清初私人海上贸易》，华东师范大学出版社，1987年，第269页。

〔3〕谢方：《明代漳州月港的兴衰与西方殖民者的东来》，《月港研究论文集》，第171页。

〔4〕陈炎：《海上丝绸之路与中、菲、美之间的文化联系》，《海交史研究》1991年第2期。

〔5〕徐心希、徐六符：《试论福建发现的西班牙早期银币及其影响》，载福建师大历史系编：《福建史论探》，福建人民出版社，1992年，第200页。

〔6〕E. H. Blair and J .A. Robertion, *The Philippine Islands (1493 - 1803)*, Cleveland: 1903, vol. 27, p.199.

〔7〕全汉升：《自明季至清中叶西属美洲的中国丝货贸易》，《中国经济史论丛》，香港中文大学新亚书院新亚研究所，1972年，第466页。

刺激了当地的消费。〔1〕

不过,由于“大帆船贸易”运去的生丝及丝绸物美价廉,1586年新西班牙都督向西班牙国王报告说,中国的丝织品“其价格的低廉,西班牙产品简直不能和它相比,因为中国的织棉照例比西班牙的线缎为好,但前者的售价还不及后者的一半那么多。其他各种丝织品的情况,也都是这样”〔2〕。在这种情形之下,西班牙丝织品价格下跌,销路锐减,无法与中国竞争。由此可知,“大帆船贸易”在美洲市场上挤垮了西班牙的丝绸业。

同样,由墨西哥传入福建的西班牙银元,不仅仅是一种可流通的货币,也是一种艺术品。众所周知,白银在明代中后期已成为社会的通行货币,而中国国内银矿资源缺乏,开采量远远不能满足社会需求,所以在我们叙述的15—17世纪初的海外贸易中,大部分的贸易都是输出丝绸、瓷器等货物来换回白银。当时最主要的白银流入地为菲律宾。西班牙在南美的殖民地秘鲁盛产白银,每年的产银量占世界的60%。大帆船贸易就是把南美的白银运到菲律宾,换取中国的丝、瓷等货物。据全汉升先生统计,在16、17世纪间,每年由大帆船自美洲运往菲律宾的白银,多辄四百万西元,少辄一百万,通常是二三百万。〔3〕约1620年一位南美的主教说,“菲律宾每年输入二百万西元的银子,所有这些财富,都转入中国人之手”,〔4〕而这些银子大部分是经月港流入中国的。当然,它们不可能都留在漳州,但留在漳州的数量却很可观,“岁无虑数十万”。〔5〕白银因而成为漳州通行的货币。

当时漳州人把西班牙银元叫洋银,顾炎武在《天下郡国利病书》中说,西班牙“钱用银铸造,字用番文,九六成色,漳人多用之”,〔6〕王沄在《闽游纪略》中也说:“番钱者,则银也。来自海舶。上有文如城堞,或有若鸟兽人物者,泉、漳通用之。”〔7〕可见当时西班牙银元确实成为了通行的货币。这些洋银(西班牙银元)的图案设计折射出西班牙文化的积淀。在泉州出土的银币中有在墨西哥铸

〔1〕 全汉升:《自明季至清中叶西属美洲的中国丝货贸易》,《中国经济史论丛》,香港中文大学新亚书院新亚研究所,1972年,第467页。

〔2〕 全汉升:《自明季至清中叶西属美洲的中国丝货贸易》,《中国经济史论丛》,香港中文大学新亚书院新亚研究所,1972年,第470页。

〔3〕 全汉升:《明清间美洲白银的输入中国》,《中国经济史论丛》,香港中文大学新亚书院,1972年,第438—439页。

〔4〕 全汉升:《明清间美洲白银的输入中国》,《中国经济史论丛》,香港中文大学新亚书院,1972年,第442页。

〔5〕《东西洋考·周起元序》。

〔6〕《天下郡国利病书》卷九三。

〔7〕 谢国桢:《明代社会经济史料选编》(下),福建人民出版社,2005年,第71页。

造的西班牙早期银币，其背面均打印有"OMD""OMP""OMG""OML"和"OMF"，其中D、P、G、L、F是墨西哥殖民当局管理铸币的官员的姓名缩写。另外从货币的纹章中还可以看出西方文化的象征物。1982年还在漳州东山出土了铸有城堡、狮子图案的西班牙银元。[1] 欧洲国家和城市通常以狮子作为它们的象征，以表示勇猛和所向披靡。

在与菲律宾进行贸易的过程中，闽南的海外移民人数急剧增长。如前文所述，漳州人是菲律宾的最早开发者，因此留居菲律宾的漳州人关系甚为密切。1587年维拉（Vera）致菲立普二世的信中说："有三十艘满载的商船带来了三千多名华人。"[2]"漳人以彼为市，父兄久住，子弟往返，见留吕宋者盖不下数千人。"[3]他们往往数百人聚集在一艘帆船上，从中推一"豪富者为主，中载重货，余各以己资市物往"。[4] 1571年西班牙人占领马尼拉时，当时仅有华侨150余名，[5]此后随着漳州与菲律宾的贸易迅速发展，到该地居住的漳人也越来越多，至1603年时在菲华侨已达2万多人。这一年，西班牙殖民者制造了震惊世界的马尼拉大屠杀事件，被杀华人2.5万人，其中漳州海澄人"十居其八"。[6]

然而，这条海上丝绸之路随着社会的发展以及时代的变迁，却渐渐衰落了，并于1815年终结。据研究，自1567年第一艘贸易大帆船从墨西哥航行到菲律宾，至1815年最后一艘大帆船到达菲律宾，总共有108艘大帆船曾经航行在马尼拉至阿卡普尔科的航线上。[7] 诚如学者所评价的："两个半世纪来，大帆船年复一年地航行在菲律宾马尼拉和墨西哥阿卡普尔科之间漫长而孤独的航程上。没有任何一条航线能持续到如此之久，没有任何一种正规的航行像它那样艰难危险，250年里，它承受了几十艘船、成千上万人和数百万计的财物。"[8]

---

〔1〕 林金水、谢必震：《福建对外文化交流史》，福建教育出版社，1997年，第141页。

〔2〕 E. H. Blair and J .A. Robertion, *The Philippine Islands (1493－1803)*, Cleveland: 1903, vol. 6, p.303.

〔3〕《明经世文编》卷四〇〇。

〔4〕《泾林续记》。

〔5〕 E. H. Blair and J .A. Robertion, *The Philippine Islands (1493－1803)*, Cleveland: 1903, vol. 3, p.117.

〔6〕 乾隆《海澄县志》卷一八。

〔7〕 李金明：《联系福建与拉美贸易的海上丝绸之路》，《东南学术》2001年第4期。

〔8〕 李金明：《联系福建与拉美贸易的海上丝绸之路》，《东南学术》2001年第4期。

第九章　清代的东海海域

第一节　清初东海海域的拓展

一、清初郑氏集团在东南海疆的活动

清顺治帝入关以后,退守南方的明残余势力反抗依然很强烈,其中以东南海域为据点的郑氏集团最为突出。

郑氏集团的创始人为郑芝龙,曾任明福建总兵。明朝覆灭后,与黄道周等人拥立唐王在福州登基,改元隆武。当清军压境之时,郑芝龙降清,而其子郑成功带着自己的部属避往金门。随后郑芝龙在降清第三天被挟持北去,沦为阶下囚,而郑成功则"与所善陈辉、张进、陈霸、洪旭等盟歃,愿从者九十余人,乘二巨舰断缆行,收兵南澳",[1]据岛起事,举起了反清复明的大旗。

郑成功领导郑氏集团曾多次与清兵展开激战:1647年八月,郑成功与其叔郑鸿逵合军,在桃花山击败提督赵国祚的清军后,进围泉州城,后又退兵;1648年四月郑成功攻占同安,同年接受桂王敕封,奉元永历,后同安被清廷夺回,郑军退入海中;1649年初,郑成功合各路人马攻占漳浦、云霄、诏安,逐步向广东潮汕地区发展,且在铜山修造战船,不久,平和、诏安、漳平、宁洋四县被清军收回;1650年八月,郑成功抢夺被郑彩、郑联兄弟占据的厦门、金门,在此建立了较为稳固的海岛基地;1651年初,郑成功奉旨南下勤王,清军趁机偷袭厦门,愤怒的郑成功不断率兵劫夺清军粮道,偷袭清军据点。[2] 此后十多年,郑成功以金门、厦门为基地,与清军多次展开激战,双方互有胜负。

---

〔1〕 黄宗羲:《郑成功传》,转引自《郑成功史料选编》,福建教育出版社,1982年,第74页。

〔2〕《清通鉴》。

由于多次招降郑成功未能如愿，清军便加大了征剿的力度，但郑成功在东南沿海拥有比较强大的军事力量，并且其抗清的行动更是得到了浙江海域海盗们的支持，"成功踞厦门、浯州两岛，势益盛，海寇皆属焉"。[1]

早在第一次南下勤王被清军偷袭后方基地之时，郑成功就迫切希望拥有一个进可攻、退可守的牢固基地，如此，不仅可以继续反清大业，而且还能休整部队，安顿家属，而台湾就是最好选择。但此时台湾为荷兰殖民者所占，郑氏集团与清军的交战也一直处于胶着状态，无暇他顾，因而此事一直被耽搁着。到了1661年，清顺治帝驾崩，清廷无暇征战，郑成功才得以腾出手来对付占据台湾的荷兰殖民者。经过充分的准备，郑成功带领部队成功登陆台湾岛，并历时九个月逼降荷兰侵略者，收复了台湾。

郑成功收复台湾后，一方面在台湾设立行政管理机构，发展台湾经济，部署台湾防御，安置郑氏集团的家眷，将台湾打造成反清的稳固后方；另一方面继续以金门、厦门为前方阵线，与清军展开战斗。但在收复台湾的第二年，郑成功因病去世，郑氏集团的领导权由他的儿子郑经接手。

郑经在巩固了他在郑氏集团的领导地位后，率军从台湾返回厦门，继续调兵遣将，部署防御力量，巩固厦门、金门及其附近地区的防御工事。此后郑氏集团与清廷围绕厦门及其附近地区展开了多次激战。1663年，在荷兰军舰的配合下，厦门为清军收回，此时距离郑成功占领厦门已经过去了14年。[2]

之后，郑经带领部下逃回台湾。清廷在经历了1664年十一月、1665年三月、1665年四月三次攻台[3]失败之挫后，也遣散降众，焚毁了战船，自此十余年无人再提攻台事宜。在此期间，郑经在陈永华、洪旭等人的帮助下，不但大力发展了经济，而且重新取得了厦门的控制权。在发展岛内经济的同时，郑经还积极开展海外贸易，与日本、新加坡、越南、印度尼西亚等国进行贸易，用赤铜、蔗糖、鹿皮与之交换军用品和生产工具。[4] 此阶段台湾经济进入了繁荣时期。

从1667年至1675年，清廷曾多次主动与郑经集团就台湾归降问题展开谈判，但因郑经坚持"须援朝鲜例，只称臣纳贡，不剃发、不易服"，议和始终未能成功。1673年，"三藩"反叛，与郑经达成协议，相约伐清，郑经以厦门为基地，在漳

〔1〕 郑广南：《中国海盗史》，华东理工大学出版社，1999年，第283页。
〔2〕《清通鉴》。
〔3〕《清通鉴》。
〔4〕 朱维幹：《福建史稿》下册，福建教育出版社，1986年，第415页。

州、泉州地区与清军展开拉锯战。1676 年,“三藩”之一的耿精忠降清,清军实力大增,收复了福建大部分地区,但双方在厦漳泉附近继续对峙。此时,双方和谈虽在继续,但清军始终达不到诱降的目的,于是便转变策略,在军事上猛烈进攻、政治上进行瓦解、经济上进行封锁,郑氏集团逐渐不支。1680 年,双方在海坛展开激烈海战,郑军不敌,厦门、金门丢失,郑经再次败归台湾,福建沿海势力丧失殆尽。[1] 自此,郑经一蹶不振,直至死去。

郑经死后,郑氏集团再次因为争夺权力而发生内讧,直接导致其实力再次下降,而此时康熙已经平息了“三藩”之乱,得以抽出手来全力解决东南沿海问题。1683 年六月澎湖一役,郑军主力损失殆尽;七月,郑氏集团幼主郑克塽降清,台湾重新为清廷所辖,郑氏集团在东南沿海的几十年经营也彻底宣告破产。

二、“禁海”与“迁界令”

海禁是明朝的一项重要海疆政策,是作为海防政策的辅助措施出台的,主要是为了防范倭寇。

清初,郑氏集团占据东南,与清廷对抗。但由于清廷的关注点并不在海上,海防意识相对薄弱。其原因:一则是清王朝建立者满族贵族来自北方,依靠骑兵取得天下,不习水战;二则内陆的西藏、新疆、漠北等地局势尚不稳定;三则中央政权也不稳固,内有大臣专权,外有藩臣叛乱;四则清军海上力量不足以对付郑氏集团。因此,对于以郑氏集团为首的反叛者,清廷采取守旧策略,沿用明朝的海禁政策,且在福建等地施行迁界措施。

海禁政策是为了对付以郑氏集团为首的反清势力而采取的政治和军事措施,清廷试图通过“禁海”,中断沿海居民与郑氏集团等反清势力的联系,压缩反清势力的生存空间。但其军事效果并不理想,沿海居民的生活以及社会发展却大受影响,以致怨声载道。

清朝实行的海禁,其范围很宽泛,包括禁止出海贸易,禁止出海捕鱼,有时还禁止南北方运米。但实际上清初海禁并不是特别严厉,只是到了顺治十三年(1656 年)再次申言海禁,态度才转为强硬,是年六月十六日,敕谕浙江、福建、广东、江南、山东、天津各督抚镇:海逆郑成功等至今尚未剿灭,必有奸人暗通线索,贪图厚利,贸易往来,资以粮物,若不立法严禁,海氛何由廓清?自今以后,该督抚镇著申饬沿海一带文武各官,严禁商民船只,私自出海,有将粮物与逆贼贸

---

〔1〕《清通鉴》。

易者，不论官民，奏闻正法，货物入官。……凡沿海地方可以容湾泊登岸口子，各该督抚镇俱严饬防守，各官设法阻拦，处处严防，不许片帆入口。其防守怠玩，致有疏虞者，即以军法从事，该督抚镇一并议罪。〔1〕后来为了贯彻海禁政策，清朝又下令实行沿海移民。

顺治十七年九月，从闽浙总督李率泰请，将同安之排头、海澄之方田，其沿海居民尽迁入十八堡及海澄内地，以绝郑成功之援，〔2〕意图截断台湾的粮物供应。顺治十八年，清廷根据黄梧的建议下令沿海内迁三十里。而为了断绝迁民的回归之路，清廷又将界外之物焚毁一空。史载：顺治十八年郑成功退入台湾，朝廷采用黄梧之策，驱迫江、浙、闽、粤四省沿海数千里居民，一律从海岸后撤数十里，麾兵拆界，为期三日，尽夷其地，空其人民，片帆不准出海，全面实行迁界，致使东南百万居民流离失所，海、盐、蚕、织、耕获之利，咸失其叶。〔3〕到了康熙时，元年、三年两次迁界。其后几年，由于郑经安守台湾，海峡安静了几年，无甚大的战事，"界禁"略松。但到了康熙十八年，朝廷再次下迁界令：福建上自福宁，下至诏安，赶逐百姓重入内地，或十里、或二十里，凡近水险要，添设炮台，星罗棋布，稽查防范。〔4〕而其结果是沿海数千里荒凉如野。

从顺治十八年到康熙十八年，清廷实行了多次大规模、强制性迁界，其范围涉及山东、江苏、浙江、福建、广东五省的沿海地区。沿海沿江三五十里内的百姓被迫迁入内地，房屋一律被烧毁，而对于反抗者，则以违旨罪屠杀之。实行这种政策的后果，就是富庶的沿海地区几乎变成了荒芜的废墟，沿海居民则成了无所事事的流浪汉，对社会经济造成了极其严重的破坏，"将边海居人尽移内地，燔其舍宅，移其坛宇，荒其土地，弃数百里膏腴之地，荡为瓯脱。……近界居民尚有附界之利，三月间，令巡界兵割青，使寸草不留于地上"。〔5〕当然，由于各种原因，真正实施了大规模迁界的仅闽粤两省及浙省南部临海的宁、台、温三府。康熙收复台湾后，在内外臣工的努力下，"禁海""迁界"逐渐废弛，徙迁内地的百姓也陆续回到祖籍之地，但由于迁界之祸与战乱，"民归故里者，十无一二"。〔6〕在清廷看来，此举确是为了国安民乐，如顺治十八年迁界时就曾说："前因江南、

---

〔1〕《清通鉴》。

〔2〕《清通鉴》。

〔3〕《清通鉴》。

〔4〕驻闽海军军史编纂史：《福建海防史》，厦门大学出版社，1990年，第164页。

〔5〕中国社会科学历史研究所清史研究室：《清史资料》第一辑，载余扬：《莆变纪事·画界》，中华书局，1980年，第128页。

〔6〕漳州建州一千三百周年纪念活动筹委会办公室编：《漳州简史》，内部印刷，1986年，第71页。

浙江、福建、广东濒海地，逼近‘贼’巢，海逆不时侵犯，以至生民不获宁宇，故尽令迁移内地，实为保全民生。”〔1〕无论当时统治者作何辩解，永远也改变不了海禁、迁界给沿海百姓带来了巨大灾难的历史事实。

三、康熙统一台湾与清代的治台政策

康熙二十二年，据守台湾的郑氏集团首领郑克塽降清，中国完成统一。对于台湾的弃、留，清王朝内部出现两种不同声音，“（康熙二十二年八月）十七日，姚启圣上疏八本，请开垦沿海荒地、主留守台湾等”，九月，康熙帝却“谓其并无劳绩又沽名市恩，各本皆不准行”。十月，大学士以台湾克服请加尊号，康熙帝又以“台湾近弹丸之地，得之无所加，不得无所损”，予以拒绝。而当时的重臣李光地，也主张放弃台湾，甚至主张将台湾交荷兰世守输贡。施琅班师回朝后，力主留守台湾：台湾“实肥饶之区，险阻之域”，虽属外岛，实关江浙闽粤四省要害，留之则永绝边海之祸；弃之则居民将流离失所，疏费经营，不法之徒将与土番、逃军、流民纠党为乱滨海，红毛亦必乘隙以图。并陈述固守台湾之部署。康熙帝命大学士等会同议政王大臣、九卿等再议，“众议以设兵守之为宜”，〔2〕台湾弃守的问题才最终确定下来。

康熙二十三年四月，康熙帝发布上谕，决定保留台湾，设置行政建制：工部侍郎苏拜会同总督、巡抚、提督遵谕议定台湾之防守等事宜：台湾设一府三县（台湾府及台湾、凤山、诸罗三县），设巡道一员分辖；镇守台湾、澎湖之官兵如施琅所奏（施琅奏请于台湾设总兵官一员，副将二员，兵八千，澎湖设副将一员，兵二千）而设，且分别分为水陆八营、水陆二营。帝从之。〔3〕 此后，清廷采取多项措施，开发台湾。“文武官员入台赴任，登记人口田亩，奏定田赋丁银征收则例”“除仍以原荷兰殖民者统治下之王田为官田，及设恤赏台湾驻兵之官田外，宣布郑氏官私田悉归民业”，又“集流氓，垦荒地，安辑诸悉，教以授产之法”，〔4〕文教随之兴起，台湾之开发成绩显著。康熙二十四年，又批准总兵吴英的奏请：台湾设兵八千，彼处钱粮不足赡养，岁需内地协饷数万金，似非长计，今臣愚见，请将八千兵丁半为镇守半为屯种亩兵，给田三十亩，督令尽力耕获，除费用外，收其余粒可以充饷……上曰而言甚是。〔5〕 总之，统一后的台湾，在当地官民的努力

〔1〕《清圣祖实录》卷四。
〔2〕《清通鉴》。
〔3〕《清通鉴》。
〔4〕《清通鉴》。
〔5〕 邹爱莲：《明清宫藏台湾档案汇编》第八册，九州出版社，2009年，第62—63页。

下,各方面都有较大的改变。

当然,这并不是说台湾的开发是一帆风顺的,清廷内相当一部分大员以“台湾孤悬海外,是奸宄之薮,不宜广辟土地以聚民”〔1〕为由,对台湾的开发持保守消极的态度。受之影响,康熙帝对赴台办理兵饷的苏拜等言:倘其归来,即令登岸,善为安插,务俾得所,勿使余众仍留原地。此事甚有关系,尔等勉之。〔2〕该年即有不少于5万人从台湾移回大陆,“难民丁去之,闲散丁去之,官属兵卒去之”。〔3〕康熙五十四年,在福建督抚请示台湾是否开荒的奏折中,康熙帝批示:台湾地方多开田地,多聚人民,不过目前之计而已,将来福建无穷之害俱从此生,尔等会同细商,勿得轻率。〔4〕可见,对台湾的开发是在重大的压力中艰难地进行着的。另外清廷虽然允许大陆往台湾移民,但限制条件颇多,“欲渡船台湾者,先给原籍地方照单,经分巡道、台下兵备道稽查,依台湾海防同知审验批准,潜渡者严处”,另外,“渡台者不准携带家眷。业经渡台者,亦不得招致”,并且对渡台者的地域还有限制,“粤地为海盗渊薮,以积习未脱,禁其民渡台”,因此,移民台湾的人,“漳泉为多,粤籍次之”〔5〕“男多女少,有村庄数百人而无一眷口者。盖内地各津渡妇女之禁既严”。〔6〕但是,台湾地区极其优越的自然条件,还是吸引了大量贫民冒险偷渡,他们与正常途径来台者以及台湾当地民众共同促进了台湾地区经济的发展,加快了台湾的发展进程。

四、蔡牵海上集团的反清活动

清朝初年,中国东南海域地区活跃着大批反清集团。这些反清集团或直接从事攻城略地、抢占地盘的反清活动;或从事带有海盗性质的活动,既有扰民的一面,又是适应东南沿海人多田少、海上私人贸易盛行之形势的产物。顺治十八年,清廷继“禁海令”(1655年)之后,又发布“迁界令”,霞浦、福安、宁德各县内撤三十里,大量民屋被焚,耕地化为焦土。〔7〕禁海迁界,意在阻断“海寇”与陆上的联系,但它也严重破坏了沿海百姓的生计。“迁界”后被取

---

〔1〕杨金森、范忠义:《中国海防史》下册,海军出版社,2005年,第490页。

〔2〕《清实录·圣祖仁皇帝实录》卷一一一。

〔3〕《清通鉴》。

〔4〕邹爱莲:《明清宫藏台湾档案汇编》第八册,九州出版社,2009年,第118页。

〔5〕《清通鉴》。

〔6〕《诸罗县志》卷一二《杂记志·外纪》,1968年方豪校订排印本,见《中国地方志丛书·台湾地区》第7号,成文出版社,第284页。

〔7〕《清通鉴》。

消,但禁海的政策仍然长期延续,对出海仍有诸多限制,例如对船队的连环保结以及船只的桅数(一般只准单桅)、船梁的长度、航程的范围等等,都做了严格的规定,东南沿海严重的社会民生问题依然存在。尤其到了清乾隆嘉庆之际,清王朝吏治更加腐败,天灾频现,民不聊生,饥民遍野。对于福建沿海居民而言,情况尤甚。于是迫于无奈的贫民、饥民纷纷出海"流为匪党""漳、泉被水后,失业贫民,不无出洋为匪",〔1〕其中最为有名的就是以蔡牵为首的海上集团。

蔡牵,亦称蔡骞,福建同安人,幼时流落到霞浦水澳村,以补网为生。乾隆末年,福建连遭水灾,百姓生计艰难,只好冒险出海谋生。面对清政府追捕,他们啸聚起义。而许多水澳渔民为同安籍,他们乐于服从蔡牵的指挥。清乾隆五十九年起事后,在海商以及大陆商帮的支持下,蔡牵集团势力发展很快,他们拥有 100 多艘战船,又购买了很多洋枪洋炮,实力极盛时拥兵两万余人,雄踞海上,屡败官军。

此后,蔡牵集团与清军展开多次激战。嘉庆三年(1798 年)三月,蔡牵集团在斧头奥同闽安副将庄锡舍所统领官兵交战;四年秋,在甲子洋抗击浙江定海总兵李长庚水师;五年四月,又在白犬洋与李长庚水师交战;同年,闽浙水师提督李长庚耗银 10 万两,赶造一种叫作"霆艇"的巨舰,并配 400 余门大炮,〔2〕这才在后来多次行动中打败蔡牵集团。七年五月一日,蔡牵率部四五百人,艇 30 余艘,攻占距厦门 30 里之大担、小担二岛,捣毁炮台,抢走汛炮,并伤毙弁兵 1 人;〔3〕八年正月,蔡牵船队驶往浙江定海,李长庚尾随而至,后蔡牵向闽浙总督玉德诈降,方得以逃脱。事后,蔡牵因官军水师霆船甚厚,遂赂闽商订造比霆船更大的船,〔4〕重新取得制海权。八年六月,劫台米数千石,分饷朱濆。濆,粤盗也,遂与合;八年八月,蔡牵再次突袭福建,清廷以李长庚统帅闽浙水师击之,蔡牵不敌,又怨朱濆不用命,朱濆愤而离去,蔡牵实力下降;九年四月十五日,蔡牵召集 1 万多人、战船 100 多艘,攻入台湾鹿耳门、淡水、凤山等地,官兵溃,炮不得发,游击武克勤、守备王维光战没。遂燔木城,毁炮台,夺铁炮。官军莫如何。……然其时水师无战舰,故不得出击。三十夜,牵焚鹿耳门营署,火光达安平。五月初二日,又烧商船一艘。翌日,以十二人驾小艇入,焚哨船三,夺去二。营兵、义民满布海岸,莫敢谁何。船户知无所恃,各赴牵议价自赎。十三日,东南风发,乃

〔1〕《清通鉴》。

〔2〕 赵尔巽、柯劭忞等:《清史稿 · 李长庚传》(缩印本)卷三五〇,中华书局,1977 年,第1269 页。

〔3〕《清通鉴》。

〔4〕《清通鉴》。

拥重资悠悠而去。十二月淡水一役，李长庚率水师大败蔡牵，“寇多溺毙”。嘉庆十年四月，蔡牵再次攻打台湾，台湾洪老四率众接应，队伍增加到两万多人，据沪尾，建立政权，蔡牵被推为“镇海王”，威震东南沿海。[1] 至此，蔡牵集团势力达到顶峰。

嘉庆十一年正月二十六日，李长庚督军偷袭鹿耳门，“击杀百余名，获船四只，烧毁五只”，蔡牵率众撤退，但为沉船所阻，差点被俘，所幸二月七日，风潮骤涨，沉舟漂起，蔡牵率余船三十余夺门出海。官兵追截，击沉六只，烧毁九只，卒以闽师不助扼各港，李长庚所将水师卒仅三千余，故蔡得以南遁。[2] 此后，清廷往台湾加派兵力，蔡牵在台湾无地立足，只得撤返闽浙沿海；又因清廷在闽浙沿海的坚壁清野政策，蔡牵集团得不到基本的补给，被迫流动游劫，与水师作战互有胜负。嘉庆十二年十二月二十四日，李长庚侦知蔡牵行踪，亲率福建水师追捕，至黑水外洋，已将蔡牵本船击坏，正要将其擒获，忽暴风陡作，兵船上下颠簸，牵船发一炮，适中长庚咽喉额角，[3] 最终李长庚丧命，蔡牵得以逃脱。于是，清廷委任李长庚旧部王得禄、邱良功督闽、浙二省水师合击蔡牵，但始终未能将其消灭。嘉庆十三年正月二十一日，清廷担心蔡牵与朱濆勾结，着吴熊光饬知钱梦虎，即责成该提督统率所带粤省兵船，专剿朱濆一股，杜绝与蔡牵勾结一路。[4] 后来，蔡牵还是与朱濆合兵一处，并于嘉庆十三年七月十日入浙，“蔡牵由越南海面入粤，又由粤驶入闽省海面……旋与朱濆合帮入浙”，[5] 实力再次增强。嘉庆十四年二月二十七日，清廷击毙了朱濆，蔡牵集团损失惨重。[6] 嘉庆十四年八月十七日，分任闽、浙提督的王得禄、邱良功，获悉蔡牵集团所在后全力围攻，双方从定海海面一直搏杀到温州黑水洋。蔡牵因寡不敌众，毅然以炮毁船，自沉于海。[7] 随后，水澳、三沙惨遭血腥洗劫。极盛一时的蔡牵集团宣告灭亡。

蔡牵领导的以海商、渔工为主要力量的武装，纵横闽、浙、粤、台四省海域，历时16年，声威震撼清廷，而其所作所为又具有双重效果：由于历史的局限性，其行为加剧了海洋社会的内耗，消解了向海洋发展的能力；而清王朝非但没有从丧失制海权中得到教训，认识海洋的重要性，提升水师的外洋作战能力，反而更加

---

〔1〕 连横：《台湾通史·海寇列传》卷三二，华东师范大学出版社，2006年，第442页。

〔2〕《清通鉴》。

〔3〕《清通鉴》。

〔4〕《清通鉴》。

〔5〕《清通鉴》。

〔6〕《清通鉴》。

〔7〕《清通鉴》。

极端地隔绝海洋,“禁海”更甚,在世界强国发展海洋力量的历史时刻,自身却陷入有海无防的困局中,与西方强国差距就此越拉越大,以至于有了后来的一系列战祸。

五、中琉航路与中琉关系之延续

清朝入关之后,延续了明朝与琉球的封贡关系。顺治六年(1649年),琉球国王应清朝招谕,遣使进表投诚,拉开了琉球与清朝间邦交关系的序幕。翌年,欲赴华庆贺顺治帝登基的琉球使节因船只中途遇难,未能抵闽。顺治十年二月,琉球国再次派遣庆贺使,并缴还明朝旧诏以及敕印,奏请清廷册封,正式建立同清朝之间的封贡关系。清承明制,规定琉球贡期为两年一贡,贡使经由福州入境。顺治帝任命张学礼、王垓为正副使,准备册封琉球,但由于郑氏集团抗清活动在闽台一带十分激烈,东南海域不宁,清朝赴琉球册封使臣未能成行,琉球贡使来华朝贡也一度受阻。

直至康熙二年(1663年),海氛稍靖,清廷再次任命张学礼、王垓为册封正副使,前往琉球册封国王尚质。两位册封使于当年顺利抵达琉球,实现清朝对琉球的第一次册封。同年,琉球王府也派出使节与册封使一同抵华,叩谢皇帝册封之恩。自此,因明清朝代更替而被迫中断的中琉关系正式恢复,尤其是在康熙二十八年议准琉球在规定的两艘进贡船外增派一艘接贡船之后,[1]每年都有琉球船只往返于中琉航路,中琉航路重现了明代的生机和活力。有清一代,清廷共8次派遣册封使往封琉球,琉球以进贡、接贡、报丧、请封、迎封、请命、护送难民等名义派遣船只来华多达100余次。

乾隆朝册封琉球登舟图(冲绳县立博物馆藏)

〔1〕《清会典事例》(光绪朝)卷五一四。

册封琉球队列

清朝册封琉球使一览表

册封年代	使臣姓名		琉球国王名	著述及其他
	正　使	副　使		
康熙二年（1663年）	兵科副理官 张学礼	行　人 王　垓	尚　质	张学礼:《使琉球记》《中山纪略》
康熙二十二年（1683年）	翰林院检讨 汪　楫	内阁舍人 林麟焻	尚　贞	汪楫:《使琉球杂录》《中山沿革志》《册封琉球疏抄》
康熙五十八年（1719年）	翰林院检讨 海　宝	翰林院编修 徐葆光	尚　敬	徐葆光:《中山传信录》《游山南记》
乾隆二十一年（1756年）	翰林院侍讲 全　魁	翰林院编修 周　煌	尚　穆	周煌:《琉球国志略》
嘉庆五年（1800年）	翰林院修撰 赵文楷	内阁舍人 李鼎元	尚　温	赵文楷:《槎上存稿》 李鼎元:《使琉球记》
嘉庆十三年（1808年）	翰林院编修 齐　鲲	工科给事中 费锡章	尚　灏	齐鲲:《续琉球国志略》《东瀛百咏》
道光八年（1828年）	翰林院修撰 林鸿年	翰林院编修 高人鉴	尚　育	
同治五年（1866年）	翰林院编修 赵　新	翰林院编修 于光甲	尚　泰	赵新:《续琉球国志略》

清政府十分重视与琉球的封贡关系,对册封琉球使臣的选派有严格的要求,正副使多由翰林院官员充任,大多德才兼备、品学兼优。此外康熙、雍正、乾隆、嘉庆分赐御书匾额"中山世土""辑瑞球阳""永祚瀛壖""海表恭藩"等。清顺治十一年,定琉球国贡期为两年一贡,人数在150人之内。康熙十七年,琉球国上奏请求另派一艘接贡船迎接皇帝敕书及贡使,从此建立了接贡制度。康熙二十

八年，应琉球国王请求，准许免除琉球国接贡船只税额，并将琉球进贡使团的人数增加至200人。为了确保琉球贡使能够安全抵达京城，清朝还建立了护送贡使进京制度。据不完全统计，从清乾隆八年（1743年）至同治十三年（1874年），福建共委派官员护送琉球使臣入京达54次，护送官111人。〔1〕此外清朝还减免琉球贡品，增加赏赐物品，对在华病故或遇难的琉球使臣加以厚恤，对琉球派遣的“官生”多加优待。清代琉球共向中国派遣官生7批，计27人。〔2〕琉球官生在中国学习儒家经典，回国后大多担任要职，深受国王器重。

首里城内的中山世土匾额（吴巍巍 摄）

因受季风影响，中琉间的航海针路一般是“福州往琉球，出五虎门必取鸡笼彭家等山，诸山皆偏在南，故夏至乘西南风，参用辰巽等针，邪绕南行以渐折而正东。琉球归福州，出姑米山必取温州南杞山，山偏在西北，故冬至乘东北风，参用乾戌等针，邪绕北行以渐折而正西”。〔3〕不仅鸡笼屿、彭家山，散落于中国东南

〔1〕赖正维：《清代中琉关系研究》，海洋出版社，2011年，第42页。

〔2〕赖正维：《清代中琉关系研究》，海洋出版社，2011年，第21页。

〔3〕《中山传信录》。

海上的钓鱼岛及其附属岛屿也是中琉航线上的必经之地。清代许多出使琉球的使臣在亲历中琉航线之后,都在其使录中留下了钓鱼岛的相关记述,如康熙二十二年册封正使汪楫的《使琉球杂录》《册封疏钞》,康熙五十八年册封副使徐葆光的《中山传信录》,乾隆二十一年册封副使周煌的《琉球国志略》,嘉庆五年(1800年)册封副使李鼎元的《使琉球记》,嘉庆十三年册封正使齐鲲的《东瀛百咏》,同治五年册封正使赵新的《续琉球国志略》等。这些史籍中都清楚地记载着,钓鱼岛及其附属岛屿属于中国。

此外,在琉球王国时期一部重要的航海史籍《指南广义》中,也详细记载有福建至琉球间的针路以及航海要项。该书成书于康熙四十七年,是琉球著名学者程顺则以中国航海针簿为蓝本汇辑而成的一部航海指南。书中收录了 14 条"福建—琉球"间的针路,其中 4 条针路抄自中国册封琉球舟师的针路簿,10 条针路抄自移居琉球的闽人三十六姓"善操舟桨之人"的针路簿。在这 14 条针路的记述中,有多处内容涉及钓鱼岛及其附属岛屿。尽管书中并没有涉及钓鱼岛及其附属岛屿的归属问题,但"海岛图"以及"针路条记"的记述表明,琉球人对钓鱼岛的认识来源于中国人,从而有力地证明钓鱼岛是中国人发现并命名的,更为证明钓鱼岛主权属于中国提供了佐证。

清代延续不衰的中琉封贡关系促进了琉球国社会的进步,中国输入琉球的物品种类齐全,品种繁多。从纺织品、日用品、药材,到工艺品、原料、食品等,包罗万象,应有尽有。频繁的交流往来不仅密切了双方的关系,也对琉球产生了深远的影响。与此同时,中琉之间的往来还促进了福建地区造船业的兴盛及福州港的繁荣。琉球作为中国的藩属国,在东亚海域海难救助及情报传递方面也发挥了重要的作用,对当时东亚地区的和平产生了积极的影响。

在清代中琉关系史上,漂风难民及其救助机制是一重要的历史面相。大大小小数百起的漂风事件,丰富了中琉关系的内容。漂风难民不仅反映了前近代中国与周边藩属国在东亚海域政治秩序层面的良性互动关系;也对中国及其藩属国内部经济、社会和文化等层面产生了影响,进而推动了中国与藩属国在诸多领域的制度化发展历程。

自明代以来,尤其是有清一代,中琉海上漂风难民不计其数,无论是中国漂风难民滞留琉球,还是琉球漂风难民滞留中国后返回国内,其客观上都起到了向琉球社会传播中国文化的作用。在清代官方档案中,经常可见漂风难民往往还伴随货物买卖,间接上促进了中琉经贸关系的发展。对于漂风难民的处置,两国官方通常配套相应的抚恤制度,丰富和完善了以儒家文明体系精神观念为核心与纽带的中琉宗藩关系与东亚政治秩序。清代历朝统治者都将抚恤琉球难民纳

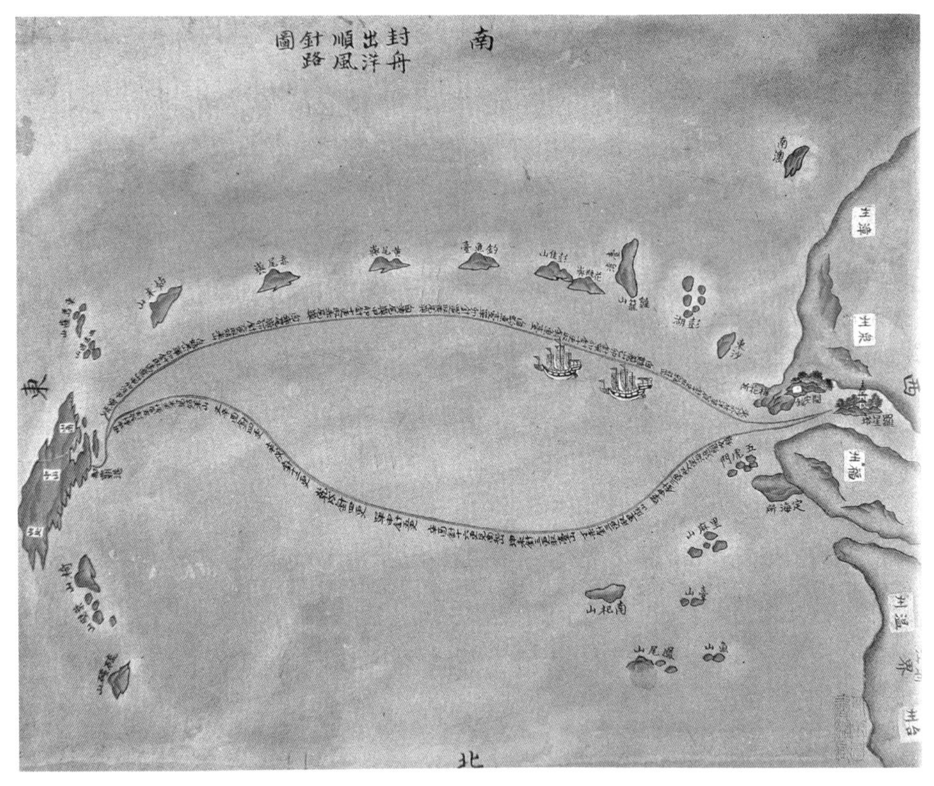

中琉航线针路图(徐葆光《中山传信录》)

入国家政事议程,使处置琉球遭风船只的抚恤制度逐步完善、渐成体系。其流程主要表现为:琉球难船漂风至中国沿海,一经发现,立即查验,给予救助,动用存公银两进行抚恤,按琉球难民的意愿处理其船只货物,护送至闽(福州柔远驿),直至将其遣归本国。〔1〕

第二节　清政府在东海疆域内行使主权

一、清代台湾的班兵制

班兵制度并非起源于清朝,明朝的时候就已经有了。明永乐时期(1403—1424 年),明成祖令内地军番戍,谓之边班,〔2〕或称班军。清康熙二十二年,施

〔1〕 参见杨桂丽:《清代中琉漂风难民问题之研究》,福建师范大学硕士学位论文,2000 年。
〔2〕 《大明会典》卷六〇《兵三 · 番戍》。

琅率军收取台湾,清政府完成国家的大一统事业。统一台湾后,关于台湾的弃留问题,清廷内部曾一度展开争论。由于台湾战略位置非常重要,号称“东南数省之藩篱”,且据台的郑氏集团曾对清政府造成极大的威胁,所以清政府对台湾的防务不敢掉以轻心。于是,清政府在台湾设置一府三县的行政管理体制,将台湾纳入大清帝国版图的同时,还在台湾实行了有别于内地的军事制度——“班兵制”,这在清王朝的军事制度史上还是首次采用。其后“雍正五年(1727年),以山、陕、甘、江之壮健者移驻绿营积弱的浙江;乾隆十六年(1751年)以安、甘、凉、肃四提镇营分遣将弁二十余、兵两千往驻哈密,两年一换,四月、八月更其半数,使新旧相间,便于教练;乾隆五十七年设立科布多、乌里雅苏台的换防屯田兵丁,由直隶、山西酌拨,五年一换”,〔1〕等等,这些以外省兵换防边区、数年一易的制度,统称为“班兵制”。

征台多年的施琅深知台湾与东南海防的重要关系,极力主张将台湾收入大清版图,并于同年十二月二十二日,上《恭陈台湾弃留疏》,明确提出了“台湾设总兵一员、水师副将一员、陆师参将一员、兵八千名,澎湖设水师副将一员、兵二千名,通计共兵一万名,足以固守,又无添兵、增饷之费。其防守总兵、副、参、游等官,定以三年或二年转升内地,无致久任,永为成例”〔2〕的台湾军事管理规划,即在台湾的军事管理制度上沿用明代的戍边政策。奏疏中“无添兵、增饷之费”和“无致久任”的两种戍边方式,符合了康熙节省军费开支和防备戍台兵丁“岁久各立家业,恐意外致生他变”〔3〕的实际统治需要,故旋令“福建督抚提镇详议”。翌年四月十四日,康熙根据福建料理钱粮侍郎苏拜和福建督抚提督的奏报,下令在台湾“设总兵官一员,副将二员,兵八千,分为水陆八营。澎湖厅设副将一员,兵二千,分为二营,每营各设游、守、千、把等官”,〔4〕遂定为制。

由于郑氏在台经营长达22年(1661—1683年),清廷疑忌在台居民中尚有义不帝清的忠明义士存在,为防止出现军事防御上的变故,决定不用台湾居民来防戍台湾,而以班兵取代之。闽台地理相近,抽调闽省原有的兵丁来台戍守,则“兵无广额,饷无加增”,可以减轻军费的负担。〔5〕因此,在班兵实际组建过程中,将弁兵丁,陆路者皆由漳州、汀州、建宁、福宁、海坛、金门等六镇标,及福州、兴化、延平、闽安、邵武等五协标抽调而来;其水师则由福建之海坛、金门、闽安三

〔1〕许雪姬:《清代台湾的绿营》,台湾中研院近代史研究所,1987年,第260页。
〔2〕施琅:《靖海纪事》下卷《恭陈台湾弃留疏》,《台湾文献丛刊》第13种,第61页。
〔3〕中国第一历史档案馆:《康熙起居注》第2册,中华书局,1984年,第1530页。
〔4〕张本政:《清实录台湾史资料专辑》,福建人民出版社,1993年,第64页。
〔5〕许雪姬:《清代台湾的绿营》,台湾中研院近代史研究所,1987年,第260—262页。

协标,及广东、福建合辖之水师——南澳镇标抽派而来,此外尚有水师提督、烽火营(闽、浙共管)。[1]

然此时仅规定在台湾驻兵数为一万,对戍台班兵如何轮番更戍并未议及。由于来台的戍兵皆由闽省抽调,诸如漳泉兵中不乏与台湾居民有同乡之谊,清廷恐其时日一久而有所勾结,又恐戍兵长留台湾则未免有故乡之思,于是下令"台湾驻防兵丁,三年之中,陆续更换",[2]明确规定了"三年一换,轮番更戍"的基本原则,从而标志了班兵制的确立。

班兵制创立之后,针对其在实施过程中暴露的各种弊端,清政府又采取了相应的解决措施,并确立了一系列班兵建设的原则、政策和制度,进一步完善了班兵制。

为杜"私相顶替"之弊,康熙五十二年制定了"班兵验核制度",规定兵丁赴台之前,"各该营造具年貌、籍贯,并注明疤痣、箕斗清册三分,一存原营,一交厦门点兵官核验,一交台湾验明收伍";在台湾戍守之时,若出现兵丁"在台湾逃亡,裁革兵缺"等情况,为了严防冒名顶替的情况发生,清政府规定"不得募补",只能于台湾呈报到日,各原营即照数选兵,拨往厦门。无论水、陆,计有十人以上,即委千、把等一员,搭船管押,前往归伍;等到戍守任务结束,兵丁回闽之时,还要再照册稽察,发回各原营。而且,清政府还制定了严厉的惩罚措施,规定如果换班时出现私相顶替及换名不换人的情况,大小官员都将受到严惩,"管押官革职,内地该管官与台湾管官各降二级调用。总兵官不稽察者,降一级留用;提督罚俸一年,总督交与吏部察议"。[3] 雍正时期,又出现了内地各营抽调疲弱兵丁充当班兵的现象。为此,雍正帝谕曰:

> 台湾防汛兵丁,例由内地派往更换;而该营官弁,往往不肯将勤慎诚实,营伍中得力之人派往,是以兵丁到彼,不遵约束,多放肆生事。嗣后台湾换班兵丁,着该管官弁,将勤慎可用之人,挑选派往。倘若兵丁到彼有生事不法者,或经发觉,或被台湾官员参出,将派往之该管官一并议处。如此,则各营派拨兵丁,不敢苟且塞责,而海疆得防汛之益固矣。[4]

---

[1] 台湾省文献委员会:《重修台湾省通志》卷五《武备志 · 防戍篇》,台湾省文献委员会,1990 年,第 4 页。

[2] 张本政:《清实录台湾史资料专辑》,福建人民出版社,1993 年,第 70 页。

[3] 台湾省文献委员会:《重修台湾省通志》卷五《武备志 · 防戍篇》,台湾省文献委员会,1990 年,第 24 页。

[4] 台湾省文献委员会:《重修台湾省通志》卷五《武备志 · 防戍篇》,台湾省文献委员会,1990 年,第 24 页。

到了乾隆时期,又于乾隆五十三年进一步规定:"换防戍兵调集厦门时,应令水师由陆路提督、陆路由水师提督,互相点验,必须年力壮健,方准配渡。"〔1〕

班兵的设立,是为了"防缉盗贼,守护城汛"〔2〕和抵御外来侵略,康熙年间规定:台湾营兵……由内地各营选年青力壮,有身家者,拨往换班。〔3〕雍正皇帝也明确要求选内地强壮有家室之丁拨换,〔4〕且不准班兵携家眷赴台。清朝统治者这样做,其目的一方面是为了提高战斗力。康熙末年的朱一贵之役,暴露出班兵战斗力低下,"额兵不免单薄",对此,康熙帝谕大学士等,重申:台湾驻扎之兵,不可令台湾人顶补,俱将内地人顶补。兵之妻子无令带往,三年一换。〔5〕另一方面是为了防止班兵在台"各立家业,恐意外致生他变"。而为了安抚赴台班兵,清廷采取多种措施予以补偿。雍正二年,雍正皇帝谕户部:

> 前往台湾换班之兵丁守戍海外岩疆,粮饷在台湾支给,伊等所留家口,若无力养赡,则当差之兵丁必致分心苦累。朕甚为轸恤。每月着户给米一斗,以资养赡。内地米少,则动支台湾所贮米石,合计船价,雇募运至厦门,交于地方官躬亲按户给发,务使均沾实惠。〔6〕

雍正七年,诏以台湾戍兵,每年赏银四万两,以为养赡家口之用。结果,又贴补每户每月银二钱八分。〔7〕乾隆五年,乾隆帝重申雍正帝优抚班兵眷属政策,谕军机大臣称:

> 福建台湾换班兵丁,远戍重洋,向蒙皇考圣心轸念,于本省应领月饷外,添赏伊家口留住内地者,每月米一斗,银二钱八分零,以资养赡,诚属格外之恩。〔8〕

乾隆五十三年,军机大臣遵旨议台湾兵丁家属养赡奏称:

---

〔1〕张本政:《清实录台湾史资料专辑》,福建人民出版社,1993年,第567页。

〔2〕《雍正实录》卷一一。

〔3〕台湾省文献委员会:《重修台湾省通志》卷五《武备志·防戍篇》,台湾省文献委员会,1990年,第24页。

〔4〕台北故宫博物院:《宫中档雍正朝奏折》第23辑,第166页。

〔5〕张本政:《清实录台湾史资料专辑》,福建人民出版社,1993年,第88页。

〔6〕《福建通志·台湾府》之《诏谕》,《台湾文献丛刊》第84种,第2—3页。

〔7〕中国第一历史档案馆:《雍正朝汉文朱批奏折汇编》第15册,第34页。

〔8〕张本政:《清实录台湾史资料专辑》,福建人民出版社,1993年,第128—129页。

> 查向例内地兵丁，渡海出防，其原籍家属，每月给米一斗，银五钱，为数较少，恐其不敷养赡，请照新疆防兵例，准支行粮坐粮二项，以示体恤。

上从之。[1]

总之，清政府禁止班兵携带家眷之事虽有违人情，但却给予家眷们优厚的待遇，以较为优厚的抚恤制度笼络班兵，使他们能安心戍台。所以，后来姚莹曾评说：

> 台湾海外孤悬，缓急势难策应，民情浮动，易为反侧，然自朱一贵、林爽文、陈周全、蔡牵诸逆寇乱屡萌，卒无兵卒变者，其父母妻子皆在内地，惧于显戮，不敢有异心也。[2]

可见，此规定还是起到了一定的积极作用。

班兵赴台后，为了防止班兵为祸，或与台民勾结作乱，将班兵分散各营驻防，并与台地庄民异籍驻防，“班兵来台之后，乡里不同，互分气类”。因原各营汛兵丁“互分气类”，容易导致不同“乡里”兵丁发生矛盾与冲突，故将被抽调的原各营汛兵丁“分散各处”驻防。[3] 这是清政府防患于未然而采取的措施，所以，姚莹说：“前人犹虑其难制，分布散处，错杂相维，用意至为深密。”[4]另一方面，为了防止班兵与同籍庄民联成一气“作奸犯科”，又确定了班兵与当地庄民异籍驻防的原则。此规定主要是针对漳泉兵丁而言。在台湾班兵中，漳泉兵占了一半以上，因此，乾隆五十三年，上谕：

> 台湾戍守兵丁，将来自仍应分班轮换。此等兵丁籍隶漳泉者居多，若分拨营汛时，漳泉两处庄民即以同籍之兵派往防守，则伊等乡贯熟习，自必联为一气，即间有作奸犯科者，兵丁等未必肯举发。自应令籍隶泉州之兵，在漳州民人庄村附近一带防守，其籍隶漳州之兵，即以防守泉州各庄，庶彼此互相纠察，可以防微杜渐，而他府之兵，与之互相错处，不动声色，于抚绥防范，俱有裨益。[5]

---

〔1〕 张本政：《清实录台湾史资料专辑》，福建人民出版社，1993年，第574—575页。

〔2〕（清）姚莹：《东槎纪略》卷四《台湾班兵议（上）》，《台湾文献丛刊》第7种，第94页。

〔3〕 台湾省文献委员会：《重修台湾省通志》卷五《武备志 · 防戍篇》，台湾省文献委员会，1990年，第23页。

〔4〕 姚莹：《东槎纪略》卷四《台湾班兵议（上）》，《台湾文献丛刊》第7种，第94页。

〔5〕 张本政：《清实录台湾史资料专辑》，福建人民出版社，1993年，第524—525页。

在台湾兵丁的分派上，清政府坚持将漳、泉兵丁打散在各府兵之中，即漳州籍兵丁分拨到泉州移民区，泉州籍兵丁到漳州移民区戍守，使他们不因人多势强而生事。应该说，这两项班兵驻防原则对“班兵内部的稳定与台湾地区的安定”以及加强海防是有积极作用的。〔1〕

总之，经过康、雍、乾三朝的建立、发展、完善，台湾的班兵制度基本确立，其主要原则是：戍台兵丁不用台民，而由福建各地绿营中抽拔，选调之人既要求“年力精壮，有身家”，又不许携带家眷，“更迭往戍，期以三年”。同时，班兵到台后分散各营驻防，并将漳、泉两地兵丁与在台漳、泉两籍移民分开，隔离戍守。虽然康、雍、乾三帝很重视班兵制在台情况，但仍有很多问题难以顾及，军官无能、贪污，兵丁懈怠，再加上政令滞后等，使班兵制不可避免地走上了衰败的道路。

尽管班兵制在台湾的防务中起到了积极的作用，但该制度本身存在不少弊端，清政府在具体执行的过程中也有错误之处，从而导致清朝统治者不得不对其进行改革。

道光初年，针对“太平日久，文恬武嬉，惟声色宴乐是娱；不讲训练之方，不问民间疾苦。上下隔绝，百姓怨嗟，故使奸人伺隙生心，得以缘结为乱。仓卒起事，文武官弁，犹在梦中”的种种情况，嘉义陈震曜上书，请裁班兵，改为招募台湾乡勇为兵。此议得到了台湾道台叶世倬的支持。叶世倬认为裁汰班兵“每年可节省眷米数万石、养赡银四万两。将台湾的无业游民招入营伍，解决他们的生计问题，有利于社会治安。可免去班兵三年更换时的种种烦扰和士兵漂洋过海的风险”，〔2〕因此，积极主张改班兵为募勇。

对此，台湾海防同知姚莹坚决反对，他连续撰写了《台湾班兵议》上、下篇，为班兵制辩护，他认为：班兵之制，于今一百余年，推其弊不过如此；其利，则保障全海。而改为召募，则其害不可胜言，并无所利。针对班兵制确实存在的弊端，姚莹主张进行改革整顿，他提出了五条改革建议：

> 一、无事收藏兵器以肃营规。二、演验军装枪炮以求可用。三、选取教师学习技艺以备临敌。四、增设噶玛兰营兵以资防守。五、移驻北路副将以重形势。〔3〕

---

〔1〕 季云飞：《清康、雍、乾三朝台湾军队建设述论》，《安徽大学学报（哲学社会科学版）》1997年第6期。

〔2〕 姚莹：《东槎纪略》卷四《台湾班兵议（上）》，《台湾文献丛刊》第7种，第95—97页。

〔3〕 姚莹：《东槎纪略》卷四《台湾班兵议（上、下）》，《台湾文献丛刊》第7种，第93—102页。

东山戍台将士墓

闽安戍台将士墓

姚莹的主张和建议虽得到了上峰的认可,班兵制予以保留,但对于班兵制的弊端并没有确切办法予以解决,班兵废弛毫无改观。

鸦片战争之后,班兵"营制之坏"更加严重,戍守之兵,借住民家,包娼聚赌,挟械以嬉,而复各分气类,私设公厅,犄角争斗。姚莹此时已经升任台湾道台,他也采取了"移镇拆毁,勒令归营,其无营者,筹款以建"[1]等一系列措施,但"议多未行",故成效也不大。

道光二十八年(1848年),徐宗干任台湾道台时,又提出了系统的改革班兵制的主张。徐宗干的改革措施有八点:

> 一曰都守以上不用闽人,都守以下不用漳、泉人。二曰裁减精兵一半,以其经费,修理营房,分营居住。三曰非属操演有事之时,军装器械,一概缴库。四曰城内酌留精兵若干,余则拨添各汛,随时调遣。五曰换班之年,不准逗留。六曰调戍之期,漳、泉分岁。七曰减调提标之兵,到台分拨外汛。八曰道、府、厅、县多养屯丁、乡勇,随时练习,以补兵力。

他的这八条改革建议得到了上级的采纳,因此,经过徐宗干的改革,"班兵稍受约束"。但是,"绿营暮气,濡染已深,各省皆然,虽有名将不能驱策",这也导致了台湾班兵必然更为废弛,而"台勇之名闻队曲,以其尚武习劳,坚毅矫捷,而足与共生死也"。[2] 所以,同治八年(1869年),清政府开始"裁汰额兵",台湾官兵从道光年间的14 656人降至7 849人,同时,台湾"勇营渐用",[3]台湾班兵制日渐没落。

为了挽救日渐废弛的班兵制,同治十三年牡丹社事件之后,钦差大臣沈葆桢又进行了一次整顿和改革。沈葆桢指出:

> 查台湾营伍废弛,曾经屡次奏陈。上年府城挑练两营,毫无起色,并将营官林茂英等参革在案。府城如此,外县可知,是其积弊之深,尤所罕见。汛弁干与词讼,勒索陋规;兵丁巧避差操,雇名顶替;而班兵来自内地,各分气类,偶有睚眦之怨,立即聚众斗殴。且营将利弁兵之规费,弁兵恃营将为

---

[1] 连横:《台湾通史》卷一三《军备志》,华东师范大学出版社,2006年,第167—168页。

[2] 连横:《台湾通史》卷一三《军备志》,华东师范大学出版社,2006年,第168页。

[3] 姚莹:《东槎纪略》卷四《台湾班兵议(上)》,《台湾文献丛刊》第7种,第93页;连横:《台湾通史》卷一三《军备志》,华东师范大学出版社,2006年,第168页。

> 护符,遇有兵民涉讼,文员移提,曲为庇匿。间有文员移营会办之案,亦必多方刁难需索,而匪徒早闻风远飏矣。种种积习,相沿已久,皆由远隔海外,文员事权较轻,将弁不复顾忌,非大加整顿不可。

针对种种积弊,沈葆桢认为必须从三个方面加以改革:

> 一是裁汛、并营和加强训练;二是加强对班兵的统辖;三是调整班兵江陵统辖兵力及驻地。[1]

沈葆桢的这些措施若能施行,对台湾班兵的整顿和振兴应该是能起到一定作用的,但是清政府考虑到"台湾巡抚尚未定设,未可变易营制",所以仅仅是"于镇标中置练勇",[2]其他则一切照旧,台湾班兵制的弊病更加严重了。

在内外交困的情况下,清政府不得不对班兵进行裁减,台湾的班兵数量也日渐减少,"台湾绿营,额设水师七营,陆师十一营,共兵一万四千余名。自同治八年,前督臣左宗棠奏准裁兵加饷,存兵七千七百余名。迨光绪三年,前抚臣丁日昌复奏请汰弱留强,暂停募补。至光绪八年,经台湾镇总兵吴光亮核明以故续裁,实存兵数四千五百余名",[3]也就是说中法战争爆发之前,台湾班兵仅剩4 500名,其在战争中发挥的作用就十分有限了。

中法战争之后,刘铭传任台湾巡抚,对台湾进行大规模的改革,但触及班兵制的时候还是遇到阻挠,"议裁班兵,又不许",所以他先是进行了小规模的调整,"乃汰其老弱者,以汛兵改为隘勇邮丁,而将水师配置澎湖,升副将为总兵"。到光绪十三年(1887年)十月二十日,户部咨开:闽省现在裁减水陆额兵一成,以节饷需。台湾绿营兵额,能否照裁,应由台湾巡抚酌度情形,迅速议复。刘铭传奏言:台湾地方辽阔,额设兵丁历次裁减,仅存四千五百余名。现在改为行省,分治开山,拓地日广,设汛益多,不足分布,以今观之,实不能再行裁减。这样,台湾班兵制仍被保留,但数量已经很少,作用也十分有限,所以,在甲午中日战争时,台湾的班兵制其实已经是"不废而废"[4]了。

---

〔1〕 详见沈葆桢《福建台湾奏折》之《请改台地营制折》,《台湾文献丛刊》第29种,第62—64页;连横:《台湾通史》卷一三《军备志》,华东师范大学出版社,2006年,第168页。

〔2〕 连横:《台湾通史》卷一三《军备志》,华东师范大学出版社,2006年,第169页。

〔3〕 《道咸同光四朝奏议选辑》,《台湾文献丛刊》第288种,第183页。

〔4〕 季云飞:《清代台湾班兵制研究》,《台湾研究·历史》1996年第4期;连横:《台湾通史》卷一三《军备志》,华东师范大学出版社,2006年,第168页。

诚然，在台实行200余年的班兵制度，在其施行之初，对维护台湾社会稳定，甚至在抵御外来入侵的过程中，确实起到了一定的作用，但随着其本身弊病的不断暴露及清政府管理上的不足，台湾班兵制日渐废弛。尽管清政府各级官员也采取了相应措施进行改革整顿，但最终未能使其重新振兴，在甲午中日战争中更是不堪一击。随着台湾被日本占领，班兵制也退出了历史的舞台。

二、水师巡航与东南沿海的海防

清代东南海防在明代海防基础上进一步加强，构建了江宁、吴淞口、福州、厦门、基隆等多处炮台要塞，组织了水师营寨官兵驻守，水师营制更为完备，防守汛地更为明确，还开办了水师舰船厂、船政学堂等。清初，东南沿海海域问题扰得统治者寝食难安，故清前期统治者们十分重视福建、浙江沿海防务。闽浙海洋绵亘数千里，凡远达异域，所有外海商船均由水师巡护。另外，广东作为清代主要的通商港口和中外交往之窗口，统治者亦尤为重视。面对日渐东来的西方殖民者，清廷防御设施也逐渐增多。至道光年间，沿海各省水师有两三万人之多。清朝绝大部分水军集中于东南沿海几省，这一区域的步兵数量也约占到了全国兵力的五分之一。虽然清朝在鸦片战争后逐渐落伍，但清朝前中期的东南海防体系具有不可否定的积极意义。

清王朝得以统治天下，主要依靠的是凶悍的骑兵以及步兵，在清王朝前期，主要兵力是八旗、绿营，而水师只是附属于八旗、绿营的一个专业兵种，其最大的任务是缉捕海盗，“沿海各省水师，仅为防守海口、缉捕海盗之用”。[1] 防止海盗对沿海地区的骚扰，也就成为清初主要的海防任务之一。

康熙时期，缉拿海盗是经常性的海防任务之一，康熙帝也比较重视海盗问题，多次发出上谕，要求沿海官员缉拿海盗。有鉴于此，沿海水师经常进行针对海盗的巡航监视工作。康熙四十三年，两广总督曾奏称：自南澳至龙门，令守备、千总、把总逐日带领巡哨，副将、参将、游击每月会巡一次，水师总兵春秋二季驾船二十，分巡外洋至琼州。浙江、福建由于其所处的特殊位置，更是经常进行总巡洋面：福建海坛镇于四月初一日、八月初一日，与金门镇会哨于涵头港。五月十五日，与浙江温州镇会哨于镇下关。福建金门镇于六月十五日，与南澳镇会哨于铜山大澳。浙江定海镇于五月十五日，与江南崇明镇会哨于大洋山。三月十五日、九月十五日，与黄岩镇会哨于九龙镇。黄岩镇于三月初一日、九月初一日，与温州镇会哨于沙角山。对于会哨的要求则极其严格：各镇会哨之期，责成

〔1〕 赵尔巽、柯劭忞等：《清史稿》第14册，中华书局，1977年，第3981页。

该管各巡道预赴会哨处所,俟两镇到齐后,当面取结具报。如各镇玩世偷安,并不亲赴会哨,该道立即据实揭参。倘该道有托故不亲身前往,或通同捏饰者,一并参办。[1] 水师巡防,不仅可以主动有效地打击海盗,而且有益于水师自身建设:如此则各处哨船不能偷安,而外洋大盗亦难藏闪。且各处哨巡官兵常到外洋,经历既熟,自渐无畏怯、不惮远出矣。[2]

清王朝不遗余力地整治海盗,除了维护统治需要外,还能起到保护商船、发展海外贸易的作用。时人认为海外贸易是滋生海盗的温床,建议禁止海洋贸易,但受到康熙帝反对,他说:岂可因海洋偶有失事,遂禁绝商贾贸易。[3] 令沿海各地方武官加意稽查,尽力搜捕,以使匪类无所容。康熙认为,"彼等不过迫于饥寒,抢夺财物",因此他很重视用招抚的办法解决海盗问题,用招抚的海盗充当水师兵员,"愿入伍者择其精壮二百二十名分发水陆各营,令其在本处专司捕盗"。[4] 但效果都不明显,因为大部分海盗原为贫困的渔民,迫于生活压力才成为海盗,生计无法解决,则海盗难以覆灭。康熙时期,社会经济尚好,对于水师建设也很重视,因此海盗虽然一直存在,但未能形成较大威胁,海上贸易在水师的巡航下也较为顺畅地进行着。但到了乾隆末年,各种原因导致海盗威胁到了统治。

乾隆末年,海盗问题十分严重,而治理海盗的主要力量——大清水师自身的问题更加严重。此时的水师问题有五:一是为了方便抓捕海盗,一味地仿民船改造战船,使得水师船只越来越小,不利于远洋航行;二是在水师巡航中,统巡、总巡、分巡及专汛各级官员,经常以千总等低级官员代巡;三是在船舶建造过程中存在贪污腐败问题;四是水师官兵素质太差;五是海防官员与海盗相勾结。水师逐渐沦为维护沿海治安的力量。面对水师现状,嘉庆帝对之进行了重整。嘉庆二年,下令浙江战船俱仿民船改造。山东战船亦仿浙省行之。其余沿海战船,于应行拆造之年一律改小,仿民船改造,以利操防。[5] 五年,谕各省水师,令总兵官为统巡,副将、参将、游击为总巡,都司、守备为分巡,遇有事故,以次代巡,不得以微员擅代。山东水师,向未有统巡等职名,亦一律行之。[6] 九年,廷臣建议,战船改商船制度,以收实用。[7] 十年正月,谕军机大臣等整顿海防水师队

[1] 卢建一:《明清东南海岛史料选编》,福建人民出版社,2011 年,第 173 页。
[2] 卢建一:《闽台海防研究》,方志出版社,2003 年,第 179 页。
[3] 《清通鉴》。
[4] 《清通鉴》。
[5] 杨金森、范中义:《中国海防史》,海军出版社,2005 年,第 425 页。
[6] 卢建一:《明清东南海岛史料选编》,福建人民出版社,2011 年,第 176 页。
[7] 《清通鉴》。

伍。[1] 十一年,谕沿海疆吏,通饬所辖各营,勒期训练,一切帆舵各技,务皆娴习。其最优者,不次擢用,惰者惩之。[2] 二十一年,规复天津水师营汛,以闽、浙、两广、两江各省所裁水师,遵旧制募足额数,改隶天津水师,分营管辖。[3] 二十二年,增设天津水师总兵官,以专责成。[4]

嘉庆年间的水师重整举措是消极的,尽管在当时确实起到了很好地打击海盗的效果,尤其是消灭了盛极一时的蔡牵海上集团。但由于历史的局限性,嘉庆帝并没有认识到西方列强的潜在威胁正在日趋严重,所采取的种种举措使得中国水师与西方列强舰队的差距越来越大,以至于中国水师在后来的鸦片战争中不堪一击,很快败北。

三、清政府对钓鱼岛的行政管辖

有清一代是中国疆域开拓和定型的关键时期,中国的海疆界限大致在此一历史长时段中得到确立和维护。在中国海疆史中占有突出地位的台湾与其附属岛屿,更是成为清政府行政管辖的地理区域,被纳入中央政治体制当中,这当中便包括了钓鱼岛及其附属岛屿。近年来,大量中外文献不断被发掘和发现,其中包括诸多有关钓鱼岛的文字和图录信息,充分证明了钓鱼岛及其附属岛屿主权属于中国的不争事实。这些铁证是中国政府对钓鱼岛拥有主权的绝对法理依据,是不以王朝更迭为转移的客观存在。

(一)清政府官方地图中的标绘

清代是中国大一统王朝的鼎盛时期,从康熙开始即注重对全国疆域的测量绘制,因而清代中国地图是相当完备的。在这些地图中,不仅明确地标示台湾为中国领土,而且也准确无误地将钓鱼岛及其附属岛屿纳入中国版图。

乾隆年间刊刻的《坤舆全图》,系法国耶稣会士蒋友仁(Michael Benoist)接受清廷委任,在康熙《皇舆全图》的基础上进行改制增订的,成图时间约在1767年。在该图中,蒋友仁根据最新的测图法增补了钓鱼岛及其附属岛屿的信息,即其中的"好鱼须""欢未须""车未须",这三个岛名正是"钓鱼屿""黄尾屿""赤尾屿"的闽南语音译。[5]《坤舆全图》是经乾隆帝钦命的,属于国家级的官方舆

---

〔1〕《清通鉴》。
〔2〕《清通鉴》。
〔3〕《清通鉴》。
〔4〕《清通鉴》。
〔5〕吴天颖:《甲午战前钓鱼列屿归属考》,社会科学文献出版社,1994年,第94页。

图,权威性毋庸置疑,说明当时钓鱼岛列屿已经明确被标入大清帝国版图,法理证据确凿无疑。

嘉庆年间刊刻的《福建沿海山沙全图》是又一幅明确标绘了钓鱼诸岛的中国地图。〔1〕 众所周知,早在明嘉靖四十一年,由东南沿海防倭抗倭指挥部(总督府)出版的《筹海图编·沿海山沙图》(胡宗宪主持、郑若曾纂),即清楚地将钓鱼屿、黄尾屿、赤尾屿等钓鱼诸岛划入海防区域(即行政管制范围),这一军事区划此后一直沿革未已,如1621年出版的由茅元仪编纂的《武备志·海防二·福建沿海山沙图》、施永图《武备秘书·福建防海图》,皆将钓鱼诸岛划为福建的行政、军事管制区域。这一格局沿袭至清朝而未变,这幅收藏于北京国家图书馆舆图部的《福建沿海山沙全图》再次证明,有清一代承袭明代行政体制,同样将钓鱼诸岛划在中国海防区域和行政管制范围之内。

同治二年镌刻的《皇朝中外一统舆图》,系在湖北巡抚胡林翼等人倡导主持下绘制刊行的。《大清一统舆图》(局部)即采自该图,明确标出台湾及其附属岛屿小琉球、彭佳山、钓鱼屿、黄尾屿、赤尾屿等岛屿,所标皆中国名,且以圆形圈注;而自姑米山起,即附有琉球译名,其圈线也改为椭圆形,中琉分界线十分明显,即在赤尾屿与姑米山之间。〔2〕

上述图带有非常显著的官方性质,清楚表明钓鱼岛及其附属岛屿已纳入清朝版图中,是清政府实施行政管辖的具体区域,这与明代将钓鱼岛列屿纳入福建沿海的军事海防范畴是一脉相承的,由此说明钓鱼岛一直以来都是中国政府实施有效管辖和统治的地理区域。

(二)官员使录与地方志记载

在清代涉及钓鱼岛的文献中,黄叔璥的《台海使槎录》是较早将钓鱼岛记录在案的重要史料,该书卷二《赤嵌笔谈》之《武备》中记道:

> 近海港口,哨船可出入者只鹿耳门、南路打狗港(打狗山南岐后水中有鸡心礁)、北路蚊港、笨港、淡水港、小鸡笼、八尺门……再凤山岐后、枋寮、加六堂、谢必益、龟壁港、大绣房、鱼房港,诸罗鳀仔、穵象领,今尽淤塞,惟小

〔1〕 该图收藏于北京国家图书馆舆图部,曾在舆图馆进行展览。此图为彩图,标绘了福建沿海的山沙岛屿,钓鱼岛、黄尾屿、赤尾屿等皆标注于图中,此图或是在《筹海图编·福建沿海山沙图》基础上综合绘制而成的。

〔2〕 郑海麟:《钓鱼岛列屿之历史与法理研究》(增订本),中华书局,2012年,第174页。

鱼船往来耳。山后大洋北有山名钓鱼台，可泊大船十余。崇爻之薛坡兰，可进杉板。〔1〕

黄叔璥于康熙六十一年担任巡台御史，留任一年。〔2〕作为首位巡台御史，黄叔璥到达台湾后，表现得非常尽职尽责，他绕着台湾海岸进行巡查，对沿岸的岛屿、港口做了详尽的记录。从中可看出，在清代赴台官员的意识中，钓鱼岛已在中央政府行政管辖的范围。〔3〕

《台海使槎录》实乃黄叔璥的述职报告，其中关于钓鱼岛的这条史料记录，被后来编修地方志的官员和史家广为引录，范咸纂辑《重修台湾府志》，余文仪纂修《续修台湾府志》，王必昌纂《重修台湾县志》，谢金銮、郑兼才合纂《续修台湾县志》，李元春辑《台湾志略》以及陈淑均纂《噶玛兰厅志》等都加以引用和编录。

乾隆十二年由台湾知府范咸编修的《重修台湾府志》卷二《海防》和嘉庆十二年由台湾知府余文仪主修的《续修台湾府志》卷二《海道》中，都几乎一字不差地载录了与《台海使槎录》相同的内容。〔4〕《台湾府志》是官修志书中较具权威性和代表性的文献，两版府志皆对钓鱼岛进行了记录，分别从保卫国家海上领土主权（即海防）与航海交通（即海道）的角度记载了钓鱼岛的地理位置和战略意义。这无疑代表的是国家意志与台湾地方官府行使行政管辖权之区域的标志。

除了府志，清代台湾县志也载录了钓鱼岛的资料，乾隆十七年台湾知县鲁鼎梅重修的《台湾县志》卷二《海道》有记：

环台皆海也。自邑治计之，南至凤山县之沙马矶头，旱程二百九十六里，水程七更；北至淡水厅之鸡笼鼻头山，旱程六百三十里，水程一十九更；西北至鹿耳门，水程二十五里……邑治内优大山之东曰山后，归化生番所居。舟从沙马矶头盘转，可入卑南觅诸社。山后大洋之北，有屿名钓鱼台，可泊巨舟十余艘。崇爻山下薛坡兰港，可进三板船。〔5〕

嘉庆十年由台湾知县薛志亮主修的《续修台湾县志》卷一《山水·海道》中

〔1〕《台海使槎录》卷二《武备》。

〔2〕“康熙上谕”，另参见李祖基：《清代巡台御史制度研究》，《台湾研究集刊》1989年第1期；刘如仲：《巡台御史的设立及其历史作用》，《中国历史博物馆馆刊》1991年6月15日。

〔3〕郑海麟：《〈台海使槎录〉所记“钓鱼台”、“崇爻之薛坡澜”考》，《中国社会科学报》2013年4月24日A05版。

〔4〕《重修台湾府志》卷二《海防》；《续修台湾府志》卷二《海道》。

〔5〕《重修台湾县志》卷二《海道》。

转引了上述内容。[1]《台湾县志》同样是具有权威性的官修志书,代表了地方政府的行政管辖意志。嘉庆年间由李元春所辑《台湾志略》也记录了同样的内容。[2]《台湾志略》多取材于郡县旧志及前人著作,内容偏重于台湾政治事件,具有一定的官方文献色彩。

道光年间修撰的《噶玛兰厅志》则记道:

> 奇莱即嘉义之背,泗波澜即凤山之脊,由此而卑南觅而沙马矶头,回环南北一带,则山后诸地自泖鼻至琅峤大略与山前千余里等耳。《台湾县志》谓舟从沙马矶头盘转而入卑南觅诸社,山后大洋之北,有屿名钓鱼台,可泊巨舟十余艘。崇爻山下薛波澜,可进三板船,则竟有至其地可知也。[3]

作为对钓鱼岛有着直接行政辖属关系的噶玛兰厅,虽在嘉庆十七年才设置,但从一开始便规定了钓鱼岛属于噶玛兰厅的海防范畴。

值得重视的是,同治十年刊印的由陈寿祺总纂的《重纂福建通志》卷八六《海防》,亦记录了钓鱼岛隶属于台湾噶玛兰厅管辖的史实:

> 苏澳港在厅治南,港门宽阔可容大舟,属噶玛兰营分防。又后山大洋北有钓鱼台,港深可泊大船千艘,崇爻之薛坡兰,可进杉板船。[4]

即钓鱼岛被列为福建省辖下的海防冲要区域,隶属于台湾噶玛兰厅具体管辖。不过陈寿祺记录的内容,与台湾的方志文献略有不同,如将“山后”改为“后山”,“可泊大船十余”改为“可泊大船千艘”。

(三) 士大夫著述、报告中的记录

清代钓鱼岛及其附属岛屿不仅在地方志等官方文献层面中被充分证明其隶属于台湾行政管辖,系中国固有领土的不争事实;还频频出现在清代官员、士大夫的各类著述、报告之中,此亦深刻表明钓鱼岛是中国不可分割之一部分的事实。

---

[1] 《续修台湾县志》卷一《山水 · 海道》。
[2] 《台湾志略》卷一《地志》。
[3] 《噶玛兰厅志》卷八《杂识(下) · 纪事》。据修撰者说明,该段资料系引自《台湾县志》。
[4] 《重纂福建通志》卷八六《海防 · 各县冲要 · 台湾府 · 噶玛兰厅》。

曾任台湾知府兼兵备道的周懋琦撰有《全台图说》一书，当中有记：

> 奇来即淡、彰之背；秀姑峦即台、嘉之背；卑南即凤山之脊。奇来之地三倍兰厅，秀姑峦又四倍之。奇来至苏澳又与噶玛兰界，大约一百五十里；由秀姑峦而卑南觅、而琅桥，大略与山前千余里等。山后大洋有屿，名钓鱼台，可泊巨舟十余艘，崇爻山下可进三板船。〔1〕

《全台图说》是周懋琦于同治十一年赴任台湾后，对台湾地理区位和辖境所作的全面考察和记录，该书带有较为显著的官方色彩，是证明钓鱼岛隶属于台湾行政管辖的一个力证。〔2〕

曾于清光绪八年奉派至宜兰催收城捐的官吏黄逢昶所著《台湾生熟番纪事·台湾生熟番舆地考略》有记：

> 宜兰县，南与奇莱社番最近。……泗波澜有十八社番，与奇莱相近，属凤山县界，亦在崇爻山后；可知奇莱即嘉义之背，泗波澜即凤山之脊。由此而卑南觅，而沙马矶头，回环南北一带；则后山诸地，自泖鼻至琅峤，大略与山前千余里等耳。海舟从沙马矶头盘转而入卑南觅诸社。山后大洋之北，有屿名钓鱼台，可泊巨舟十余艘；崇爻山下泗波澜，可进三板船：漳、泉人多有至其地者。〔3〕

从中可见，清代福建漳州与泉州籍的民众因海洋活动之需要，曾多次到达钓鱼岛及其附近海域，从事捕鱼、采集等活动。说明清代钓鱼岛已是闽台民众从事海洋活动的经常性场所，钓鱼岛周围渔业权和海洋经济活动很早便由闽台渔民所掌控。这也从一个侧面印证了清朝中央及地方政府对钓鱼岛实施着实际的行政主权。

由于钓鱼岛扼守着进出台湾的门户，在军事位置上意义十分重大，因而清代就有官员提出在钓鱼岛驻军设防的主张，以防外患入侵。曾在东南省域官场任职的饱学之士方濬颐，在其《台湾地势番情纪略》一文中记述如下：

---

〔1〕《全台图说》，载《皇朝经世文编续编》卷九一；又载《台湾文献丛刊》第216种。

〔2〕《全台图说》标示钓鱼岛自古就是中国领土，见“新华网”，http://news.xinhua08.com/a/20121010/1035954.shtml。

〔3〕《台湾生熟番纪事·台湾生熟番舆地考略》，《台湾文献丛刊》第51种。

> 台湾,南北径二千五百里,东西或五百里,或二百里不等;其形椭似鱼,连山若脊。……鹿耳门为至险,其次则旗后口。初仅一小港,道光间,一夕风涛冲刷,口门忽宽;两崖夹峙,中梗块垒,像人之喉;旁皆暗礁,番舶不能出入,其殆天之所以限华夷耶!惟鸡笼山阴有钓鱼屿者,舟可泊,是宜设防。[1]

此处对钓鱼岛地理方位的认识和记述较诸前人已愈益精确。

值得一提的是,在清代册封琉球使臣的著述中,也有不少记录钓鱼岛及其附属岛屿是中国固有领土的信息,如张学礼《使琉球记》、汪楫撰《使琉球杂录》、徐葆光《中山传信录》、周煌《琉球国志略》、赵文楷《槎上存稿》、李鼎元《使琉球记》及《师竹斋集》、齐鲲《续琉球国志略》及《东瀛百咏》、赵新《续琉球国志略》等等,[2]都有不少这方面的记载。这些册封使录,充分表明中琉航线是由中国人开辟并不断传承延续的事实,也证明钓鱼岛及其附属岛屿是中国人在长期的航海实践中发现、命名并率先拥有主权的地域,亦是航海坐标点,绝非日本声称的“无主地”。

综上所述,我们可以从多个方面证明清代从中央朝廷到地方政府皆对钓鱼岛及其附属岛屿行使了主权领有和行政管辖,钓鱼岛及其附属岛屿无论从自然地理还是行政管理层面,都毫无疑问是台湾的附属岛屿。

第一,钓鱼岛是清代高级官员巡台御史巡查、管辖的范围。从首任巡台御史黄叔璥开始即将钓鱼岛列为海防巡查的区域范畴,并为此后的台湾地方官员所继承,成为台湾海防地理的重要组成部分。[3]

第二,钓鱼岛是清代官修志书中的领土范围。从代表政府意志的台湾地方府、县、厅志等,到清代台湾官员在任期间或离任后撰写的带有官方色彩的报告、笔记、图录等,都深刻表明钓鱼岛在清代官员视野中是台湾的一个组成部分,这是当时中国国内习以为常的现象。

第三,钓鱼岛是国家地图中的地理坐标。一般认为,国家地图是代表官方意志的核心证据,是显示国家领土主权的标志性证据。清代重要的官修地图《坤

---

[1] 《台湾海防并开山日记之附录二》,《台湾地势番情纪略》(方濬颐),载《台湾文献丛刊》第308种;又见方濬颐《二知轩文存》卷二一。

[2] 参见福建师范大学闽台区域研究中心:《钓鱼岛历史文献汇编》,2013年5月,未刊稿。

[3] 需要指出的是,钓鱼岛及其附属岛屿在清代前期海防系统中,基本还是隶属于福建海防管辖的范畴,因为当时台湾亦即福建所辖的境界,台湾防务是受福建领导的,故而当时钓鱼岛海防要务是在继承有明一代的基础上形成的,明代钓鱼岛可谓非常明确地属于福建的海防范畴,此不赘述。

舆全图》与《大清一统舆图》，皆明白无误地标示了钓鱼岛及其附属岛屿是中国领土，是台湾的附属岛屿。

第四，钓鱼岛是册封使出使琉球的航海坐标与中琉海域分界线。在许多册封使的著录中，明确记载了赤尾屿与姑米山（今久米岛）间为中琉疆域分界，这是不争的事实。

第五，钓鱼岛是闽台渔民的传统渔场。钓鱼岛周围海域渔业资源丰富，历史上，闽台渔民曾在钓鱼岛附近海域出海捕鱼，此地是漳、泉籍渔民的渔场。这种民间的渔业生产活动，也证明钓鱼岛及其附属岛屿为中国领土，具有民事法的效力。

综上可见，清代中国对钓鱼岛实施了有效控制和行政管辖，不管从什么角度来看，钓鱼岛及其附属岛屿都是作为台湾的附属岛屿，受到中国政府长期而有效统治的。

四、江浙闽海关的设立、管理与关闭

康熙二十二年清政府收复台湾后，清朝的海防政策有所松动，姚启圣请开福建、广东、浙江、江南、山东、直隶六省海禁，听民采捕，洋船来华贸易之禁亦宜从宽，以期国用充足，民乐丰饶，〔1〕但康熙帝因他事迁怒姚启圣，拒绝了他的奏请。后又有朝中大臣奏请开海禁，康熙二十三年十月二十五日，康熙帝同意了奏请，将直隶、山东、江南、浙江、福建、广东各省先定海禁处分之例尽行停止，〔2〕并于康熙二十三年至二十五年间设立闽、粤、江、浙四海关，分别管理对外贸易事务。闽海关设立于康熙二十三年，设满汉海税监督各一人，笔帖式各一人，闽海关首任满人监督为郎中吴世把。〔3〕 康熙二十四年又仿闽粤海关例，准许设置江浙海关。从廷议开海到浙江海关设立，前后历时多年，说明开海禁并不容易。

海禁虽开，但其执行却并不是一帆风顺的，反对意见此起彼伏，尤其是康熙后期。康熙五十年正月，兵科给事中王懿上疏“请禁海洋贸易”；康熙五十二年上半年，户部尚书张鹏翮、江苏巡抚张伯行更是连续上疏，极力渲染海洋盗贼猖獗，建议出海商船只许用一桅，所有船只均改为平底，不许多携粮米以冤资贼等等。对于这些反对开海的言论，康熙帝刚开始还能保持清醒，他认为中国沿海岸

---

〔1〕《清通鉴》。
〔2〕《清通鉴》。
〔3〕 中国社会科学院：《明清史料》丁编，第八册，商务印书馆，1951年，第746页。

线诸岛屿中确实存在多股海盗，但却不必因此而厉行海禁，“岂可因海洋偶有失事，遂禁绝商贾贸易”。〔1〕 但随着西方势力的不断骚扰和海盗活动日益猖獗，康熙五十六年，清廷重新实行禁海政策，颁布南洋禁海令。“规定内地商船不准到南洋吕宋（今菲律宾）和噶喇吧（今印度尼西亚雅加达）等处贸易，南洋华侨必须回国，澳门夷船不得载华人出洋。同时加强海路限令，严令沿海炮台拦截前往船只，水师各营巡查，禁止民人私出外境。”〔2〕通往南洋的贸易虽然被禁，但并未限制洋人来华，“其外国夹板船有来贸易者，照旧准其贸易”。〔3〕 尽管如此，这条禁令无疑严重打击了正在不断发展的中国民间对外贸易力量。

禁令一直延续到雍正五年，经过反复讨论，清廷逐渐同意废除南洋禁海令，开放闽、粤、江、浙四口通商口岸。〔4〕 但因前往宁波的英国商船开始增多，并且携带较多的武器，加上少量洋人的非法行为，引起了朝廷的警觉。其间清廷希冀通过提高浙江的关税予以限制，效果并不理想。于是乾隆二十二年，清政府遂下令闭关锁国，关闭江海关、浙海关、闽海关三大关口，仅保留广州作为对外通商港口，改四口通商为一口通商，洋船不得在中国其他地方进行贸易。〔5〕 同时对丝绸、茶叶等传统商品的出口数量严加限制，对中国商船的出海贸易也设置诸多限制。乾隆二十五年，清廷批准设立公行，代理商船税收工作，其“海南行”（“福潮行”）负责办理福建及本省潮州商民货税。〔6〕 广州一口通商制度一直实行，直至《南京条约》的签订。

第三节　清代东海海域的经济与文化活动

一、闽浙台渔民在东海的渔业活动

东海是我国三大边缘海之一，也是我国岛屿最多的海域，北邻黄海，南接台湾海峡，东至太平洋，以琉球群岛为界。东海位于亚热带和温带地区，浮游生物

〔1〕《清通鉴》。
〔2〕《清通鉴》。
〔3〕 中国社会科学院：《明清史料》丁编，第八册，商务印书馆，1951 年，第 774 页。
〔4〕《清通鉴》。
〔5〕 黄国盛：《鸦片战争以前的东南四省海关》，福建人民出版社，2000 年，第 266—273 页。
〔6〕《清通鉴》。

易于繁殖和生长，鱼类品种丰富、数量繁多，是我国海洋生产力最高的海域。

浙江、福建、台湾濒临东海，闽浙台沿海居民自古以来就以海为田，耕海牧渔，渔业十分发达。在此海域，闽浙台渔民活动的渔场主要有舟山渔场、福建沿海渔场、台湾渔场等优良渔场，再加上清朝发达的造船技术和航海技术，为闽浙台渔业的大规模发展奠定了坚实的基础。

在东海岸广阔的海域中，位于浙江的舟山渔场是东海第一大渔场，也是我国最大的渔场，盛产大黄鱼、小黄鱼、墨鱼、带鱼等。舟山渔场不仅是浙江沿海居民赖以生存的渔场，也是闽台渔民共同围捕的渔场。从明末开始，福建渔民就经常在舟山群岛一带捕鱼，例如沈家门，作为福建渔民的集居地，鱼汛旺季时多达3万余人；而嵊泗列岛的嵊山岛，更是福建渔民在冬汛捕带鱼的主渔场。清代，福建渔民在舟山建“八闽会馆”，将福建的妈祖信仰传至舟山，旧时舟山的天后宫大多是福建渔民筹资所建。

清顺治十四年开始，清政府实行海禁，但沿海渔民为了生存，仍冒禁到舟山渔场捕鱼。康熙二十三年海禁解除后，舟山渔场重开。经过历代渔民的共同努力，捕捞技术更加先进，渔船不断增加，捕捞范围从沿岸浅海逐步扩大到近海和外海，形成了较为完备的捕捞作业体系，舟山渔场更加生机勃勃。清光绪年间编撰的《定海厅志》，有关舟山渔场的鱼贝类介绍就从55种增至78种，书中对舟山渔场的海产分布、鱼类汛期、海流潮汐、暗礁位置、气象规律等都有了更为详尽的介绍。

福建海岸线曲折，有许多天然优良港湾，明清时期，福建就已经开发了许多渔场和渔港，包括金门、厦门、崇武、湄洲等渔场。宁德三都澳是福建最大的渔场，《福宁府志》记载：三都有官井洋，每年立夏节，石首鱼成群应候而来。宁德、福安、霞浦三县渔船往来如织。远近渔商云集，连宵达旦，灯火辉煌，又数日而散。[1] 明清以来，福建造船技术发达，渔具和捕捞技术更加进步，这些大大提升了福建渔民捕鱼能力，清朝福建渔民已具备远洋捕鱼实力。福建省内的渔场已经得到了较为充分的开发，福建渔民还积极开拓省外渔场，如上文所述，福建渔民频繁前往浙江捕捞，甚至有些渔民开始定居舟山等地。

台湾渔场主要也是由福建渔民开辟的。早在明朝，福建渔民就穿越台湾海峡到台湾海域附近的渔场捕鱼，清朝福建渔民对台湾渔场的开发更是达到了前所未有的程度，康熙年间自金门、厦门、烈屿等地，每年约有渔船三百到四百艘来

〔1〕《福宁府志》卷四《宁德山川》。

到台湾。[1] 澎湖列岛是台湾海域重要的渔场之一。澎湖列岛位于南方暖流和北方寒流的汇集之地，拥有多个优良港湾，盛产各种鱼类。福建渔民在海峡乘流追寻回流鱼群的过程中发现澎湖，此后经常寄居在澎湖躲避风雨、补充淡水、修理渔具，后遂构筑房舍，逐渐定居于此。此外，台湾附属岛屿东北诸岛自古以来也是闽台渔民的重要渔场。这些岛屿位于东海大陆架的浅海水域，拥有种类繁多的鱼类。《日本一鉴 · 桴海图经》《福建通志》《八闽通志》《闽书》等就记载了钓鱼岛海域的多种鲨鱼种类，说明台湾附属岛屿东北诸岛，尤其是钓鱼岛海域，是闽台渔民捕鱼捕鲨的重要渔场。

虽然清政府的海禁政策曾在一定程度上限制了渔民的渔业活动，但闽浙台渔民不畏艰险，在开垦东海海洋资源中作出了极大的贡献，促进了我国渔业生产技术的进步，推动了东海沿岸渔场和海岛的开发，并且在推进社会经济和闽浙台海洋文化的发展上发挥了不可替代的作用。

二、沪浙闽沿海的盐业经济

盐业是关乎国计民生的重要行业，有清一代盐业发展日臻成熟。盐业税收仅次于田赋，成为政府的第二大收入，后来更是成为财政的最大来源。清代海盐为盐业生产与消费的大宗，闽浙沿海海域的盐业在国内占有举足轻重的地位。其盐业生产不管是在生产技术、产量、质量还是在对国家财赋事业的贡献方面，都具有较强的代表性。清廷曾筹款，以盐为大宗，而淮、浙居天下中心，关于全局尤重。[2] 鉴于江浙盐业在全国的重要性，清政府对浙江盐业的管理和经营尤为重视。清初差御史巡视，继以督抚兼管，或专设盐政都转一官，嗣后改为盐道。在浙江专设"道"一级的管理机构来管理盐业，足以表明该地区盐业之于国家的重要性。

清代浙江盐场分为浙东和浙西两区，统称两浙盐场。清初设 35 场，后裁并为 32 场，后又递减为 25 场。其场地区域，北至江苏之金山卫，南迄浙江之平阳县，南北延袤三千余里。沿海各岸平沙浅滩，乘潮制盐。余姚一带为广大泥滩，灌引海潮，尤为便利。故产额最丰，且制有余卤，以供许村等其他盐场煎盐之用。[3] 清乾嘉年间，浙江盐民创制出"板晒制盐法"，以取代传统的煎煮法，成本

---

[1] 曹永和：《台湾早期历史研究》，(台北)联经出版事业公司，1979 年，第 252 页。

[2] 《清史稿》卷一五〇。

[3] 盐务署盐务稽核总所：《中国盐政实录》(第一册)[1933 年]，(台北)文海出版社影印本，1971 年，第 327—331 页。

大为降低。不过也有一些盐场还保留传统煎煮之法。故晒盐和煎盐两种方法并存于清代浙江盐场的制盐生产过程中。由于具备良好的气候地理条件和先进的制盐技术,浙江地区盐场的产量不断提高,不仅成为沿海以盐为业的民众的生活经济来源,也为全国提供了日常生活必不可少的盐制品。

介于浙江盐场(浙盐)和江苏盐场(淮盐)之间,还有清代上海地区最重要的制盐生产加工基地——崇明盐场。崇明盐场,明代时原属两浙三十六盐课司之一的崇明"天赐场",明清两朝几经撤立,形成特殊的盐业管理制度。〔1〕明中叶天赐盐场虽被撤,但崇明县盐业经营和盐课收入仍十分重要。至清中叶再度设置,乾隆四年,因"产盐甚广",浙江总督嵇曾筠奏请复设盐场,名"崇明场",〔2〕添设巡盐大使一员,管理巡缉收盐,新设的崇明场并无额征场课,不聚团额,亦无灶丁,灶舍八十有六,不给灶贴。……每灶铁锅三口,所产盐斤不设引,亦不运所,听民挑销,先济本地民食,如有余盐,发帑收买,尽数运赴靖江销引。〔3〕从中可见该地区盐业的重要地位。

宋至明初,福建盐业生产基本采用传统的煎盐法,明中叶后,"埕坎晒盐法"的发明,大大提高了生产效率,降低了成本,成为福建各盐区普遍采用的制盐方法。

清代以来,福建盐业生产规模逐渐扩大,新的盐场不断开发出来。明代福建共 7 个盐场,而清代福建盐场曾多达 19 个,至道光年间归并为 16 个,它们分别是: 福清县的福清场、江阴场、福兴场,莆田县的莆田场、上里场、前江场,晋江县的浔美场,惠安县的惠安场,南安县的莲河场,同安县的浯州场、祥丰场,诏安县的诏安场,漳浦县的漳南场,罗源县的鉴江场,宁德县的章湾场,霞浦县的淳管场。此外,在台湾府尚有洲南、洲北、懒南、懒北、懒东 5 场。以上盐场除鉴江、章湾、淳管三场用煎制法外,其他均采用埕坎晒盐法。生产规模的扩大提高了食盐产量。清道光年间,福建年产食盐多达 16 669 万斤(其中台湾五场年产量 1 480 万斤)。〔4〕

清代福建盐业经济仍是整个官营化盐业经济的组成部分,各级盐政机构官员严格按照各项既定的盐政制度来管理、监督闽盐的生产、运销和课税等过程,

〔1〕 详参吴滔:《海外之变体: 明清时期崇明盐场兴废与区域发展》,载陈国灿、于逢春主编:《环东海研究》(第一辑),中国社会科学出版社,2015 年,第 213—232 页。

〔2〕 乾隆《崇明县志》卷六《赋役志三·盐法》,嘉庆《重修两浙盐法志》卷二《崇明场图说》。

〔3〕 嘉庆《重修两浙盐法志》卷七《场灶二》。

〔4〕《福建盐法志》卷九《场灶》。

虽说在政策措施方面历经调整改革,但其官营形态基本上没有改变。〔1〕

顺治初年,福建最高盐政机构仍承明制为都转运盐使司。雍正四年,裁都转运盐使司,改以释盐道兼理盐务。雍正十年,以释盐道为盐法道专理盐政。此外,康熙三十年,还以都察院御史巡视盐政,在各盐区置巡盐御史。雍正元年以后,事归各地总督巡抚,在福建以闽浙总督兼理,遂为定制。福建运司、盐法道所属各盐场仍设"场大使"主持日常事务。另在全省各主要关口冲要设置了批验所、掣验关等盘查验关机构,如竹崎批验所、闽安批验所……南水掣验关等。〔2〕这些做法,也充分表明清政府对福建盐政事业的重视程度。

三、闽南海商集团的崛起及其影响

福建位于我国东南沿海,三面环山,一面临海,与内地交通不便,这一自然环境奠定了福建海洋经济的发展基础。由于福建山多地少,地瘠人稠,福建人自古就以海为生,开展海外贸易活动。宋元时期,我国封建社会经济繁荣,福建海外贸易空前活跃,福建海商穿梭于南洋、日本、高丽等地,成为我国海商的重要代表。到了明朝,明廷为了抑制反明势力和沿海倭寇,在东南沿海实施严厉的海禁,规定寸板不许入海,寸货不许入番,禁绝民间私人海上贸易。然而福建沿海百姓长期以海洋为生,海禁后生计萧条,不少人为利所驱,以走私形式进行海上私商贸易,渐成习俗。

明朝末期,由于商品经济的繁荣发展和资本主义萌芽的出现,福建私人海外贸易飞速发展,此时崛起的漳州月港成为专门从事私人海外贸易的一大港口。一些走私海商还结成联盟,形成海商武装集团,联合对抗朝廷的高压政策。17世纪初,郑芝龙集团在海商集团中日渐突出,占据泉州安海港,凭借安海港的优越条件建立起了牢固的根据地。最终他凭借庞大的势力和强大的武装力量,垄断了我国东南沿海的制海权,成为福建海商集团的首领。自此之后,郑芝龙集团操纵着福建乃至东南沿海各省的海上贸易权,福建沿海地区俨然成为郑氏独立王国和坚实后方。

随着清朝的统治日益牢固,加上郑芝龙降清,郑成功的抗清逐渐陷入困境,郑氏海商集团也日渐衰落。为了削弱郑氏力量,肃清反清势力,清政府在顺治年间推行严厉的海禁和迁界政策,这无疑沉重打击了自明朝中期逐步发展起来的福建私人海外贸易和海商集团。但尽管如此,福建海商的海外贸易仍未就此中断。

---

〔1〕 参见戴显群:《清代福建盐业经济》,《福建学刊》1993年第4期。

〔2〕《福建盐法志》卷六《职官》。

康熙二十二年,郑氏集团覆灭,清政府统一台湾,随即于1684年宣布开放海禁,并且设立海关作为管理对外贸易的专门机构。开放海禁后,福建海商集团获得了千载难逢的发展机遇,各个主要港口的海外贸易很快得到了恢复和发展,其中厦门港和福州港的发展引人瞩目。清初禁海迁界期间,福州仍维持着与琉球的封贡关系。开放海禁后,清政府即在福州设立闽海关,负责管理海外贸易。随后四十年中,福州是琉球国、苏禄国朝贡贸易的指定港口。此外,福建在对日贸易中也占据着举足轻重的地位。

清雍乾时期,厦门港地位不断上升,崛起而成为福建最大的对外贸易港口。此时厦门商船较以前更加庞大,对外贸易额也日渐增长。泉州、漳州和台湾的商人云集于此,闽南海商集团逐渐发展壮大,活跃于东南亚和国内沿海,并主导了我国的海外贸易网络。这种局面一直持续至鸦片战争前,正如当时的一位外国人所描述的:中国没有一个地方像厦门那样聚集了许多有钱能干的商人,他们分散在中国沿海各地,并且在东印度群岛的许多地方开设商号。被人称为'青头船'的帆船,大多数是厦门商人的船。〔1〕

清代福建海商不仅在本省港口从事海外贸易活动,而且在省外港口也异常活跃,以浙江省为例,康熙年间就有王应如、郭裕观、魏德卿、王君贻等闽商船主活跃于浙江各港口。雍正时期,清朝设立商总制,挑选有资历的人担任商总,八位人选中,福建商人就占了一半,说明福建海商集团在省外的重要地位。

总之,清朝福建海商贸易在明朝基础上继续发展和壮大。乾隆时期,仅厦门港每年出洋的商船就多达七十多艘,每船货物价值或十余万,或六七万不等,每年海外贸易得到的利润相当可观,对本省的社会经济发展有着重要的贡献。

四、唐山过台湾:清代闽粤移民与台湾开发

有清一代是台湾从移民社会向定居社会转型的关键时期。清前中期,清廷对民众的私自移民渡台(偷渡)采取了严格的限制措施,但仍阻止不了此起彼伏的偷渡行为,人口压力和生存危机促使闽粤沿海百姓掀起了一波又一波拓垦台湾的移民浪潮,"民之渡台如水之趋下,群流奔注"。〔2〕

清康熙二十二年,施琅率兵收复台湾。郑氏政权结束,大陆和台湾出现了政

---

〔1〕 Hugh Hamilton Lindsay, *Report of Proceedings on A Voyage to the Northern Ports of China 1833*, Fellowes, London: 1833, pp.13–15.

〔2〕《条陈台湾事宜状》,载《台湾理蕃古文书》,《中国方志丛书·台湾地区》(第62号),(台北)成文出版社,1983年,第75页。

治上大一统的局面。此时渡台人数极多。但清政府担忧远隔重洋的台湾再成“海盗渊薮”，采取了严禁渡台的政策（渡台必须申领照单方可），尤其禁止携眷入台。康熙五十一年和五十八年、雍正七年三次重申禁渡法令。但福建沿海百姓还是通过各种途径不断涌入台湾，“例禁虽严，而偷渡者接踵”，〔1〕形成了移民台湾的又一次高潮。

乾、嘉以前，大陆移民不断横渡台湾海峡进入台湾。移民创业之初，以血缘关系为基础的家族还未壮大，鲜有强宗大族。为了战胜恶劣的环境，移民主要以祖籍关系集合为单位来拓荒垦殖。正如乾隆《续修台湾府志》所描写的：台鲜聚族，鸠金建祠宇，凡同姓者皆与，不必其同枝共派也。〔2〕 在艰难的生存环境下，移民们抛弃了世俗的偏见，联合开发台湾。这种状况的形成不仅是由于当时自然条件之险恶，更有其深层次的文化方面的原因。台湾移民主要来源于福建、广东，特别以闽南一带为最。闽南人自古以来对宗亲血缘关系和同乡地缘关系十分重视，同族之人往往以“阿同”“老同”“同的”相称，同乡之人又呼之为“同咱厝人”“同咱兜（即家乡之意）”。移民们浮海过洋，同样也将这一习俗带至台湾。在台湾开发过程中，主要体现为同族、同乡聚合居住，共同开垦，而早期由于同族人数较少，以同乡聚落为主，即如清人姚莹在《东溟文集》中所记：“台湾之民不以族分，而以府为气类。”〔3〕于是在台湾开发之初，出现了许多联族开垦的事迹，形成了许多超血缘的地缘群类。在移民初期，这种地缘性组织占据了主导地位。

随着时间的推移，清政府逐步放松了渡台的禁令。雍正十年和乾隆十五年，清政府曾两次开禁，此时“领照搬眷者甚多”。乾隆二十五年始，清政府面对屡禁不止的移民活动，不得不放弃禁渡的限令，移民数量急剧增多。据档案材料统计，乾隆二十八年，台湾省人口66万多人，〔4〕比清朝统一台湾时的20万人口增加三倍。尤其是清政府还放开了彰化鹿港和泉州蚶江以及淡水八里坌与福州五虎门之间的对渡，并且于乾隆五十五年还正式设立了官渡。这些措施无疑促进了入台人数的增加。《新建蚶江海防官 · 署碑记》中就有“大小商渔，往来利涉，其视鹿仔港直户庭……群趋若鹜”〔5〕的记述。到嘉庆十六年，台湾人口达200

〔1〕《续修台湾县志》卷六。

〔2〕《续修台湾府志》卷一三《风俗一》。

〔3〕《东溟文集》卷四，载《续修四库全书》卷一五一二，上海古籍出版社，1995年，第4页。

〔4〕 陈孔立：《清代台湾移民社会研究》，厦门大学出版社，1990年，第8页。

〔5〕 林伟功：《台湾移民与福建渊源关系浅探》，载《海峡两岸台湾移民史学术研讨会论文集》，1999年，第132页。

多万，[1]形成了移民台湾的第四次高潮。嘉庆以后，仍然有福建人不断移民台湾；同治后，移民浪潮渐进尾声。

福建石狮蚶江闽台对渡码头旧址（福建省文物局 摄）

随着人口的增加，又经过数十年的生产积累，同血脉家族人口不断得到繁衍，各房子孙纷纷另立门户，以血缘关系为基础的家族日益壮大，强宗大族也日益增多。台湾社会逐渐完成了传统家族制度的确立过程，也完成了由移民社会到定居社会的过渡。

福建先民不但率先入台开拓基业，而且最早把大陆传统文化传播到台湾，其中占重要地位的是民间信仰。闽地民间信仰随移民潮移植台湾岛，在台湾扎根生长，形成了闽台共同的民间信仰，在维系闽台关系上起着不容忽视的纽带作用。

台湾民间信仰的产生和发展是与大陆民众移民台湾、开发台湾的活动进程交织在一起的。福建人移民台湾，首先遇到的是台湾海峡不可预测的大风巨浪。史书记载："茫茫大海，何问其道途？……苟遇飓风，北则坠于南风气，一去不可复返；南则入于万水朝东，皆险也。"[2]所以明清时期，福建沿海百姓移民台湾时，就会把他们的保护神——主要是妈祖，或是水仙尊王或其他神祇——供奉在船上，"香公一名，朝夕焚香楮祀神"，[3]祈求海上航行平安。这些移民摆脱了海上的危险后，登上台湾岛，面对的是瘴疠横行、瘟疫肆虐的恶劣环境。《海上

〔1〕 连横：《台湾通史》卷七《户役志》，商务印书馆，1983 年，第 118 页。
〔2〕《台湾府志》卷一《封域志 · 海道》。
〔3〕《淡水厅志》卷七《武备志 · 船政》。

见闻录》卷二载:“初至,水土不服,疫疠大作,病者十之八九,死者甚多。”府志称:“水土多瘴,人民易染疫病。”〔1〕在医疗条件极端缺乏的情况下,人们把闽南地区极为灵验的医药神祇保生大帝(又名吴真人)信仰带到台湾,祈求他保佑移民身体健康。据记载:“真人庙宇,漳泉间所在多有,荷兰踞台,与漳泉人贸易时,已建广储东里(按今台南县新化镇)矣;嗣是郑氏及诸将士皆漳泉人,故庙祀真人甚盛。”〔2〕据乾隆《续修台湾府志》记载,乾隆初年台湾有保生大帝庙23座,在各类神庙中名列第一。〔3〕

移民们在艰苦的环境下安营扎寨,开垦荒地,这和他们的先祖开拓祖籍地时的情景相似,如祖籍地漳州的开漳圣王是“拓垦、兵战产生的神明”,具有强烈的保护开荒拓植的信仰色彩,当时的漳州移民就纷纷向开漳圣王乞求“庇护”。开荒拓土之时,农业的收成对移民们的生活有重大影响,五谷丰登是移民们的良好愿望,于是,土地公的信仰和祀拜就兴盛起来,这也是古代农业社会敬天敬地思想发展的结果。台湾的土地公祠遍及乡村田野,分布极为广泛,有“田头田尾土地公”的俗语。再有,移民们远离家乡,为增强抵御外来侵犯的力量,结拜之风盛行,他们大都会在结拜帖子里写上“桃园一契,成为千古美谈”等字句。关帝也因而成为“对抗番害的武力象征”而备受崇拜。

早期的移民离开家乡时,通常都会迎请家乡最威灵显赫的神明作为保护神。到了台湾后,先建临时性的草屋供奉这些神明,或在私宅中设立神坛。以后等到开拓有成,经济情势好转,同村的人就会集资,将草屋神坛改建成砖墙瓦顶的寺庙。不同祖籍的移民供奉不同的神明,而供奉妈祖的庙宇则“无市肆无之,几合闽、粤为一家焉”。〔4〕 据余光弘《台湾地区民间宗教的发展——寺庙调查资料之分析》列表分析,在台湾影响最大的前20种主神为(按顺序如下):福德正神、王爷、天上圣母、观音菩萨、玄天上帝、有应公、关圣帝君、三山国王、保生大帝、三官大帝、中坛元帅、神农大帝、释迦牟尼、开漳圣王、玉皇大帝、开台圣王、文昌帝君、清水祖师、元帅爷、城隍。〔5〕 除了三山国王从广东传入,开台圣王、有应公为台湾土生土长的神灵外,其余均是随移民从福建传入台湾的。吴瀛涛在《台湾民俗》一书中也指出:据民国十九年(1930年)调查,台湾有主神175种3 580尊。其中,福德正神674

〔1〕《台湾府志》卷七《风土志》。

〔2〕《台湾志略》卷一《胜迹》。

〔3〕《重修台湾府志》卷一九《杂志 · 表》。

〔4〕《台湾纪事》附录三《台俗》。

〔5〕 余光弘:《台湾地区民间宗教的发展——寺庙调查资料之分析》,载《中研院民族学研究所集刊》第53期,1982年,第81页。

尊、王爷534尊、妈祖335尊、观音329尊,此四神约占寺庙主神的半数。“而此等祭神大部分都是由福建以分身、分香、漂流三种方式传来者,也有传入后再传播本省各地者。如北港的妈祖分出最多,其次则为彰化之南瑶宫、鹿港之旧妈祖宫等,均表示其灵圣兴盛。”〔1〕其中,天上圣母、保生大帝、清水祖师、开漳圣王等为闽籍移民奉祀的祖籍神明,被称为“桑梓神”,受到台湾同胞的特别敬奉。

总之,有清一代成千上万的内地移民不顾清政府的禁令,通过各种途径冒险越海渡台,他们披荆斩棘、胼手胝足,用自己辛勤的劳动,把曾是麋鹿出没、瘴气弥漫、人烟稀少的台湾,变成“糖谷之利甲天下”的美丽富饶的宝岛。

五、清政府与琉球的朝贡贸易

古代琉球是位于中国东南太平洋上的一个岛国,自明太祖洪武五年起正式成为中国的藩属。此后的500多年间,两国在政治、经济、文化等方面往来频繁。

琉球进贡船(引自杨槱《帆船史》,上海交通大学出版社,2005年)

〔1〕 吴瀛涛:《台湾民俗》,众文图书股份有限公司,1987年,第47—48页。

到了清代，由于政权巩固、经济繁荣，加上睦邻友好政策的实施，中琉两国的航海贸易更加兴盛。

中琉航海贸易主要为朝贡贸易和私人贸易两种形式，且以朝贡贸易为主。而朝贡贸易又分为封贡贸易和朝贡贸易。封贡贸易为中国册封琉球使团的贸易活动；朝贡贸易为琉球进贡使团的贸易活动。私人贸易方面，主要是琉球人利用来华进贡的机会进行私下贸易。

中琉航海贸易从明代缘起，一直延续到清代。有清一代，共有 8 次册封使团出使琉球。每次册封使团人员少则两三百人，多则七八百人。除了携带朝廷赏赐的物品外，还从事一定数量的商品贸易。中国对琉球的官方贸易还表现在遣使往琉球置办各种军需原料上。琉球对华的朝贡贸易是中琉航海贸易的另一重要内容。自明太祖推行睦邻政策后，琉球便是中国的不征之国，并且朝廷对琉球来华的进贡贸易实行优惠政策。为使琉球使团能安全地由福建抵达北京，清政府制定了完整的护送制度，遴选精明干练、处事谨慎的伴送官护送使团进京，可见清政府对中琉贸易的重视。琉球国也以各种名义来华，如进贡、接贡、请封、迎封、送留学生等等。清代琉球进贡贸易主要是在京师会同馆和福建柔远驿馆进行。琉球进贡官领赏后在会同馆开市贸易，而土特产的销售和中国商品的购买，主要在柔远驿馆进行。

琉球进贡贸易的完整行程大致如下：琉球的进贡船只抵达福建后，首先停泊在亭头湾，当即行文福建等处承宣布政使司衙门，由使司衙门委托福州府海防同知查明该船来由，并拨兵防护，吊进内港，然后移会福州城守营副将及闽县典史会验执照、方物、防船军器及带来银两、土产、杂物等，查明使臣、官伴、水梢的人数，安顿到柔远驿馆。其所带土产等物税额，经福州南台口税关核实后，照例“全免”。再由福州府海防厅委员监看，招商贸易。监看官员要将每天来馆贸易的商民及贸易货品详细登记，每旬上报一次。贸易过程中，不准闲杂人等入馆，以防不法之徒挟带违禁物品进馆。贸易的时间少则二三月，多则半年以上。贸易完毕后，将该船兑买物品的品种、数量、应征税额一一登记。按照规定，琉球使团带回的货物亦是免税。这些手续办完后，移行闽安协和福防厅押发出口，然后上报朝廷。接贡船进口后，除其人员尽留闽外，其他情形与贡船相同，贸易完竣后，待贡使回到福建后一道返航。

清代，日益兴盛的中琉航海贸易为福建经济带来了活力。无论是中国使琉球的册封使团还是琉球的进贡使团，其输往琉球的货品都在福建置办，促进了福建商品市场的繁荣。再者，中琉航海贸易的发展也提高了福州港的地位，使福州港成为当时最有活力的港口。同时，中琉航海贸易也促进了琉球社会的进步。

福州河口小万寿桥旧影

琉球使团带回大量的文化用品、纺织品、药材、生活用品等，丰富了琉球人民的生活。例如清代历朝琉球贡使携带回国的主要物品为纺织品，其中有各式各样的丝、绸、绫、罗、缎等等，还有一部分旧绸衣、旧布衣。这些纺织品的输入，促进了琉球纺织工艺和成衣制作水平的提高。此外，琉球的音乐、漆器工艺等无不受到中国的影响。

中琉航海贸易在清初中琉关系恢复后,日渐繁荣兴盛。在长达200多年的时间内,中琉航海贸易几乎没有中断,成为琉球国经济赖以发展的基础,也是中国向琉球输出文化的重要途径。福建商品市场、福州港的繁荣都与中琉航海贸易有着密切的联系。清代中琉航海贸易成为联结中琉两国政府和百姓的重要纽带。1879年,琉球国被日本吞并,中琉航海贸易戛然而止,取而代之的是西方列强与中国之间的不平等贸易,中琉航海贸易退出历史舞台。

六、闽台对渡贸易

闽台对渡贸易政策,是清政府统一台湾之后为顺应历史而采取的一项重要措施。康熙二十二年,郑氏降清。在完成统一台湾的大业后,开放海禁、发展经济成为清政府亟待解决的大事。因此,清政府在沿海各省"展界",并且在台湾设府县,隶属福建省管辖。康熙二十三年六月,康熙帝下旨重开海洋贸易,并且设立海关。由于闽台人民强烈的通航愿望以及民间私航、私口贸易不断,清政府被迫放宽政策,推行闽台对渡贸易政策。这一政策最大的特点是:"海峡两岸的经贸往来,须在指定的口岸之间进行。"[1]

闽台对渡贸易主要经历了以下几个阶段:

第一阶段:单口对渡(1684—1784年)。康熙二十三年,清政府选取安平鹿耳门与厦门为对渡口岸。鹿耳门位于台湾西海岸南部,与厦门隔海相望。两地有着悠久的通航历史。这一时期,厦门与鹿耳门是闽台之间指定的唯一对渡口岸,也是浙江、江南等省往台湾的贸易之船的指定航线。但是,由于两岸往来频繁,还是有很多商民为节约时间,不经厦门,直走外洋。

第二阶段:双口对渡(1784—1790年)。随着闽粤移民的增加,两岸百姓来往频繁,乾隆四十九年(1784年),清政府增加台湾彰化鹿仔港与泉州蚶江口为对渡口岸。蚶江商渔船只出口,令蚶江通判验明编号挂验放行;到鹿仔港海口船只,令鹿仔港同知检查。

第三阶段:三口对渡(1790—1810年)。八里坌是台湾北部的门户,在此私下通商的船只越来越多,清政府不得不于乾隆五十五年(1790年)准台湾淡水厅八里坌对渡福州五虎门。由于五虎门港浅礁多,因此,到口船只多到闽安停泊,由南台口稽征给单,经过闽安镇口覆验放行。由此可见,名为五虎门对渡八里坌,实则为福州府属的南台口、闽安镇口对渡八里坌口。

---

[1] 王耀华、谢必震:《闽台海上交通研究》,中国社会科学出版社,2000年,第192页。

福建福州闽安巡检司衙门旧址(谢必震 摄)

第四阶段：三口通行。随着闽台经济往来的深入频繁，两地百姓要求进一步放宽海峡两岸的通商政策。因此，自嘉庆十五年起，允许福建的厦门、蚶江、五虎门的船只通行台湾三口。从“指定口岸的对渡”到允许“三口通行”，是清政府对闽台经贸政策的重大调整，为两地的通航提供了更为便利的条件。

第五阶段：增开海丰、乌石为正口。道光四年，福建省当局奏请增开海丰、乌石二口为通航正口。道光时期，还出现了浙江、江苏与台湾直航的趋势。

以上是台湾统一之后，清政府放宽海禁，实行指定口岸贸易政策的几个阶段。需要指出的是，虽然指定口岸在不断拓展，但是民间的私口、私航仍旧频繁。

闽台对渡贸易政策顺应了历史发展趋势，导致闽台区域经济发生了飞跃性的变化，推动了海峡两岸社会经济的发展：

首先，促进了对渡口岸以及邻近城镇的发展。成为正口的港口，都成为各地货品的集散地，发展十分迅速。以蚶江口为例，当时有近百家的商行在蚶江口开设商号，使得该口对台贸易呈现出一派繁忙的景象。这些商号大多资金充足、经营有方、业务兴旺。其中较具代表性者有泉盛号、珍兴号、珍源号、和利号等等。泉盛号、珍兴号、和利号、协丰号、谦隆号等行号还在台湾设有分支机构；其他各行也派出人员到台湾往来业务，负责办理相关的购销事宜，同时了解商业情报、市场与交通情况。

其次，为台湾的农副产品提供了广阔的市场，促进了台湾的开发。随着对渡口岸的开放，闽粤赴台开垦的人数日益增多，台湾社会得到了长足的发展，人口不断增加。到嘉庆十六年，台湾人口已超过 200 万。人口的兴盛促进了田园的开垦，台湾糖的产量也不断增加。

第三，促进了对渡口岸商业的兴起，促使闽台两地经济类型优势互补。对渡口岸的设立，使闽台地缘、血缘等优势得到充分发挥，使两地的经济相互依存、共同发展。

闽台对渡贸易持续了近一个半世纪，实施期间不断调整拓展，各个对渡口岸成为闽台两地交流往来的通道，大大促进了两地的经济和社会的发展。

七、海神信仰与海洋民俗

长期以来，东海渔民以捕鱼为生，海洋渔业是东海渔民的经济来源。在古代，由于受造船技术、航海技术及气象知识等的限制，人们在变幻莫测的海上无法避免因迷失方向而偏离航线、触礁毁船的危险，无法避免因风暴海浪而舵折桅断船翻的危险，无法避免因不能及时解救而货沉人亡的危险，因此人们信奉海神、祭拜海神，将海神视为期盼海事平安的精神寄托。清代东海疆域航海活动持续而广泛，因此，海神信仰更为普及。

1. 妈祖信仰

妈祖本是北宋时莆田湄洲屿上的一名普通女子，姓林名默。相传其能“知人祸福”“言人休咎”，生前好济事行善，常在海上救助一些遇险渔民；死后还经常在海上显灵，提灯救助海上遇难的渔民。因而，人们立庙祀之，祈求保佑。随着妈祖“化草救商”“祷雨济民”“圣泉救疫”以及救助朝廷官员的事迹在出海人群中广泛传播，历代出海官员对妈祖神灵的宣传以及儒家、道教和佛教思想的渗透，到了清代，妈祖信仰已经成为“镇四海而保无虞”的官定头号航海保护神。妈祖信仰甚至对清代的海船结构都产生了影响。康熙二年，册封琉球使臣张学礼所乘封舟“桅舱左右二门，中官厅，次房舱，后立天妃堂”。[1] 由于妈祖保驾护航和庇佑海洋的超灵验神迹，历代统治者也不断对妈祖名号进行褒封，达到了无以复加的境地。妈祖由宋代的神女，至元代天妃，而至清代天后、天上圣母，地位愈益崇圣。其神圣崇高的女神地位，是无以比拟的。

“天后”是妈祖获得官方认可和追封的至高名号，在此之前以“天妃”为其最

---

〔1〕（清）张学礼：《使琉球录》，《台湾文献丛刊》（第 292 种），1970 年。

福建莆田湄洲屿妈祖庙（吴巍巍 摄）

高名位。康熙二十三年，施琅平台班师凯旋后，将妈祖显灵神迹奏报朝廷，请求将妈祖“天妃”封号晋赐为“天后”，实际上这次请求未正式获准。至乾隆初，清廷才正式认可了“天后”这一称谓。有清一代，朝野各界多有献匾向天后致敬，彰显妈祖女神与天齐名的至高至伟之无上尊号。

“天上圣母”一词是民间信众对妈祖的尊称。乾隆末年，福建省连江县已出现“天上圣母”这一称呼。连江县城关妈祖庙东廊壁嵌有四通花岗石碑刻，为乾隆二十六年至五十九年间三次重修妈祖庙时所立。此后，“天上圣母”名称被越来越多的宫庙和文献接受，成为民间大众对妈祖尊崇和敬仰的至高名号。

妈祖文化在其发展过程中不断被演绎，其内涵不断拓展、充实、丰富。妈祖已经从航海保护神的角色，演化为万能神的神祇。具体表现为：第一，尊老爱幼，行孝悌之道。妈祖在羽化升天之时，尽管元神出窍，仍前去解救溺水的父兄。第二，扶危救困，乐于助人。传说自宋以来，妈祖屡有神迹显现，每当遇有危险，航海者呼喊妈祖神号，妈祖即显灵予以解救、庇护。此外，护师擒寇、施药救人、助军平台等等都有传说佐证。特别是施琅攻取台湾宣扬妈祖显灵，

妈祖救难(引自周秀廷绘:《中国传统人物画系列——妈祖》,福建美术出版社,2005 年)

以及册封琉球使著录中不断累加妈祖庇护航海的灵验事迹,使妈祖形象不断崇高化、正统化。第三,海纳百川,融会文化体系。妈祖信仰原属地方民间信仰,随着历史的发展,不断吸收儒家、道教和佛教的思想,最终发展成为中国无所不能之神,特别是随着东南沿海地区民众在海内外各地经商、航海,妈祖信仰不断播迁,也因此形成现今内涵丰富的妈祖文化。最后,珍爱生命,爱好和平。翻阅众多有关妈祖的史料文集,特别是清代妈祖文献史料,所记载的多是妈祖救人于危难困苦之中的事迹,其不仅救助海上遇难的船户,还救助处于其他危险之中的百姓。传说中的妈祖不仅拯救福建的百姓,对在海上航行遇有危险的船只都会出手救助。妈祖亦助军擒寇,结束祸乱,还社会以安定。总而言之,妈祖所做以拯救生命、追求和平为最高目标,这是受官方与民间社会一致推崇的原因之一。

2. 四海之神(海神、海龙王)

四海之神信仰是东海沿海地区另一重要的海神信仰。四海之神的起源甚早,《山海经》中便有四海之神的形象描绘。古代关于四海之神的传说不止一种。《太平御览》卷八八二“神鬼二”引《太公金匮》记录了四海之神的重要说法之一:南海之神曰祝融,东海之神曰句芒,北海之神曰玄冥,西海之神曰蓐收。

经过历朝历代的演变和发展,到了清朝康熙、雍正时,祭祀东海龙王日趋频繁。以舟山群岛为例,仅康熙一朝,祭龙王的祭文就多达8篇,康熙还赐舟山东海龙王宫以“万里波澄”匾。1725年,雍正诏封东海龙王为“东海显仁龙王之神”;过了两年又下旨祭龙,旨文曰:“龙王散布霖雨,福国佑民,复造各省龙神大小二像命守土大臣迎奉,礼仪与祭南海庙同。”在此诏令下,舟山各地或新建龙宫,或把其他庙宇改建为龙王庙,这就有了清光绪《定海县志》中所载的一区一宫,或一区五个龙王宫的兴旺局面。

舟山地区还流行龙王出巡活动(民间俗称“龙行会”)。其程序是:先由族长或总管在龙宴前焚香叩拜,说明请龙王出巡的目的和理由。而后,龙灯队在龙宴面前高举三次龙头,龙桌旁吹响长号,龙殿外鸣放火铳。三声火铳响过后,由龙侍卫走近神龛,把龙王的雕像抱入龙庭,总管正式宣布“龙行会”开始。领头人高喊:龙王出巡!众人呼应:龙恩如海!长号连续吹响十八声,火铳连放一百八十响。总管、执事等职掌人员拈香跪拜,龙行会人员列队恭候,在震天的锣鼓声中,龙王离宫出巡。此一盛典不常举行,除非是严重干旱、海况恶劣、渔业丰庆才有人发起。据地方志载,清康熙年间,舟山六横岛和岱山岛曾举行大型的龙王出巡,盛况空前。[1]

闽人崇拜龙可以追溯到先秦。据《说苑·奉使》记载,当时的土著为了避免水怪的伤害,在身上刻画蛟龙的形象。汉代以后,随着中原汉族南迁入闽,龙演变为龙王,逐渐人格化。龙王不但能主宰雨赐,而且还会兴风作浪,故百姓十分敬畏它。航海者遇到惊涛骇浪,往往认为是海龙王作怪,他们常常举行各种祭祀仪式,祈求龙王慈悲,给予方便。在出使琉球中,若遇到“海波顿裂,深黑不可测”,便认为是海龙王来迎接诏书,使者要举行特殊的仪式,加以禳解。

3. 其他海神信仰举隅

除了上述两种主要的海神信仰以外,清代东海疆域还存在诸多海神信仰,例如颇具福建地方特色的“水部尚书”陈文龙信仰。还有其他海神信仰,如南海观

---

〔1〕 参见姜彬《东海岛屿文化与民俗》,上海文艺出版社,2005年,第441—443页。

音、泗州大圣、临水夫人、拿公、玄天上帝等等。兹举例如下：

（1）临水夫人

在东海海域的航海活动中，“临水夫人”也是人们所敬仰的海神。临水夫人原名陈靖姑，福州下渡人。其出身于一个世代行巫的家庭，耳濡目染，自身也熟谙巫术，后嫁给古田刘杞为妻。相传，唐贞元六年（790 年），福州大旱，陈靖姑脱胎祈雨，不幸身亡，终年 24 岁。临终前曾发誓死后要做保产之神，“扶胎救产”。因其灵验，乡人立庙祭祀，俗称奶娘、娘奶，尊称临水夫人、太奶夫人、陈夫人。宋淳祐年间（1241—1252 年），朝廷赐匾“顺懿”，敕封“崇福昭惠慈济夫人”。元明清多有敕封，封号颇多，有“天仙圣母”“护国太后元君”“顺天圣母”等。“临水夫人虽被奉为妇女儿童的保护神，但同时还具有掌管江河的职能，闽江流域的船民崇拜临水夫人的也不少。”〔1〕在出使琉球航海中，其原有的扶胎救产的主要职能消失，掌管江河的职能却大大地强化了。她扮演了天妃妹妹的角色，成为“水神”，协助天妃在海上救护遇难船只。〔2〕

拿　公　庙

（2）拿公崇拜

据传，拿公者，福建拿口（今邵武拿口镇）人。尝行贾，卧舟中，夜闻神语曰：“某日某时将行毒于某处。”公谨伺之。至期，果见一人抛毒物水中。公投水收取，竟食之，遂卒。以是面作靛色，后为土神。……后封“护国天下兵马司协佑尊王”。海船必奉之以行者，以海港多礁，专借神力导引云。……闽人云：公实卜姓，以业拿舟。为神，故称拿公。〔3〕拿公是东南沿海海上航行的保护者之一。最初船民们供奉拿公是因为拿公的神的职能，随着船民参加出使琉

〔1〕林国平、彭文宇：《福建民间信仰》，福建人民出版社，1993 年，第 84 页。

〔2〕（明）萧崇业：《使琉球录》，（台湾）学生书局，1969 年，第 142—143 页。

〔3〕（清）汪楫：《使琉球杂录》卷五，《国家图书馆藏琉球资料汇编》（上），北京图书馆出版社，2000 年，第 809—810 页。

球的活动,拿公信仰也被带到出使琉球的航海中,由此增加了导航等职能。至康熙二十二年翰林院检讨汪楫等出使琉球时,不仅“迎请天妃,奉舵楼上,而以拿公从祀”。其后,康熙五十八年海宝、徐葆光出使琉球,嘉庆五年赵文楷、李鼎元出使琉球,嘉庆十三年齐鲲、费锡章出使琉球,同治五年赵新、于光甲出使琉球时,在迎请天后神像的同时,也都恭请拿公神像登舟。

(3) 陈文龙信仰

陈文龙(1232—1277 年),原籍莆田,南宋末年的抗元儒将,曾官居参知政事等职。他为官清正廉洁,不畏强权。在南宋行将灭亡,不复存在之际,与一众爱国志士坚持抵抗。最后虽败走兴化城被俘,但依然忠贞不屈,最终绝食而死,成为与文天祥齐名的抗元民族英雄。他的“一代忠贞”成为历朝历代所称颂的楷模。明永乐年间,朝廷敕封陈文龙为“水部尚书”。陈文龙作为水上航行的庇护神,受到从事水上贸易的商贾和闽江下游水上居民的崇拜和景仰。[1]

在两岸,民间素有“官船拜尚书、民船拜妈祖”之说。在福州,陈文龙被民众称为“尚书公”,奉祀陈文龙的庙宇被称为“尚书庙”。尚书庙数百年来香火旺

福建福州陈文龙尚书祖庙(吴巍巍 摄)

---

〔1〕(清)齐鲲:《续琉球国志略》,日本冲绳县立图书馆 1978 年影印本。

盛，经久不衰。陈文龙不仅深受闽台两地民众的崇拜，在东南亚、日本等地也颇为知名。除了其崇高的民族气节外，因明清时期移民渡海越洋的活动十分频繁，陈文龙作为海上保护神的角色，受到了广大航海民众的膜拜，成为一尊重要的“海神”。故而到了嘉庆十三年，出使琉球的齐鲲在他的《续琉球国志略》一书中专门向世人介绍了这位航海保护神——水部尚书陈文龙。

（4）水仙信仰

水仙又称水仙王或水仙尊王，其也是海上保护神。明清时，福建水仙信仰所崇拜的对象基本固定为禹伍员、屈原、项羽、鲁班或王勃、李白五人。清嘉庆《同安县志》有相关记载。[1]

清代水仙信仰随移民开发的脚步传至台湾，并在台湾达到了鼎盛，无论其庙宇规模还是数量都远超同时期的福建。当船只在闽台海面上航行出现危险时，往往通过“划水仙”的方式向水仙尊王求救，以摆脱困境。其受众不仅仅是原来的舟师、水手，还发展到商人、普通的百姓甚至军队。据载，“澎湖妈宫前的水仙庙”“康熙三十五年在营游击奎建”，[2]又有水仙宫“庙在妈宫渡头，载《纪略》，但未载于何年；乾隆庚子（四十五年）二月，澎协招成万捐廉，率同海澄监生郭志达劝捐重修；道光元年十月前左营游击阮朝良兴议，先后会同通判蒋镛，护协沈朝冠，协镇孙得发，署左营游击黄步青、温北风，右营游击萧得华及守备周天成。吴国彩倡捐改造”。[3] 以上两庙为同一处庙宇，诸多军将多次重修改造，说明当时这一信仰的地位绝非一般，在军队中也影响极大。这恐怕是除了官封的妈祖信仰外，闽海军队崇奉的少数地方神灵之一了。

4. 中琉航海过程中的祭祀海神活动

明清时期，中国册封琉球使团祭祀海神的活动贯穿于册封始终。纵观历次出使活动，大凡祭祀海神，有如下几个方面：准备谕祭祈报海神文，拜祭所经之地的天妃寺庙，造舟登舟起航的迎神送神仪式，航海途中向海神祈祷，使事过程中的许愿与还愿，使事完成后为海神奏请封号，题写庙记、庙额，撰写海神灵应记，捐资修建天妃庙宇等等。

明嘉靖十三年，陈侃《使琉球录》问世，使世人得知出使琉球中祭祀海神活动之全貌。据载，通常在册封琉球出发之前必须准备好两道谕祭祈报海神文，这一先例是由陈侃开创的。陈侃出使琉球，饱尝了海上风涛之惊恐，愈感海神庇佑

---

〔1〕（清）嘉庆《同安县志》之《祠庙》，光绪十一年（1885年）。

〔2〕《台北文献》第五期，第650—652页。

〔3〕《台北文献》第五期，第650—652页。

之威德,故向朝廷题奏“为乞祠典以报神功事”,得礼部复议许可。〔1〕 从此,册封琉球需事先准备祈报海神文,“行令福建布政司于广石海神庙备祭二坛:一举于启行之时而为之祈;一举于回还之日而为之报。使后来继今者,永著为例。免致临时惑乱,事后张皇。而神之听之,亦必有和平之庆矣”。〔2〕 谕祭祈报海神文通常在确定册封琉球使人选后,即由礼部移文翰林院撰文。明清两代的谕祭祈报海神文内容大致相同。

出使琉球的另一重要活动是在天妃等海神庙中进香。清代出使琉球,不仅路途遥远,而且颇费时日,从皇帝颁令册封到使事结束,往往要几年。因此无论是从北京赴福建的途中,〔3〕还是在琉球国等待季候风回返的日子里,使者们凡经天妃等庙,都要上前行香。清康熙年间汪楫出使琉球时,“星驰赴闽,于二十二年六月二十日谕祭海神天妃于怡山院”,〔4〕怡山院亦称天妃宫。其他使臣谕祭天妃,一应如此。最为典型的当属嘉庆年间出使琉球的李鼎元等人,在接受册封琉球任务后,未出京城,即前往东四牌楼马大人胡同天后宫进香,以祈祐平安。〔5〕

使臣们到达琉球后,亦循旧例,到琉球的天妃宫行香。琉球国有三处天妃宫,在那霸天使馆东者为下天妃宫,在久米村者为上天妃宫。还有一处在姑米山。从文献资料来看,历朝出使琉球者均前往天妃宫行香。据徐葆光《中山传信录》载:使臣至琉球的第二日“先诣孔庙行香,次至天妃宫”。〔6〕 毋庸赘言,当使臣们经历过海上的风险之后,其对天妃等海神的信仰必定更加坚定。

出使琉球祭祀海神活动尤重于航海行船之中。册封舟上必设天妃堂供奉海神。“使臣登舟,必先迎请天妃,奉舵楼上,而以拿公从祀。”〔7〕李鼎元出使琉球时,恭请天后行像并拿公神像登舟,祭用三跪九叩首礼。〔8〕 比李鼎元稍后几年出使琉球的齐鲲亦说:国朝册封琉球,向例请天后、拿公神像供奉头号船,请尚书神像供奉二号船。〔9〕 这些迎供祀奉在船上的各种海神,待封舟抵达琉球后,又

---

〔1〕(明)萧崇业:《使琉球录》,(台湾)学生书局,1969年,第199页。
〔2〕(明)萧崇业:《使琉球录》,(台湾)学生书局,1969年,第200页。
〔3〕明清时期规定福建是唯一的通琉球省份,故出使琉球需在福建造船、开船。
〔4〕(清)汪楫:《使琉球杂录》卷五。
〔5〕(清)李鼎元:《使琉球记》,《那霸市史·资料篇》第1卷3,第226页。
〔6〕(清)徐葆光:《中山传信录》,《那霸市史·资料篇》第1卷3,第92页。
〔7〕(清)汪楫:《使琉球杂录》卷五。
〔8〕(清)李鼎元:《使琉球记》,《那霸市史·资料篇》第1卷3,第235页。
〔9〕(清)齐鲲:《续琉球国志略》,日本冲绳县立图书馆1978年影印本。

“涓吉鼓乐，仪从奉迎船上天妃及拿公诸海神之位供于上天妃宫内，朔、望日行香”。[1] 当册封使们完成使命回到福建后，还需“奉安天后行像、拿公于故所”，[2]才敢各自安歇。由上可见，明清出使琉球诸使者对供奉海神之事的恭谨。

人们在航海危难之时，或焚香设拜，“大呼神明求救”“叩首无已”“虔心求祷，合船诵佛号不绝”，或“朝服正冠坐”向神明许愿：神若显灵，“当为之立碑”“当为之奏闻于上”。有时人们还“剪发设誓，求救于神”。[3] 崇祯年间（1628—1644 年），杜三策使琉球时遇到风浪，恰值舟中有人购有奇楠，价值千金，即许以奇楠“捐刻神像”，[4]祈保平安。张学礼等出使琉球，危急之中，“各许愿，设簿登记”。[5] 平安回返后，所许之愿需“一一修还，所谓无所负神明”。[6] 有时使臣还口授檄文，令书吏撰写，“以檄天妃”，[7]乞求保佑。人们也常常降箕卜，希冀得到神的启示。如陈侃、高澄出使琉球时，有“管军叶千户，平日喜扶鸾，众人促其为之。符咒方事，天妃降箕……”[8]郭汝霖出使琉球时亦有“舵工陈兴珙又善降箕，乃用李君一家僮并不能字者扶之。字皆倒书曰：有命之人可施拯救，钦差心好，娘妈船都平安也”。[9] 这种神与人的对话，起到了稳定人心、战胜风浪的作用。

5. 东海海洋民俗管窥

海洋文化的另一重要组成部分即海洋民俗。中国的民俗文化源远流长，人们在海上作业、从事航海贸易的过程中，形成了丰富的海洋民俗。清代东海沿海地区流行的民俗颇具地方特色。

例如在宁波地区，造渔船要择吉日开工，亲朋送酒肉、馒头，放炮仗。上平底板须放炮仗。船头称“船龙头”，船头一定要藏金银：或用银钉，或在两船眼各藏银元两枚。船眼须下视，意为看鱼。船眼只用一枚钉子，待良辰方穿红布条一次敲入。下水前，船头涂红、黑、白三色，与船尾各插一丈二尺高的红旗，上书“天上圣母娘娘”，并用红、黄、蓝、白、黑各色布匹披挂船身。船头书“虎口出银牙”，桅杆顶书“大将军八面威风”，船舵上书“万军主帅”，船尾书“顺风相送”或“顺

[1] （清）徐葆光：《中山传信录》，《那霸市史 · 资料篇》第 1 卷 3，第 92 页。
[2] （清）李鼎元：《使琉球记》，《那霸市史 · 资料篇》第 1 卷 3，第 268 页。
[3] （明）陈侃：《使琉球录》，《那霸市史 · 资料篇》第 1 卷 3，第 7 页。
[4] （明）胡靖：《杜天使册封琉球真记奇观》，《那霸市史 · 资料篇》第 1 卷 3，第 43 页。
[5] （清）张学礼：《使琉球记》，《台湾文献丛刊》第 292 种，第 8 页。
[6] （明）郭汝霖：《重编使琉球录》卷下，明嘉靖辛酉十月刊本。
[7] （明）郭汝霖：《重编使琉球录》卷上，明嘉靖辛酉十月刊本。
[8] （明）萧崇业：《使琉球录》，（台湾）学生书局，1969 年，第 142 页。
[9] （明）郭汝霖：《重编使琉球录》卷上，明嘉靖辛酉十月刊本。

风得利”。渔船造好后要择良辰吉日下水，下水时敲锣打鼓放鞭炮以庆贺。洞头一带渔民造新船时，首先造龙骨，龙骨上要钉块红布，以示吉利。在钉龙目（俗称船眼睛）时，一定要在涨潮时钉上红、黄、蓝三色布。新船船主接收船下海时，要先请造船师傅吃完工酒，然后烧香放鞭炮。有的船主在接收新船下水前，还请司公（道士）来“安船”。司公边歌边舞，祈求新船下水后顺风得利。〔1〕

又如造船安装龙骨要举行相应的祭祀仪式。除供奉海上神明之外，船只在建造的过程中，不断被赋予神灵性。在船只底部有一大木梁，福建、广东沿海的渔民通常称之为“龙骨”。“龙骨”是船只的重要构件，用来支撑船身，使船只更加坚固，增加船只抗御风浪的能力。在沿海百姓看来，由于“龙骨”有灵，在安装龙骨时要举行相应的祭祀仪式。在福建省平潭，造船时在龙骨各承接处夹放棕、布等物品用以辟邪驱晦。闽南沿海则塞古钱数枚。当地渔民认为铜钱能驱邪，因此装若干铜钱来保障航行的安全，去除水妖风邪的侵扰。漳州龙海县的渔民则习惯在龙骨缝中夹塞金银纸，寓意以钱开道，祈求逢凶化吉。〔2〕 在厦门，人们也认为船只的灵魂在龙骨，因此龙骨的安装十分慎重，不仅要选定良辰吉时，还要将一条红布钉在龙骨上，寓意渔船出海捕鱼红红火火。除“龙骨”之外，造船过程中诸多工序要举行相应的仪式。在江苏，首先，在船底合好、完成安装大桅座的第一道筋时（称之为“铺置”），除了烧香跪拜、燃放鞭炮、敲锣打鼓外，船匠师傅还要在大桅座上钉喜钉，同时高喊吉祥语：“天上金鸡叫，地下凤凰啼。今日是黄道日，正是铺置时。恭喜板主生意茂顺，大发财源。”然后，在上大肋时（大肋是船上贯通首尾的两根最大的肋木）举行仪式，仪式的程序与第一次相同。再然后，在安装船头的最后一块横木时，即“上金头”时举行仪式。金头上雕刻一对龙眼，用公鸡的血点睛，意为“开光”。福建渔民“通常要在船眼的周边各钉上三枚钉子。钉子上挂有红布条”。〔3〕 三条红布条，中间象征妈祖，左右两边分别代表千里眼和顺风耳。舟山的渔民则把船眼睛钉在渔船的两侧，称为“定彩”。“定彩”的仪式很隆重，先请当地的阴阳先生择定良辰吉时，用五色丝线（五色代表金、木、水、火、土五行）扎在视为船眼珠的银钉上，由船主将其钉入船头，再用红布条或红纸把它蒙住，称为“封眼”。到新船要下水出海时，再由船主亲自把红布或红纸揭开，称为“启眼”。〔4〕

舟山群岛和宁波沿海地区还盛行一些与盐业有关的民俗活动。颇具代表性

---

〔1〕 苏勇军：《浙东海洋文化研究》，浙江大学出版社，2011年，第109页。

〔2〕 参见林国平《福建省志·民俗志》，方志出版社，1997年，第25页。

〔3〕 林国平：《福建省志·民俗志》，方志出版社，1997年，第26页。

〔4〕 金涛：《独特的海上渔民生产习俗——舟山渔民风俗调查》，《民间文艺季刊》1987年第4期。

者为崇奉熘(头)神。“熘”的本意是圆形中间略凹的土堆。浙江产盐区崇拜“熘”,奉之为神,盐民认为它有灵性,掌管着制盐的成败。每当谢年时节,舟山地区要备“三牲”(猪、羊、鹅或鸡)祭祀熘神,其顺序为:第一排“三牲”、黄鱼或其他鲞、鱼胶、年糕;第二排生盐、红糖、豆腐、糕、饼、水果,这些要用木质小红祭盘盛之;第三排五碗不同素菜,由金针或木耳分别盖顶,用红花瓷碗盛之;第四排五碗饭;第五排六杯酒;第六排三杯茶。〔1〕对熘进行祭祀是一种以物拟神化的表现,也是一种万物有灵论的反映,这在中国民间信仰体系中时常可见。浙江地区对熘神的崇拜迥异于其他产盐区的人物拟神化崇拜,独具一格,十分少见。〔2〕

盐业祠祀活动,是指对盐以及与盐相关的历史和传说人物的祭祀、膜拜。宁波地区历史上有多座祭祀盐司(掌管盐业的职官)的宫庙,如盐司庙、穆清庙、彭侍郎庙等。这一方面说明了盐业在这一地区的重要影响;另一方面也反映了人们希望社会太平、生活安定。

潮魂仪式既是东南海岛葬礼中具有地方特色的民间习俗,也是海岛人独有的葬礼方式,尤其在舟山群岛比较盛行。潮魂仪式必须在潮水上涨时才能进行。海岛人认为只有潮水上涨时,失落在海上的游魂才会随潮而来,才能就近招入事先准备好的稻草人中,以此超度亡魂。这是潮魂习俗的由来,同时也是潮魂葬礼必须在初一、月半大潮汛期才举行的原因。〔3〕

祭祀神灵不用渔获的习俗,是因为渔民认为海中生物往往是这些另类神灵的同类,用渔获来做祭品会被视为不敬。另外还有一些具有海洋特色的民俗,如霞浦渔民的妈祖走水、北部台湾渔村的抢船习俗、浙东滨海地区的海禁习俗,等等,都反映了东海海域丰富多彩、积淀深厚的海洋文化。

八、清初东海海域的荷兰人与英国人

荷兰是继葡、西之后兴起的新兴资本主义国家,因其在 17 世纪是世界上最强大的海上霸主,故被称为“欧洲的海上马车夫”。16 世纪末,荷兰人逐渐开始称雄于世界海洋。1602 年成立荷兰东印度公司,以发展对东方的贸易与交往。荷兰人在台海地区的活动,从根本上看是出于发展对外贸易的需要,但荷兰人屡屡凭借海上军事力量对我国沿海进行武力进犯,特别是从 1624 年至 1662 年占

〔1〕 宓位玉、虞天祥:《煮海歌》,中国文史出版社,2004 年,第 235 页。

〔2〕 参见武峰:《浙江盐业民俗初探——以舟山与宁波两地为考察中心》,《浙江海洋学院学报(人文科学版)》2008 年第 4 期。

〔3〕 参见姜彬:《东海岛屿文化与民俗》,上海文艺出版社,2005 年,第 409—417 页。

据台湾近40年,给闽台人民带来了巨大的灾难。

清初,荷兰人与清政府维持着若即若离的关系,两者之间既有为共同对付台湾的郑氏集团而展开的合作,也有不断的矛盾和冲突。1683年郑氏降清后,荷兰人逐渐淡出东海海域。[1]

荷兰人以东印度公司为载体,在东海海域活动了将近一个世纪,留下了汗牛充栋的档案资料,至今保存在海牙国家总档案馆中。这些档案资料包括商业账簿、日记与信件等,参考价值极大,生动地再现了荷兰人在闽台地区活动的历史场景。这些资料最早细致入微地记述了在中外交涉中中方的立场和态度,甚至连天气的变化,官员的服饰、饮食起居、娱乐活动,及双方的私下交易也一一记录下来。另外,荷兰东印度公司的使节、商人、海员、军人等也频繁接触福建,“其时颇多之游历家,教士、海军、官吏等抵达福州、漳州、泉州、厦门一带游历”,[2]这些人根据亲身经历,写下了许多珍贵的日记和记事、报告。这些档案资料和个人著述,对福建的政治、经济、军事、宗教、文化和风俗等作了大量的记载,是当时荷兰和西方国家认识福建与台湾的主要信息来源。[3]

在游历闽台的荷兰人所写的著作中,邦特库(Willem Ysbrantsz Bontekoe)的《东印度航海记》一书可谓影响最大。该书荷兰文版出版于1646年,是17世纪荷兰及至西方大众所喜爱的最畅销的图书之一,“在荷兰文学作品中所能夸耀的优秀旅行记中,没有一本能比邦特库船长那本著作更能深受欢迎而广泛流行”。[4] 该书曾多次再版,并被译成多种文字,风靡一时。该书的宝贵价值在

---

〔1〕 有关荷兰在东南沿海的活动情况,前人学者已有较多的研究成果,可以参见郭廷以:《近代中国史》(合订本),台湾商务印书馆,1941年;包乐史、庄国土:《〈荷使初访中国记〉研究》,厦门大学出版社,1989年;杨彦杰:《荷据时代台湾史》,(台北)联经出版事业公司,2000年;张维华:《明史欧洲四国传注释》,上海古籍出版社,1982年等,这里不重复叙述。

〔2〕 [美]麦克福(Franklin P. Metcalf)著,金云铭译:《十八世纪前游闽西人考》,载《福建文化》第2卷第2期,1947年。

〔3〕 参见林金水、谢必震:《福建对外文化交流史》,福建教育出版社,1997年,第131—132页。举例观之,在荷兰东印度公司档案文献中,有福建史研究学者闻所未闻的类似中国笔记小说的记载。1663年10月16日,苗焦沙吾在泉州耿继茂帐篷中,目睹了郑氏将领杨富及其50名下属降清的仪式经过,仪式后举行了盛大的宴会和娱乐活动,其中最引人注目的是一群葡萄牙儿童表演的一出戏,他们是耿继茂抚养的专门用来向客人表演节目的儿童。这些儿童大概是从澳门购买来的亚洲或非洲的奴隶(Wills, *Some Dutch Source on the Jesuit China Mission, 1662-1687*, p.67.)。又如,荷兰文档案中对福州天主教堂的记载也鲜为人知。1662年底,苗焦沙吾在福州会见了耶稣会士柏应理和何大化,并参观了他们的教堂。据苗氏记述:教堂的外表是中国寺庙的风格,内部装饰是中国化的,祭坛与香炉雕刻着龙和其他头首,完全是异端情调。只有有限的几张绘画与图片,才可以看出基督教的特征(Wills, *Some Dutch Source on the Jesuit China Mission, 1662-1687*, p.268.)。此一记载,对于我们理解清明之际天主教在中国推行的“适应性策略”的实践程度,是一个很有说服力的例子。

〔4〕 [荷]威·伊·邦特库著,姚楠译:《东印度航海记·译者序》,中华书局,1982年,第2页。

于作者亲身经历荷兰人侵扰闽台的活动,可以弥补中文史料之不足。其中不乏以公正的态度之记述,将荷兰殖民主义行径披露于世。该书还记述了一些关于福建与台湾的社会文化信息,对于今人了解当时台海地区的历史与文化有所裨益。

荷兰人淡出东海海域后,英国人继之而来。英国是继荷兰之后的资本主义新兴大国,其殖民足迹遍布世界。1662 年荷兰被逐出台湾后,英国人乘虚而入,与郑氏集团建立贸易关系,在厦门设立工厂。至 1676 年,英国在厦门、台湾两地共投资 30 000 元,而他们"在厦门建立的工厂,被认为是最佳的投资"。[1] 英国人对在厦门贸易比在台湾更为重视,也更为成功。1681 年郑氏退踞台湾,英国人随之关闭了在厦门开设的工厂,转而决定在福州、广州建厂。英国人早已注意到"在福州有交易之可能性"。[2] 1688 年英国人在厦门重开贸易,至 1701 年投资贸易额达 34 000 英镑。此后随着清政府闭关政策日严,英国人在福建海域的贸易也逐渐萧条。

在英国于东南沿海开展对外贸易的同时,一部分英国人十分注意采集中国东南地区尤其是福建、浙江的植物标本,"英国人在福建之作植物采集也,系与其在华商业发达史有直接关系"。[3] 他们对闽、浙地区植物的考察,是西方人首次较具规模地对中国自然物产的探险采集,在中外关系史中有着重要的地位。据研究,1685 年,利班纳(Win Cheslaus Libanus)在厦门、舟山一带采集,其标本均寄给当时英国著名的植物分类学专家皮笛维尔(Petiver)和波拉克尼(Plukenet),其中有一羊齿植物还保存在伦敦英国自然历史博物馆中。1695 年,勃朗(Sam Brown)在厦门等地也采到不少植物,并将乌桕种子传到英国,8 到 10 年后,种子长成树。此外,1699 至 1700 年,开尔(Kaier)、巴克莱(Barclay)两医士在厦门采集植物。而最重要、最著名的应是坎宁安爵士(Sir James Cunningham),他原是厦门及舟山公司的医师,1698 年第一次来到厦门和鼓浪屿,同年回国;1701 年 8 月 13 日第二次来华;1703 年再到厦门,直至 1709 年回国,共采集 600 多种植物,皆送给他的好友皮笛维尔和波拉克尼,后完好地保存在英国自然历史博物馆中,其中 38 种标明采自厦门,38 种标明采自鳄鱼岛(即

---

〔1〕 Philip Wilson Pitcher, *In and About Amoy*, Shanghai and Foochow: The Methodist Publishing House in China, 1912, pp.46–47.

〔2〕 赖永祥:《郑英通商关系之检讨》,载郑成功研究学术研讨会学术组编《台湾郑成功研究论文选》,福建人民出版社,1982 年,第 276 页。

〔3〕 [美]麦克福(Franklin P. Metcalf)著,金云铭译:《十八世纪前游闽西人考》,载《福建文化》第 2 卷第 2 期,1947 年。

白犬岛,又名上沙下沙)。[1] 以上事例表明,17—18 世纪中国东南沿海地区植物种类的繁多且具有的考察价值,在一定程度上吸引了西方探险者们前来游历和考察。

第四节　清代闽浙沿海的造船与航务

一、造船制度的形成与发展

清统一台湾、解除海禁之后,清代的造船业也逐渐恢复了生机,所造船只数量逐渐增多。《粤海关志》记载,乾隆时期"浙江之苏松常镇杭嘉湖等府……其船只之多,大小不下数十万艘,百姓赖以资生者啻数百万人",[2] 由此可见当时中国造船业之兴盛。同时,清政府统一中国后,在一定程度上允许百姓自由出海捕鱼、贸易,但同时也制定了许多条文和规定,对出海船只的建造与管理作出种种限制。

(一) 战船:退步与落后

清代官船种类很多,包括水师战船、册封使船、漕运船、粮船等。

清代的海防以防御海盗为主,因此其战略重点放在江浙闽粤四省。由于各省地理形势不同,海防任务也有轻重之分,在战船的配制数量上存在一定差异。据《大清会典则例》[3] 统计,当时福建共设外海战船 338 艘,其中广东 328 艘、浙江 196 艘、江南 79 艘。战船的种类,直隶有大、小赶缯船;山东有赶缯船、小脚船、双篷艍船;江南有赶缯船、沙船、快哨船、唬船、巡船、水艍船、犁缯船、艍犁船;福建有赶缯船、艍船、底船、桨船、快哨船、双篷罟船、艍哨船;浙江有赶缯船、水艍船、双篷罟船、快哨船、八桨船、巡船、钓船。各省均以赶缯船为主力战船。

战船的修造方面,为保证船只的数量,康熙二十九年清政府下令,船只"自新造之年为始,届三年准其小修,小修后三年大修。再届三年,如船只尚堪修理,仍令再次大修;如不堪修理,该督等题明拆造"。[4] 修造的期限,小修限三个月完工;大修、拆造限四个月完工。到了雍正六年,改小修限四个月;大修、拆造限

---

〔1〕［美］麦克福(Franklin P. Metcalf)著,金云铭译:《十八世纪前游闽西人考》,载《福建文化》第 2 卷第 2 期,1947 年。

〔2〕梁廷枏等纂:《粤海关志》,《近代中国史料丛刊续编》第 19 辑,文海出版社,1975 年,第546 页。

〔3〕《钦定大清会典则例》,《景印文渊阁四库全书》第 622—625 册,台湾商务印书馆,1983 年。

〔4〕《钦定福建省外海战船则例》,《台湾文献丛刊》第 125 种。

六个月完工。而乾隆年间，对于届期修造的船只"实力查勘"，根据实际情况酌情缓修或拆造。修造船只所需的工料银两，有"部价"和"协贴"之分。"部价"指司库正项钱粮；"协贴"指在各州县耗羡银内派拨。自雍正二年耗羡归公〔1〕之后，开始实行协贴银两在耗羡银内动支的方案。各省修造船只所需的工料银的派拨情况又有所差异：江苏、浙江两省，不论大小修或拆造，每部价一百两加津贴一百二十五两至一百八十两不等；山东省照正价加倍动给；广东省小修每百两加四十两、大修加六十两、拆造加八十两；福建省小修加十两、大修加九两、拆造加八两，又在应加的津贴之外每百两另给银三十两。〔2〕 台湾由于运送物料不易，在应加津贴的基础上另给三分，再加运费二分。船只错期修造，康熙五十七年定议：各省船只届应修、造之期，该督、抚一并题明，先修一半，仍留一半在汛巡防；俟前半完工到汛，即将后半续修。工完，一并题销。〔3〕

战船的规格方面，清初规定：战船每船长十一丈至一丈九尺，阔二丈三尺五寸至九尺六寸。〔4〕 施琅在进攻澎湖的海战中，所使用的主力战船为鸟船和赶缯船。鸟船船长 10 米，船宽 3.4 米，〔5〕在收复台湾的海战中，鸟船发挥了重要的作用。到了康熙中后期，海波既恬，当事者以各港水浅，海船急难摇动，且修理估计不赀，节浮费而资实用，〔6〕逐渐停止使用此种大型战船，赶缯船和双篷艍船取代鸟船成为外洋巡哨的主要船型。赶缯船原是闽浙沿海商贩用于运送木材的商船，据康熙年间的千总郭王森的《海事十折》记载：海洋有等自闽装载木头到浙之巨舟，名曰赶缯船。其船最大，不畏风浪，能深入海洋，海贼出没俱坐此船。〔7〕 赶缯船的优良特性，使其十分适合海上航行，因此也成为清代水师最主要的船型。其大小，以福建水师提标后营"清"字八号船为例：身长四丈六尺，头起亢四尺、尾起乔三尺。船头长一丈八尺，面匀宽八尺八寸、底匀宽八尺；船中长一丈六尺，面匀宽一丈三尺二寸、底匀宽一丈二寸；船尾长一丈二尺，面匀宽一丈二尺六寸、底匀宽九尺四寸。两边皮长五丈二尺六寸。计十五舱。深四尺三

---

〔1〕"耗羡归公"：地方官征收钱税时，会以耗损为由多征钱银，称为耗羡。"定耗羡"是增加各级地方官薪给的重要措施，同时打击了地方官吏的任意摊派行为。

〔2〕《钦定福建省外海战船则例》，《台湾文献丛刊》第 125 种。

〔3〕《钦定福建省外海战船则例》，《台湾文献丛刊》第 125 种。

〔4〕《皇朝政典类纂》卷三六四，转引自王宏斌：《清代前期海防：思想与制度》，社会科学文献出版社，2002 年，第 122 页。

〔5〕《舰船知识》2002 年第 2 期。

〔6〕《重纂福建省通志》清同治十年刊本，《中国省志汇编》，台湾华文书局，1968 年。

〔7〕中国第一历史档案馆：《康熙朝汉文朱批奏折汇编》第三册第 818 号，档案出版社，1985 年，第 316 页。

寸。[1] 另一种主要战船——双篷艍船：长五丈五尺，船身长六丈六尺，面梁肚阔一丈七尺五寸。船底平台阔一丈一尺二寸，直墨高一尺二寸五分。面梁大圜圆七尺，长一丈八尺五寸。大肚梁阔一丈九尺五寸。船底平墨阔一丈三尺，直墨高一尺零四分。[2] 从上述数据可以看出，作为清代最主要的战船类型的赶缯船和双篷艍船，在大小上，与明末的战船相比，已是处于退步状态了，更不用说与西方欧美国家的战船相抗衡了。

（二）民船：限制与发展

民船指民间修造、所有权归民间所有的船只。民船也有内河与外洋之分。外洋船只又包括渔船、出洋贸易商船、客船等等。

康熙二十三年解除海禁后，出洋船只仍需通过一定的手续并遵守相关的规定。需出洋者，应向地方官禀明，登记姓名，取具保结。查核后地方官发放印票，防守官员查验票据，清点人数，方准其出入。出洋贸易的船只载重须在五百石以下。如若超过五百石，不论官兵百姓，都将受到发配边疆充军的惩罚。最初清政府对出洋民船的人数并没有具体的规定，直到康熙十二年才明确：出洋海船许用单桅，梁头不得过一丈，舵水人等不得过二十名；其梁头一丈六尺者，不得过二十四名；一丈五尺梁头者，不得过十六名；一丈二三尺梁头者，不得过十四名。[3] 对大小不同的船只所配的舵水人数作了详细的规定（由此也可看出，清代船只的大小，最主要的评判标准是其"梁头"的大小）。康熙五十九年，议准：出洋商船初造时，先报海关监督，并地方官。该地方官确访果系殷实良民，取具澳甲里族各长并邻右保结，方准成造。完日地方官亲验梁头并无过限，舵水并无多带，取具船户不得租予匪人甘结，将船身烙号刊名，然后给照。[4] 这一规定实际上延续了清初的海禁政策，以防止民间大量造船，私通海贼或卖国图利。此规定沿用至嘉庆、道光两朝。康熙四十三年为泉州商船户金长庆所开之船照，具体呈现了海船管理的细节：先将该船量烙，并讯取船户、舵水、澳甲、里族、邻佑、保家各保结后，合行给照。为此给该船户即便赍执，依例驾赴查验，前往贸易。如敢私行顶替及夹带违禁硝磺、樟板、钉铁、大桅、含檀、鹿耳、桐油、黄麻、棕片、农器等物，为非作歹情弊，各口防汛既巡司捕员立将该船户、舵水一齐拿送，以凭

---

〔1〕《钦定福建省外海战船则例》，《台湾文献丛刊》第125种。

〔2〕《雍正朝汉文朱批奏折汇编》第21册第342号，江苏古籍出版社，1989年，第423页。

〔3〕《钦定大清会典则例》卷二四《海防》，《文渊阁四库全书》第620册，第463页。

〔4〕《钦定大清会典则例》卷一一四《海禁》，《文渊阁四库全书》第623册，第395页。

详解究辕治罪。毋违,须牌。[1] 所开船照的内容为:本船奉例丈量含檀梁头丈七尺寸分。配顺字第○号。中船户金长庆……澳甲林一良。邻佑江腰。舵工水手许进先、魏宗。右照给留五坫澳商船船户金长庆。准此。[2] 在这一船照中,描述了船只出洋所需的手续,并详细列出了禁止携带出洋的物品,并载明船只大小、船户及舵水人数。上述造船所需澳甲里族各长以及左邻右舍的甘结是百姓交给官府的一种字据。百姓需履行甘结上承诺的义务或责任,如不能履行,将受到一定的处罚。澳甲里长为船户所开的甘结为保结,即为船户做担保。清政府通过这种联保、互保的方式来防止出洋贸易中发生不法的行为。为船户所开的甘结,其格式为:今当大老爷结得船户果系殷实良民,堪以制造小商船一只,梁头一丈七尺八寸,管驾贸易,不敢为非作歹,合具结是实。[3] 除了对船只大小的规定外,为了使船只在海上便于识别,清政府要求出洋船只必须在船身涂刻字号,并在大桅或篷上油饰本省相对应的颜色。康熙五十二年,由江苏巡抚张伯行上奏并于次年实施这一规定,其主要内容为:商船、渔船前后各刻商渔字样,两旁刻某省某府州县第几号商船渔船,及船户某人,巡哨船只亦刻某营第几号哨船,并商渔船户、舵工、水手、客商人等各给腰牌,刻明姓名、年貌、籍贯,庶巡哨官兵易于稽查。[4]

种类上,清代出洋帆船中,沙船是重要的一种。沙船,即遇沙不易搁浅的大型平底帆船。清人魏源在其《圣武记》卷一四记载:沙船,调戗使风,三桅五桅,一日千里,大帆长驰,增以舷栅,江海是宜。[5] 沙船在唐代就已经成型,其数量在清代达到顶峰,约有万艘以上。另一种普遍用于远洋航行的船型是上述的鸟船。

综上可知,清政府对于出洋船只的管理十分严格。由地方官员层层审核,出具甘结,取得料照、船照、印票之后,船只才能出海。但清代对于船只大小的限制到了嘉庆道光年间逐渐放宽。嘉庆二十三年,根据闽浙总督董教增的奏请,嘉庆皇帝发布上谕:闽省商民制造海船,大小本无限制。嗣因洋匪滋事,劫坐商船,奏明商民造船只以一丈八尺为准,原属一时权宜之计。现在洋面肃清,该省商民以船小不能重载,难涉风涛,多致失业;并官运兵粮亦多积压。兹据该督查明,请复旧章,着照所请,嗣后商民置造船只,梁头丈尺照前听民自便,免立限制。[6] 至此取消了对造船尺寸的限制。对出洋船员人数的限制也有相当大的放宽。嘉

[1] 孔昭明编:《台湾私法商事编》,(台湾)大通书局,1987 年,第 271 页。
[2] 孔昭明编:《台湾私法商事编》,(台湾)大通书局,1987 年,第 273 页。
[3] 《福建沿海航务档案》,载《台湾文献汇刊》第 5 辑第 10 册,厦门大学出版社,2004 年,第 6 页。
[4] 《清圣祖实录》第 6 册卷二五八,中华书局,1986 年,第 550 页。
[5] 《圣武记》。
[6] 《清史稿》卷三七五。

庆时,出洋到日本贸易的中国商船,每艘船的船员近百人之多。

二、近代船舶技术的传入

地理大发现以后,古老的东方逐渐为西方人所知。为了寻求财富,西方殖民者们不断东来,而此时的清王朝却故步自封,严厉"禁海",逐渐沦为被掠夺的对象。两次鸦片战争,沉重地打击了清朝统治者。大量割地赔款,深深刺激了朝野内外。于是清王朝开始主动接触外界,大批公使、参赞、随员等外交人员走出了国门。他们在耳闻目睹了西方强大的军事实力后,自觉不自觉地提出了学习西方军事的主张。他们认为"制敌乎在于自强,自强必先练兵","练兵之要在制器械,练海军、办海防",而海军离不开船。于是中国开始断断续续地仿造西方战船,近代船舶技术就在这样的背景下陆续传入中国。

中国传统的船只是木板船,这种船根本经不住西方的大炮轰击。于是西方的铁甲船首先受到青睐,而在仿造西洋战船方面的先行者是林则徐。林则徐在广东禁烟时就开始关注西洋战船,但他未来得及仿制,只是购买了美国商船改装成战舰。刑部侍郎潘仕成、广州知府易长华、户部员外郎许祥光、水师提督吴建勋等纷纷仿造欧美兵船,制成三桅甲板船。[1] 林则徐被派往浙东协办军务时,与龚振麟合作,仿照英国火轮船,制造了中西结合的战船:以人力转动轮子,带动船只前进(这是中国的技术),再配以西洋火炮,其效果连英国人都感到震惊。[2] 另外,福建晋江监生丁拱辰,在《演炮图说辑要》里,对西方蒸汽机及其应用作了详细的介绍与绘图说明,且在第一次鸦片战争后将蒸汽原理应用于船舶。[3] 西方先进的制船技术陆续传入我国并得到应用。

除了轮船制作之法外,与其相匹配的作战装备如水雷、火炮等,也开始引入。潘仕成是最早倡导制造水雷的,他在《攻船水雷图》中就说:会米利坚夷兵官任雷斯抵粤,自言能造水雷,遣善泅水者泅至敌人船下,或顺流放去,借水激火,迅发如雷,虽极坚厚之舟,罔不破碎。……凡九越月而水雷成。[4] 而火炮的制造则是龚振麟开创的,他制造了铸炮铁模,以及重炮用磨盘炮架。[5] 但这些零星的仿造,未能改变中国海军落后的局面。

---

〔1〕 林庆元:《福建船政局史稿》,福建人民出版社,1986年,第3页。
〔2〕 杨金森、范忠义:《中国海防史》下册,海军出版社,2005年,第808页。
〔3〕 林庆元:《福建船政局史稿》,福建人民出版社,1986年,第4页。
〔4〕 杨金森、范忠义:《中国海防史》下册,海军出版社,2005年,第810页。
〔5〕 杨金森、范忠义:《中国海防史》下册,海军出版社,2005年,第811页。

第十章　近代的东海海域

第一节　西方列强对东南沿海的侵犯及其影响

自新航路开辟以来,西方列强不断东来。清王朝前期国力尚强盛,西方殖民者并未讨到太多好处;但到了清后期(即自近代以来),清朝国力渐衰;而西方殖民者经过工业革命的洗礼,海上实力日益增强,古老的中国就成为了他们侵略的对象。自荷兰尼德兰革命之后,英、法、美、俄等国先后通过各种形式的改革或革命走上了资本主义发展道路。此后工业革命兴起,各主要资本主义国家陆续开始第一次工业革命和第二次工业革命,国力得到增强,进而走上了殖民扩张的道路。英国最早确立和巩固资本主义政治制度,率先完成工业革命,为其"日不落帝国"的世界霸主地位奠定了基础,在亚洲控制印度、占领新加坡、侵占缅甸之后,继续向东方扩张,将殖民魔爪伸向了中国。美、法、俄等国紧随其后,西方列强掀起了瓜分世界的狂潮。

一、西方列强对闽浙沿海的侵犯

由于清政府长期实行闭关锁国的对外政策,加之中国以自给自足的自然经济为主体,对外来商品的需求量不大,而英、法、美等资本主义国家对中国的茶叶、瓷器、丝绸等需求巨大,因此在对外贸易中,中国一直处于顺差地位。为了扭转对华贸易的逆差,英国开始向中国走私鸦片,希望通过鸦片贸易来改变对华贸易的不利地位。

鸦片贸易很快给英国带来了惊人的暴利,一举"扭转"了之前英国人贸易逆差的格局,也使中国由贸易顺差变为贸易逆差,打破了中国长期以来对外贸易的优势地位。然而,鸦片贸易却给中国带来了巨大的危害,每年大量白银外流使中国国内发生严重钱荒。鸦片还摧残了中国人民的肉体和心灵,败坏了社会风气,导致社会生产力下降。东南沿海地区是鸦片最早泛滥的区域,鸦片导致了该地区手工业和商业的衰落。

鸦片贸易带来的危险引起了清政府的警醒。1838 年 12 月,道光皇帝任命林则徐为钦差大臣,前往广东开展禁烟运动。林则徐到达广州后,与两广总督邓廷桢、广东巡抚怡良通力合作,查封烟馆,逮捕烟贩,并下令处死了中国烟贩冯安刚。1839 年 6 月 3 日起,林则徐下令在虎门海滩当众销毁收缴来的鸦片,到 6 月 25 日结束,共历时 23 天,销毁鸦片 19 187 箱、2 119 袋,总重量2 376 254 斤。〔1〕虎门销烟彰显了中国人民禁毒的巨大决心,在一定程度上遏制了鸦片的泛滥,产生了积极的影响。同时,这次禁烟运动也使广大民众认识到鸦片的危害性,使更多人明白了英国殖民者向中国贩卖鸦片的险恶用心,唤醒了国人的爱国意识。

虎门销烟事件成为第一次鸦片战争的导火索。1839 年 9 月 4 日(道光十九年七月二十七日)鸦片战争正式爆发,由英国侵略者在广东九龙洋面首先开炮引发。这场战争断断续续地持续了 3 年,直到 1842 年 8 月 29 日(道光二十二年七月二十四日)《南京条约》签订,才告结束。〔2〕

鸦片战争可以分五个阶段: 1. 第一次广东战争阶段,从 1839 年 9 月到 1840 年 6 月,为时共计 10 个月,战争在广州附近沿海一带进行。2. 英国侵略者北上骚扰沿海阶段,从 1840 年 6 月到同年 11 月,为时共计 5 个月。侵略者把战火从广东扩大到福建、浙江、江苏沿海,先占领舟山,最后北上到直隶大沽口,迫使清朝统治者投降妥协。3. 第二次广东战争阶段,从 1840 年 11 月到 1841 年 8 月,为时共计 10 个月。战争范围又集中到广州附近一带,过程系由和到战,复由战到和,侵略者用武力强迫清朝统治者答应其无理要求,并于 1841 年 1 月 26 日偷占香港,同年 6 月 7 日非法地宣布香港为所谓自由港。4. 闽浙战争阶段,从 1841 年 8 月到 1842 年 6 月,为时共计 11 个月。英国侵略者再度把战争范围扩大到中国沿海闽浙一带,特别是浙江省,先后强占厦门、定海、镇海、宁波、乍浦等地。5. 侵略长江下游阶段,从 1842 年 6 月到 8 月,为时共计 2 个月。英国侵略者为了把侵略战争进行到底,调来海陆援军,侵入长江下游的上海、镇江和南京等地,最后迫使清朝统治者在南京签订了中国近代史上第一个出卖国家和民族利益的不平等条约。〔3〕

---

〔1〕《林文忠公政书》乙集卷三,第 180 页。

〔2〕 牟安世:《鸦片战争》,上海人民出版社,1982 年,第 154 页。

〔3〕 牟安世:《鸦片战争》,上海人民出版社,1982 年,第 154—155 页。

《南京条约》签订四年之后，列强不再满足于业已取得的特权，屡次要求修约，扩大权益，遭到清政府的拒绝。1856 年，英、法殖民侵略者以“亚罗号事件”和“马神甫事件”为借口，组成英法联军，发动了第二次鸦片战争。1857 年 9 月，英法联军入侵广东洋面；12 月 28 日，对广州发起攻击，次日攻占广州。1858 年 1 月 5 日，俘虏了两广总督叶名琛；1 月 9 日，扶植广东巡抚柏贵担任地方傀儡政权首领，共同“治理”广州。此后，广州一直由英法联军控制，直到战争结束。

在西方列强对东南沿海的进犯过程中，扼守战略要地的台湾首当其冲。英国很早就对台湾流露出了兴趣，郑氏统治台湾时期，英国人曾在台湾设立商馆，〔1〕以此作为进入中国大陆的跳板。但是随着清康熙完成对台湾的统一，英国在台湾的活动被迫中断。第一次鸦片战争前期，英国鸦片贩子就曾叫嚣必须占领中国沿海的某些岛屿，包括台湾，如当时逃回伦敦的威廉 · 查甸提出：我们必须着手占领三四个岛屿，譬如台湾、金门和厦门，或只占领后两处，而截断通台湾的贸易；詹姆斯 · 马地臣则“主张占领台湾”；拉本德等向外交大臣巴麦尊建议：要是认为台湾太大，兵力不够占领，则占领厦门和金门，……从那儿可以截断台湾的贸易。〔2〕 鸦片战争中，英军先后五次进犯台湾：五犯台湾，不得一利。两击走，一潜遁，两破其舟，擒其众而斩之。〔3〕 战后，虽未提出割占台湾的要求，但还是发生了“借口樟脑事件占领安平”的军事行动和“英德商人占垦大南澳”事件，且这一时期，台湾饱受这类事件困扰。〔4〕 鸦片战争前后，美国也一直谋划着侵占台湾，但一直未付诸行动，直到发生同治六年的“琅峤事件”，〔5〕但在清王朝的积极应对下，美国并未对台湾造成重大破坏。普鲁士也曾计划侵占台湾，但因各种原因未能实行。〔6〕 日本对台湾的野心由来已久，早在康熙时期就有识时务者发出警惕日本对台湾野心的警告。〔7〕 日本明治维新以后，借口牡丹社事件，对台湾发起侵略，在清王朝的强硬态度下，双方以谈判收场，〔8〕结果是清王朝不但失去了琉球这一附属，而且使日本萌生了更大的侵略野心。法国对台湾的野心发酿有一个过程，在中法战争中，法国进攻鸡笼主要是为了此地

---

〔1〕 许毓良：《清代台湾的海防》，社会科学文献出版社，2003 年，第 178 页。

〔2〕 严中平：《英国鸦片贩子策划鸦片战争的活动》，《近代史资料》1958 年第 4 期。

〔3〕 《东溟奏稿》卷三，《台湾文献丛刊》第 49 种。

〔4〕 陈在正：《1840 年至 1870 年间欧美列强觊觎和侵犯台湾的活动》，《台湾研究集刊》1992 年第 2 期。

〔5〕 《清通鉴》。

〔6〕 林子候：《四国天津条约与台湾门户之开放》，《台湾风物》第 26 卷第 2 期，1975 年。

〔7〕 《裨海纪游》，《台湾文献丛刊》第 44 种。

〔8〕 《同治甲戌日兵侵台始末》第一册，《台湾文献丛刊》第 38 种。

的煤矿，以此作为东方舰队的加煤港；后来随着战事的胶着，封锁全台湾是为了逼迫清王朝投降，但这两个阴谋都在清王朝与台湾当地民众的联合打击下破产了。

事实上，西方列强的主要目的还在中国大陆，在其力量较弱的时候，他们只敢在沿海小岛附近活动，而当力量增强，他们就试图攻占沿海城市。第一次鸦片战争期间，英国以其强大的海军，在东南沿海发动了多次侵略战。道光二十年六月，英军第一次攻打厦门，但是在广大军民努力下，英军始终没能实现登陆的企图，故英军主力北犯定海，攻陷定海后，北上大沽口，在要求得到满足后才南下。道光二十一年七月，英军第二次侵略厦门。虽厦门守军与敌激战，但终不敌，厦门沦陷，遭到了大规模的掠夺。此后主战场转移到浙江境内，定海再次沦陷，镇海也不保。而此时留守福建的英军不断派出小股兵力，到闽中、闽北和闽南沿海窥视骚扰，九、十月间，多艘英船到泉州港外游弋探水；十二月，一艘英双桅夹板船到南日镜仔澳外落篷，回转扬旗，招引岛民。[1] 第一次鸦片战争中，清王朝战败，厦门、福州被迫作为通商口岸开放。美、法两国趁火打劫，索取侵略权益，引用“片面最惠国待遇”，在英国已取得利益的基础上，扩大自身权益。虽第二次鸦片战争的主战场不在东南海域，但东南沿海还是受到了波及，台南、淡水也

福建福州闽安炮台遗址（吴巍巍 摄）

---

〔1〕 驻闽海军军史编纂室：《福建海防史》，厦门大学出版社，1990 年，第 215—216 页。

被迫开放，而通商口岸的权益丧失更多。中法战争海战的主战场就在东南海域，此役福建水师覆灭，船厂被焚，福建省遭受重创。

由于清王朝未能建立起行之有效的海防，也未组织起强有力的海上力量，因而在面对西方列强海上的冲击时，地处东南沿海的闽浙台等地，是遭受战争灾难最为严重的区域之一。

1883 年，中法战争爆发，法国远东舰队入侵中国东南沿海，分别开进福州和基隆港。1884 年 8 月 5 日，法国军舰率先开炮轰击基隆港并强行登陆，督办台湾事务大臣刘铭传率军殊死抵抗，迫使法军退回海上。8 月 23 日，先前驶入福州马江入海口的法国军舰突然向福建水师发动猛烈攻击，导致福建水师几乎全军覆没。其后，法军又炮轰马尾造船厂和福建船政局，并摧毁了闽江下游至出海口的岸防设施。10 月初，法舰分头进犯台湾基隆和淡水。在基隆登陆后，法军再犯淡水，曾一度上岸但很快被击退。法军占领基隆后也无法深入，遂对台湾实行海上封锁。1885 年初，法军接连从基隆向台北进攻，进而骚扰浙江镇海，截击由上海驰援福建的中国军舰。3 月底，法军占领澎湖群岛。整个中法战争期间，法军虽在海上力量占据优势，却始终在东海海域的陆路进攻上受挫，最终导致内阁下台。但清廷却在掌握战略主动的情况下乞和心切，签订了《中法新约》，不败而败。中法战争使得清廷上下认识到台湾海防的战略意义，决定将台湾单独设省，与福建联成一气。台湾建省后，在首任巡抚刘铭传的大力推动下，积极开展现代化建设，台湾成为近代中国发展最为迅速的省份之一。

二、五口通商后的东南社会

鸦片战争后，清廷被迫开放广州、厦门、福州、宁波、上海五处港口，“贸易通商无碍”。[1] 其后，英方派人分赴广州、厦门、上海、宁波、福州口岸担任领事，五口陆续开埠通商。[2] 在英国之后，美国、法国也分别通过《望厦条约》和《黄埔条约》取得了同样的权利。

作为近代第一批开埠的口岸城市，通商五口的开埠与设关事务皆由英国全盘掌控。在开埠之初，各口岸的开埠通商办理次序，是依照其贸易的繁盛程度(即英商的贸易获利大小)而定的，各项事务也由英国人一手包办。[3] 事实上，五口贸易既自由，关税又极低，外国商人获利非常优厚。

---

〔1〕 王铁崖：《中外旧约章汇编》，生活 · 读书 · 新知三联书店，1957 年，第 31 页。

〔2〕 详参文庆等：《筹办夷务始末》，道光朝卷六九，中华书局，1963 年，第 2741 页；道光朝卷七〇，第 2777—2793 页；道光朝卷七二，第 2838 页；道光朝卷七三，第 2911 页。

〔3〕 吴松弟、杨敬敏：《近代中国开埠通商的时空考察》，《史林》2013 年 3 期。

作为中国东南沿海重要海港城市，鸦片战争以后，福州、厦门、宁波、上海沦落为典型的半殖民地半封建畸形消费型商业城市，社会结构和经济环境发生了巨大的变化。

这种变化首先体现在对传统手工业的打击上。在被设为通商口岸之后，帝国主义列强纷纷在这些城市设立洋行、公馆，即便是在前景不被看好的福州，也有诸如英国裕昌洋行、协和洋行、复兴洋行，美国的水莱洋行，日本的三井洋行、铃木洋行，德国的禅臣洋行、东亨洋行等多家商行的办事机构。这些洋行的主要任务，除了进行间谍活动、窃取政经情报之外，便是对中国倾销商品，同时廉价收购地方土特产。值得注意的是，在倾销的商品中，以棉布纺织品为最多，这对东南沿海地方经济是一个致命打击。例如宁波，原是一个丝绸纺织工业比较发达的城市，鸦片战争之后，资本主义国家纺织品大量涌进宁波市场，导致宁波丝绸纺织工业破产崩溃。江、浙一带的传统纺织工业，在资本主义洋布倾销之下，一蹶不振。

其次，洋货倾销，对外贸易从顺差转为逆差。五口通商之后，帝国主义列强经东南各港对华出口的洋货，数量最多的有洋布、洋纱以及“洋米”和“洋面”。在当时海关所列洋货项目之中，还包括了面粉、玻璃、肥皂、火柴、钢、铁、铜、铅、锡、脚踏车、水泥、钮扣等等，几乎涵盖了一切生活领域。这就意味着从鸦片战争以来，东南沿海广大地区的人民生活中，最基本的吃饭和穿衣，都控制在帝国主义的商人手中。以上海为例，开埠通商后，上海成为外贸发展速度最快的城市，逐渐赶超广州。至 19 世纪 60 年代，上海洋货进口的领先地位已经确立。而土货出口和洋货进口此消彼长，也反映了这一时期中外贸易的特点，反映了口岸兴衰的被选择权；〔1〕另外，洋货价格低廉，很快打开了市场。另一方面，各港口虽出口大量的当地土特产，但其贸易量远远低于中国对洋货的进口数量。大量贸易逆差，成为五口通商之后中国对外贸易的常态。这进一步加剧了中国手工业产业的衰落。

再次，社会经济的畸形繁荣。五口通商以后，尽管闽浙沪地方经济濒临破产，特别是纺织工业受到了致命的打击，但由于半殖民地性质的买办商业的发展，福州、厦门、宁波、上海的市场呈现了畸形的繁荣景象。各种买办洋行、商业帮派纷纷成立，它们勾心斗角，互相争利。以福州为例。五口通商之后，福州完全沦为以消费、娱乐为主的港口城市。帝国主义国家大量向福州倾销鸦片，并开设了许多鸦片烟馆。当时福州烟馆林立，以南台为最多，如坞尾卧云楼、上园巷

---

〔1〕 张仲礼：《东南沿海城市与中国近代化》，上海人民出版社，1996 年，第 283—284 页。

紫云天、上杭街亦桃源、横街紫竹林、茶亭登云天等等，至于小型烟馆更不计其数。和烟馆生意同样兴隆的就是妓院和赌场。当时的妓院也以台江为最多，主要集中在田垱、洲边、台江路一带。最著名的有田垱的鸿禧堂、新紫鸾、乐群芳、新玉记、艳红堂以及洲边的宝秀堂、河墘街的赛月堂、太源衕的花亭里等。至于二等、三等、"半开门"妓院等，更是不胜枚举。而当时的赌场，一般都没有独立挂牌营业，多半是黑市经营，或附设在妓院、烟馆之中。这种畸形经济，使通商口岸呈现出"繁荣"假象。

末次，城市发展及其功能的新定位的形成。以上海为代表，步入中国近代的历史轨道后，上海逐渐演变为一个多功能的经济中心。晚清民初，上海已是全国最大的商业中心，外贸和埠际贸易量均居全国城市之首。随着商业的发展，上海近代工业也随之兴起。工商业的发展又推动了近代上海金融业的发展，世界上最著名的银行都在上海设有分支机构，本国银行也以上海为中心经营地，上海成为名副其实的金融中心。同时上海优良的地理位置使其成为近代中国交通运输

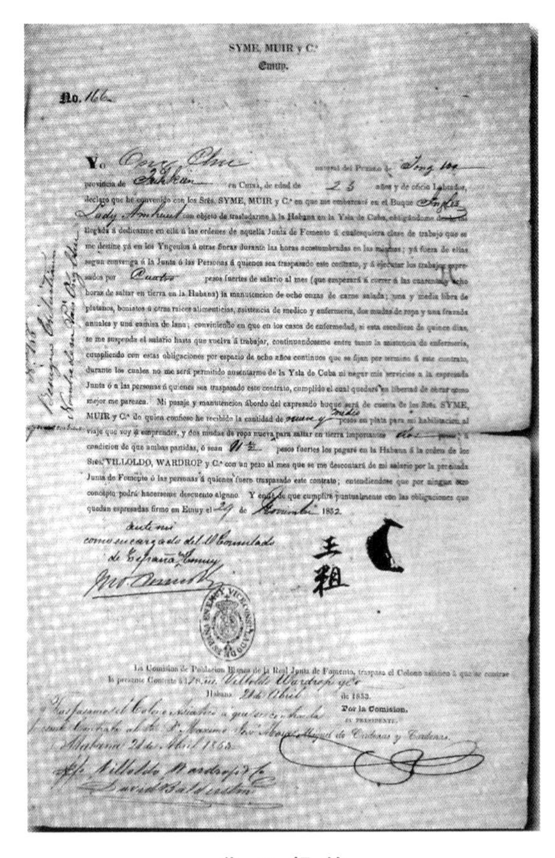
SYME, MUIR y Cª
Emuy.

No. 166

Yo [illegible] natural del Pueblo de [illegible] provincia de [illegible] en China, de edad de 23 años y de oficio Labrador, declaro que he convenido con los Sres. SYME, MUIR y Cª en que me embarcaré en el Buque Inglés Lady Amherst con objeto de trasladarme á la Habana en la Ysla de Cuba, obligándome desde mi llegada á dedicarme en ella á las ordenes de aquella Junta de Fomento á cualesquiera clase de trabajo que se me destine yá en los Yngenios ó otras fincas durante las horas acostumbradas en los mismos; yá fuera de ellas segun convenga á la Junta ó las Personas á quienes sea traspasado este contrato, y á ejecutar los trabajos expresados por Cuatro pesos fuertes de salario al mes (que empezará á correr á las cuarenta y ocho horas de saltar en tierra en la Habana) la manutencion de ocho onzas de carne salada; una y media libra de platanos, boniatos ú otras raices alimenticias, asistencia de medico y enfermeria, dos mudas de ropa y una frazada anuales y una camisa de lana; conviniendo en que en los casos de enfermedad, si esta escediese de quince dias, se me suspenda el salario hasta que vuelva á trabajar, continuandoseme entre tanto la asistencia de enfermeria, cumpliendo con estas obligaciones por espacio de ocho años continuos que se fijan por termino á este contrato, durante los cuales no me será permitido ausentarme de la Ysla de Cuba ni negar mis servicios a la espresada Junta ó a las personas á quienes sea traspasado este contrato, cumplido el cual quedaré en libertad de obrar como mejor me parezca. Mi pasaje y manutencion ábordo del expresado buque será de cuenta de los Sres. SYME, MUIR y Cª de quien confieso he recibido la cantidad de nueve y medio pesos en plata para mi habilitacion al viaje que voy á emprender, y dos mudas de ropa nueva para saltar en tierra importantes dos pesos, á condicion de que ambas partidas, ó sean 11½ pesos fuertes los pagaré en la Habana á la orden de los Sres. VILLOLDO, WARDROP y Cª con un peso al mes que se me descontará de mi salario por la precitada Junta de Fomento ó las personas á quienes fuere traspasado este contrato; entendiendose que por ningun otro concepto podrá hacerseme descuento alguno. Y en fé de que cumpliré puntualmente con las obligaciones que quedan espresadas firmo en Emuy el 29 de [illegible] 1852.

Ante mi
como encargado del Vice Consulado
de España en Amoy

王粗

La Comision de Poblacion Blanca de la Real Junta de Fomento, traspasa el Colono asiatico á que se contrae la presente Contrata á los Sres. Villoldo Wardrop y Cª
Habana 21 de Abril de 1853.
Por la Comision.
El Presidente.

Habana 21 de Abril 1853.
Villoldo Wardrop y Cª

华工契约

枢纽和信息中心。[1] 种种机缘和境遇，将上海推向了时代潮流的前沿，引领了全国近代化的发展，使上海起到了牵动城市发展的火车头作用。

最后是被称为"奴隶""猪仔""契约华工"的华人的大量输出。清末签订的各种不平等条约，明文规定英法两国可在中国招募劳力，这使他们拐卖"苦力"的行径合法化。此后，更多的西方殖民主义者利用中介招收"契约华工"，诱拐劳力，这些劳力又被称为"猪仔"，他们参与了国外建设，为西方资本主义国家的经济繁荣贡献良多，但此时他们却是社会最底层的劳力，被西方资本主义榨尽最后一点剩余价值。

总之，五口通商对闽浙社会乃至整个中国的影响是巨大而深远的，中国逐步丧失对外贸易的主动权，逐渐走向半殖民地半封建社会的深渊。

第二节　中日两国在东海的较量与博弈

一、牡丹社事件与日本侵台

日本对台湾的野心由来已久，早在明朝中叶就有迹象。嘉庆末年，倭寇侵略我国东南沿海，台湾就已成为他们活动及贸易的场所；康熙年间，有识之士也发出要警惕日本对台湾野心的警告，[2]虽之后日本奉行"闭关锁国"政策，但明治维新以后，其野心就暴露了出来，"牡丹社事件"是他们找到的对台湾发动侵略的借口。

（一）牡丹社事件

同治十年（1871年）十月二十九日，一艘琉球宫古岛船遭遇飓风，漂至台湾岛东南的八瑶湾，遇礁石倾覆，"船上六十九人，三人淹毙，余六十六人凫水登陆"，误闯牡丹社生番地界，五十四人被杀害，史称"八瑶湾事件"，又称"宫古岛民台湾遇害事件"。由此引发的日本出兵侵台和中日外交交锋的过程，史称"台湾事件"，又称"牡丹社事件"。[3]

同治十一年八月，美国驻厦门领事李仙得回国途经日本。在与日本外务卿

〔1〕 详参张仲礼：《东南沿海城市与中国近代化》，上海人民出版社，1996年。
〔2〕 《裨海纪游》，《台湾文献丛刊》第44种。
〔3〕 中国第一历史档案馆：《清代中琉关系档案选编》，中华书局，1993年，第1079页。

副岛种臣进行会晤时，他极力怂恿日本以“番地无主论”为由出兵侵台。日本政府采纳了其建议，并于八月十二日改设琉球国为藩，派外交官进驻琉球藩代办一切外交事宜。同时照会各国，申明琉球为日本所有，将琉球和美国、法国、荷兰签订的条约改为日本政府的条约，为日后以保民为借口出兵侵台创造条件。

同治十二年，日本政府遣柳原前光以台湾生番杀害“我国人民”一事，向清政府公布将“出师问罪”的消息，[1]以打探中方的态度。然而，清政府却以“生番地方，政教不及，有杀人劫掠，与我国无关，且琉球系我属邦，其民被害不烦贵国”[2]答之。“政教不及”之词成为日本出兵的借口。同治十三年，日本政府设立台湾番地处分事务局，任命大藏卿大隈重信为台湾番地事务局长官，陆军中将西乡从道担任都督负责军事行动，聘请李仙得为顾问，并在长崎设立台湾都督府支局，作为侵台的根据地。四月，西乡从道率领侵台军队开赴长崎。正在此时，西方列强担忧其在台的贸易利益，先后向日本外务省发出通告，相继表示诘责的态度，使得日本政府大为紧张，从而下令暂停进兵。但西乡从道拒绝服从。

原本这次漂台琉人被杀事件只是一起普通的悲剧，属于中国与其属国琉球之间的问题，与日本并无任何关系。清台湾地方官员也对琉球难民进行了妥当的抚恤等善后工作，并取得了琉球国臣民的理解。但日本却强词夺理，趁机发难，以之作为其吞并琉球并伺机侵占台湾的借口。

（二）日本武力侵台

1874 年 2 月 6 日，日本政府通过《台湾番地处分要略》。4 月 4 日，组成“台湾生番探险队”，即征台军，先后动员兵员 3 000 多人，由正规常备兵及“殖民兵”等组成。[3] 5 月，“台湾番地事务都督”陆军中将西乡从道下令舰队向台湾进发，大军在琅峤登陆，其攻击目标主要是牡丹、高士佛两社。5 月 18 日，日军开始与当地居民交锋，22 日攻占石门，牡丹社酋长阿禄父子等身亡。6 月初，日军 130 人，分三路由枫港、石门、竹社进攻并占领牡丹社，大肆焚毁庐舍。13 日进占龟仔角社。对琅峤地区其他各社，则“以甘言财利说降”，发给“保护旗”“归顺票”，进行笼络分化。7 月中，日军已完成对各社的征讨、诱降，并以龟山为中心，建立都督府。

清政府于 4 月 18 日得到日本兴兵侵台的消息，5 月 11 日向日本外务省提出

---

〔1〕《明治文化资料丛书》第 4 卷《外交篇》，第 40 页。

〔2〕台湾省文献委员会：《台湾省通志》卷三政事志外事篇，台北众文图书公司印行，1971 年，第 106 页。

〔3〕［日］藤井志津枝：《近代中日关系源起》，金木出版社，1992 年，第 105—106 页。

质问。随后命福建船政大臣沈葆桢前往台湾受侵地区察看,并授予他处理日本侵台事件的军事外交大权,以潘霨帮同办理,与日方展开交涉。此后又陆续派北洋洋枪队、南洋洋枪队、徐州洋枪队等精锐部队赴台协防。6月中,沈、潘到台湾,一面向日本军事当局交涉撤军,一面着手布置全岛防务:招募勇营、举办团练、添置军火、派人购买铁甲舰、筹议敷设陆上及海底电报、开通山路等等。为防卫台湾郡城,仿照西法兴筑安平炮台,加固台南城垣;兼顾南北两路,由大陆运兵增防。这些措施渐次推展开来,形成了相当的声势,使日军不能不有所顾忌。侵台日军本身也因气候炎热、不服水土、疾疫流行、病死日增,士气低落,陷入了进退维谷的境地。面对在台战况愈下,日本国内反对声音也越来越强烈,英美各国又不断地从旁施压的局面,日本政府不得不考虑通过和谈从台湾"体面地"撤兵,寻求外交解决的途径。

日本为发动侵台之役寻找了一条根据,即它要攻占的台湾"土番"居住地区是"无主之地",不在中国主权之下。柳原前光奉副岛种臣之命与总理衙门大臣会谈就提出这一点,日本政府制定的《台湾番地处分要略》第一条更是写道:台湾土著部落为清国政府政权所不及之地……故视之为无主之地。〔1〕西乡从道率兵入台,坚持"番地"不在中国版图之内。柳原被派为驻华公使,来办理侵台外交,也宣扬"台湾生番如无主之人一样,不与中国相干"。〔2〕后来大久保利通作为全权办理大臣来华,仍以台湾"生番不服教化,地非中国所属"为言。〔3〕这种割裂中国领土、分化中华民族的论调,受到了清政府的驳斥。清朝官员一再申明:"台湾全地久隶我国版图……虽生番散处深山……文教或有未通,政教偶有未及,但居我疆土之内,总属我管辖之人。""其地土实系中国所属","合台郡之生番,无一社不归中国者",切实维护了中国在台湾全岛的主权。〔4〕大久保逐渐认识到,只有在清政府所坚持的"番地属中国版图"的前提下,才能和平解决日军侵台问题。中日双方经过一番反复的外交斗争,最后总理衙门与大久保议明"退兵并善后办法",10月31日签订《北京专条》。清政府对日妥协,承认日本此次出兵为"保民义举",同意付给"日本国从前被害难民之家"抚恤银10万两,留用日军在台"修道建房等件",付银40万两。日军应从台湾退出,12月20日撤尽。

---

〔1〕陈云林:《明清宫藏台湾档案汇编》,第187册,九州出版社,2009年,第42页。
〔2〕陈云林:《明清宫藏台湾档案汇编》,第187册,九州出版社,2009年,第45页。
〔3〕陈云林:《明清宫藏台湾档案汇编》,第187册,九州出版社,2009年,第49页。
〔4〕陈云林:《明清宫藏台湾档案汇编》,第187册,九州出版社,2009年,第53页。

（三）事件的影响

牡丹社事件，是近代日本对中国在台湾的主权和领土完整的一次重大挑战。对中国来说，这是一次严重的边疆危机。经过这场斗争，日本遭受挫败，《北京专约》表明整个台湾岛的主权都属于中国。[1] 但是日本图谋台湾的野心并未消除，后终借中日甲午战争中方战败将台湾岛割占。但从另一方面来看，《北京专约》中承认日本此次出兵为保民义举，实际上等于承认了琉球为日本国领土。牡丹社事件之后，日本对于吞并琉球再无丝毫顾忌，其以《北京专约》中“保民义举”为依据，逐步占领并吞并了琉球。

二、“球案”对亚洲格局的影响

牡丹社事件为日本吞并琉球制造了口实。光绪元年（1875年），日本政府先正式任命内务大臣松田道之前赴琉球，开始推行“琉球处分”，后设置熊本镇台冲绳分遣队，随时预备进驻琉球。七月十日，松田道之抵达那霸，十四日向琉球国王尚泰下达命令书，要求琉球国立即停止派遣庆贺光绪帝登基的琉球使团，禁止接受中国的册封以及向中国朝贡，改用日本年号，一切礼仪按照天皇公布的条令执行，实施藩政改革，责令选派十员少壮赴东京接受有关教育和政情上传下达的培训等。之后尽管琉球官吏也进行了种种交涉，但都无济于事。光绪五年五月十二日，日本政府改琉球国为冲绳县，强行接管琉球国的财产。同年六月九日，日本政府胁迫琉球国王尚泰移居东京，彻底完成对琉球国的吞并，琉球国从此灭亡。这一历史事件被称为“球案”。[2] 日本此举，不仅直接断绝了延续了500多年的中琉宗藩关系，挑战了以朝贡贸易体系为政治秩序的中国宗主国的权威，使以中华帝国为中心的宗藩体制开始瓦解，也使传统亚洲政治格局受到巨大冲击，中日关系也开始发生颠覆性的位移，进而对东亚与世界资本主义体系的关系产生了深远的影响。

（一）宗藩制度的崩溃

“球案”直接导致中国的宗主国地位发生动摇，以中国为中心的宗藩体制，

---

〔1〕 张振鹍：《关于中国在台湾主权的一场严重斗争——1874年日本侵犯台湾之役再探讨》，载《近代史研究》1993年第6期。

〔2〕 有关“球案”的来龙去脉与详细过程，请参阅谢必震：《李鸿章与“球案”》，《福建论坛（文史哲版）》1991年第6期；赖正维：《“球案”与近代中日关系》，《福建师范大学学报（哲社版）》1996年第3期等。

以琉球被日本吞并为开端,逐渐崩溃。

1. 中琉宗藩关系的切断

自汉唐以来,朝贡贸易制度就成为封建时代的中国与亚洲其他国家交往的基本准则。受儒家传统“以礼服人”观念的影响,古代中国王朝秉承“怀柔远人”的理念,以宗主国自居,接受周边国家的朝贡,并视朝贡国为藩属国。这种在朝贡贸易体制下的宗藩关系是中国与亚洲各国交往的主要形式。清王朝的统治者不仅继承了宗藩思想,以此作为对亚洲各国的外交方式,且将这种外交观应用于早期来到中国的西方人身上。

位于中国东南海域之上的琉球王国也曾经是这个体制中的一员。中琉之间的册封朝贡关系始于明洪武五年(1372年),终于清光绪五年,其间中国政府册封琉球共23次,其中明朝15次、清朝8次。而明清两代,琉球国使团来华朝贡884次,其中明朝537次、清朝347次。[1] 清王朝定都北京之后,琉球国即派通事来到中国,请求清政府的册封。康熙年间,清政府即派兵科副理官张学礼以及副使行人司行人王垓为册封使,前往琉球颁封。其后清政府承袭明制,规定琉球使臣每两年觐见皇帝一次,并进献贡品;而清朝皇帝在接受朝贡之后,给予琉球回赐。为了表现中华帝国的慷慨并炫耀权威,清朝皇帝一般都以“厚往薄来”的原则,回赐给琉球国大大高于贡品价值的赏赐。此外伴随每次朝贡而来的或官或民的贸易,也能让琉球国获得比进贡品价值多几倍的财富,因此在巨大的经济利益的诱惑下,琉球国前来朝贡的次数仅次于朝鲜。除了经济上的利益之外,琉球国还在与中国的交往中,学习中国先进的科学文化知识和生产技术,这些促进了琉球社会的进步。可以说,明清两代中琉两国关系十分密切。琉球是以中华帝国为中心的宗藩体制中十分重要且亲密的成员。

然而这种以册封朝贡贸易为主要内容的中琉宗藩关系,在政治上是十分无力的。一方面,在这种宗藩体制下,当藩属国遇到外来侵略之时,作为宗主国的中国并没有维护藩属国国家安全的责任和义务;另一方面,以中国为中心的宗藩观念,是中华帝国几千年来儒家思想在外交理念上的反映,它的核心思想是以“仁”为本,“克己复礼”,天下归仁,四夷来朝。[2] 这也就决定了在藩属国遇到国家安全危机之时,只要这个危机不会威胁到宗主国本身,宗主国政府是不会派出军队伸出援手的。因此深受封建儒家思想影响的清政府统治阶层,在面对琉球被日本吞并之时,在收到琉球人向德宏、林世功等人的请援时,认为“琉球之

---

〔1〕 谢必震:《中国与琉球》,厦门大学出版社,1996年,第48、138页。

〔2〕 伍庆玲:《朝贡贸易制度论》,《南洋问题研究》2002年第4期。

于中国鸡肋可投,中国之于琉球马腹难及",且认为若出兵帮助琉球,违背了宗主国以德服人、不以武力屈人的宗旨,反有图谋琉球国土之嫌。总之,中国士大夫阶层认为对琉球出援兵对中国"既无利益又无体面"。虽然李鸿章等有识之士最后也认识到琉球处于"太平洋咽喉"的重要战略地位,但西北方有沙俄的威胁,东北方日本又侵入朝鲜,恶劣的国际形势使得江河日下的清王朝疲于应付陆疆危机,无暇也无力顾及远在太平洋中的琉球。

此外导致中琉宗藩关系最终破裂的外部原因是列强的侵略。以中华帝国为宗主国的宗藩关系,是以封建小农经济为经济基础的,这就决定了它封闭、重农抑商的特质。但由于西方资本主义的发展,西方殖民者到亚洲寻找原料产地以及销售市场时,重农抑商的亚洲宗藩体制本能地将一切来自西方的商业活动排除在外,这严重阻碍了西方殖民者的侵略步伐。为了攫取侵略利益,将资本主义世界秩序植入亚洲,就必须打破以中华帝国为中心的宗藩体制。而此时远在东北亚、并不在此宗藩体制之内的日本,正兴起一场资产阶级革命,并开始寻求对外扩张的道路。于是欧美列强勾结日本,让日本充当欧美列强侵略亚洲的尖兵,从整个宗藩体制中最薄弱的环节——琉球入手,一步步切断亚洲其他藩属国与清王朝的宗藩关系,以最后实现在中国、亚洲,乃至整个世界的侵略利益。

在清政府无能为力、日本政府步步紧逼、欧美列强坐收渔翁之利之下,中琉宗藩关系最终被断绝。

2. 中国与其他藩属国宗藩关系的断绝

1874 年底侵台战争后,通过《北京专条》,日本政府骗取清政府放弃琉球宗主权,1875 年阻止琉球继续向清政府进贡,单方面强行断绝中琉关系。在台湾和琉球问题解决后,日本立即将侵略的矛头指向朝鲜。其实早在幕府末年,日本国内就有征韩论者,其中最为著名的是长洲藩藩士吉田松阴。他认为美、俄等列强在日本攫取的利益,日本政府可以通过占领朝鲜和中国东北的土地作为补偿。明治维新以后,出于对迅速发展国内资本主义的渴求,日本政府选择了向外扩张的军国主义道路。不断向外谋求经济利益的日本,急于改变长久以来只能在釜山贸易的状态,不断试图与朝鲜交涉,但被朝鲜政府一再拒绝。日本以此为借口,指责朝鲜政府"侮日""无礼",在国内鼓动征韩情绪,其中"征韩论"的主导者就是明治三杰之一的西乡隆盛。不过当时大久保利通、木户孝允等人主张优先改革内政,解决琉球问题,反对立即侵朝。1875 年,当处分琉球的计划开始实施,日本政府立即决定启动征韩计划。

1875 年 9 月 20 日,日本火轮船军舰"云扬"号驶往牛庄,途经朝鲜国江华岛,假称需补充淡水,企图登陆。朝鲜驻军开炮示警。日本军舰开火轰毁炮台,火烧永宗镇,制造了"江华岛"事件,又称"云扬号"事件。次年2月26日,在日本的武力威胁下,朝鲜最终与之签订了《朝日修好条规》,即《江华条约》,共12款。条约中承认朝鲜为自主之邦,享有与日本平等的权利。这从法理上否定了中朝的册封朝贡关系,否定了中国对朝鲜的宗主权。

由于日本一步步侵入朝鲜,清政府担心朝鲜将会变成第二个琉球,决定改变一向不干涉藩属国内政、外交的原则,直接与日本争夺朝鲜。在一番论证之后,清政府为了保护藩属国朝鲜免受日、俄等国的觊觎,并维护中国东北领土的安全,最终决定引导朝鲜与西方列强订立条约。1882年春(光绪八年)李鸿章派遣道员马建忠、水师统领提督丁汝昌率兵船,陪同美国公使到朝鲜;5月,朝美两国在济物浦签订了《朝美修好通商条约》。此后在中方官员的陪同下,朝鲜政府陆续与英、德、意、俄等国签订类似的条约。清政府将西方列强引入朝鲜,本意是希望西方各列强相互牵制,在朝鲜达到势力均衡,避免朝鲜被日本或沙俄侵吞,但是这种做法无异于将朝鲜赤裸裸地置于西方列强的面前,任其瓜分。

此外日本通过1882年8月的日朝《济物浦条约》(即《仁川条约》)、1855年1月9日的日朝《汉城条约》、1885年4月18日的中日《天津会议专条》,获得了在朝鲜(包括在朝鲜首都)的驻兵权、有事时与清政府同时出兵朝鲜的权利。这就等同于清政府放弃了宗主国对藩属国的出兵保护权,并承认日本有与清政府等同的宗主国地位,为日后日本挑起战争埋下了隐患。1895年清政府在甲午中日战争中战败,被迫与日本签订了《马关条约》。在条约的第一款即规定:中国认明朝鲜国确为完全无缺之独立自主国,故凡有亏损其独立自主体制,即如该国向中国所修贡献典礼等,嗣后全行废决。至此清政府承认朝鲜独立,中朝宗藩关系彻底断绝,朝鲜也最终被纳入日本帝国的殖民体系。

此外,1851年西班牙吞并苏禄(今菲律宾苏禄群岛);1855年英、法、美、德、意等国陆续侵入暹罗(今泰国),暹罗沦为半殖民地;1885年越南成为法国保护国;1886年缅甸成为英国殖民地;1893年南掌(今老挝)沦为法国的保护国。19世纪后半叶,由于西方列强的入侵和清政府本身的没落,原中国属国纷纷被迫脱离中华帝国的宗藩体制,以中华帝国为中心的宗藩体制最终崩溃。

(二)琉球王国的灭亡

1879年3月25日,松田道之等奉日本政府之命第三次来到琉球,宣布日本政府对琉球的"废藩置县"令,并控制琉球王室,霸占琉球王室财产,设立冲绳县县厅,事实上实现了吞并琉球的目的。虽然琉球国王以及各级官员极力抵抗日本的统治,但在实力差距下,琉球的抵抗最终宣告失败,琉球王国从此在历史上消失。面对日本政府颁布的“废藩置县”令,琉球“各役所悉闭户,无一人应其布告”。1879 年 3 月 31 日,松田道之派日本陆军步兵数百名进驻那霸,控制了琉球的首都。4 月 2 日,松田向浦添亲方、富川亲方、与那原亲方三名三司官要求,交出首里王城所在地有关土地和人民的一切文件,并要求琉球官员配合日本的处分行动。浦添亲方等三名三司官拒绝了日本的命令。4 月 3 日,松田道之命令琉球国王尚泰交出租税、官员士族俸禄、官有财产、河港道路桥梁、官员身份等明细,并将法令、户口、财政等文件交接给冲绳县县令,与内务省出张所交接警察、监狱、罪犯等事,并将审查中的民事诉讼转交给内务省出张所的裁判事务长。4 月 7 日,松田道之又催促琉球国王尚泰迅速前往东京向天皇谢恩。6 月 19 日,琉球国王尚泰到达东京品川港,入住宫内省别馆,并于同日觐见了日本天皇与皇后,太政官随即宣布封尚泰从三品、尚典从五品,下赐居住宫内省别馆,并命令尚泰移籍东京。

日本采取了一系列措施控制琉球王国的政治权,意图切断琉球国王与琉球官员的联系,从而瓦解顽固的抗日势力。琉球官员虽然想维护国家政权,反抗日本的侵略,但是他们希冀清政府的援救,所采取的唯一强硬态度就是“不遵奉”。一旦日本采取强硬措施,琉球就一再妥协、让步,以至于日本在琉球攫取了越来越多的统治权力。

1882 年,首任冲绳县县令锅岛直彬为了掌控琉球财政,断绝琉球救亡图存运动的经济来源,重申了松田道之曾经发布过“禁止原琉球官吏在其所辖地收取米粮”的禁令。并提出以归顺为前提,用金钱补偿原琉球官吏的俸禄。但琉球大部分官吏均不屑接受日本的恩惠。然而随着时间的推移,失去经济来源的原琉球官吏们越来越贫困。他们典当器物、衣裳以维持生计,甚至将祖传的宝物典卖。

虽然中国政府一直不承认琉球是日本属国,但由于国力积弱和内忧外患不断,清政府无暇也无能力保护琉球王国,导致琉球王国被日本侵占、被置为冲绳县变成既成事实。而琉球王国国力孱弱,几乎没有军事力量,面对日本武力侵略,毫无抵抗能力,只能通过不断请愿来反映其诉求。但这些请愿活动收效甚微,根本无法改变琉球国逐渐走向灭亡的现实。

(三)日本帝国主义的崛起

19 世纪 60 年代,日本政府通过明治维新,建立了资本主义制度。日本不仅在政治、经济上学习了西方资本主义模式,而且在对外扩张侵略的手段方式上,也几乎照搬了西方殖民主义。此外日本国内广大中下级武士因失去生活来源,逐渐形成反对改革的反政府势力。为了获得资源和安抚国内反政府武装,日本政府于19世纪70年代开始向外实施扩张计划,先出兵台湾,后向朝鲜挑起战端,都是为了将国内矛盾引向国外。

通过侵台和侵韩战争,日本政府成功延后了国内矛盾激发的时间。与此同时,还加大军事投入,学习西方军事知识,因而在明治维新后的十数年间迅速建成了近代军队,使其向外侵略扩张成为可能。

1875年至1877年的两年间,日本政府成功地镇压了国内的多次士族叛乱,不仅瓦解了旧士族阶层在地方的顽固势力,解决了明治维新以来国家权力过于分散、国家政权不够稳固的问题,而且使得日本政府能够集中精力实施向外扩张的计划。吞并琉球王国正是日本走上对外扩张道路、走向世界霸权的第一步。而1894年爆发的中日甲午战争,是中日关系的转折点,也是日本确立亚洲霸主地位的起点。甲午战争之前,日本虽然事实上已经吞并琉球,并在朝鲜取得与清政府相同的驻军权,但国内资源匮乏的困境、国际上欧美列强的压迫,使日本政府急需向外寻找资源和市场。而中国、朝鲜广大的市场以及丰富的资源,正是日本发展资本主义所急需的。因此日本政府积极筹备对外扩张,极力鼓吹大陆政策,即实施内阁总理大臣山县有朋所提出的"保护利益线"的施政方针,并与欧美列强勾结,充当其侵略、奴役亚洲其他国家的工具。经过精心策划与筹备,日本于1894年7月对中国不宣而战,挑起中日甲午战争。1895年3月,战争以清政府的失败而告终。日本在美国的帮助下,通过与清政府签订《马关条约》,实现了殖民朝鲜的目的,掠夺了中国台湾、澎湖列岛等大片土地,索取了2亿多两白银的战争赔款,并攫取了在中国投资设厂的特权,疯狂掠夺中国市场和原材料。

日本明治政府用近10年的时间,一步步侵吞了琉球群岛。在此过程中,日本政府从小心翼翼地试探,到明目张胆地侵略,不仅吞并了琉球王国,而且在与清政府的交涉过程中,认识到清政府的腐朽无能和欧美列强旁观的态度,在这之后的侵华活动更加猖狂、肆无忌惮。到19世纪末20世纪初,日本政府最终实现了殖民朝鲜的计划,进而在中国东北三省建立了伪满洲国,从北面入侵中国,同时殖民台湾,并入侵中国南部沿海地区,对中国形成夹攻之势。由此,日本不仅成为亚洲的霸主,而且在国际事务中开始与欧美列强平起平坐,军国主义势力极度膨胀,最终于20世纪30年代成为第二次世界大战的策源地之一。

第三节　东海地缘政治与军事形势的发展演变

一、沈葆桢的海洋发展观

沈葆桢是主持和管理晚清东南船政和海防事务的领导者，其关于海洋的认识突出地表现在他对福建船政和台湾海防的经营上。在主政福建船政局及海军学堂期间，组织建造了十多艘轮船，并培养了一大批近代航海人才；负责台湾防务期间，努力建设近代台湾的海防，并规划经济开发宏图。总之，沈葆桢不仅提出了较为系统的海防思想，还亲自投身于近代中国的海防实践，在中国近代海防思想史上占有重要的一席之地。

（一）沈葆桢其人及其海洋观的形成

沈葆桢（1820—1879 年），字幼丹，又字翰宇，福建侯官（今福州）人。清代著名封疆大吏林则徐的女婿。道光二十七年（1847 年）中进士，选庶吉士，授编修，升监察御史。咸丰五年（1855 年），沈葆桢出任江西九江知府。第二年，又署广信知府（今上饶市）。太平天国起义时，因保全了广信，擢升为广饶九南道道台。咸丰十年，授吉赣南道道台，沈以父母年老而婉辞，于是被留在原籍办团练，很受曾国藩赏识。咸丰十一年，受曾国藩邀约赴任安庆大营。此后出任江西巡抚。在镇压太平军的过程中，倚用湘军将领王德标、席宝田等，1864 年捕杀太平天国幼天王洪天贵福、洪仁玕等。〔1〕

第二次鸦片战争中，清政府再次败北，于是清王朝统治集团终于意识到海军及海防的重要性，有志之士提出了创建强大海军以抵御外侮的主张。最早提出此建议的是左宗棠。1866 年，左宗棠上疏奏请设局监造轮船。请求获允后，左宗棠在福州马尾择址办船厂，派人出国购买造船相关设备，并创办求是堂艺局（即后来的“船政学堂”），传授造船技术和培养海军人才。不久左宗棠即调任陕甘总督，于是他推荐沈葆桢出任总理船政大臣。由此沈葆桢步入与海洋联系密切的海防领域，其独特的海洋发展观也是在这一时期开始形成和发展起来的。

沈葆桢担任船政大臣期间并非一帆风顺，但其克服万难的勇气和决心推动了船政事业的发展。沈葆桢认为：不战屈人，海上上之策。但我必有可以屈人

---

〔1〕《清史稿 · 列传》。

之具,而后人不得不为我屈。这是他重视海洋力量和积极建设海防的思想来源。对此,他极力强调"夫轮船为万世之利""事成则万世享其利,事废则为四裔所笑,天下寒心"〔1〕"所持者未雨绸缪,有莫敢侮御之一日耳""师船出则洋盗悍然戕官,轮船出则洋盗弭首就缚"〔2〕等观点,促进了轮船制造和海军事业的发展。

对于近代以来在海洋力量上敌强我弱的局势,沈葆桢分析:"已成之船炮训练精熟,未尝不可转弱为强",主张"兵船为御侮之资,不容因惜费而过少耳","若虑兵船过多,费无从出,则间造商船未尝不可",〔3〕以此说明发展海洋商业和军事事业并举的道理。对于沈葆桢的这些观点,李鸿章给予了积极支持:"臣窃维欧洲诸国,百十年来由印度而南洋,由南洋而东北,闯入中国边界腹地……西人专持其枪炮、轮船之精利故能横行中土",故"国家诸费可省,惟养兵设防、练习枪炮、制造兵轮船之费万不可省";但李鸿章仅认为"造船本无驰骋域外之意,不过是守疆土、保和局而已",〔4〕颇有局限。这就为后来清朝海军被动防御、顾忌出海作战埋下隐患。不过正是由于沈葆桢等人的坚持和努力,清廷最后同意继续拨款举办船政。

沈葆桢在担任福建船政大臣期间,还十分重视海洋人才的培养,邓世昌、刘步蟾、萨镇冰、程璧光、刘冠雄、蓝建枢等海军将领都是由福建船政局培养的杰出人才。沈葆桢认为,"船厂的根本在于学堂",并建议废无用之武科以励必需之算学,导之先路,十年后人才蒸蒸日上,无求于西人矣,〔5〕还奏请派遣船政学堂学生赴欧学习,赴法国深究其造船之方,及推陈出新之理……赴英国深究其驾驶之方,及其练兵制胜之理,〔6〕表现出卓越的战略眼光和高超的培养人才思想。沈葆桢认为:计此后闽厂成船日多,管驾之选日亟,而厂中方讲求新式机器,监工亦在在需才,统计生徒分赴英、法者仅三十余人耳,所需之数何止数倍?非源头活水,窃虑无以应汲者之求;查闽局前、后学堂尚有续招各生,其中不乏颖异之才,于西学已窥见门径者。以之接续派往,就已成之绪,收深造之功,取多用宏,事至乃有以应之。……不知西学精益求精,原无止境,推步制造,用意日新,彼既得鱼忘筌,我尚刻舟求剑,守其一得,何异废于半途!因其已新者而日日新之,又日新之,诚正修齐治平之功如是,即格致之功何莫不如是;鉴于派遣学生出国学

〔1〕《筹办夷务始末》卷四五。
〔2〕中国史学会:《洋务运动》(五),上海人民出版社,1985年,第113页。
〔3〕中国史学会:《洋务运动》(五),上海人民出版社,1985年,第117页。
〔4〕中国史学会:《洋务运动》(五),上海人民出版社,1985年,第122页。
〔5〕中国史学会:《洋务运动》(五),上海人民出版社,1985年,第87页。
〔6〕中国史学会:《洋务运动》(五),上海人民出版社,1985年,第87页。

习的必要性和迫切性,他建议:查照前届出洋章程,接续择才派赴英、法就学,稗人才蒸蒸日盛,无俟借资外助,缓急有以自谋,大局幸甚。[1] 正是在沈葆桢的积极努力和全力支持下,福州船政学堂先后派出留学生100多人前往英、法等国学习轮船制造技术和驾驶技术,培养了一批较为杰出的海军人才、翻译人才、政治人才和文化交流人才。从这一点看,沈葆桢所作贡献重要而深远。

(二)沈葆桢海洋观的发展与实践

如果说船政大臣时期的沈葆桢,其海洋思想尚在形成中的话,巡守台湾时期则是其海洋观进一步发展的时期。

1874年5月6日日本侵台事件(牡丹社事件)发生后,清廷震动,同治帝连续发布上谕:着派沈葆桢带领轮船兵弁,以巡阅为名,前往台湾生番一带察看,不动声色,相机筹办;[2]现在日本兵船,已赴台湾,且有登岸情势,亟应迅筹办法,使彼族无隙可乘。沈葆桢着授为钦差办理台湾等处海防兼理各国事务大臣,以重事权。所有福建镇道等官,均归节制,江苏、广东沿海各口轮船,准其调遣。[3] 1874年6月14日,沈葆桢奉命自福州赶赴台湾处理此事件。

沈葆桢抵达台湾后,立刻发现了台湾防备意识松懈、海防设施薄弱等情况,这是以往清廷忽视建设台湾海防的恶果,营地向来设防重在弭内患,无足以御外侮。[4] 兵力配置方面亦过于单薄。面对这样的局面,沈葆桢焦虑不已,"徘徊久之,觉无从下手"。不过沈葆桢洞悉当时的局势,他清醒地认识到,驱逐日本唯有一步一步强化军事力量,靠实力取胜。这是非常具有战略眼光的。

为了争取加强军事力量的时间,沈葆桢一方面与日本侵略者展开斗智斗勇的外交交锋。如在对西乡从道的照会中,明确指出"生番土地隶属中国两百余年""中国版图尺寸不敢以与人",[5]坚决反对日本的入侵。另一方面抓紧加强兵力、战备建设,加快筹划部署,保障海上防务力量。在台岛海防布置上,奏请购买铁甲船,调遣福建水师以及洋枪队来台,"随之练习,合操阵式";[6]又在台湾招募乡勇和土勇,募请当地渔民为水师。在沈葆桢率领的中国军队面前,穷凶极

---

[1] 中国史学会:《洋务运动》(五),上海人民出版社,1985年,第87页。
[2] 《清实录·穆宗实录七》。
[3] 《清实录·穆宗实录七》。
[4] 沈葆桢:《沈文肃公牍》,福建人民出版社,2008年,第13页。
[5] 《筹办夷务始末·同治朝》卷九〇。
[6] 中国史学会:《洋务运动》(五),上海人民出版社,1985年,第138页。

恶的日本侵略者最终同意签订《北京专条》,离开台湾。虽说这一事件有清政府在外交方面让步的诟病,但不可否认的是,作为船政大臣,沈葆桢与他配置训练的海军战船等,对日本人从台湾撤兵起到了重要的威慑作用。

(三)沈葆桢海洋观及台防实践的影响与启示

沈葆桢驱除侵台日军的实践突显了"屈人之具"的重要性。中法马江海战福建水师的全军覆没,中日甲午海战北洋水师的一败涂地,都从另一个方面论证了沈葆桢战略思想的伟大。晚清政府的腐败,导致中国并没有建成"屈人之具",虽有先进的战舰,但落后的体制还是葬送了近代中国的海上力量。中国海上力量的复苏,又将经历一个漫长而曲折的过程。

当然,沈葆桢并不囿于"屈人之具"的战略思想。他认为,抗击外来侵略、提升台湾的海防实力势在必行。他强调,台湾的海防必须依托祖国大陆。台湾海防有备,中国海防可以无忧。台湾安全受威胁,则中国海防全局震动。欲固海防,必筹台防。台湾海防必须倚重大陆,尤其倚重福建,必须做到"闽台联防"。因而沈葆桢提出福建水师应将台湾纳入巡防的范围。

在加强台湾海防的陆地军力方面,鉴于台湾"营伍废弛"、积弊甚深,沈葆桢于光绪元年七月初八日上"请改台地营制折",提出:海防关系紧要,亟宜未雨绸缪,以为自强之计;陆军须归并训练,方能得力。[1] 除澎湖两营外,仿照淮军营制归并,以五百人为一营,其防务以南路九营为一支,专顾台、凤、嘉三县;北路三营为一支,专顾淡水、宜兰县一带;中路三营为一支,专顾彰化一带。沈葆桢先后在台湾的旗后海口、东港、沪尾、基隆修筑炮台。他认为:有了海防炮台,海口不得停泊兵轮,而后郡城可守。

近些年来,东海、南海问题,尤其是21世纪海上丝绸之路的战略构想,提升了中国人的海洋意识。通过对沈葆桢主持船政、培养人才、驱日保台、开山抚番、治台设防等历史活动的考察,我们清楚地看到沈葆桢为我们留下了丰富的文化遗产。

(四)沈葆桢与近代海防体系的建立

台湾事件后,西方列强纷纷效仿日本,以商船遭风漂台事件向清政府发难,以求扩大在华之特权。台湾事件发生伊始,清政府即派遣沈葆桢带领轮船兵弁赴台湾筹办防务,不久又任命沈葆桢为钦差,办理台湾等处海防,兼理各国事务大臣。

---

[1] 沈葆桢:《福建台湾奏折》之《请改台地营制折》(光绪元年七月初八日)。

沈葆桢到任后,上折奏陈台湾防御之策:联外交、储利器、储人才、通消息。1. 联外交,即利用西方列强对日本出兵的猜疑,促使西方对日本施加外交压力,迫其退兵;即便不能退兵,也可争取一段时日,这样中国就有时间布置防御。实施办法为:将历次洋船遭风各案,摘要照会各国领事。其不候照复即举兵入境,并与生番开仗之情形,亦分次照会。〔1〕 2. 储利器。他认为日本之所以如此张狂,是由于中国军备不整,又有美国人暗中资助,故越发有恃无恐。故中国亦应整顿军备,加强在军备上的投入,做到有备无患。3. 储人才。调福建陆路提督罗大春、前任台湾道台黎兆棠等赴台帮办台湾防务。4. 通消息。沈葆桢有感于台湾与内地双方通消息之不便,于是建议架设电线,加强两地之间的联系。此举获得清政府允准。

《北京专约》签订后第五天,即同治十三年九月二十七日,清政府发布谕令,命李鸿章等就日本兵扰台湾一案详细筹议海防。清政府谕令李鸿章、沈葆桢、李鹤年、王凯泰等人筹议加强海防的切实办法,以期集思广益。此后,各省督抚积极建言,在清政府内部开展了一次关于海防问题的大讨论,在练兵、简器、造船、筹饷、用人等方面提出了筹办海防的种种措施。这场大讨论,也使清政府意识到台湾作为七省之门户的重要性,并确立了海防与塞防并举的方针。

同治十三年十一月十五日,沈葆桢上奏请求仿江苏巡抚分驻苏州例,移福建巡抚驻台。十二月初十,沈葆桢向总理衙门递交《条陈海防及台湾善后事宜折》,上陈海防应办事宜八条,其主要内容如下:1. 设炮台严防海口;2. 购买火器,加强军备;3. 增添新型轮船驻防台湾;4. 加强水师操练;5. 台镇总兵移驻,居中调度;6. 北路添设二县,加强地方管理;7. 民间续垦田地丈量升科;8. 请求开采石炭硫磺。对于以上请求,清政府一一允其所请。这一系列措施的实施,标志着清政府近代海防体系的初步形成。

二、福建船政局与福建船政文化

福建船政局是清政府创办的规模最大的造船事业,由闽浙总督左宗棠一手操办,其选址于福州马尾。因左宗棠觉得“日意格和德克碑在诸洋将中‘最为恭顺’,‘一切均恪守条约,毫无参差’”,〔2〕故而福建船政局由法国人日意格、德克碑筹办。左宗棠创办福建船政局的目的是学习造船技术,希望独立发展中国造

---

〔1〕 台湾省文献委员会:《台湾省通志》卷三《政事志 · 外事篇》,众文图书公司,1971 年,第113 页。

〔2〕 郑剑顺:《福建船政局史事纪要编年》,厦门大学出版社,1993 年,第 2 页。

船业。因此,他与日意格、德克碑签订保约,在五年内“保令外国员匠教导中国员匠,按照现成图式造船法度,一律精熟,均各自能制造轮船,并就铁厂家伙教令添造一切造船家伙;并开设学堂教习法国语言文字,俾通算法,均能按图自造,教习英国语言文字,俾通一切船主之学,能自监造、驾驶,方为教有成效。”〔1〕经过左宗棠的多方努力,船政局的筹备工作大体告成。此时左宗棠被调任陕甘总督,离闽之际,选择沈葆桢作为船政局的继任者,“清朝廷同意左宗棠的提议,委任丁忧在籍的前江西巡抚沈葆桢总理船政,所有船政事务‘准其专折奏事’,与福州将军、闽浙总督、福建巡抚‘会商办理’”,〔2〕且要求左宗棠“仍当预闻船政”。〔3〕沈葆桢作为第一任船政大臣,为中国近代造船业作出了卓越的贡献。

福建船政局全景(林键翻拍自中国船政文化博物馆)

首先,他顶住来自新任闽浙总督吴棠的压力,将“在局襄办,已阅年余,劳瘁不辞,并无劣迹”的李庆霖“暂留船政局差遣”。〔4〕其次,打破了英法列强对船政局的操控。在中国创办船厂和海军的过程中,英法两国多方掣肘,妄图掌控福建船政局。对此沈葆桢采取坚决抵制的态度,英法企图始终未能如愿。〔5〕

福建船政局于同治五年十一月十七日正式动工兴建马尾船厂,同治七年夏基本完工。到1895年,在将近30年时间内,福建船政局先后制造出大小轮船36艘,广泛应用于各个水师及后来的海军中。但船政局的历史价值并不仅限于此,它更大的作用在于为清政府以及后来的中华民国培养了大批海军人才。

福建船政局成立后,马尾造船厂和船政学堂不断得到发展,以闽江下游入海口马江为主基地的军港设施日益健全,造船厂生产的军舰和船政学堂培养的海

〔1〕郑剑顺:《福建船政局史事纪要编年》,厦门大学出版社,1993年,第6页。
〔2〕郑剑顺:《福建船政局史事纪要编年》,厦门大学出版社,1993年,第4—5页。
〔3〕郑剑顺:《福建船政局史事纪要编年》,厦门大学出版社,1993年,第7页。
〔4〕林庆元:《福建船政局史稿》,福建人民出版社,1986年,第23页。
〔5〕林庆元:《福建船政局史稿》,福建人民出版社,1986年,第24—31页。

军人才也逐渐发挥作用。

从同治五年清政府任命沈葆桢总理船政事务，统管造船厂和前后学堂、水师营开始，同治八年，福建船政局自行建造的"万年青"号、"湄云"号兵船建成，并先后下水；同治九年，第三艘船"福星"号下水；之后造船速度基本保持在每年两艘的水平。而随着船舰的增多，沈葆桢提出了创建新式水师的建议，为朝廷所准，福建船政的军舰编成舰队，设轮船统领统一管理，首任统领由原福建水师提督李成谋担任。同治十年，朝廷谕令闽浙总督英桂与李成谋会商拟定轮船章程，后制定出《轮船训练章程》十二条以及《轮船营规》三十二条，翌年获朝廷批准。同治十三年，福建船政局拥有的兵舰已渐成体系，计有万年青、湄云、福星、伏波、安澜等15艘，又从国外购得海东云、长胜、建威三舰，共计18艘。

附表：至中日甲午海战时福建船政局所造舰船

舰名	舰种	完工日期	排水量	造价	隶属	附注
万年青	运船	1869.6.10	1 370吨	163 000两	福建水师	1887.1.20撞沉
湄云	木质兵船	1869.12.6	578吨	163 000两	北洋水师	1895.3.6被日俘
福星	木质兵船	1870.5.30	515吨	106 000两	福建水师	1884.8.23被击沉
伏波	木质兵船	1870.12.22	1 258吨	161 000两	福建水师	1884.8.23自沉
安澜	木质兵船	1871.6.18	1 258吨	165 000两	福建水师	1874.9.29遇风沉
镇海	木质兵船	1871.11.28	572.5吨	109 000两	福建水师	
扬武	木质兵船	1872.4.23	1 393吨	254 000两	福建水师	1884.8.23被击沉
飞云	木质兵船	1872.6.3	1 258吨	163 000两	福建水师	1884.8.23被击沉
靖远	木质兵船	1872.8.21	572.5吨	110 000两	南洋水师	
振威	木质兵船	1872.12.10	572.5吨	110 000两	福建水师	1884.8.23被击沉
济安	木质兵船	1873.1.2	1 258吨	163 000两	福建水师	1884.8.23被击沉
永保	木质兵船	1873.8.10	1 353吨	167 000两	福建水师	1884.8.23被击沉
海镜	运船	1873.11.8	1 358吨	167 000两	北洋水师	
琛航	运船	1874.1.6	1 391吨	164 000两	福建水师	1884.8.23被击沉
大雅	运船	1874.5.16	1 391吨	164 000两	福建水师	1874.9.29遇风沉
元凯	木质兵船	1875.6.4	1 258吨	162 000两	福建水师	1894.11被日俘
艺新	木质兵船	1876.6.10	245吨	5 100两	福建水师	1884.8.23自沉
登瀛洲	木质兵船	1876.9.15	1 258吨	162 000两	南洋水师	

续　表

舰 名	舰　种	完工日期	排水量	造　价	隶　属	附　注
泰安	木质兵船	1876.12.2	1 258 吨	162 000 两	北洋水师	1937 自沉
威远	铁胁木壳兵船	1877.5.15	1 258 吨	195 000 两	北洋水师	1895.2.6 被击沉
超武	铁胁木壳兵船	1878.6.19	1 268 吨	200 000 两	南洋水师	
康济	练船	1879.7.21	1 310 吨	211 000 两	北洋水师	
澄庆	铁胁木壳兵船	1880.10.22	1 268 吨	200 000 两	南洋水师	1885.2 自沉
开济	铁胁双重快碰船	1883.1.11	2 153 吨	386 000 两	南洋水师	1902.6.22 爆炸沉
横海	铁胁木壳兵船	1884.12.18	1 230 吨	200 000 两	南洋水师	1886.2 触礁沉
镜清	铁胁双重快碰船	1885.12.23	2 200 吨	363 000 两	南洋水师	
寰泰	铁胁双重快碰船	1886.10.15	2 200 吨	366 000 两	南洋水师	1902.8.17 撞沉
广甲	铁胁木壳兵船	1887.8.6	1 296 吨	220 000 两	北洋水师	1894.9.17 搁浅
平远	钢甲钢壳兵船	1888.1.29	2 150 吨	524 000 两	北洋水师	1895.2.17 被日俘
广乙	钢胁钢壳鱼雷快船	1889.8.28	1 110 吨	200 000 两	北洋水师	1894.7.25 搁浅自焚
广庚	钢胁木壳兵船	1889.5.30	316 吨	60 000 两	广东水师	
广丙	钢胁钢壳鱼雷快船	1891.4.11	1 030 吨	200 000 两	北洋水师	1895.2.17 被日俘
福靖	钢胁钢壳鱼雷快船	1893.1.20	1 030 吨	200 000 两	福建水师	1898.7 遇风沉
通济	钢胁钢壳练船	1894	1 900 吨	1 100 000 元	中央海军	1937 自沉

资料来源：据《福建船政局史稿》整理。

三、福建水师与马江海战

19 世纪中叶后，资本主义列强的军舰、轮船频游我国沿海，不受任何约束地出入我国港口、航道。军界洋务派看到西洋利器的作用，决意借用外国的技术来发展中国的近代水师。

(一) 近代福建水师的重建

第二次鸦片战争后,福建水师已是船坏炮锈、官兵减员,几乎停止了海上训练、巡哨活动,木船仅有百余艘。设在厦门的水师提督衙门也是栅栏残破,门庭冷落。

同治五年七月,清廷批准闽浙总督左宗棠兴建船政奏议,令其在闽择地设厂,经勘定,厂址设在马尾三岐山下。并于十月在马尾设立"总理船政事务衙门",给予专折奏事的特殊权力。不久,左宗棠因战事需要调往陕甘。沈葆桢接任总理船政事务,统管造船厂和前后学堂、水师营。在沈葆桢悉心经营下,福建船政局开办了船政制造厂和船政学堂,营建了以马江为基地的军港设施体系,自造舰船与培养人才也走上轨道,即如前述,成效颇为显著,给濒于衰败的东南水师带来了生机。

而此时的福建水师已将旧水师与新造轮船合为一体,本着"成一船练一船之兵、配一船之官"的精神,船政局新造兵轮和培育的学生相继加入水师,福建新水师从此有了雏形。马尾港成为福建水师的指挥基地和军备供给基地。

同治十三年五月,船政局和水师参照西洋舰船,奏定按大、中、小号兵轮配备官兵员额和待遇。当时正值日军侵台,受命为办理台湾海防钦差大臣的沈葆桢率新造兵轮集中闽海,组成中国近代最早的一支舰队,〔1〕开赴台湾。沈葆桢的部署是:"扬武""飞云""安澜""靖远""振武""伏波"常驻澎湖,随之练习合操阵式。"福星"驻台北,"万年清"拟驻厦门,"济安"拟驻福州,以固门户;"永保""琛航""大雅"本商船,用来迎淮军并装运炮械军火往来南北。同时,沈葆桢调遣兵轮、商船 7 艘,运载"淮军精锐武毅铭字军 13 营 6 500 人入台,部署在凤山",〔2〕指派"靖远""扬武"号运载福建陆路提督罗大春部 2 000 余人到台,其中 600 人布防苏澳。此外,沈葆桢还申调沪局舰船增援,派"长胜"轮运载船政局学生到台东沿海搜集情报,探测港口。

此次清政府行动果断,沈葆桢及水陆官兵积极备战,在"相持八阅月"之后,迫使日军退出了台湾。1875 年 2 月,各舰完成任务,陆续返抵马尾。它们"初步显示了海军在近代反侵略战争中的作用"。〔3〕 但不幸的是,备战期间,"安澜""大雅"两船,在"台湾安平旗后港遭风沉没",〔4〕给水师的发展蒙上了一层阴影。

---

〔1〕《福建文史资料》第 15 辑,《船政大事年表》,第 140 页。

〔2〕 陈碧笙:《台湾地方史》,中国社会科学出版社,1982 年,第 151 页。

〔3〕 林庆元:《福建船政史稿》,福建人民出版社,1986 年,第 112 页。

〔4〕 池仲佑:《海军大事记》,福建省政协文史资料办公室翻印,1965 年,第 3 页。

台北淡水镇沪尾炮台遗址(吴巍巍 摄)

1876年(光绪二年)2月5日,军用练船"扬武"号出访日本,良好的装备和兵员素质使"日本人感到艳羡和骇异",[1]为水师略增光彩。同年,福建水师组织在省的"万年青""济安""靖远""振威""福星"等兵轮和自北省避冻南回的舰船进行海上操演和比武,结果是福建水师的五艘兵轮在各项比试中均表现为优。

福建水师"福星"号兵船(翻拍自中国船政文化博物馆)

〔1〕《福建文史资料》第15辑,《船政大事年表》,第138页。

经过数年发展,至第三任轮船统领彭楚汉时,清廷为加强台海防务,于光绪五年七月四日颁上谕,诏令闽局轮船先行练成一军,福建水师宣布成立。

台湾事件后,一些兵轮陆续调离闽海。1884 年夏,驻防粤洋的“济安”“飞云”号返闽归建。至此,连同原留驻闽省的 5 艘兵轮、购买的 2 艘炮艇和留用的“深航”“永保”号运船共 11 艘,加上水师旧木船百余艘组成的福建水师,可称是中国“第一支初具近代化规模的舰队”。[1]

(二) 马江海战水师覆没

至 19 世纪 80 年代初,北洋、南洋及福建水师均具规模,与之配套的船厂、炮厂、学校也应运而生。然而,此时的清廷已政出多门,国库空虚,所造船、炮落后,守御官兵军事素质低,海防整体积重难返,部分有志官吏、军兵也无力扭转衰颓的国势,曾有预料而实备不足的中法战争又给中国造成巨大创伤。马江海战一役,更使初具规模的福建水师毁于一旦。

1. 战前双方部署

法国资产阶级大革命后,国内资本主义快速发展。为了扩大商品销售市场、争夺原料产地,法国资本主义把扩张目光投向了中国。为此,法国议会通过军事拨款,增兵越南和中越边界战场。光绪八年后,形势更为严峻。光绪九年,法军攻占顺化河岸炮台后,胁迫越南议约 13 条,中国南北海防日趋紧张。十二月十七日,光绪帝下谕:闽省台、澎等处,在在堪虞。令闽省督抚务当同心筹划,备豫不虞。[2] 朝廷还令左宗棠拨军渡台协防。光绪十年,清廷又调陕甘总督杨岳斌驻闽会办海防事宜。负责台湾防务的台湾兵备道刘傲也提出许多加强军备的措施。由于各种因素制约,闽、台海防实力仍很薄弱。

面对法国侵略军的嚣张气焰,清政府委曲求全,于光绪十年五月,与法国签订了屈辱的《中法简明条约》。法国侵略者在获取种种特权后尚不满足,继续制造事端,进行军事挑衅。六月,法军向驻谅山北黎的中国驻军开火,反诬中国方面破坏《中法简明条约》,索取巨额军事赔款,并要求占领中国沿海港口福州和基隆,作为索取军事赔款的“担保品”。法国谈判代表福禄诺在天津扬言:和局不成,将取台湾、福州。法国侵略者选定台湾、福州为其主攻点,是法国政府的战略目标与其实际力量相结合的产物。法国政府开辟第二战场的战略目标是要尽可能有效地给中国造成损害,对清廷施加压力,来满足其侵略要求。法国侵略者

---

〔1〕 陈主中、王振华:《可爱的海疆》,海军出版社,1986 年,第 111 页。

〔2〕《德宗实录》卷一七四,光绪九年十一月十八日,见《清实录》卷五四。

一面进行无耻讹诈和恫吓，一面悍然派遣法舰入侵马江。

中法战争前，面对侵略者的猖獗行径，清朝统治者也预感到战争不可避免，但闽、台沿海防务却令人担忧。沿海兵力配备薄弱，福州城至闽江入海口百余里，只有4个营防守，长门要地也只驻陆勇20余人。闽江口海防设施不足且年久失修，芭蕉口、五虎口及川石等岛均无设防。长门炮台、闽安北岸炮台、马尾船厂炮台虽有炮但陈旧、威力小。福建水师船体为木质，火力不强，防护和攻击力度不足，防寇也许可以，对付外敌显然困难。

清廷既担心法舰侵袭福建沿海，又担心日本乘虚而入。早在光绪九年底，清廷就指派船政大臣何如璋入闽督防。翌年，又委任张佩纶为会办福建海疆事宜钦差大臣。张佩纶到闽后，会同船政大臣何如璋、福州将军穆图善、闽浙总督何璟、福建巡抚张兆栋等筹划海防和岸防事宜；勘查地形、招募营勇、修筑炮台、调集舰船；在马尾及其东部沿江部署24个营；调集马尾港11艘兵舰及30余艘装满石头的帆船，停泊于长门附近，以备堵塞航道，断敌退路。虽然马江战役前，清军指挥者们做了相应准备，但由于执行朝廷妥协政策，加上海防装备落后，临时招募的兵勇战斗力很差，这一切都为失败埋下了伏笔。

清军依闽江两岸地形特点重点布防。把陆防重点设在长门、闽安、马尾和福州，把水师舰队安置在马尾港，其在军事布局上是无可非议的。长门是由海入江的第一要隘，闽安是第二要隘。马尾是中国军商港口、福建水师基地，战略地位极其重要，乃外海至省城水陆必经之处，实为闽江咽喉之地。张佩纶、何如璋的指挥部就设在船政局内。福州是福建政治经济中心，陆、海军卫护的主要目标。闽浙总督何璟、福建巡抚张兆栋率军驻守城内。清朝水师舰队列队占据上游，与控扼下游的法国舰队相对峙。

清军采取重点设防的军事部署，既有其合理性，又存在致命弱点。主要是兵力分散、各自为战，岸炮虽占据险要地势，但火炮数量少，威力不足，且位置不当，死角大，不能掩护中国舰队。海军兵力更弱，明知法舰火力强大，却把舰队密集配置在敌舰火力控制范围之内。当然，更重要的是执行妥协政策，不敢主动寻找有利的战机歼灭来犯之敌，造成消极防御、被动挨打的局面。

2. 马江海战经过

光绪十年六月，法国政府将其在中国和越南的舰队全部改编为“远东舰队”，任命孤拔为舰队总司令。之后法舰陆续行至闽江口洋面，至七月间闽江口云集了16艘法舰。

法国一方面与清廷代表在上海谈判，另一方面则积极准备突袭福州和基隆。8月22日，法国舰队司令孤拔接到命令，当晚制定了突袭计划。据载，法军决定在 8 月 23 日下午，当洋面退潮移转船身的时候发动进攻，这样法舰得以用船头攻击中国军舰的船尾。

8 月 23 日上午 10 时，法国军舰凯旋号装甲舰离开泊地，在涨潮时驶进闽江口，而两岸的长门、金牌炮台竟然没有做出任何反应。下午 1 点 50 分，法国军舰凯旋号驶至罗星塔下。56 分，各舰纷纷开炮。中国军舰来不及起旋就被击中。几秒钟后，运输舰深航号、永保号被击沉。清朝水师官兵奋起反击，停泊在海关附近的福建水师振威号回击法舰准德斯丹号，扬武号则打中法舰伏尔他号船桥，炸死 5 名法国水兵，在该舰上的孤拔仅免于死。但开战不久，扬武号就被法国鱼雷炸沉。福星号不畏强敌，直冲敌舰，福胜、建胜炮舰也紧随其后。下午 2 点 8 分，福星号进至罗星塔，向法国军舰凯旋号开火，但终因寡不敌众，陷入敌舰包围圈。陈英为国捐躯，福星号终因火药舱中弹爆炸而沉没。福胜号管带吕翰面对强敌，毫无畏惧，统帅福胜、建胜两舰，直冲敌舰。济安号、飞云号虽在第一阵排炮后受创，仍坚持作战。

振威号是最早开火的中国军舰，虽遭 3 艘法国巡洋舰围攻，管驾许寿山毫不畏惧，始终站在瞭望台上指挥战斗。振威号重创后，许寿山仍指挥军舰尽力冲向敌舰，誓与之同归于尽。在冲向敌舰航程中，振威号再中敌炮，在船身最后倾斜下沉时，许寿山拉开引绳，重创了敌舰。在法舰密集的炮火轰击下，福建海军舰

被炮击损毁的造船厂（翻拍自中国船政文化博物馆）

马江战士埋骨处

船相继沉没。下午 2 点 25 分，因地雷被炮火引爆，船政局船坞被炸裂。炮火停止、浓烟逐渐散开，江面上满是舰船的碎片，落水的清兵成了法军机枪射击的目标，一时江面上浮起众多清军尸体，惨不忍睹。

24 日早，停泊在闽江口外的法舰拉加厘松尼埃号入侵闽江，炮击金牌炮台。炮台守军猛烈回击。由于炮台大炮朝向海面，不能转动，金牌、长门炮台先后被进入闽江内的法舰炮火摧毁。历时 7 天的马江战役，是中国始建海军以来首次较大的战役。该役中，福建水师在港兵船基本覆没，马尾至闽江入海口 80 余里的岸炮和海防设施被摧毁。马江海战以福建海军惨败而宣告结束，但孤拔不敢深入中国水域，占领船政局和福州的企图未能得逞。

是役，洋务派们的苦心经营、耗资数千万兴办的福建水师和船厂毁于一旦。海战结束后，福建水师官兵 700 多人壮烈牺牲。从江中打捞到将士遗体约有 500 多具。

3. 马江海战战后反思

马江海战是中国近代海军凭借自造兵船与西方列强的第一次较量。多数人认为，福建水师惨败是我国军事技术落后、洋务运动破产所致。事实上，海战失败主要是由清朝“避战求和”的妥协路线所致，否则就难以理解台湾孤悬海外，八面受敌，不如马江有五虎、长门、闽安等险要地势，却能挫敌。假设朝廷能拿出全部海军实力参战，并采取与侵略者决战的主动态势，断不致遭此结局。当然，军事力量悬殊也是失败原因之一，海战也暴露了清军在战舰及武器方面与西方列强的差距。加强战舰制造、海军训练、炮台修筑等海防建设势在必行。法军敢远离本土，开辟第二战场，悍然对闽台实行封锁、禁运，凭借的就是其海上优势。其用于这一战场的海军力量包括各种战舰和运输舰、情报舰、鱼雷艇等共 42 艘，而经常在战场上活动、用于维持对基隆的占领和对台湾的封锁，以及对台湾海峡、闽江口、甬江口、长江口以至北海（今广西南部港口）广大海域的监视的不过 20 多艘。敌舰在吨位、动力系统、火力等方面都占较大优势。此外，清军的军事思想也远远落后于军事实践。前线主帅张佩纶、穆图善的军事部署、战术手段、指挥方式等，都不适应当时战争的需要。在这种情况下，落后者就难逃挨打的命运。

（三）战后的福建水师

马江一战，福建水师几近覆灭。劫后幸存的官兵在强忍悲愤、痛定思痛之后，开始水师的重建工作。他们在船厂工人和各界民众的支援下，打捞出自沉的“艺新”“伏波”号炮舰和被击沉的“深航”号运输船。一年后，3 舰船均修复在航，连同在浙江执勤的“海镜”“元凯”“超武”号兵轮，船厂自造的“横海”号兵船和向德国购进的“福龙”号鱼雷艇，加上残存的 20 余艘师船，勉强组成一支福建海军。

1885 年 7 月（光绪十一年五月），左宗棠疏陈往日“皆无铁甲而兵轮失所恃”而失败，提出“整顿海军必须造办铁甲。……除制炮造船，教将练兵，别无自强之道”。但此等诚恳建议却遭到清廷冷落。自此，船政局造船渐少，偶造数艘也难分到本省。

1885 年 10 月（光绪十一年九月），清廷筹议海防善后事宜，设立海军衙门，统管沿海水师。海军衙门下辖北洋、南洋、福建、广东四个舰队。自此，全国海军有了统一的领导，从而结束了自立门户、分而治之的旧格局。

1886 年 3 月（光绪十二年二月），入役近半年的“横海”号兵船在澎湖遇雾，触礁沉没。管带忻成发被革职。次年 6 月，“万年清”号运船在东沙洋面被英舰撞沉，70 余名官兵罹难。[1] 雪上加霜的灾难使福建舰队更加势单力孤，以致无

---

〔1〕 池仲佑：《海军大事记》，福建省政协文史资料办公室翻印，1965 年，第 9 页。

法执行一般性的外洋捕盗、驱寇任务，只有“伏波”“琛航”号运船往返于台湾海峡的客货运输，从事亦军亦商的活动。

1887年11月（光绪十三年十月），台湾巡抚刘铭传奏久无船械，改水师为陆路，得兵部议复“水师各营均改陆路，应毋庸议”。〔1〕是月，北洋舰队向英、德两国订购的“致远”“靖远”“经远”“来远”号巡洋舰，在邓世昌等人的驾驶下自欧抵闽，在厦门操练了两个多月后北航归建，福建舰队的官兵参加迎送和配合操练。〔2〕

1892年（光绪十八年）冬，浙东沿海“海道不靖”，水师奉派“‘伏波’‘琛航’‘靖海’三兵轮驶赴浙洋，会同浙省‘元凯’‘超武’两轮船更番巡阅，与沿海各营水师炮船联手缉捕……盗匪数起”。〔3〕可算福建舰队重建后的最大“战绩”。

1893年12月（光绪十九年十一月），船厂造出“福靖”号炮舰。至此，福建舰队共有舰船11艘，总吨位不及万吨。而当时北洋舰队有舰艇40余艘，总吨位4万余吨；南洋舰队有舰艇20艘，总吨位2万吨；广东舰队有舰艇40余艘，总吨位1.5万吨。〔4〕相比之下，福建舰队已是雄风旁落，一蹶不振，“基本上失去了守海保疆的能力”。〔5〕

四、台湾建省与近代化

台湾建省始于1885年（光绪十一年），当年九月，清廷谕旨，将福建巡抚改为台湾巡抚，〔6〕委派刘铭传为首任巡抚。而在建省之前的相当长一段时期，清廷一直以“府”为行政单位来治理台湾。

（一）统一后的台湾行政管理

康熙二十三年，清政府统一台湾后，在康熙的主持下，清廷最高决策机构围绕着台湾的弃与留展开了一场激烈的争论。最终，施琅力排众议，说服了康熙皇帝，在台湾设立台湾府，下辖台湾、凤山和诸罗三县。〔7〕与厦门合置道官一员，拨兵一万人防守。尽管台湾留下来了，但是台湾在清朝统治者的眼

〔1〕《福建通志·通纪》卷二〇，第5页。

〔2〕池仲佑：《海军大事记》，福建省政协文史资料办公室翻印，1965年，第10页。

〔3〕《福建通志·通纪》卷二〇，第19页。

〔4〕《中国军事史》编写组编：《中国军事史》第2卷《兵略》下，解放军出版社，1986年，第894—899页。

〔5〕陈力恒、王景佳：《军事知识词典》，国防大学出版社，1988年，第896页。

〔6〕刘铭传：《刘铭传抚台前后档案》，《台湾文献丛刊》第276种。

〔7〕连横：《台湾通史·职官志》，华东师范大学出版社，2006年，第70页。

里,依然是孤悬海外的奸宄逋逃之薮,不宜广辟土地以聚民。因此在对台湾的管理上出台了种种的限制与防范。清廷严格限制居留台湾的人,规定:台湾流寓之民,凡无妻室产业者,一律遣回原籍管束;不准内地居民渡台,商人置货过台都需由原籍发照;禁止携眷入台,在台湾的汉人禁止出入"番地";不准台湾人入伍当兵,不准在台湾随意修建城堡,不准铁器流入台湾,并且限制大陆人渡台的航线。

随着台湾人口的增加和台中盆地、彰化平原的开发,清政府不得不扩大在台湾的行政机构。雍正元年(1723 年),在原来诸罗县内增设彰化县和淡水厅。雍正五年,将分巡台厦道分为二道,兴泉永道驻厦门,台湾道专统台湾和澎湖,并新设澎湖厅,由台湾府派一名通判驻澎湖,处理政务。乾隆五十二年(1787 年),诸罗县改为嘉义县。嘉庆十七年(1812 年)增设噶玛兰厅。至此,台湾行政机构已形成一府四县三厅的局面。光绪元年(1875 年)再作调整,创建台北府、基隆厅、卑南厅和埔里社厅,增设恒春、新竹两县,淡水厅改为淡水县,噶玛兰厅改为宜兰县。〔1〕 这一阶段,为建省的过渡时期,为时十年。

清朝在台湾地区设立的行政机构,分为文武两个系统。文官系统由道员、知府、知县组成。台湾道员是最高行政长官,正四品。有时台湾道还加兵备衔,也即需担负地方的治安工作;加按察衔就要掌管司法;兼理学政则需掌管教育。知府的等级仅次于道员,从四品,掌管属县辖区内的政务,包括财政、司法、社会秩序等。知府下设同知、通判、经历等官员。知县次于知府,正七品,掌管一县的治理,涉及行政执法、财政教育和防务工作。知县下设县丞、主簿、典史等官员。台湾还设有同知,是辅佐知府的官吏,有时是派出专门管理地方的。台湾设有海防同知和理番同知。为改善吏治,康熙六十年起又设巡台御史,每年从京城派遣御史一员来到台湾巡查,及时了解台湾的情形,加强了对台湾的治理。巡台御史一职后于乾隆三十四年裁汰。

台湾的武官系统设有总兵、副将、参将、游击、都司、守备、千总、把总等职。镇总兵为台湾最高的军事长官,正二品,归福建水师提督指挥。台湾镇总兵兼管水陆,驻府城,负责台湾的军政。清政府在台湾驻军初设台湾镇总兵 1 人、副总兵 1 人、参将 2 人、游击 6 人。后不断增兵,官兵总数已达到 14 000 人。计有镇标三营、安平水师副将营、澎湖水师副将营、南路参将营、北路参将营等,武官达 100 人。〔2〕

---

〔1〕 连横:《台湾通史 · 职官志》,华东师范大学出版社,2006 年,第 71—72 页。

〔2〕 连横:《台湾通史 · 职官志》,华东师范大学出版社,2006 年,第 76 页。

清朝时期，台湾的文官、武官任期都是三年，通常官员到任两年后，就会调派接任他们的新任官员来台与旧任交接，往往半年后旧任官员就返回内地。所以在民间流传着台湾有“三年官，两年满”的说法。清朝驻台官吏三年一换，使得他们无心问政，不求业绩，但知中饱私囊，台湾成为贪官污吏的集散地。官吏的腐败势必引发社会矛盾。当时台湾农民承担了十分繁重的赋税，以致“三年一小反，五年一大反”，农民起义不断。有的起义是因为官府强征暴敛；有的是以剿除贪官名义发动的；有的则是灾荒连年，社会矛盾激化所致。其中比较重要的有 1721 年的朱一贵起义、1786 年的林爽文起义、1794 年的蔡牵起义、1795 年的陈周全起义、1832 年的张丙起义、1862 年的戴潮春起义。其中又以朱一贵起义和林爽文起义的规模和影响最大。

（二）台湾建省始末

西方列强对台湾的窥视和赤裸裸的军事挑衅，引起了清朝统治阶层的警觉。他们在彻底否定了“台湾之乱率由内生”的错误看法的同时，认识到了台湾战略地位的重要性。船政大臣沈葆桢、福建巡抚丁日昌等人反复强调台湾地位的重要性，他们还多次上疏加强台湾吏政建设，有效管理孤悬海外的台澎地区，巩固海防。1875 年至 1884 年的十年间，是台湾建省的准备时期，是由“府”向“省”转化的过渡时期。

前述 1874 年的牡丹社事件，是迫使清廷围绕台湾是否单独建省展开激烈争论的导火索。以该事件为契机，沈葆桢会同闽浙总督李鹤年，于 1874 年农历十二月二十三日，奏请将福建巡抚移驻台湾，以资就近治理。此后，围绕这一提议，朝廷内部争论很大，主要有两派：一是主张分省；二是主张专派重臣，以为督办，数年后再建省。对此争论，清廷则采取折中办法，规定今后福建巡抚每年夏秋二季留在福建，春冬二季移驻台湾，仿照直隶总督驻扎天津之制，并在台北建立福建巡抚行署。〔1〕

1881 年（光绪七年）岑毓英任福建巡抚，经过实地勘查，认为彰化县治位居南北之中，为建立省治的形势之地。自此，台湾建省之议日臻成熟。而台湾正式建省，则是由当时的形势决定的。

1884 年中法战争发生，台湾是主战场之一。虽法国远东舰队攻占台北的企图，在督办台湾军务的刘铭传的有力指挥和台湾军民的英勇抵抗下被打破，但法军曾一度占据基隆，并封锁了台湾海峡。鉴于台湾重要的战略位置，十年前关于

---

〔1〕 连横：《台湾通史 · 职官志》，华东师范大学出版社，2006 年，第 73 页。

法军进犯基隆图（谢必震翻拍自香港中文大学图书馆）

在台湾建省的建议被重新提了出来。1885 年，以左宗棠为首的内外大臣纷纷上言，赞成台湾建省。

经过悉心会商，1885 年 10 月 12 日（光绪十一年九月五日），军机大臣醇亲王奕譞，总理各国事务大臣庆亲王奕劻，大学士世铎、额抑和布、阎敬铭、张之万，北洋通商大臣李鸿章等奏言改福建巡抚为台湾巡抚。[1] 清廷同意了该奏请，设台湾巡抚，建省会于下桥仔头庄，以控制南北。设台湾府，领县四，附郭曰台湾；新设云林、苗栗二县；改台湾府为台南府，台湾县为安平县；升台东厅为直隶州，以刘铭传为巡抚。台湾建省，至此实现。

台湾建省后，对外主要是为了巩固东南海防，防御外国列强的侵略；对内则开始近代工业化过程，开矿业、通邮政、重交通、劝垦荒、办教育、促商贸。台湾社会进入了大规模开发的时期。

〔1〕 连横：《台湾通史 · 职官志》，华东师范大学出版社，2006 年，第 74—75 页。

（三）台湾社会的近代化

台湾社会的近代化始于1874年沈葆桢渡台。由于日本人侵犯台湾，沈葆桢作为钦差大臣前往台湾应对。他在台湾府城与澎湖建新式炮台，安放西洋巨炮，建立军装局、火药局；在安平与厦门之间装置海底电线；调扬武、飞云、安澜、清远、镇威、伏波六舰常驻澎湖，福星号驻台北；还大力提倡购买铁甲船，台湾从此迈开了军事现代化的步伐。沈葆桢还奏请采用机器开采基隆煤矿，建起了台湾第一个民用工业。

刘铭传像

丁日昌任福建巡抚期间，极力主张全面开发台湾。他力主购置铁甲船，提高海上防御的能力。他要求练水雷军、增造新式炮台、练枪炮队。他极力推崇各项近代化事业，修筑铁路、架设电线、采购机器、开矿挖山、垦荒拓殖。丁日昌先后在台湾铺设安平至台湾府的电线，设立台南、安平、旗后等三个电报所。他还使基隆煤矿真正运作起来，日产原煤30至40吨。

1884年，刘铭传奉命前往台湾督办台湾事务。刘铭传是洋务运动中比较有政治远见，并具有实干精神的代表人物之一。1885年，台湾诏准建省后，他以全面推行近代化为中心，以整顿海防和兴筑铁路为具体目标，对台湾的海防、吏治、财政、农业、工业、交通、教育进行了大刀阔斧的改革，提出以建成自立之省为目标的自强新政，使台湾面貌焕然一新，其改革内容如下：

1. 海防建设

台湾军备废弛已久，刘铭传称台湾军队是“将贪兵猾”，战斗力极差。他严格整肃军队，裁撤军员，仅留下35营的精兵强将。军队全部配备洋枪，并聘请外国教习，进行正规的训练。刘铭传聘请德国的军事专家指导修建基隆炮台，同时加固各地的炮台，配备从西方购置的大炮，火力增强了数倍。虽然刘铭传在台湾建立海军的主张未被清廷采纳，但他依然购置了一批小火轮，供海上稽查、缉捕和运输、传递之用。他还雇用洋匠自造驳轮和水线船。在他精心经营下，台湾的军事力量和海防力量都大大地增强了。

2. 增设府县

刘铭传按建省的规制，上任后重新整饬了台湾的行政建制。他以彰化为省会，设为台湾府。原来的台湾府改为台南府，旧台湾县改为安平县。另又增设了云林县、苗栗县。升卑南县为台东直隶州。全台共有三府、一州、十二县、五厅，形成了今日台湾地方行政划分的基础。

3. 发展交通

1886 年，刘铭传苦于台湾的通讯落后，与内地联系困难，于是上奏清廷，提出发展水陆电报。在此之前，刘铭传已对台湾的电报通信建设工程做了大量的考察工作。最终架设水陆电线计有1 400余里，设水线局 4 所，还在澎湖、台北、彰化、基隆、沪尾等地设电报局。邮政方面也仿效西方，设邮政总局，各地设支局，发行邮票。邮路远达厦门、福州、广州、上海、香港等地。当时大陆的邮政属于洋人把持的海关经营，台湾的邮政为中国人自己独立创办，在全国是一个创举。

刘铭传还于 1886 年设招商局于新加坡，先后购置 8 艘轮船，开通了台湾至上海、香港、吕宋、西贡、新加坡等地的航路。在刘铭传的积极筹划下，台湾海上交通运输事业日渐兴盛。

1887 年，刘铭传开始修建铁路，聘英、德人为工程设计，从台北至基隆，全长 28.6 公里，1891 年竣工。从基隆往新竹铁路，全长 106.7 公里，1893 年竣工。刘铭传是中国历史上大倡兴修铁路的第一人。

4. 兴办企业

1887 年，刘铭传设立煤务局，最初以官商合办的形式开采煤矿。虽以 40 万两银购置新式机器，但因管理不善，日仅出煤万余斤。后收回官办，亦不见起色。刘铭传曾想引入英人的资本或民间的资本，但都遭到清政府的反对。官办的煤务陷入半停顿状态。

樟脑和硫磺都是台湾著名特产。1886 年，刘铭传在台北沪尾设立官办的硫磺厂。1893 年有商人引进日本脑灶，进行樟脑生产。刘铭传还开设脑磺总局，用新法熬制樟脑、硫磺等，年获利 3 万余两。他还鼓励江浙商人投资，设煤油局，引进外国机器制造煤砖；引进外国造糖铁磨，供糖户使用。刘铭传还组织商家在台北投资建设商业街，装设电灯，建造公共引水工程，短短几年，把台北建设成近代化城市，俨如一个“小上海”。

5. 清赋理财

台湾建省，百废待兴。刘铭传于 1886 年 5 月奏请实行清赋。当时的台湾田赋管理极乱，虽然开垦的田园面积比清初增加了数十倍，但田赋收入却寥寥无几。清赋后，田赋收入增加了49万多两银。此外在税收方面，刘铭传也积极整顿，茶税增加了13万两，盐税增加了12万两，樟脑、硫磺增加了30万两，鸦片进口税增加了40万两。这一整顿，不但大大增加了台湾的财政收入，同时也为台湾海防、交通和其他事业的发展提供了资金上的保障。

6. 重视教育

刘铭传十分重视人才的培养，创办新式教育是人才培养最有效的途径。1887年，在台北大稻埕创立西学堂，聘请西人教习讲授英语、法语、数学、理化、测绘、历史、地理等课程。培养通晓近代科学、善于对外交涉的人才。至1891年，已培养学生60余人，学员所有费用都由政府负担。1890年创立电报学堂，从西学堂和福建船政学堂挑选优秀学生，学习电讯专门技术。同年又创设番学堂，学员为原居民。学堂采用私塾的教学方式，授以汉文、书算、官话、台湾话。每三日即由教习带领出游一次，主要到汉民居住区与汉人交流，增进了土著居民与汉人的交往。在刘铭传的积极推动下，台湾教育进入了新的历史时期。

刘铭传在台湾的改革涉及面很广，涉及军事、行政、经济、文化等领域。他所创办的海防、交通设施，诸如铁路、邮政、电讯、航运等企业都是卓有成效的。他的目光不仅仅停留在台湾一岛，用他自己的话来说，他希望以“一隅之设施为全国之范”。然而在腐朽的清朝统治格局下，要想坚持改革谈何容易。在种种压力和重重阻力下，1891年刘铭传不得不告病辞官，离开台湾。继任的台湾巡抚邵式濂思想僵化，缺乏远见，一上台就对台湾新政采取全面紧缩的政策，此后台湾的近代化只以缓慢的步伐前进。

五、台湾人民的反割台斗争

中日甲午战争，清政府战败，割地赔款，台湾沦为日本殖民地长达50年之久。这一惨痛的历史，台湾人永远不会忘记，每一个中国人也永远不会忘记。

（一）台湾成为日本侵占的目标

日本对中国台湾的侵略野心由来已久。早在16世纪末，日本统治者丰臣秀吉就派原田嘉右卫门到台湾，强令“高山国王”纳贡，理所当然被拒绝。日本人还数次侵扰台湾，强行开采金矿，霸占土地。[1] 拥有重要的战略地位的台湾，

---

〔1〕 蔡子民：《台湾史志》，台海出版社，2004年。

成为日本对外扩张的重要目标。

1874 年，日本借此前的台湾生番杀害琉球漂流难民一事，武装侵台，在海峡两岸民众力抗之下，以失败告终。但日本政府还是在双方签订的《北京专条》（或称《台湾事件专约》）中攫取了大量权益。此一事件使日本的侵华野心进一步膨胀。

1879 年，日本出兵吞并了琉球，设立了冲绳县。日本侵略势力又进一步南下逼近台湾。1884 年，趁中法战争之际，日本人又派军舰窜入台湾基隆窥伺。自 1885 年起，日本开始了十年扩军计划。

1895 年 4 月 17 日，在中日甲午战争中惨败的清廷被迫与日本签订了丧权辱国的《马关条约》。条约规定，中国将台湾全岛及所有附属岛屿和澎湖列岛永远割让给日本。两年内台湾与澎湖居民可变卖所有财产迁出界外，若限期内未迁出者视为日本臣民。台湾割让，应于换约后两个月之内交接完成。

1895 年 5 月 9 日，中日代表在烟台互换条约批准文本。第二天，日本内阁就下令组成“征台舰队”，并由“首任台湾总督”、海军大将桦山资纪率领。5 月 29 日，舰队集结于台湾正东南洋面，随即在台湾登陆。6 月 2 日上午 11 时 20 分至 11 时 55 分，清朝大臣李经方登上桦山资纪乘坐的日舰“横滨丸”，经过 35 分钟短暂会晤，匆匆画押盖印，宣告“台湾交接事宜完全结束”。就这样，从换约到交割，仅仅 25 天，日本便迫不及待地吞并了中国领土台湾。

（二）轰轰烈烈的反割台斗争

1895 年 2 月，李鸿章进京请训期间，割台的消息即已传出，全国震惊。南洋大臣、两江总督张之洞，台湾巡抚唐景崧，翰林院侍读学士文廷式，编修丁立钧、徐世昌等，先后上书朝廷，反对割台。马关议和期间，台湾人民更是群情激愤。然而，清朝统治者一味妥协，将这些爱国的呼声置若罔闻，转头接受了丧权辱国的条款。1895 年 4 月，《马关条约》正式签订的消息传出以后，全国掀起了愤怒的风暴。是年恰值科举会试，各省举人聚集北京。由广东举人康有为、梁启超发动，全国 18 省 1 200 多举人集会，强烈要求“严饬李鸿章订正和款，勿割台湾”。接着 604 人“公车上书”。在都察院前，排队上书请愿的队伍长达一里多。全国各地都发出了保卫台湾、反对割让的声音。清政府王公大臣、亲王贝勒、内阁总署、各部司、各省督抚司道也纷纷上书反对割地议和。

台湾籍的在京官员、应试举人纷纷上书都察院，呼吁严正拒绝日本的侵略要求，保全祖国的台湾。他们强烈要求清政府与日本人战斗到底。他们表示，只要不放弃台湾，台湾人民必能舍生忘死，为国效命。

台湾人民对割台更有切肤之痛。台民鸣锣罢市，涌入抚署，愤怒抗议割让台湾。台湾绅士丘逢甲咬指血书“抗倭守土”，表达了台湾军民与台湾共存亡、与日本侵略者血战到底的决心。许多台湾民众向台湾巡抚递交血书，并向李鸿章发出了声讨檄文。[1]

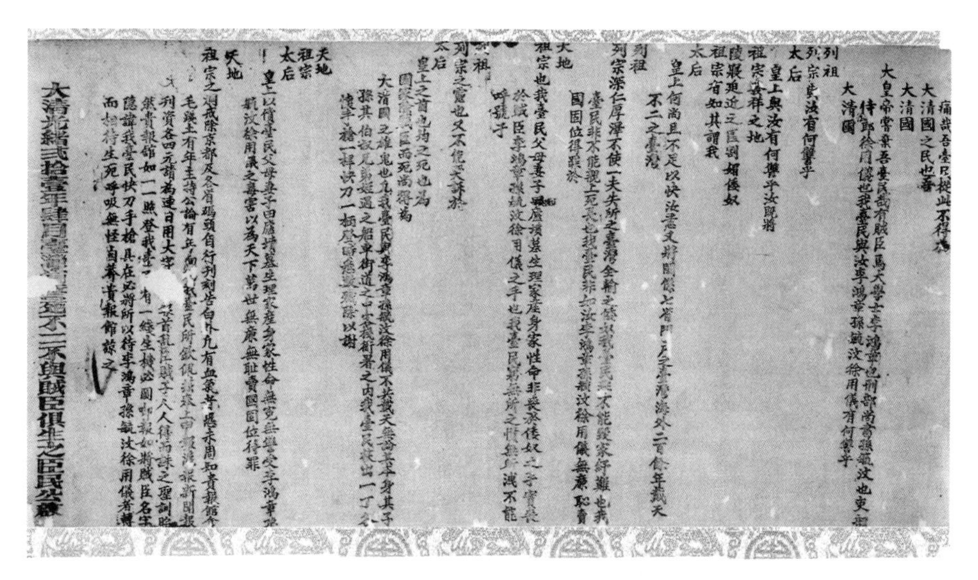

台民招贴痛骂李鸿章的公告（谢必震翻拍自香港中文大学图书馆）

更多的台湾同胞站在反对割台第一线，举起武装抗日义旗，抗倭守土。1895年5月15日，以丘逢甲为首的台湾地方士绅在台北筹防局商议，以全台绅民的名义致电总理衙门，表示自主保台。[2]

次日，唐景崧亦电清廷，表达台民愿死守台湾之心。[3] 清政府见此情景，生怕台民的抗日举动开罪了日本人，急令唐景崧着即开缺，来京陛见，其台省大小文武各员，并着唐景崧饬令陆续内渡。同时还下令“百姓内渡者听，两年内不内渡者作为日本人”“交割时须极力保护（日本人），并谕百姓切勿滋生事端”。[4]

至此，台湾人民对清廷完全绝望，又闻清政府已与日人换约，日军舰队已逼近台湾，台湾危在旦夕。5月21日，在陈季同的筹划下，丘逢甲同候补道林朝栋、内阁中书教谕陈儒林等人集议，决定推唐景崧为总统、林维源为议长、丘逢甲为全台义军统领、刘永福为大将军、俞明震为内务大臣、李秉端为军务大臣、陈季

〔1〕 戚其章：《中日战争》，第6册，中华书局，1993年，第449—450页。

〔2〕《清光绪朝中日交涉史料》卷四〇，（台北）文海出版社，1963年，第19页。

〔3〕《清光绪朝中日交涉史料》卷四〇，（台北）文海出版社，1963年，第25页。

〔4〕《清光绪朝中日交涉史料》卷四〇，（台北）文海出版社，1963年，第45页。

同为外务大臣，组成抗日政府，定名“台湾民主国”。5 月 25 日，“台湾民主国”正式成立，并致电清政府，文告天下。

“台湾民主国”成立之时，台湾尚未交割。4 天之后，5 月 29 日，日本征台舰队在北白川能久亲王和海军少将东乡平八郎率领下，杀气腾腾地在台湾澳底登陆，一场轰轰烈烈的反割台武装斗争就此拉开帷幕。

由于“台湾民主国”的领导层都是大官僚、大地主，他们没有真正依靠广大人民群众，没有发动人民群众共同抗敌，他们仍然对外国势力干涉日本侵台抱有幻想。这注定他们在台湾的防御和备战方面一误再误。先是，唐景崧令所有文武官弁一律内渡，掀起了逃跑风，台湾军心大乱。对于较有战斗力的军队，唐景崧等人也听其内渡，不加劝阻，台湾的海防要地则交由新招募的广勇驻守，因而在与日军交手时很快就败北。

日军先占台北，6 月 9 日又占沪尾要塞。17 日，日本第一任台北总督桦山资纪在台北宣布建立日本殖民政权，并将此日定为所谓的“始政日”。6 月 11 日，占领台北的日军分兵两路南下进攻新竹，台湾义军进行了艰苦卓绝的新竹保卫战。22 日，日军在大炮的掩护下攻占了新竹。7 月中下旬，吴汤兴等率台湾抗日义军和部分清军，分东、西、南三路反攻新竹城，先后进行了大小 20 余次战斗，虽奋力作战，然终因处境不利，义军头领多人战死，最后因弹药告罄，不得不退出战场。

8 月 10 日，日军大举进攻苗栗，吴彭年率七星黑旗军赶来增援，阻敌于大甲溪。日军疯狂进犯，渡过大甲溪。在彰化城东八卦山，吴彭年和徐骧、吴汤兴等义军利用有利地形，阻击日军。从 8 月 27 日始，双方展开惨烈的白刃战。义军牺牲 500 余人，抗日志士吴彭年、吴汤兴、李士炳、沈福山、汤人贵等均战死，在台湾反侵略的历史上留下了光辉的一页。

日军攻陷苗栗、台中、彰化、云林后，于 9 月 2 日推进到大莆林，与刘永福和徐骧、杨泗洪、萧三发、王德标等率领的义军交战。义军作战神勇，沉重地打击了日本侵略者的嚣张气焰。但是，经过两个月的作战，义军的后勤补给越来越困难，直接威胁到了义士们的生存。10 月初，桦山资纪集结 4 万兵力，调动 8 艘军舰、40 多艘运输船，分四路向南进攻。一路攻嘉义，一路攻安平，一路从布袋嘴登陆，直逼台南市，一路在枋寮登陆攻凤山，以合击中南部地区的抗日义军。10 月 19 日，见大势已去，刘永福下令义军撤出城外，自己则化装乘英轮逃往厦门。10 月 21 日，日军占领台南。10 月 27 日，桦山资纪宣布“台湾全岛已全部平定”。11 月 18 日，又向京都参谋本部报告“台湾全岛平定”。[1]

---

〔1〕 周任、魏大业：《台湾大事纪要》，时事出版社，1982 年，第 34 页。

台湾虽然沦为日本殖民地，但台湾人民不屈不挠反对日本殖民统治的斗争仍然持续不断，有力地打击了日本殖民侵略者的嚣张气焰。

第四节　东南沿海地区经济与文化的发展

一、东南四口海关的产生与设置

第一次鸦片战争以中国的战败而告终，中英两国签订《南京条约》，中国的主权完整遭到了严重的破坏。根据《南京条约》规定，广州、厦门、福州、宁波、上海五个城市成为通商口岸。

远在鸦片战争之前，五口都设立了海关。乾隆二十二年虽下诏除广州一口以外，其他四口不准外国船舶前来贸易；但原设海关仍然继续办理华船征税业务，并未关闭。从五口通商到 1854 年英、美、法驻沪领事接管江海关"夷税"征收权的十多年间，负责外商船货征税业务的仍是原五口海关。[1] 这五口海关都由清政府任命的官员管理。它们的行政组织、官员任命、人事管理以及方针政策、章则条例，都是根据统治阶级自身的利益制定的，外国政府和商人无置喙余地。从组织管理、征税制度、查缉办法和税务行政等方面看，近代海关都是为封建统治政权服务、落后于时代发展之需要的；加上关政不修，贿赂成风，弊窦丛生，吏员关役在西方走私集团的严重腐蚀之下腐朽不堪。因此，虽属独立，却独立不了；虽属自主，却自主不了。

《南京条约》于 1842 年 8 月 29 日签订，1843 年 2 月英军便开始在福州催逼开市活动。

为妥善处理五口通商事宜，耆英奏派广东藩司黄恩彤、福建藩司徐继畬、浙江提督李廷钰、四等侍卫咸龄改为候补道府，分别担任广东、福建、浙江、江苏各口办事人员。

耆英到粤后，即赴香港，与璞鼎查初定通商章程和输税事例。章程初定，璞鼎查于 1843 年 6 月照会耆英，催开广州口，坚持于 7 月 27 日开市。其后，耆英答应如期开市，并照"新例贸易输税"。[2]

---

〔1〕 参阅黄国盛、谢必震：《清代闽海关重要事实考略》，《海交史研究》1990 年第 1 期。
〔2〕 《筹办夷务始末》（道光朝）。

其余四个通商口岸虽原有海关,但因1757年执行闭关政策,禁止外国商船通商贸易,海关便只征收本国民船贸易关税。现在四口重行开放,海关按照新章开征外国商船关税。此项关税称为夷税,而原征诸华商民船货物之关税称为商税、华税或常税。这样,海关除原征常税以外,又征夷税。1860年后,列强以"夷"字是对外国的贱称,不许使用,于是一般文件改"夷"字为"洋"字,夷税也就改为洋税了。

重开四口中,最早开征夷税的是厦门。厦门海关,原只征收常税,因鸦片战争而一度停征,1842年8月27日(道光二十二年七月二十二日)开关,恢复常税的开征。1843年10月6日英国领事记理布到厦门,1843年11月2日厦门"开市,一切通商事宜,遵照广东议定各款"。[1] 既经开市,厦门就开征夷税了。

其次开征夷税的是上海。英国驻上海领事巴富尔和厦门领事记理布同船到厦,随即转赴上海。到达上海后,便商定江海关于1843年11月17日(道光二十三年九月二十六日)开征夷税。

第三个开征夷税的是宁波。英国领事罗伯逊于1843年12月中旬到达宁波,1844年1月1日开关。

福州是最后开征夷税的口岸。到1844年6月底,璞鼎查所派的领事李太郭才到达福州,一般认为福州开埠时间即李太郭抵达福州闽江口之时间——1844年6月30日[2](也有认为是7月3日[3])。但因英船前来贸易极少,其间还有领事强租城内住处、领事调换等问题,所以,迟至1845年继任领事阿礼国到达福州后,福州才开征夷税。[4]

随着外国资本主义列强入侵的日益加剧,闽浙两省先后又有几个城市被迫对外开放成为商埠,并设立海关机构进行管理。东海沿海的几个海关为:闽海关(Foochow)、厦门关(Amoy)、福海关(Santuao)、瓯海关(Wenchow)、浙海关(Ningbo)、杭州关(Hangchow)、江海关(Shanghai)。

二、近代东南沿海海港城市的兴起

东南沿海地处中国大陆东南缘,面向辽阔的海洋,背倚广袤的腹地,是中

---

〔1〕《筹办夷务始末》(道光朝)。

〔2〕另据王尔敏教授考证,福州开埠为五口之中为时最晚者。道光二十四年十月,始应为开市贸易之期。其理由是该年十月起,才开始有英船至福州正式展开贸易。王尔敏:《五口通商变局》,广西师范大学出版社,2006年,第235页。

〔3〕参见张仲礼《东南沿海城市与中国近代化》,上海人民出版社,1996年,第9页。

〔4〕参见陈诗启《中国近代海关史》,人民出版社,1993年,第1—5页。

国经济最发达、最活跃的地区之一。沪、浙、闽、台沿海四省市的各个港口城市所在的地理条件有颇多相似之处：一方面，这些口岸城市地处沿海冲积平原，气候温暖湿润，适合农业手工业生产；另一方面，它们都拥有河海交汇的天然良港。

鸦片战争后，东南沿海成为西势东渐冲击最早的区域。这一地区开辟了多个通商口岸，重要的沿海城市几乎都成为对外开放的港口和贸易集散地。西方列强资本主义势力进入东南沿海城市后，这些地区对外经济贸易更加活跃，对外联系更加频繁。英、法、德、美等新兴资本主义国家都对东南沿海垂涎三尺，因为这里盛产西方国家最为喜爱的商品——丝绸、茶叶、陶瓷器、药材等，这一地区的贸易活跃度和经济发展总量也都走在全国前列。外国洋行纷纷在这一地区设立代理机构和办事处，各城市的洋行大楼平地而起，成为联结东西方贸易的据点。海关也成为这一时期东西经济互动的平台，设有关口的城市分别建造海关大楼，用西方人的标准和惯例处理商品的报关、入关和出关等手续。这些都是城市近代化发展的重要表现。

1890 年代的上海外滩

西方国家势力纷纷涌入东南沿海，这给城市建设、规划、布局和现代化带来了契机。首先是开始不断营造西式建筑，给原本以砖木结构为特点的城市建筑风格带来了西洋因素；其次在交通方面，西势东渐带来了不少近代交通工具，如轮船、蒸汽船、火车、汽车、自行车、人力车等等，这些交通工具大大加快了国与国之间、地区之间、城市之间及城市与乡村之间的经济一体化进程。城市交通工具的变迁也要求重新规划城市，一些街道、路面由此拓宽，这些街、路往往成为商业中心和经济心脏，推动了城市近代化的进程。例如上海黄浦江畔的外滩、南京路步行街、宁波南塘老街（南三门市）、厦门中山路、福州中亭街（小桥路）等，都成为商品货物流动频繁的集散地，成为东西方贸易和文化交流的主动脉。

西势东渐加速了东南沿海城市市政近代化的进程。以厦门为例，鼓浪屿租界建立以后，西方洋行和商人擅筑海堤的行为，促使厦门地方政府加快填筑海滩、修建公路码头的进程。租界内设立工部局之类的近代市政管理机构，成立各种下属机构，分管城市市政道路、卫生等，客观上推动了市政的近代化进程。[1]

鼓浪屿公共租界

东西方文化交流的深化和推动也是海港城市近代化的显著表现。以来华传教士为主的西方人，在从事本职工作的同时，将西方文化不遗余力地传播至中国，其中包含不少科技文化。例如近代上海重要的出版机构——墨海书馆，在麦都思、美魏茶、慕维廉、艾约瑟等人的主持和努力下，翻译、编辑、出版了大量介绍西方科技和制度文化的图书，为中国人打开了一扇接触西方文化和知识的重要窗口。又如傅兰雅创设的上海格致书院，培养了许多优秀的翻译人才和社会建

---

〔1〕 熊月之等：《论东南沿海城市与中国近代化》，《史林》1995 年第 1 期。

设人才，传播了西学知识，为推动中国现代化事业作出了不可磨灭的贡献。再如福州美华印书馆、宁波华花圣经书房和上海美华书局，印刷了大量反映西学和西方宗教的图书、期刊及其他各类读物，起到了引领时代风气之先的作用。当时美华印书馆的一些图书还是船政学堂学生喜爱的读物。当时不仅“西学东渐”风潮兴盛，“东学西传”也步入更深的轨道。中国文化在西方世界的传播和宣传，已经不限于以往“汉学”研究、雅文化的范畴，更多民间文化和地方性知识被传递到西方，〔1〕加深了东西方不同世界的相互了解，拉近了异域世界民众的心灵沟通。

东南沿海城市的近代化也与东南地区华侨同胞热心家乡投资事业、回馈乡梓等因素有关。例如厦门华侨同胞回国投资，为厦门商业的发展注入了资金和活力。近代福建、广东人移民至海外的很多，比较集中的为东南亚和日本，有些远至欧美国家。移民的流动性加速了地区之间经济的往来和互动，对东南沿海地区的经济发展起到了推动作用。华侨资本在近代厦门的工业投资中也占有很大的比重。华侨的汇款还推动了邮政业、汇兑业和金融业的发展。20世纪初厦门地区兴盛一时的房地产投资热潮也与华侨有一定的联系。

三、开埠后口岸城市社会经济的发展变化

鸦片战争后，五口开放通商。开埠后，西方人得以登陆通商口岸城市，正式开展商业贸易，中西贸易不断深入，逐渐给口岸城市及其周边腹地注入了新的血液，使得口岸城市社会经济发展呈现出许多有异于传统的变局气象，口岸城市也逐渐被纳入资本主义世界市场和殖民贸易的一环。近年来，随着史料的进一步挖掘和利用，我们发现在西方人留下的众多著述文献中，记载了大量有关晚清上海、宁波、福州、厦门、广州等口岸城市经济表现面相与发展变化的细节，这些微观的描述为我们了解和把握当时口岸城市经济动态提供了极佳的资料证据。为了更细致地勾画这一历史图景，下文力图在较为全面掌握西文文献（包括西人著作、文章、信件、日记、回忆录、纪念文集等）的基础上，以西人的记录为考察中心，通过与福建地方文献进行参照比较，以福州为个案，对近代通商口岸城市开埠后社会经济状况的发展变化之格局，作一钩沉和论述。

---

〔1〕 例如在福州传教的美部会传教士卢公明，即是一个典型的例子。卢公明向西方世界传播了中国民间文化最大众化、底层化的表现。参见林金水、吴巍巍：《传教士·工具书·文化传播——从〈英华萃林韵府〉看晚清“西学东渐”与“中学西传”的交汇》，《福建师范大学学报（哲学社会科学版）》2008年第3期。

(一) 西势东渐下的闽江口经济繁荣区

闽江口主要指闽江下游位于福州城市段的连接入海口的江面,该段江岸及岸上街区是清末福州人流最为集中、商贾小贩最为忙碌的区域,大小船只密密麻麻,进出货物装卸繁忙,很大程度上反映了闽省经济的发展脉搏。当时西方人来榕(福州)后,首先集中于福州南台。福州南台,主要包括今福州台江南面与仓山北面及两区之间的水域,是当时福州经济中心之一。众所周知,西方人尤其是商人来福州后,即迫不及待地将西方商品引进榕城,除了鸦片,尚有棉布、纱布及其他西方制品,但除了鸦片外其他的并不畅销,反倒是福州作为福建茶叶贸易中心,向西方国家大量出口茶叶,而这也正是西方殖民者坚持开放福州的主因(虽然福州开辟为通商口岸后并没有马上给他们带来预期的效果)。在闽海关1865年的年度贸易报告中,记录了福州口岸自1844年开埠以来的贸易情况,其中提到在开头十几年,鸦片和茶叶是本口贸易主要支撑。〔1〕运载洋货来榕的外国商船和闽江口运载茶叶的本地乌篷船络绎不绝,码头岸边搬运工人也繁忙地装货卸货,由此形成了江岸两边人潮涌动、商贾小贩摆摊做生意的局面。晚清开放通商口岸后,西方国家因为发展福州市场的需要,还开辟了从外国到福州的航线,不少公司的轮船运载货物到达福州,福州南台江面船舶林立,形成外国货轮与本土木帆船、乌篷船密集交织的画面。〔2〕在当时,以万寿桥(今解放大桥)为轴线,以闽江口江岸为基面,以南台两翼为外围的经济繁荣区逐渐形成。这种人文景观,是福州开埠后"西势东渐"刺激作用下的一个结果,在西文文献中有不少记述和描画,如英国圣公会主教四美(George Smith,也被译作施美夫)〔3〕、施友琴(Eugene Stock)〔4〕和美以美会第一任会督、曾在福州传教的怀礼(I. W. Wiley)〔5〕所作的记述。

---

〔1〕《闽海关年度贸易报告(1865—1928)》,载池贤仁:《近代福州及闽东地区社会经济概况》,华艺出版社,1992年,第1页。原记录为1842年开埠。

〔2〕参见池贤仁:《近代福州及闽东地区社会经济概况》,华艺出版社,1992年,第47—50、58—60页;林庆元:《福建近代经济史》,福建人民出版社,第172—177页;另外,笔者也在西方人著述的老照片中经常见到万寿桥江面附近西方轮船与本土船只密集交汇的情景,真实地再现了当时福州中外商品贸易往来的盛况。参见吴巍巍:《西方传教士与晚清福建社会文化》,海洋出版社,2011年。

〔3〕[英]施美夫:《五口通商城市游记》,温时幸译,北京图书馆出版社,2007年,第262—283页;参见原文George Smith, *A Narrative of An Exploratory Visit to Each of the Consular Cities of China, in the years 1844, 1845, 1846*, London: Seeley, 1847, pp.287-299.

〔4〕Eugene Stock, *The Story of the Fuh-Kien Mission of the Church Missionary Society*, London: Seeley, Jackson & Halliday, 1882, 2nd edition, p.5.

〔5〕I. W. Wiley, *China and Japan*, Cincinnati: Hitchcock and Walden, 1879, pp.179-180. 另参见中译本[美]怀礼:《一个传教士眼中的晚清社会》,王丽等译,北京图书馆出版社,2012年,第92页。

清末闽江口经济繁荣区(翻拍自曾意丹主编:《福州旧影》)

晚清时期地处闽江最下游的福州南台两岸是福建经济贸易的枢纽,无论是闽省内地与沿海地区的山海贸易,还是晚清开埠后的中外通商贸易,都在这里交集汇聚,造就了闽江最下游江面船舶辐辏聚集,江上码头工人辛勤忙碌,两岸商行店铺林立,商业贸易一派繁盛的景象。

(二) 贸易网络与街市商品经济的发展

福建商业贸易网络较为发达,沿海对外商贸自古以来即驰名于世,省内府县之间的贸易网也四通八达,尤其以闽江流域和九龙江流域为依托,形成了以福州和厦门为中心的内部商业贸易体系。晚清"西势东渐"使福建中外通商贸易更为繁盛,口岸城市商业贸易网络更为健全,同时城市内部的街市商品经济也得到了更大发展。其中,福州与西方国家的茶叶贸易,可谓突出的代表性事象。

晚清以来随着中外贸易的广泛进行,茶市得到了很大发展,茶叶贸易成为福建出口贸易的大宗。这一景况,在西文文献中亦有较详细的反映。众所周知,英国要求清廷开放福州的一个很明显的目的,就是要更便利地从事茶叶贸易。西方所饮之茶多为武夷茶,从武夷山到福州,比到广州,运费和转手费可大大降低,因此英国十分觊觎福州这个市场。不过福州刚开埠时,对外贸易市场几乎一片沉寂,主要原因是福建主政官员暗中阻挠,福州民众未敢与“夷人”贸易。[1] 直到1853年情况才发生改变。该年,太平天国运动和上海小刀会起义切断了武夷山运往广州的旧茶路及运往上海的新茶路,福州成为武夷茶区唯一保持出口路线畅通的口岸,中外商人只得在福州一口从事茶叶贸易,福州从而一跃成为国际茶叶贸易中心之一。[2]

美国传教士卢公明(Justus Doolittle)1850年抵榕至1873年返美期间,正处于福州茶叶贸易迅速发展的阶段。由于他常深入民间作社会调查,后来又担任琼记洋行的翻译,直接参与了茶叶贸易的全过程,因此对福州茶叶贸易盛况有直观的认识和深刻的体会,并在其著《英华萃林韵府》(*Vocabulary and Hand-Book of the Chinese Language*)中留下了丰富的记录。书中记载,由于福州成为茶叶对外贸易的重要港口,在福州从事茶叶贸易的人逐渐增多,当时茶行里的分工已经非常细致,计有“看更、理茶工人、打藤人”等五六十种,可见茶市的繁荣。书中还列举了在福州销售的茶叶产地和多达300种的茶叶名称,还详细辑录了“买卖茶问答”[3]条目,反映了当时茶叶贸易工作的基本情况。

更为直接的是,卢公明还详细记录了福州茶叶贸易的统计数据,1856—1857年,福州出口茶叶3 400多磅,1859年单年出口1 100多磅,比广州与上海总和还要多将近一百万磅。1863—1864年间总计出口总额超过5 800万磅。[4] 这些辑录和记载,再现了19世纪中叶福州茶市的繁忙景象和茶叶贸易的兴盛状况。

西方传教士还关注到福州对外贸易的辐射情况。作为闽江商业交通枢纽和闽江流域下游通商贸易中心,福州的贸易辐射网不仅上连闽北上三府,还经由海路扩散至闽南、台湾及邻近国家和地区,这在四美等传教士著述中也能窥见零星片语。[5] 当时福州处于闽江流域经济贸易网络体系的中轴核心,而这种格局在福州被辟为通商口岸后更进一步得到强化。不过福州的对外贸易在开埠初期并未取得英国人预期的效果,仅鸦片大量流入福州市场。晚清福州吸食鸦片成

---

〔1〕 详情可参见郦永庆《第一次鸦片战争之后福州问题史料》,《历史档案》1990年第2期。

〔2〕 参见[美]马士:《中华帝国对外关系史》(第一卷),张汇文等译,上海书店出版社,2000年,第406页;程镇芳:《五口通商前后福建茶叶贸易商路论略》,《福建师范大学学报(哲社版)》1991年第2期。

〔3〕 Re. Justus Doolittle, *Vocabulary and Hand-Book of the Chinese Language*, vol.2, pp.656-657.

〔4〕 Justus Doolittle, *Social Life of the Chinese*, New York: Happer & Brothers, Publishers, 1865, vol.1, “Introduction”, p.3.

〔5〕 [英]施美夫:《五口通商城市游记》,北京图书馆出版社,2007年,第289页;参见原文George Smith, *A Narrative of An Exploratory Visit to Each of the Consular Cities of China, in the years 1844, 1845, 1846*, p.319.

风,这一现象在西人著述中也多有体现,如卢公明就曾记录福州鸦片烟馆比米店还多及人们以吸食鸦片作为待客之道的现象。[1]

(三) 城市手工业传统的延续与成熟

晚清福建口岸城市手工业,基于西势东渐带来的新契机,加快了前进的步伐。在这方面,茶叶的加工生产可谓典型表现。在福建茶叶对外贸易蓬勃发展局面的刺激下,福建各地的茶叶生产愈益兴旺,成为手工业领域的致富典范。在西方传教士的著述中也能见到相关描述,如卢公明的记载。

由于卢公明曾在福州琼记洋行工作,有较多机会了解茶叶的加工制作流程,故其介绍更为详细。

糖是西人关注的贸易物品,而制糖业又是福建传统手工业的代表之一,对此,西文文献亦见记载。如美以美会传教士麦利和(R. S. Maclay)就记录了他和柯林(J. D. Collins)雇船溯闽江口考察时,途经一家制糖工厂观察到的工厂手工劳作情况。[2] 麦利和等人所察看到的制糖厂采用的是当时福州在全国比较领先的磨蔗煮糖法。糖制品是颇受各地欢迎的产品,精制之糖除运销厦门外,更输送至上海、天津、牛庄等地。[3]

城市手工业匠人繁忙劳作是晚清福建城市经济生活的日常场景之一。传教士四美、[4]怀礼[5]在游历福州期间,均记录了福州城街道上手工业匠人繁忙工作的景象,在厦门、泉州等福建沿岸城市也不例外,由此说明晚清时期口岸城市手工业业已成熟到令西方人也印象深刻的程度。

(四) 银票业的发展、新式金融业与洋行的出现

近代口岸城市商业的繁荣,还体现在城市钱庄票号与货币体系制度的发展上。卢公明在《中国人的社会生活》中专门论述了福州本地银行[6]业务、票据汇兑现金及借贷、商会组织等现象,为人们展示了一幅生动鲜活的晚清福州金融商业发展概况。[7] 据外国人观察,在 1867 年前后,"福州本地银号有 90 家"

[1] [美] 卢公明:《劝戒鸦片论》,亚比丝喜美总会镌,1855 年,哈佛大学燕京图书馆藏缩微胶片。
[2] R.S. Maclay, *Life Among the Chinese*, New York: Carlton & Porter, 1861, pp.183 – 184.
[3] 彭泽益:《中国近代手工业史资料》第 2 辑,中华书局,1962 年,第 116 页。
[4] George Smith, "Notices of Fuhchau fú", *Chinese Repository*, vol. XV, April 1846.
[5] I. W. Wiley, *China and Japan*, p.187.
[6] 笔者注:应指钱庄。
[7] Justus Doolittle, *Social Life of the Chinese*, vol.2, pp.139 – 140.

“资金最大的据说有 45 000 两”。[1]

银票业务是晚清福州商业活动最为显著的一项。1840 年以前,当铺、钱庄、票号等旧式金融机构在福州即已存在并十分发达,它们“大部分拥有较大的资本,这些钱庄都收受存款,签发票据……由于钱庄信用卓著,中外商人对钱庄签发的票据视为与现钱无异”。[2] 英国领事巴夏礼(H. S. Parkes)曾对 1850 年前后的福州纸币和钱庄业务有过专门研究,他发现:“在福州,纸币被广泛应用于流通领域,很受人们关注;银行(钱庄)系统从事有关的业务,这是该地区商业贸易最为显著的特征之一”;[3] 美国传教士、汉学家卫三畏(Samuel W. Williams)对福州票据业也有一定描述。[4] 这些西文文献的记述不仅真实再现了旧式商业和金融业的运作,也反映了西式金融商业惯例对传统金融业的冲击,如本地钱庄的票据业务就明显受到了来自外国银行的纸币业务和银圆买卖等活动的影响。

西方新式金融业对福州更直接的冲击表现在银行的出现上,晚清开埠后的很长时期内,开办经营银行一直由外国人操纵。1850 年,英国丽如银行(又称东方银行)在福州设立分行,这是最早来榕的外国银行。1861 年,英国汇隆银行在福州设立代理处,著名的汇丰银行则于 1865 年在榕设立分理处,并于 1868 年升级为福州分行。至 1882 年,共有 7 家外国银行在福州设立了分支机构,[5] 形成了福州现代银行业的雏形。这些在榕银行机构主要经营的业务为国际汇兑、金银买卖和发行纸币。不过,外国银行业务主要针对在华从事经济活动的外商,针对华人的业务则没有完全展开,其竞争力比不上相对更为灵活的本土钱庄业,故其影响还是有一定局限的。

洋行是配合外国商人在华从事经济贸易而开办的,并逐渐从代理中外货物的订购运销等传统业务演变成“担任各式各样的职务”,如与本国商号联营、办理金融汇兑、金融借贷等,还涉足轮船修造、食品加工、保险、证券以及房地产等经济领域,[6] 是西方商品经济对中国口岸城市经济冲击的直接表现之一。开埠后,福州

---

[1] 《闽海关年度贸易报告(1865—1928)》,载池贤仁:《近代福州及闽东地区社会经济概况》,华艺出版社,1992 年,第 60 页。

[2] George Smith, “Notices of Fuhchau fú”, *Chinese Repository*, vol.XV, April 1846.

[3] H. S. Parkes, “Account of the Paper Currency and Banking System of Fuchowfoo”, *Journal of the Royal Asiatic Society of Great Britain and Ireland*, vol.13, 1852, p.180.

[4] Samuel W. Williams, “Paper money among the Chinese, and description of a bill from Fuhchau”, *Chinese Repository*, vol.XX, June, 1851.

[5] 《闽海关十年报 1882—1891 年》,载《福建文史资料选辑》第十辑,1985 年,第 87 页。

[6] 参见汪敬虞:《十九世纪外国在华金融活动中的银行与洋行》,《历史研究》1994 年第 1 期;林日杖:《鸦片战争前后外国在华洋行经济活动初探》,福建师范大学硕士学位论文,2001 年。

也不例外地设有洋行。根据闽海关总务课主任李瓦特的统计报告,1867 年福州已有 15 家英国商行、3 家美国商行、2 家德国商行、1 家布律吉商行、3 家银行、2 家货栈和 1 家印刷局。[1] 洋行的活动对口岸城市社会经济的影响十分深远,它们是中外商品贸易需求下的产物,同时也是地方城市经济活动的构成要素之一。

四、近代西方人眼中的舟山群岛

从 18 世纪中叶起,随着英国东印度公司进入舟山群岛考察并尝试贸易,舟山就开始进入近代西方人的视野。此后,舟山或多或少地开始接受西方文化的影响。舟山作为宁波的外港,也就成了与西方文化接触的最前沿。许多传教士把舟山群岛作为进入中国的跳板和中转站,穿梭于舟山和宁波、上海、香港之间。这些传教士较早到达舟山,并撰写了大量游记、回忆录,翔实生动地记录了近代舟山的自然人文概貌,并对当时舟山的政治制度、社会经济、文化宗教、风俗人情等进行了进一步的渲染和描画。下文通过论述以近代新教传教士为代表的西方人从不同视角对舟山各方面的观察和报道,说明舟山群岛作为近代东西方文明碰撞的前沿,在中西文化交流史上所具有的独特魅力。

西人笔下 1840 年的舟山(引自李天纲编著:《大清帝国城市印象——十九世纪英国铜版画》)

---

〔1〕《闽海关年度贸易报告(1865—1928)》,载池贤仁:《近代福州及闽东地区社会经济概况》,华艺出版社,1992 年,第 60 页。

1. 地理交通

舟山群岛是中国沿海最大的群岛，位于长江口以南、杭州湾以东的浙江省北部海域。近代新教来华传教士初到舟山，他们最先了解和介绍的就是舟山的地形和海道交通情况。郭士立在三次浙江沿海之行中，对舟山群岛(Chu-san Islands)中的岛屿和舟山城(The city of Chu-san)的地理位置和航道做了详细地勘查和记录，[1]他是最为详细地描述舟山的地理和航道情况的传教士之一。同样，舟山重要的战略位置也被许多传教士所认识。美国传教士丁韪良(William Alexander Parsons Martin)认为"舟山是一个具有重大战略价值的岛屿"，[2]英国圣公会传教士施美夫主教(George Smith)在游记中专门有一章"舟山概况"，详细描述了舟山的地理形胜。[3]

2. 风景旅游

鸦片战争后，舟山逐渐成为近代来华传教士的"海上乐园"和度假胜地。施美夫主教在游记中称舟山为"健康、适宜的居住地"，[4]英国传教士立德(Archibald Little)夫人在《舟山群岛游记》中称赞舟山为"梦寐以求的休养场所""最好的消夏胜地"。[5] 不少传教士被舟山的优美风光深深吸引，如美国传教士娄礼华(Walter M. Lowrie)1845 年来到舟山时，就情不自禁地赞叹道："我在中国从来没有看见过比这更美丽的风景了。"[6]麦都思到达普陀时，对这个"海中佛国"的秀丽风景也大为赞赏。[7] 美国长老会传教士麦嘉缔(Divie Bethune McCart)还详细记述了当时舟山群岛的地理环境和人文景观。[8]

3. 贸易和生产活动

传教士们在舟山游历和考察时，对舟山当地的经济形态和民众的生产活动

---

[1] Gutzlaff Charles, *Journals of Three Voyages along the Coast of China in 1831, 1832, 1833*, Taipei: Cheng-Wen Pub. Co., 1968, p.100.

[2] William Alexander Parsons Martin, *A Cycle of Cathay*, New York: Fleming, H. Revell Company, 1896, p.47.

[3] [英] 施美夫著，温时幸译：《五口通商城市游记》，北京图书馆出版社，2007 年，第 208 页。

[4] [英] 施美夫著，温时幸译：《五口通商城市游记》，北京图书馆出版社，2007 年，第 218 页。

[5] Archibald Little, *Gleanings from fifty years in China*, London: Sampson Low, Marston & CO., LTD. 1910. p.180.

[6] Walter M. Lowrie' father edited, *Memoirs of the Rev. Walter M. Lowrie*, *Missionary to China*, Philadelphia: Presbyterian Board of Publication, p.269.

[7] W. H. Medhurst, *China: Its State and Prospects*, Wilmington, Del.: Scholarly Resources, 1973, pp.492 – 493.

[8] Robert E. Speer, *A Missionary Pioneer in the Far East: A Memorial of Divie Bethune McCart*, London & Edinburgh: Fleming H. Revell Company, 1922, pp.70 – 71.

给予了不少关注。舟山的贸易早在 16 世纪就已非常繁盛。1526 年(明嘉靖五年),葡萄牙殖民者侵占舟山的六横岛,建立了当时世界上最大的国际贸易港——双屿港。到了近代,由于清政府的闭关锁国政策,舟山的通商贸易急剧衰落。〔1〕

舟山的农业生产较发达。金塘岛历史上是舟山的产粮区,是舟山附近岛屿中第一个粮食自给岛。郭士立在登上金塘岛时,不禁被岛上的农业生产和人民的生活富足所震惊。〔2〕 渔业是舟山传统的生产方式,在传教士的记述中,多次提到成群的渔船出海打鱼的情景。

晒制海盐也是舟山传统手工业之一。施美夫在去普陀的路上,看到"海滩上一堆堆灰皑皑的盐",〔3〕立德夫妇则详细记载了舟山的传统制盐方法。〔4〕

4. 教育与医疗

近代西方传教士来到舟山传播基督教,除了沿途巡回传教和派发圣经、传教手册之外,还积极探寻教育传道和医疗传道等方式,建立教会学校和教会医院。所以,传教士们也密切关注当地的教育和医疗情况。

郭士立在他三次浙江沿海之行中,还通过施展医术,进行医疗传道。〔5〕 雒魏林对中国的教育评价较高。〔6〕 他还向西方介绍了中国的科举制度。他承认这种选拔制度有一定的合理性,但他认为中国传统教育的成果并未完全达到培养人才的目的。〔7〕 作为一名传教医生,雒魏林也积极开展了医疗传教活动。〔8〕

近代舟山与中国其他地方一样,民众对教育非常重视,教育体系也较完善。但在传教士眼中,中国传统的教育模式和科举考试制度存在着弊端。他们注意到中国传统的启蒙教育只重视识字,忽视了对知识的传播,而且科举制度只重视文学(儒家经典),忽略了更为实用的数学、科技等其他学科,这是他们后来在中国引入西式教育内容的主要前提之一。

---

〔1〕［英］施美夫著,温时幸译:《五口通商城市游记》,北京图书馆出版社,2007 年,第 222 页。

〔2〕 Gutzlaff Charles, *Journals of Three Voyages along the Coast of China in 1831,1832,1833*, p.272.

〔3〕［英］施美夫著,温时幸译:《五口通商城市游记》,北京图书馆出版社,2007 年,第 242 页。

〔4〕 Archibald Little, *Gleanings from fifty years in China*, p.186.

〔5〕 Gutzlaff Charles, *Journals of Three Voyages along the Coast of China in 1831,1832,1833*, p.268.

〔6〕 William Lockhart, *The Medical Missionary in China*, London, 1861, pp.5–6.

〔7〕 William Lockhart, *The Medical Missionary in China*, p.22.

〔8〕 William Lockhart, *The Medical Missionary in China*, p.125.

5. 宗教与民间信仰

新教传教士发现中国人的宗教信仰非常庞杂,有佛教、道教,还有许多民间信仰,但是他们都归结为中国人的"迷信"和"偶像崇拜"。舟山佛教的历史源远流长,尤其是普陀岛上庙宇林立,信徒众多,号称"海中佛国"。传教士们把佛教看作他们传播福音的主要竞争对手,将其作为"他者"的形象纳入"自我"的文化观照体系中。郭士立到达普陀岛时,上岸参观了庙宇,还与庙中的僧人关于宗教信仰进行了交流。[1] 麦都思也到过普陀,详细介绍了岛上佛教的"偶像崇拜"的情况。[2] 他对普陀的庙宇和僧侣的情况,以及佛教的教义做了深入的描述,但对其持鄙夷的态度。[3] 立德夫妇在普陀游玩的时候也到过一些寺庙,接触过一些佛教信徒和僧侣,和他们讨论了宗教问题。[4] 相比麦都思,他们对佛教的态度比较客观。

综上所述,近代来华新教传教士笔下的舟山是一个风景优美、充满着异国情调的地方。在这个地方,晚清时期中国社会各种弊端展露无遗,"崇拜偶像、热衷迷信、道德败坏、盲目排外,而又外强中干,羸弱不堪"。

五、外国传教士与东南区域社会

18 世纪末至 19 世纪初,英美各国基督教会为适应列强侵略和扩张的需要,纷纷成立各种基督教差会,作为基督教向海外传播的机构。通过这些差会,西方传教士被派到非洲、亚洲等地。19 世纪成了基督教向外扩张的"伟大世纪"。1807 年伦敦会传教士马礼逊来华,标志着基督新教传入中国大陆之开始。当时,中国在传教士眼中被认为是还未皈化的最大的"异教"国度,他们急切想要将十字架插在中国的各个角落。1840 年鸦片战争后,西方传教士接踵来华,他们在近代中国历史上扮演着重要的角色,给中国社会的各方面带来了冲击,他们自觉或不自觉地充当了近代中西文化的沟通者。[5]

借助海上交通运输的便利,基督教最初来华的活动区域主要集中于闽、粤两省,这与两地位处南方沿海及拥有最早开放的通商口岸城市不无关系;另外,闽、粤两省也是与外国商人集中贸易的地方,有着与外国通商往来的历史传统。福建更是传教士理想的工作场所,因为在中国门户洞开之前,不少传教

---

〔1〕 Gutzlaff Charles, *Journals of Three Voyages along the Coast of China in 1831, 1832, 1833*, p.440.
〔2〕 W. H. Medhurst, *China: Its State and Prospects*, p.496.
〔3〕 W. H. Medhurst, *China: Its State and Prospects*, pp.493 - 494.
〔4〕 Archibald Little, *Gleanings from fifty years in China*, pp.179 - 181.
〔5〕 林金水:《福建对外文化交流史》,福建教育出版社,1997 年,第 384 页。

士在东南亚和福建华侨学会了福建方言,这为他们日后的传教工作打下了基础。因此,福建成为中国开放对外贸易之初,基督教差会派遣传教士最集中的省份之一。

基督教在福建有两个活动大本营,即厦门和福州。来闽传教士的活动是从沿海向内陆推进的,他们最早立足的地点即首批开埠的口岸城市——厦门和福州。最早赴闽开教的是来自美国的两位传教士——美国归正会的雅裨理(David Abeel)和美国圣公会的文惠廉(W. J. Boone),他们于1842年2月24日乘坐英国船只抵达厦门鼓浪屿,在英国占领军的支持下,开启了近代基督教在福建传播的历史。1842年6月,传教士麦伯莱德(McBryde)夫妇与医士甘明(W. H. Cumming)加入雅裨理一行。但1842年8月30日,与雅氏同抵厦门的文惠廉因其夫人去世,不得不早早离开厦门,而麦伯莱德夫妇也因健康问题于翌年1月离开。所以,早期基督教在厦门的开教努力,主要是由雅裨理和医士甘明共同进行的。雅裨理可以称得上是近代基督教在闽开教第一人。[1] 正是在他的努力下,加上医士甘明的配合,基督教在厦门获得了立足之地。1844年6月,归正会陆续派出传教士罗啻(Elihu Doty)、波罗满(Wm. J. Pohlman)、打马字(John Van Nest Talmage)等人来厦,进一步将教务活动推向纵深;1848年,建立了福建乃至中国第一座正式的教堂——号称"中华第一圣堂"的新街礼拜堂。归正会是最早入闽而且工作成绩卓有成效的教会,它们在教育、医疗等方面也有不错的表现,对近代厦门乃至福建历史产生了一定的影响。[2] 1844年和1850年,英国伦敦会与长老会分别到厦门开教。伦敦会前期来闽传教士中比较出名的有施敦力兄弟(John Stronach、Alexander Stronach)、养为霖(William Young)、麦嘉湖(John MacGowan,中文名为马约翰)等人,在布道的同时也从事教育、医药等事业,其中如麦嘉湖等人还是近代中国反缠足运动的发起者和领导人,对妇女解放运动产生了较强烈的影响。长老会传教士中的代表者有第一个抵厦的用雅各(James H. Young)、传教足迹广阔的宾为霖(Wm. C. Burns)、泉州地区教务开拓者杜嘉德(Carstairs Douglas)等等。另外,美国浸信会于1873年传至福建南溪,并逐渐将传教足迹朝闽西客家地区推展。

---

〔1〕 雅裨理在厦门活动期间,逐渐将教务由鼓浪屿拓展到厦门本岛,建立了最早的布道场所,并对福建沿海进行了一系列的考察,他还与福建巡抚徐继畬有过一段交往,徐所撰述的煌煌巨作《瀛环志略》一书就是参考了雅裨理提供给他的世界地理信息。

〔2〕 有关归正会在福建活动情况,可参阅 Gerald F. De Jong, *The Reformed Church in China, 1842–1951*, Grand Rapids, Mich.: Eerdmans, 1992一书。

美华书局旧址

台湾基督教的发展历史实际上是从福建开始的,闽台基督教关系十分密切。[1] 其中的契机是英国长老会在福建传教期间,开辟了海峡对岸的台湾教区。[2] 1860 年,杜嘉德等人从厦门乘船抵台湾淡水,居停十天后返回。杜嘉德惊讶地发现台湾与厦门语言相通,风俗相近,认为台湾是一个绝佳的传教场域,遂向母会之海外宣道会建议设教台湾。1864 年,杜嘉德携马雅各医生(Dr. James Laidlaw Maxwell)由打狗港(今高雄)登岸,再来台湾,不久即返。1865 年五月初三,马雅各携三名华人助手抵达打狗港。廿三日,在台湾府城(即台南)西门外租屋布道,是日为英长老会在台之设教纪念日。[3] 宣教之初,处境艰难,入台湾府城不久即退回打狗港。1867 年,李庥牧师(Rev. Hugh Ritchie)来打狗港襄助。1871 年,甘为霖牧师(Rev. William Campbell)来台,驻府城,主持教务。1875 年,巴克礼牧师(Rev. Thomas Barclay)抵打狗港。1876 年,打狗港和府城两宣教区合并,台南成为台湾长老会宣教中心。1895 年,台湾长老会落入日本殖民者统治之下,并于次年成立台南长老大会。

---

〔1〕 详参吴巍巍:《晚清时期的闽台基督教关系》,载《闽台关系研究》2015 年第 1 期;《日本殖民统治台湾时期闽台基督教间的互动关系》,载《基督宗教研究》,宗教文化出版社,2015 年;《闽台天主教源流关系考述》,载《闽台区域研究丛刊》(第 7—8 合辑),海洋出版社,2012 年。

〔2〕 详参许声炎:《闽南中华基督教简史》,闽南中华基督教会,1934 年;《闽南长老会八十年简史》,载《神学志特号 · 中华基督教历史甲编》,1924 年,第 100 页;周之德:《闽南伦敦会基督教史》,闽南大会,1934 年。

〔3〕 黄武东、徐谦信合编:《台湾基督长老教会历史年谱》,(台南)人光出版社,1995 年,第 2—5 页。

基督教在福建活动的另一个大本营是福州。[1] 福州是福建省会和政治文化中心，也是闽江交通的枢纽，传教士对福州的重视甚至超过厦门。1845 年，首位来华的英国主教施美夫（George Smith）在游历福州时，就认识到该地的重要性和传教价值，建议差会派遣传教士来此工作。[2] 不过，第一个来福州的传教士却是美国人。1847 年 1 月，美部会传教士杨顺（Stephen Johnson）来到福州，拉开了基督教在福州地区传播的序幕。杨顺来到福州后首要的工作是建立传教的据点。1850 年卢公明（Justus Doolittle）的到来为传教团增添了力量，当年他们终于获得在福州城内保福山（今吉祥山）居住的权利，由此将在榕工作基地定于保福山，并在后来逐渐沿榕城周边和闽江上游拓展教务，形成马尾、长乐、永泰和邵武等几处中心。美以美会与美部会同年抵福州，传教士怀德（Moses C. White）夫妇与柯林（Judson Dwight Collins）首先来榕，后麦利和（Robert Samuel Maclay）、保灵（S. L. Baldwin）、武林吉（Franklin Ohlinger）等人陆续到来。美以美会虽稍晚于美部会来榕工作，却在宣教、出版等方面领先于美部会，特别是在出版方面，开办美华印书局，印刷出版了一批重要的宗教刊物如《教务杂志》[3] 等。他们还培养了一批当时较有地方影响力的华牧与教徒，如黄乃裳、许氏三兄弟等。美以美会在榕主要活动中心为仓山，并逐渐以福州为中心，向福建乃至中国各地拓展其教务，在福建主要拓展方向为闽江中上游如古田、尤溪和延平府，闽中地区如福州周边、莆田等地。在福州的另一大差会是英国圣公会。圣公会早期在福州传教士主要有温敦（Wm.Welton）等人，1862 年来华的胡约翰（John Richard Wolfe）逐渐成为圣公会的领导人。圣公会主要在福州城内乌山和南后街一带活动，后逐渐将教务推展到福州周边县乡如罗源、连江、闽安镇、福清等地，并逐步延伸至闽北建宁府、闽东福宁府，甚至在延平地区和古田等地也有其踪迹。此外，瑞典传道差会也曾于 1850 年来福州活动，但由于来榕不久即遭海盗袭击，传教士一死一伤，传教活动昙花一现；还有圣公会妇女布道会也曾在建宁府推展工作。在传教过程中，除了布道宣教，福州三差会皆积极致力于教育、医疗、出版及慈善等事业，培养华人牧师增强传教效果，对福建各地社会的历史发展进程产生了颇为

[1] 有关基督教各差会在福州传教的具体活动情形，可参阅 Ellsworth C. Carlson, *The Foochow Missionaries 1847 – 1880*（福州教士）与 Ryan Dunch, *Fuzhou Protestants and the Making of a Modern China 1857 – 1927* 等论著。

[2] George Smith, *A Narrative of An Exploratory Visit to Each of the Consular Cities of China, in the years 1844, 1845, 1846*, London: Seeley, 1847. p.375.

[3] 《教务杂志》最早的名称为《传教杂志》（*The Missionary Recorder*）；第二年后改为 *The Chinese Recorder*，该期刊是基督教在中国创办的一份重要英文核心杂志，刊载了不少有关教务工作和中国各方面事象的文章。

重要的影响。

基督教在浙江的传播活动乃是英美差会继播迁福建之后，继续由南向北推进的行为。基督教在浙江省的两个传教大本营为宁波与杭州。美国浸礼会是最早前往浙江播教的新教差会。1842 年美国浸礼会传教士田为仁(William Dean)经香港到东南滨海一带实地调查，在舟山居住达两月之久，使舟山成为今日华东浸会之发祥地。鸦片战争后，最先到浙江、以传教为目的的新教传教士是英国人雒魏林(William Lockhart)。雒魏林于 1839 年到达广东，是第一个来华的英国传教医生。1840 年 7 月，英军占领舟山；8 月底，中国医务传道会指派雒魏林前往定海；9 月 13 日，雒魏林在定海开办了一所医院，这是浙江历史上第一所近代西式医院。1841 年 2 月，英军撤离舟山，失去了英军保护的雒魏林医院也就无法再开办下去，雒魏林只得离开舟山。但在这不到一年的时间里，雒魏林将福音初步传至舟山，舟山百姓对西方文化有了一定了解。1843 年 6 月 13 日，雒魏林二度来到舟山，重新开办医院；同年 7 月，他前往宁波；翌年在上海开办了著名的仁济医院。〔1〕 1843 年 10 月，美国浸礼会宣教医生玛高温(D. J. Macgowan)经澳门、香港、福州到达定海，11 月到达宁波，是为“第一个开荒播种在宁波开传道之门”之人。〔2〕 同年，英国长老会(English Presterian)成员、独立传教士阿尔德赛小姐(Miss Aldersy)到达宁波。

1844 年美国长老会传入宁波，麦卡第医生(Dr. D. B. McCatee)在浙江宁波建立了美国长老会第一个永久性布道站；数月后，魏牧师(R. Q. Way)夫妇到达宁波；1845 年春，卡尔伯特孙牧师(M. S. Culbertson)夫妇、路米斯牧师(A. W. Loomis)夫妇和诺维牧师(W. M. Lowrie)到达宁波。1847 年，英国浸礼会的代表胡德孙牧师(Thos. H. Hudson)到达宁波；1848 年英国圣公会的路赛尔牧师(W. A. Russell)、寇伯尔德牧师(R. H. Cobbold)到达宁波；1866 年，马拉牧师(John Mara)到达宁波，创办了联合卫理公会和独立教会。

美国北长老会于 1858 年传入杭州，英国圣公会下属差会英国布道会于 1859 年传入杭州，美国南长老会和浸礼会则分别于 1860 年和 1866 年传入杭州。1866 年，戴德生牧师(J. Hudson Taylor)到达杭州，将中国内地会传播至此；1867 年，美国南长老会传教士英士礼牧师(E. B. Inslee)也在杭州开始传教。除了宁波、杭州，1867 年中国内地会开始在温州传教。此外，循道公会于 1870 年开始在镇海地区传教；偕我公会分别于 1864 年抵宁波施医传教，1876 年到温州开

〔1〕 参见龚缨晏：《浙江早期基督教史》，杭州出版社，2010 年，第 121—124 页。

〔2〕 鲍哲庆：《华东浸会百年史》，浙沪浸会议会，1950 年，第 1 页。

教,等等。[1]

基督教在浙江传播的速度很快,1861 年至 1880 年间,浙江各地基督教差会新建总堂达 20 所,其中,中国内地会新建总堂达 11 所,占总数 55%。又如偕我公会在宁波传教遍布象山。石浦、镇海、余姚等县市及其附近岛屿,共有大小教堂 32 所。教育事业方面,共设有 3 所男童学校和 2 所女童学校;1906 年在温州除开办了 1 所医院和若干诊所外,还开办了 1 所男童学校。

与其他地方类似,基督教在浙江除了传播教义外,也积极开办教育、医疗、出版、慈善等事业,其中具有代表性者如秀州中学、弘道女中、之江大学、宁波华美医院、杭州广济医院、绍兴福康医院、华花圣经书房、《中外新报》等,都对浙江及中国近代化历史发展进程产生了影响。

上海作为近代东西文化交流的中心,基督教传教士也在其中扮演了重要角色。虽然上海的传教活动较华南和东南沿海省份为迟,但其优越的地理位置和近代经济、文化中心的角色,使其很快后来居上,演变为近代基督教在华传教的中心,并以此为基地,向四周辐射影响。

1843 年,伦敦会传播至上海。1864 年,麦都思在上海建立天安堂,这是伦敦会在上海建立的第一座正式教堂。1844 年,都柏林三圣神学院派遣麦格基(T. McLatchie)代表英国圣公会到达上海,在上海城内租屋布道,其首批信徒皆为盲人。1845 年,美国圣公会文惠廉抵达上海,开启了圣公会正式在沪传播的历史,且一开始即以此为中心经营教务,执行苏、皖、鄂三省及湘、赣二省之部分主教权。1879 年,该会施约瑟主教(S. I. J. Schereschewsky)在上海创办圣约翰大学。在此之前,该会已设立两所寄宿学校,一为培雅学校,一为度恩学校,后来二校合并为圣约翰大学。

1847 年,晏玛太(Matthew T. Yates)夫妇抵上海,为上海浸信会创始人。同年,叶路易(J. Lewis Shuck)夫妇偕两名中国布道员自广州到上海;11 月,浸信会在上海建立第一座正式教堂。1875 年之后,浸信会之布道工作向北迅速扩展至扬州。1903 年,晏摩氏女校成立。两年后,南北浸信会在上海合办沪江大学,是为教会联合事业之开端。监理会乃于 1848 年开教上海;1881 年,林乐知牧师(Young J. Allen)在上海法租界内创办三一堂,为今日昆山路之中西书院奠定了基础。原计划在此基础上创办大学,但监理会于 1899 年决定将高等教育集中于苏州,创建了东吴大学;其医药事业也转移至苏州。1875 年监理会女差会本部

---

[1] 参阅周东华:《民国浙江基督教教育研究:以"身份建构"与"本色之路"为视角》,中国社会科学出版社,2011 年,第 27—30 页;罗伟虹:《中国基督教(新教)史》,上海人民出版社,2014 年,第160 页。

派遣第一位代表来华,1898 年创办松江圣经女塾,1902 年创办上海中西女塾。

1850 年北美长老会决定进入上海,派遣魏德牧师(J. K. Wight)、克陞存牧师(M. S. Culbertson)自宁波来上海开创宣教事业。但该会因太平天国运动而陷于停顿,1855 年才于上海创办两所小学,即后来之上海南门清心实业学校与清心女子中学。〔1〕

作为基督教传教的大本营,上海差会的总堂最多,其次为南京。除了学校教育成绩显著外,上海地区的基督教医药事业和出版事业也非常突出。1847 年由雒魏林主持创建的仁济医馆(后改名为仁济医院)是上海教会医院的代表,推动了上海西医现代化的进程。西医教育在上海也引领时代先锋。1896 年,圣约翰大学医学专科的创办,标志着上海近代西医教育的开始。1906 年,圣约翰大学部在美国注册后改医科为五年制。1914 年与本薛文义医学校(即广州的宾夕法尼亚医学院)合并,改称圣约翰大学医学院,该学院医科学生毕业后可被授予医学学士学位或博士学位。1914 年,仁济医院创办护士学校,这是上海第一所护士学校,校长、教师等多由外国人担任,教材、护理技术、操作规程、培训方法等都承袭了西方的观念和习惯,由此形成了欧美式的中国护理专业。上海也是西医学书籍编撰和出版最集中的地区,仁济医院的传教医生合信(Benjamin Hobson)是第一位用中文翻译出版近代医学丛书的传教士,在中国籍助手的协助下,他将译述医书的名词、术语分类编排,辑成《英汉医学词汇》,由上海传教会刊行。他在上海与管茂才合作,著译了《博物新编》《全体新论》《西医略论》《妇婴新说》《内科新说》等,还编写了《医学新语》。后人将以上部分图片合编统称《合信氏医书五种》,这是一套较系统的近代西医学启蒙教材,是西医学理论传入上海的发端,对我国近代西医的发展产生了一定的影响。〔2〕

图书出版也是上海基督教事业成就斐然的工作之一。随着传教中心地位的确立,上海也成为全国基督教图书出版的中心。著名的墨海书馆、美华书馆、益智书会、土山湾印书馆、广学会、中华浸会书局、青年协会书局等皆是当时全国有影响力的教会出版机构。这些出版机构在传播西方科技、推动中国现代科技的变革,用白话文翻译圣经等宗教读物、促进中国新文学的发展,编译学校教科书、促进中国现代教育体系的建立,统一术语译名、推进西学引进和中国现代学术规范的确立,编印杂志、创办社团组织、倡导现代学术精神,为近代中国引进先进的

---

〔1〕 中华续行委办会调查特委会编,蔡咏春等译:《1901—1920 年中国基督教调查资料》(原《中华归主》修订版)上卷,中国社会科学出版社,2007 年,第 365—367 页。

〔2〕 参见颜赟:《近代上海西医的传入及其活动——基督教活动刍议》,《医学与社会》2008 年第 4 期。

印刷技术、促进知识信息的大范围传播等方面,取得了卓越的成绩。以墨海书馆为例,据熊月之统计,从 1844 年至 1860 年,墨海书馆共出版各种书刊 171 种,属于基督教教义、教史、教诗、教礼等宗教内容的有 138 种,占总数 80.7%;属于数学、物理、天文、地理、历史等科学知识的有 33 种,占总数 19.3%。〔1〕 除了印刷《圣经》《创世记》和《约翰福音》上海土白汉字译本等宗教图书外,墨海书馆还出版了近代西学科技输入史上几部非常重要的作品:《几何原本》后九卷,第一次由伟烈亚力和李善兰于 1856 年合作译出。英国物理学家胡威立专门论述流体力学和刚体力学的《重学》,由艾约瑟和李善兰译出,成为当时影响最大的一部物理学著作。由伟烈亚力和李善兰合译的英国数学家棣么甘的《代数学》一书,是我国第一部符号代数学读本,论述了初等代数、指数函数和对数函数的幂级数展开式。他俩合译的《代微级拾级》中,创立了第一个由 330 个英文数学名词及译名构成的对照表,第一次将解析几何与微积分传入中国。英国传教士韦廉臣和李善兰合译的英国植物学家林利所著的《植物学》,是近代第一部介绍西方的植物学著作,包括了植物学的基础理论和近代西方植物学研究的最新成果。1853 年由艾约瑟和张福僖合译的《光论》,是第一部从西方翻译过来的、系统的光学专著,以较详细的配图介绍了几何光学、光的直线传播、光的反射、光的折射、海市蜃楼、光的照度、色散、虹、人的眼睛、色盘和光谱等等。〔2〕 足见当时上海出版机构在译介西学、传播文化等领域引领时代风气之先。

上海基督教之传播及其与近代上海社会变迁之关系,构筑了近代上海社会文化发展史的主线。基督教在上海的显著表现,以及上海最终成为近代基督教传播活动的中心,其因素是多元复杂的。有学者认为上海基督教在中国基督教史中最具特色,并以"上海现象"这一特定称谓概括之,并认为基督教在上海的社会化,确实是基督教在近代上海中比较突出的"上海现象"之一。可以说,基督教在上海的发展,已经具备了上海社会、城市文化的区域特征,构成了"海派基督教"的社会性内涵。〔3〕 上海基督教这种"海派"的作风(开放、包容、吸收、创新),或是近代上海乃至中国社会朝着现代化方向发展的关键性驱动要素。

---

〔1〕 熊月之:《西学东渐与晚清社会》,上海人民出版社,1994 年,第 188 页。

〔2〕 参见邹振环:《近百年间上海基督教文字出版及其影响》,《复旦学报(社会科学版)》2002 年第 3 期。

〔3〕 李向平:《"本色化"与社会化——近代上海"海派基督教"的社会化历程》,《上海大学学报(社会科学版)》2004 年第 3 期。

第十一章　民国时期的东海海域

第一节　东海海域的海洋经济变迁

一、闽浙商人与海外贸易

自宋元以来,闽商活跃了中国商界,他们以海上贸易著称于世。他们的足迹东达日本,北达北亚,西至南北美洲,南抵东南亚各国。历史上,借助海路交通之利,泉州人在经济上获得了巨大成功,把曾一度执东方海上贸易之牛耳的粤商抛在了身后。抗战胜利以后,以泉州人为代表的闽南商帮凭借自身优势,更是积极开展与台湾的经济贸易关系。其中,来自不同地域的商人群体往往经营着不同的商事,如泉州商人主要经营茶叶,惠安商人主要经营中药材,龙海商人则大多经营纸箱等。因各自经营的货物类别不同,商帮内还分别结成了名目繁多的帮派,如纸帮、油帮、木帮、果子帮、茶帮、锡青帮等,其中资金最为雄厚的为茶帮,当时在福州有固定牌号的大约有 40 家,每家资金从数万元至数十万元不等。商帮善于根据市场需求组织货源,如台湾渔民喜用茶子饼喂鱼,福州商帮常从闽清、永泰、古田等地组织茶子饼等到台湾,20 世纪早期每年货运量高达四五千吨。〔1〕

以宁波商帮为代表的浙商在海外贸易中也十分活跃,《慈溪县志》说,甬人"四出营生,商旅遍于天下""甚至东西南洋诸国亦措资结队而往开设廛肆"。《定海县志》也说:国内北至蒙古,南至粤桂,西至巴蜀,国外日本,南洋,以及欧美,几无不有邑商足迹。鸦片战争后又有不少宁波商人充当买办,史载:充任各洋行之买办所谓康白度者,当以邑人为首屈一指。其余各洋行及西人机关中之

---

〔1〕 吕志伟:《历史悠久的福建商帮》,《百科知识》2008 年 9 月。

充任大写、小写、翻译、跑街亦实繁有徒。[1] 这些买办商人往往凭借洋行关系，了解中外商业行情和商业渠道，故而经营进出口贸易就比较顺利。

二、沪浙闽海洋航运业的发展与变化

民国成立之前，外洋航运一直被列强的轮船公司所控制，中国几乎没有远洋轮船航运业。最大的轮船国营企业——轮船招商局，曾在18世纪末至19世纪初远航至日本、暹罗、小吕宋、越南、新加坡、槟榔屿、印度等地，但不久即招致失败，此后直至抗战，一直蛰伏国内，不敢越出国门。[2]

民国建立以后，强加于民间航运业的封建束缚有所削弱，同时西方列强忙于在欧洲争夺，不久即爆发第一次世界大战，欧美各国暂时放松了对中国的侵略，闽浙近代远洋航运业的发展得到了一个空前有利的环境。辛亥革命后，民间资本参与的轮船航运业呈现出一派活跃的气象，特别是"一战"爆发后，新开设的轮船航运公司如雨后春笋一般蓬勃发展起来。

1913年，宁波商人虞洽卿独资创办了"三北轮船公司"，以"慈北""镇北""姚北"三艘轮船行驶于宁波、镇海、余姚之间。翌年，资本从20万元增加到100万元，改名"三北轮埠公司"，在上海设总公司，并新置3 000吨位的"宁兴"号轮船，行驶南北洋。这时正值第一次世界大战期间，外国轮船纷纷撤离中国，中国航运业出现货多船少、水脚大涨的局面，虞洽卿乘机扩展业务，发展为"三北航业集团"。[3] 虞洽卿在1916年购置"井孚"轮，在1918年又添置"敏顺""惠顺""升有"三艘轮船，把航线扩展至长江和南北沿海一线海域，北至天津、海参崴，南至福建、广东各埠及至新加坡、仰光等东南亚国家和地区，东至日本，西溯长江而至汉口。[4] 1919年，三北航业集团又添置"升安""升平""升利"等轮船。到1921年共有大小轮船十二艘，加上租赁的九艘，共计二十一艘。[5] 1918年12月，虞洽卿又盘下英资鸿安轮船公司，改名为"鸿安商轮公司"，并添置"之江""武林""华盛"三艘轮船，连同原有的"长安"和"德兴"两艘轮船，到1921年鸿安商轮公司拥有五艘江轮。[6] 另外，虞洽卿之子虞顺恩与人合伙，在1917年创办"宁兴轮船公司"，购置轮船航行于南北沿海各埠。此时，三北、鸿安、宁

---

[1] 《定海县志·方俗志·风俗》。
[2] 《交通史航政编》第1册，交通、铁道部交通史编纂委员会，1935年，第256页。
[3] 张海鹏、张海瀛：《中国十大商帮》，黄山书社，1993年，第132页。
[4] 许念晖：《虞洽卿的一生》，载《文史资料选辑》第十五辑，1988年。
[5] 《农商公报》第6卷第2册《政事门》，1914年，第5页。
[6] 《农商公报》第6卷第12册《报告门》，1914年，第10页。

兴三家公司,合计资本达320万元,资产计有六七百万元,拥有轮船18艘,吨位2万以上,是当时最具实力的航业集团。到1935年,三北航运集团拥有大小轮船65艘,计9万多吨,占我国轮船总吨位的13%。

宁波商帮另一个航业集团是以定海籍巨商朱葆三为首的航业集团。1916年至1918年间,朱葆三联合谢蘅窗、盛省传、傅筱庵等,先后创办顺吕、镇昌和同益三家轮船公司,其下共有轮船6艘,分别航行于长江和中国沿海。[1]

除宁波商帮外,闽商创办的轮船航运公司也发展迅速,规模不断扩大。

1904年,福宁茶叶轮船公司注册的"镇波"号轮船,航行于福州至三都、沙埕、上海、泉州、厦门、香港之间。1911年,泉安公司注册时仅有2艘小吨位轮船,航线北不逾三都、沙埕,南不过兴化、泉州,但至1914年便将航线扩展至厦门和宁波;1917年后,又添购多艘数百吨级的轮船,航线北扩至上海、营口、天津,南扩至广州,进入中型轮船企业之列。1914年,福州商人张长灿与人合资创办"和安轮船公司",并购置1艘"中兴"号轮船,行驶于福州、泉州、厦门航线;1929年,他又与同乡人李鸿翔合资组织"共和轮船公司",先后置办3艘轮船:"同济"号载重236.81吨,航行于福州与泉州航线;"同和"号载重332.08吨,航行于福州至三都、宁波航线;"同利"号载重461.35吨,航行于闽南一带,装运木材、水果等货物。[2] 1918年,福州商人王梅惠设立"常安轮船公司",并购置1艘"华安"号轮船,载重1 789吨,行驶于福州至上海线,这是福州港最早出现的民营钢质海船。常安轮船公司还租用其他轮船,航行于福州、上海、天津之间,并在天津建置了码头。[3]

"泉兴商轮公司"创办于1918年至1919年间,主要从事往返于上海至福州、兴化、泉州、厦门之间的直航业务。最初拥有"涌兴""建新""宏利"3艘轮船,1921年再添置"惠通""漳华""晋兴"3艘轮船,至此达到6艘轮船的规模,总计约4 000吨。[4] 1918年,"华纶轮船公司"在上海和福州两地设立,公司备有2艘1 000吨级轮船,往来于福州、上海、天津之间。同年又有郝程者,使用1艘370吨的"江润"号轮船,航行于广州、香港、汕头、厦门、淡水、基隆等港口地区。[5]

1914年,福州、厦门两地以较远水程航行为业的小型企业已达16家,轮船

---

〔1〕 张海鹏、张海瀛:《中国十大商帮》,黄山书社,1993年,第132页。

〔2〕 廖大珂:《民国时期福建海洋航运业的发展》,《南洋问题研究》2002年第2期。

〔3〕 王鸿藩:《王梅惠家族兴衰简介》,载《福州工商史料》1985年第2辑,第31—32页。

〔4〕 樊百川:《中国轮船航运业的兴起》,四川人民出版社,1985年,第496页。

〔5〕《交通史航政编》第2册,交通、铁道部交通史编纂委员会,1935年,第646页。

20 艘，载重 2 518 吨，总资本或船本五六十万元。至 1922 年，注册商轮达 61 艘，吨位增至 12 989 吨，总资本为 248 万余元。[1] 福建航运事业在商轮的数量、吨位、载重量以及总投资额等方面，较之清末都有了大幅度的增长。同时，企业的规模和经营范围也不断扩大。

在民族航运业不断发展壮大的基础上，上海和广东等地的民族资本也开始投资外洋航运事业，其航线主要为中国沿海港口与海外国家之间。

1920 年，政记公司注册了一艘 1 203 吨的"纯利"号轮船，航行于中国沿海和新加坡、西贡、爪哇等地；1921 年又注册了一艘 1 408 吨的"同利"号轮船，春夏秋季航行于中国沿海线，冬季则由福州航行至大阪、海参崴。同年，三北轮船公司的 1 753 吨"升安"号轮船和 950 吨"升利"号轮船，夏秋航行于上海至长沙以及日本，冬春航行于上海至宁波、温州、福州、厦门、汕头、香港、广东以及南洋群岛。营口协记商号的 1 777 吨"大中"号轮船，航行于上海至天津、宁波、温州、福州、厦门、汕头、香港、西贡和新加坡、缅甸仰光、日本和海参崴等地。上海平洋轮船公司的 1 155 吨"平洋"号轮船，夏秋从上海航行至日本，冬春航行于宁波、温州、福州、厦门、汕头以及南洋群岛。步入 20 世纪 30 年代后，国内最大的国营轮船公司——轮船招商局开设了厦门至马尼拉之间的快航班。1937 年 3 月 28 日，招商局的"海元"号轮船首次航行，以后每隔 10 日开航 1 班，以使菲律宾的华侨能顺利乘船返乡。[2]

这一时期，闽商投资海外航运业者也为数不少。仅在 1922 年至 1924 年间，就增加了以福州为起始港，南至香港、菲律宾、西贡、新加坡、爪哇、彭江、仰光和澳大利亚，北迄日本、朝鲜、海参崴等处的多条海外航线。

三、东南地区制盐业的发展

为了发挥大场的优势，国民政府在抗日战争以前曾对浙江盐场作较大的调整。1934 年成立盐场整理委员会，裁并小盐场，到 1937 年只剩 16 个盐场和 3 个盐区，16 个盐场为芦沥、黄湾、鲍郎、钱清、余姚、清泉、岱山、定海、玉泉、长亭、黄岩、杜渎、北监、长林、双穗、南监，3 个盐区为金山、东江、沿浦。[3]

抗日战争期间，沿海盐场有的被敌人占领，有的遭受严重破坏，因而战后又重新进行了整理，减少了浙江地区的盐场。另外，原归浙江盐务局管辖的上海地

---

[1] 《交通史航政编》第 1 册，交通、铁道部交通史编纂委员会，1935 年，第 138 页。

[2] 《厦门交通志》，人民交通出版社，1989 年，第 32 页。

[3] 盐务总局资料室：《中国盐政实录》第四辑（下册），"财政部"盐务总局资料室编印发行，1948 年。

区的盐场,由新成立的松江分局管理,直属盐务总局领导。当时浙江地区的盐场有:芦沥、鲍郎、黄湾、仁和、清泉、钱清、余姚、定岱、玉泉、黄岩、长林、北监、双穗、南监。

上海地区原为浙江盐区,抗日战争之前就成立了松江盐务管理局,抗日战争期间划归浙江盐区管辖,1946 年又独立为上海盐区,设上海盐务办事处,管理范围除上海及苏、松、常、太、镇五个地区外,还包括袁浦盐场的盐业生产。[1]

辛亥革命以后,福建盐场也几经增减。据 1915 年出版的《全国盐场调查报告书》记载,福建当时有 11 个盐场,比清末时有所减少。抗日战争期间,为了配合战争的需要,盐场和盐坎数量大大增加。《中国盐政实录》云:

> 闽区盐务,自三十一年(1942 年)奉令实施专卖制度后,为配合战时需要,对于场产,力谋增加,其最要措施,为辟场增坎。盖战前本区盐场,原仅诏浦、莲河、浔美、埕边、山腰、前下、莆田等场,战后则增辟福清、南埕、鉴江三场,又由浙江移辖沿浦一场。同时并于各场之零散部分,鼓励制晒,如诏浦场增前何、礁美、康美、林头、浦南等区;莲河场增浏浔、后村、董水、溪东、蔡厝、奎霞等区;浔美场增永宁、萧下、金井、后店、龙下、江下等区;山腰场增辋川、小岞等区;埕边场增群獭、溪策等区;前下场增栖梧、西浦、南美、霞塘等区;沿浦场增蓁屿、安丰等区。各属盐坎由十八余万坎,增至五十余万坎。[2]

抗日战争胜利后,又进行了一次整顿。关于整顿的原则,乃是:

> 场产方面,则以合于经济生产为原则,凡本高质劣零星散漫之场地,不合经济条件,均予铲除,故本区盐场,除诏浦、前下、山腰、莲河、浔美、莆田等场外,其他均在废除之列,三十四年(1945 年)九月以后,即循此方针办理,以符合战后国家复员建设之旨。[3]

整顿之后,福建盐区共剩 7 个盐场:沼浦、莲河、浔美、埕边、山腰、前下、

---

〔1〕 盐务总局资料室:《中国盐政实录》第四辑(下册),"财政部"盐务总局资料室编印发行,1948 年。

〔2〕 盐务总局资料室:《中国盐政实录》第四辑(下册),"财政部"盐务总局资料室编印发行,1948 年。

〔3〕 盐务总局资料室:《中国盐政实录》第四辑(下册),"财政部"盐务总局资料室编印发行,1948 年。

莆田。

福建的产盐量，抗战之前大体保持在 120 万担左右，战争期间采取增产措施，产量有较大的增长。据《中国盐政实录》记载：

> 产量战前为每年平均一百二十万担，增产未果，年产平均为二百余万担（三十一年至三十五年平均数），其中达到最高产额纪录时，为年产四百五十余万担（三十二年产额）。〔1〕

销盐区域与历代大体相同，主要在福建省范围内。但是，闽西的明溪、清流、宁化、连城、长汀、上杭、武平、永定等八县，为粤盐所领，1943 年收归福建盐区行销。闽北的光泽县历来销售福建盐，但 1944 年划归江西盐区后，停止销售福建盐。

抗战胜利后，国民政府收复台湾。台湾行政长官公署接收日本殖民统治台湾期间设置的盐务专卖局，一并接管盐务，续行专卖。1946 年 4 月后，台湾盐务专卖局经营的盐务交由国民政府盐务总局管理，并成立了台湾盐务管理局。台盐一开始实施专卖制度，1947 年始改为自由贸易制度，以与内地盐制相符。台湾盐场有 6 处：鹿港、布袋、北门、七股、台南、乌树林。民国时期，台湾盐场发展迅速，"经过三十年来不断之改进，日趋完备，生产集中，移运便利，以具现代化规模"；"尤以近五十年来，盐田构造之改进，盐质之改良，产量之增加，进展极速，且因集中生产，成本因以减轻，实已趋于合理化之途……是则台盐前途，诚未可限量者也"。〔2〕

四、海洋资源的开发与利用

辛亥革命后，国民政府在实业部设了渔业局，专管渔政工作。1915 年渔业局改为渔牧司，隶属于农商部。当时国民政府拟订的渔业政策，主要有以下三个方面：

一是鼓励渔民进入公海捕鱼。1914 年 4 月 28 日，公布了《公海渔民奖励条例》。条例规定，凡本国人民，以公司或个人名义购置渔船，经公海渔船检查规则合格，取得登记证书者，依本规定给予奖金，奖金总额不得超过 5 万元。这些

---

〔1〕 详细数字可参阅盐务总局资料室：《中国盐政实录》第四辑（上册），"财政部"盐务总局资料室编印发行，1948 年。

〔2〕 盐务总局资料室编：《中国盐政实录》第四辑（下册），"财政部"盐务总局资料室编印发行，1948 年。

规定实际上并未实行。

二是加强护渔防盗工作。1914 年 4 月公布了《渔船护洋缉盗奖励条例》，以鼓励一部分较大的渔船承担护渔任务。条例规定，凡本国人民，以公司或个人名义购置渔船，经本部立案者，许可其在洋面护洋缉盗之权，政府给予护洋缉盗奖励金，奖金全年总额不得超过 6 万元。但实际上亦未发生作用。

三是改进渔业技术。1917 年公布了《渔业技术传习章程》。1925 年在农商部实业行政会议上，又决定沿海各省筹办水产专门学校，创办和扩充渔业试验场。

抗日战争前，国民政府农矿部下设渔牧科，负责管理渔政工作。其主要工作有：一是拟订了一些渔业规划，包括建立中央模范水产试验场、渔业保护管理局、渔业技术传习所、渔种场等；二是 1929 年公布了《渔业法》及《渔会法》，1930 年又公布了《渔业法施行细则》及《渔业登记规则》；三是 1930 年因日本渔轮在我国沿海侵渔日趋严重，由财政、外交、实业、海军各部讨论应付办法，并由第 21 次国务会决定我国领海宽度为 3 海里，江海关缉私宽度为 12 海里。

上述工作都是发展海洋渔业所必需的，但是国民政府并未认真实行。

辛亥革命后，福建省成立了渔业管理局，其职责是负责有关水产监督保护及教育、渔业监督保护、公海渔业奖励和组织管理渔业团体。抗日战争期间，福建沿海地区很大范围被日本帝国主义占领，海洋渔业处于半停顿状态，渔政工作被日伪政权所控制。日本战败投降后，国民政府于 1946 年 12 月 1 日将原农林部的渔牧司一分为二，成立渔业、畜牧二司。渔业司负责全国的渔业管理工作。这一时期，福建成立了渔业督导处。

抗日战争前，福建省建设厅还设有渔业专员，负责全省渔业管理机构的规划实施。抗日战争期间成立了福建省渔业管理局，管理全省渔业行政事宜。1932 年，黄文沣任渔业专员，负责福建省渔业行政管理机构的筹建工作，设立了渔业管理局、鱼市场、渔业试验场，并加强了渔会管理。1937 年，周鉴殷在福州南台筹设福建省渔业管理局，但因 1938 年福州第一次沦陷而告吹。1940 年福州光复，黄文沣任福建省渔业管理局局长，局址设于福州仓前山，下设四课一室。[1] 为了便于工作的开展，渔业管理局在福宁的霞浦、连江县筱埕（长乐县梅花设分所）、惠安县崇武、东山县城关、厦门港沙波尾先后设立五个

---

〔1〕 分别是：第一课主管全局总务、庶务、人事、文书等；第二课主管渔业行政，指导全省渔会工作，并执行渔业调查、渔船登记、签发渔需品的采购证等工作；第三课主管渔业合作、渔业贷款、签发渔冰供应证、调查渔价等工作；第四课主管水产品加工业务。由于当时水产品制造业原料来源缺乏，业务很难开展，不久该课撤销。另外还设有会计室，主办会计、统计业务。

渔业管理所。[1]

近代以来，资本主义国家海洋渔业纷纷进入轮机捕鱼的时代，但我国仍处于普遍使用木帆船的时代。在抗日战争前，福建木帆船总数达1万艘，从事渔业捕捞和生产的人数约在24万人，至1936年渔业捕捞量达173万担。抗日战争期间，福建海洋渔业遭受极大的破坏，据统计，1946年福建全省渔业人口减少到14万人，相比战前锐减了10万人；渔业产量为106万担，减少70万担。抗日战争期间，日军飞机、舰船随时侵扰沿海地区，给沿海各县带来了巨大损失，渔民遭遇空前浩劫，损失惨重。从1937年至1945年，损失渔船1 279艘，渔网2 105张，损失总金额达2.55亿元，死亡渔民人数达1 681人。至1949年新中国成立前，福建全省渔业总产值仅135万担。[2]

总之，民国时期的福建海洋渔业，一直遭受着帝国主义侵略势力和国民政府腐败统治的双重压力，举步维艰。日本帝国主义侵占沿海地区，大肆掠夺和破坏东南海域渔业资源，滥捕滥捞，大量倾销鱼货。国民政府当局则管理不善，相关部门不重视渔业生产，只关心收税收捐。渔业税捐繁重，渔霸、鱼牙行等横行海域，渔民困苦不堪，生活艰辛。

第二节　台海风云与东南海疆变局

一、日本殖民统治时期的台湾社会

中日甲午战争以清朝的惨败结束，清政府与日本政府在1895年签订了屈辱的《马关条约》，其中规定将台湾岛及其附属岛屿、澎湖列岛割让予日本，台湾陷入了长达半个世纪之久的日本殖民统治。这一时期台湾社会主要有两方面的活动面相：一是台湾人民前仆后继的抗日斗争；二是日本殖民者不断加强其在台湾的殖民统治。

（一）前仆后继的抗日斗争

从得知《马关条约》要将台湾割让给日本开始，台湾人民就没有停止过抗日

〔1〕 详参福建省水产学会《福建渔业史》编委会：《福建渔业史》，福建科学技术出版社，1988年，第72—75页。

〔2〕 参见福建省水产学会《福建渔业史》编委会：《福建渔业史》，福建科学技术出版社，1988年，第146—147页。

活动。在日本殖民者进入台湾之前,台湾人民曾建立“台湾民主国”,企图以此使台湾免于落入日寇之手,但未能成功,随后总统唐景崧潜逃,台湾一度陷入混乱。但在黑旗军领袖刘永福等人的组织下,台湾人民展开了轰轰烈烈的武装抗日活动,抗日义军在新竹、大甲溪、大肚溪、彰化、漳南、云林等地与日军展开殊死搏斗,使日军损失惨重。武装抗日活动持续了四个多月,才被日军镇压下去。

此后台湾人民反抗日本殖民统治的斗争并没有停止,自发式的以地下游击为主的武装抗日活动持续不断。分散各地的抗日义军,如宜兰的林大北与林李成、金包里的简大狮、熙口的詹振、文山的陈秋菊与陈捷升、石碇的卢振春与许绍文、新竹的胡嘉猷等,对日本殖民者造成了不同程度的打击,但由于其力量分散,没有统一的组织,最后被日军各个击破。据统计,在 1897 年至 1902 年间,遭日本殖民者杀害的台湾抗日义军多达 11 950 人。[1]

从 1902 年到 1907 年,台湾人民的抗日活动处于低潮。但是自 1907 年后,针对日军的残暴统治,台湾民众又陆续开始了武装抗日活动,特别是受辛亥革命的影响,台湾发生了多起武装抗日事件,主要有: 1907 年 11 月北埔事件、1913 年 1 月罗福星事件、1913 年 12 月赖来事件和张火炉事件、1914 年 2 月陈阿荣事件、1914 年 5 月罗臭头事件和 1915 年余清芳事件。余清芳事件发生在台南厅,1915 年 8 月 3 日,余清芳率众袭击噍吧哖支厅下属南庄派出所,响应民众达千人。日本殖民当局在事发时进行了武力镇压,事后逮捕了 1 957 人,并判处 866 人死刑。经过此次大规模的血腥镇压,台湾的武装抗日运动渐趋终结。[2]

第一次世界大战后,民族独立运动蓬勃发展。受此影响,以余清芳事件为分水岭,台湾民众由武装抗日转向非武装抗日,希望通过非暴力形式争取台湾的民主与自治。争取台湾独立的运动最早发生在留学日本的台湾青年之中。1919 年,在日本东京的台湾留学生成立“新民会”,开启了以非暴力形式争取台湾的民主与自治社会运动的序幕。受此启发,台湾民众也发起了类似的运动。首先响应的是蒋渭水,他联合青年学生和台湾各地社会领袖,于 1921 年成立“台湾文化协会”,该协会成为台湾诸多民族、社会、政治运动的起源。台湾文化协会组织了许多社会运动,其中比较著名的是六三法撤废运动和台湾议会设置请愿运动,后者对台湾社会产生了重大影响。它增强了台湾民众的法治观念,激发了台湾民众对宪政精神的追求。而“台湾总督府”因此亦成立了总督府评议会,1935 年州、市、街、庄议员半数改由民选,是为台湾地方自治的肇端。不过台湾议会设

---

〔1〕 戚嘉林:《台湾史》,海南出版社,2011 年,第 202 页。
〔2〕 戚嘉林:《台湾史》,海南出版社,2011 年,第 206 页。

置请愿运动是以承认日本殖民统治为前提的抗争，因而有很大的局限性。特别是1937年“七七事变”爆发后，日本为了维护其在台湾的殖民统治，再度在台湾实行高压统治，台湾人民争取民主与自治的社会运动被镇压下去。

（二）不断加强的日本殖民统治

从日本开始接手台湾到殖民统治结束，台湾人民从来没有停止过对日本殖民统治的反抗。为了维持自己在台湾的统治，日本殖民者不得不采取各种措施。这些措施根据内容的不同，可以分为军事、政治、经济、文化四个方面。

首先，在军事上，针对前期台湾民众武装抗日活动较多的情况，日本在初期选用武官为总督，同时总督被授予统率全台日军的权力。据统计，在台湾首任总督桦山资纪任职的一年多时间里，日本先后动用了5万多的兵力和2.6万多的军夫来镇压抗日运动。在1895年后期设立警察后，台湾宪兵队继续担负着警备任务，且这种军事警察成为镇压台湾民众反抗的有力工具。在第三任总督乃木希典任职期间，宪兵、警察的数量剧增，1897年，警力从原有的1 200名增加到3 100名，宪兵也由1 500名增加到3 400名。1898年11月，日本殖民当局颁布了《匪徒刑罚令》，对参与反日活动甚至是有意参与反日活动的人一律处死。到1902年，被杀害的台湾抗日民众多达11 950人。[1]

其次，在政治上，为了给予日本总督足够的权力来镇压台湾民众的反抗，1896年3月26日，日本国会颁布《应于台湾法令施行相关之法律》，因日本帝国议会以法律第63号发布，故也称为“六三法”。“六三法”给予台湾总督立法权，它的出现使得台湾总督集行政权、司法权、立法权于一身，在殖民统治初期台湾总督又由武官担任，拥有军权，这使台湾总督实际上成为台湾的独裁者。台湾总督也利用“六三法”制定了很多镇压台湾抗日民众的法令，包括《犯罪即决令》《匪徒刑罚令》《罚金及笞刑处分例》《台湾流浪者管理规则》等严酷的法律。除此外，日本殖民当局还在台湾实行“警察政治”，特别是在后藤新平任民政长官时，“警察政治”被发挥到极致，台湾民众一度谈警察色变。此外，日本殖民者还实行保甲制度。1898年8月31日颁布了《保甲条例》，翌年又公布了《保甲条例施行细则》和《保甲规约标准》，突出了当地居民之间的连带责任，使其相互监视、相互告密等。

再次，在经济上，在确立殖民统治后，日本殖民者迫不及待地进行了一系列的经济侵略活动。日本人先对台湾的土地进行了调查，从中得知台湾田地和园

---

〔1〕张海鹏、陶文钊：《台湾简史》，凤凰出版传媒集团，2010年，第79页。

地是原估计的一倍,[1]并以此作为征收租税的依据,从而获得了比预计多一倍的土地税。同时日本殖民当局还在台湾施行与日本国内统一的度量衡与货币。为在台湾获取更多的资源,日本殖民者还开展了一系列基建活动,包括修建铁路、扩建港口、发展水利灌溉事业,虽然这些活动客观上促进了台湾经济的发展,但其本意是想在台湾攫取更多的殖民利益。另外,日本殖民当局还在台湾实行专卖制度,除樟脑、糖外,还对鸦片、烟、酒、火柴、煤油、食盐实行专卖。专卖制度不仅给日本殖民者带来了巨大的经济利益,同时也让日本殖民当局牢牢控制了台湾的经济命脉。

最后,在文化上,日本殖民者妄想长久地维持其在台湾的殖民统治,因而采用了各种措施磨灭台湾民众的民族意识,企图使台湾民众甘愿做日本人的奴隶。最初,日本殖民当局实行对汉人、原住民、在台日人不一样的教育制度。1922 年以后,修订后的《台湾教育令》颁布,虽然台湾学制和教育制度与日本国内接轨,但是实际上台湾人受教育的程度远不如在台日人,并且受到诸多的限制。譬如日本人占领台湾 20 年仍不愿设置普通初中;在台北帝国大学,台湾人只准读医科等等。"七七事变"以后,中日战争全面爆发,近卫文麿内阁于 1937 年 9 月发表了《国民精神总动员实施纲要》。受此影响,日本殖民当局在台湾推行了皇民化运动。为了培养忠于日本天皇的信仰,日本殖民当局在台湾推行改造正厅、烧毁祖先牌位、奉祀神宫大麻、整顿寺庙等教化运动。同时为了同化台湾民众,日本殖民当局强制台湾民众学习日语、改用日本姓名。种种这些手段均企图去除台湾人民对中华文化的认同。

二、抗战胜利与台湾光复

1. 光复前的准备

1945 年 8 月 15 日,经过中国人民和世界反法西斯同盟的艰苦作战,日本宣布无条件投降,中国人民历时 14 年的抗日战争终于取得了胜利。在日本投降之前,中、美、英三国于 1943 年 11 月在埃及开罗召开会议,会后发布的《开罗宣言》明确表示:三国之宗旨,在剥夺日本自从 1914 年第一次世界大战开始后在太平洋所夺得或占领之一切岛屿。在使日本所窃取于中国之领土,例如东北四省、台湾、澎湖列岛等,归还中华民国。《开罗宣言》向全世界确认并宣告了中国拥有对台湾无可争议的主权。开罗会议后,1944 年 4 月 17 日,国防部最高委员会下辖的中央设计局成立了台湾调查委员会,陈仪任主席。台湾调查委员会是一个

---

〔1〕 张海鹏、陶文钊:《台湾简史》,凤凰出版传媒集团,2010 年,第 79 页。

专门研究收复台湾工作事宜的机构,该机构成立后,延揽了包括李友邦、李万居、林忠、连震东、谢南光、谢弥坚、刘启光、宋斐如、黄朝琴、丘念台等台湾爱国人士作为委员。同时,国民政府于1944年9月在中央训练团内设立了台湾党政干部训练班。其人员为选自各机关的优秀在职人员,并进行了为期4个月的培训。此外,国民党中央警官学校也开办了"台湾警察干部训练班",考虑到台湾的情况,其成员主要选用福建人,特别是闽南人。经过一年零四个月的研究和讨论,台湾调查委员会制定了接管台湾的总计划书——《台湾接管计划纲要》。不过由于时间紧,且台湾调查委员会所获取的台湾方面的资料都是纸面上的,与台湾民众的真实心态和需求有很大的偏差。

2. 台湾光复和国民政府对台湾的重建

1945年8月14日,日本政府宣布接受《波茨坦公告》。翌日,日本天皇宣布无条件投降。8月27日,国民政府任命陈仪为台湾省首任行政长官;9月7日,又委派陈仪兼任台湾省警备总司令。国民政府于9月4日颁布《台湾省行政公署组织大纲》,由台湾行政长官全权负责台湾的行政管理;下设秘书处、民政处、教育处、财政处、农林处、工矿处、交通处、警务处、会计处等,具体实施各项行政职能。9月20日,国民政府公布《台湾省行政长官公署组织条例》,明令:台湾省暂设行政长官公署,隶属于行政院,置行政长官一人,依据法令总理台湾全省政务。强调台湾特殊建制是过渡性质。〔1〕

1945年10月25日,中国战区台湾省受降典礼在台北市公会堂举行,陈仪代表中国政府与日本人安藤利吉完成交接仪式,被日本殖民统治半个世纪之久的台湾终于又回到了祖国的怀抱。台湾的回归,台湾人民更是无比激动,社会各界组织了盛大的庆祝仪式。受降典礼后,中国政府从行政、军事、警政、经济、文化等几个方面展开了台湾的各项接收与重建工作。

行政方面,民政处成立了8个接管委员会,负责开展州厅以下各行政机构的接管工作,从11月8日起,全面展开接管工作。军事方面,11月1日,台湾省警备总司令部设立台湾地区军事接收委员会,其下又分为陆军第一组、陆军第二组、陆军第三组、军政组、海军组、空军组、宪兵组7个组负责具体接收工作,并先后于是年底和次年初完成接收工作。〔2〕 警政方面,在10月25日受降典礼当天,台湾警务处就接管了原总督府警务局,27日又接管了警察局及司狱官练习所,成立了台湾省警察训练所;11月8日起,警政接管工作迅速推进。因"台湾

---

〔1〕 张海鹏、陶文钊:《台湾简史》,凤凰出版传媒集团,2010年,第100页。

〔2〕 戚嘉林:《台湾史》,海南出版社,2011年,第340—341页。

警察干部训练班”的提前开办，警政工作的接管进展相比其他顺利许多。经济方面，行政长官公署以国有的名义接收了日本殖民者经营的全部产业，工业、矿业、商业、交通运输业和金融业被置于台湾行政长官公署的控制之下，形成庞大的省营事业体系。除此之外，烟草、酒、樟脑等商品仍实行专卖制度。文化方面，成立台湾省国语推行委员会、台湾省编译馆、台湾文化协进会等机构，着力从语言的重建、教材的编写、思想的改造等多方面推行“再中国化”的过程。

1948 年底，中国人民解放军接连取得三大战役的胜利，蒋介石在大陆的统治摇摇欲坠。台湾因其特殊的地理位置而被蒋介石选作退居之地。1949 年 5 月 17 日，蒋介石、蒋经国从定海飞往澎湖，开始了蒋家王朝在台湾的统治。

第三节　东南沿海的海关与文化事业

一、海关的发展与变化

1. 中华民国临时政府时期的海关

1911 年，辛亥革命爆发，清政府的统治在革命浪潮的冲击下分崩离析，各省纷纷宣布独立。在这混乱之际，新上任的英国总税务司安格在英国公使朱尔典为首的公使团的支持下，凭借统辖各口海关税务司、统一全国海关行政的庞大权力，夺取了中国海关税款的保管权，这是后来总税务司垄断中国财政的基础。随着革命形势的迅猛发展，安格为了不让税款被革命军控制，在和英国大使朱尔典商议后，将税款全部转移到了总税务司的账下。这种做法无疑损害了革命军政府的利益。刚刚夺取政权的革命军政府虽然也采取了一些措施，但还是无力和总税务司抗衡，数额巨大的海关税款就被洋人操控的总税务司掌控。从辛亥革命后，中国的海关全部被外国人控制，这种情况一直到第一次世界大战才有所改变。

2. “一战”对海关的影响

1914 年，第一次世界大战爆发，北洋政府最初宣布中立。外交部要求各关税务司严格查验交战国商船是否有准备战争的迹象，即海关在“一战”期间又被授予了战时搜查任务。1917 年 8 月 14 日，北洋政府对德宣战。宣战后，总税务司辞退所有德、奥籍职员，招募华人来补充缺额。但在“一战”结束后，为了保证洋人对海关的绝对控制，总税务司又召回解雇的洋员，洋员的人数从 1920 年的 1 228 人上升到 1922 年的 1 312 人。总税务司要职全部由外国人担任。

"一战"结束后,1919 年 11 月 13 日,北洋政府和南方军政府分别派出代表参加在巴黎凡尔赛宫举行的会议,南方军政府代表王正廷、顾维钧提出了废除列强在中国的势力范围、撤退外国军警、撤销在中国的邮政电报机构、取消领事裁判权、归还租借、关税自主七条要求。但由于当时中国国内还处于四分五裂的状态,根本没有实力与列强对抗,南方军政府的要求被束之高阁。

美国在 1921 年邀请英、日、法、意、比、荷、葡、中八国在华盛顿再次召开会议。会中,中国代表顾维钧发表了《对于中国关税问题之宣言》,这份文件再次提出收回关税自主权。与会各国最后达成《九国间关于中国关税税则之条约》。但这个条约和之前的关税规定变化不大,且中国收回关税自主权的愿望也没有能够实现。

3. 关税特别会议

根据华盛顿会议《九国间关于中国关税税则之条约》规定:各国允于本条约实行三个月内,在中国会集,举行关税特别会议,其日期与地点由中国政府决定之。会议的目的在于议决中国对于应税进口货征收二·五附加税的开征日期、用途及条件的问题。为解决财政窘境,北洋政府希望尽快召开此会,甚至希冀借此机会收回关税自主权,以支持其内战。经过多番催促,1925 年 10 月 26 日,关税特别会议正式召开。11 月 19 日,会议正式通过了《关于中国关税自主条文》的议决案。由于《九国间关于中国关税税则之条约》无视中国代表团收回关税自主权的要求,而北洋政府竟然根据这个条约召开关税特别会议,民众对此非常不满。在会议召开的过程中,全国人民举行了声势浩大的反对召开关税特别会议和收回关税自主权的运动,这一努力促使列强在特别会议上通过了中国代表团提出的关税自主议决案。

4. 北伐战争的胜利和广州国民政府迈向关税自主的第一步

1926 年 5 月,国民革命军开始北伐。到 1926 年底,北伐军消灭了吴佩孚、孙传芳两大军阀,控制了江苏、浙江、安徽等南部各省,同时冯玉祥就任国民联军总司令,控制了陕西、甘肃等省。为响应五卅运动而发起的省港大罢工、抵制外货运动,一直持续到 1926 年二三月间,帝国主义操控的海关也成为打击的对象。随着革命形势的快速发展,1926 年 9 月 7 日,广州国民政府公布《出产运销暂行内地税征收条例》,并通告各国领事。

为避免税款被海关控制,广州国民政府设立了专门的机构负责征收事务。在广州国民政府的带领下,在 1928 年 6 月以前,长江以南各口岸都开始征收此项附加税。由于革命形势的迅速推进和广州国民政府控制范围的不断扩大,帝国主义列强不得不同意广州国民政府附加税的征收。这是中国政府迈出的关税自主权的第一步，也为日后国民政府进一步收回关税自主权开辟了道路。

5. 国民政府宣告统一、各国承认关税自主权、实行《国定进口税则》

1927 年 4 月，国民革命政府从广州迁往武汉。7 月 1 日，借着革命的大好形势，国民政府发布了改革财政的《布告》，并根据《布告》发布了三个条例：1.《国定进口关税暂行条例》，实行初步的关税自主，颁布国定税则；2.《裁撤国内通过税条例》，无论中央或地方，"悉行裁撤"厘金和同类性质的税收，先从国民政府控制的苏、皖、浙、闽、粤、桂六省裁起；3.《出厂税条例》，不论华洋工厂，一概征收出厂税。以上三个《条例》均规定自 1927 年 9 月 1 日起实行。[1] 但由于国民政府还没有完全控制全国，列强与军阀也极力反对，三个《条例》没有能够得到切实的推行。1928 年 6 月，北伐军攻占北京，国民政府宣告"统一告成"，形势有了空前的变化。6 月 15 日，国民政府发表《对外宣言》，郑重声明废除之前清政府与西方列强签订的不平等条约，要求在平等的条件下重新缔结新约。美国首先与国民政府缔结《整理中美两国关税关系条约》。紧接着半年内，德国、挪威、意大利、丹麦、葡萄牙、荷兰、比利时等国先后与国民政府重新签订关税条约，承认中国关税自主权。但日本则到 1930 年 6 月才承认中国关税自主权。虽如此，当时中国还是一个半殖民地国家，因而只是名义上实现了关税自主，实际上并没有能够彻底实行。1928 年 12 月 7 日，国民政府决定自 1929 年 2 月 1 日起施行《中华民国海关进口税税则》。因害怕遭到列强的反对，新税则所定的税率仍然偏低，起不了保护国货的作用，但这是自鸦片战争后中国政府首次自主颁定关税税则，有相当大的进步意义。

6. 国民政府对关税的一些改革

在南京国民政府成立之初，财政部下设关税处，后来又改为关务署。关务署对海关进行了改革，试图摧毁海关的原有行政结构，进而推翻海关外籍税务司制度，但遭到了新任财政部长宋子文的否定，因而改革没能彻底推行。1929 年，在全国海关华员联合会的推动下，国民政府对海关进行了改制，主要涉及停招洋员、华员与洋员职权与待遇平等等内容。改制虽然提高了华员的待遇，但并没有能够彻底驱逐把持海关大权的洋员，因而改革是不彻底的。

此外，国民政府还对关税行政制度进行了改革，一是裁撤内地税局，统一归海关统辖，即撤销 1926 年 11 月 1 日起征收内地税的机构，内地税统归海关征收。二是裁撤常关，相关工作交由海关接管。此次改革大大提高了工作效率，但是外籍把持总税务司的海关制度依旧没有改变。

---

〔1〕 陈诗启：《中国近代海关史 · 民国部分》，人民出版社，1999 年，第 180 页。

1930年1月15日,因金银价格涨跌影响金融甚巨,国民政府下达关税征金的命令。由于此前列强都已经原则上承认了中国的关税自主权,再加上国民政府有计划有步骤地推行此项命令,此次关税征金得以顺利进行。这有利于维持关税收入,保持国民政府的财政稳定。

7. 海关税款保管权的最终收回

1937年7月7日,抗日战争全面爆发。总税务司实行战时措施,主要包括统制进出口贸易和贸易国营的措施。12月13日,南京失守,国民政府迁都重庆,但海关总税务司署却留驻上海公共租界。虽总税务司企图以中立的姿态继续对日本占领区的海关进行统辖,但日占区的海关实际被日本把持,太平洋战争爆发后,日本更是直接接管了沦陷区的海关。1941年12月28日,英国人周骊奉国民政府的命令在重庆设立总税务司署,这样当时存在了两个总税务司署:一是在日本控制下的上海公共租界的原总税务司署;另一即是重庆总税务司署。这种情况一直到抗战胜利才结束。在此期间,为了应对财政窘境,国民政府于1942年4月2日公布《战时消费税暂行条例》,决定征收战时消费税。1942年5月29日,国民政府又颁布《公库法》,各海关征收的税款并以前结存款项全部需解交国库核收,这也意味着海关税款的保管权从外国人控制的总税务司收回来了。

二、东南沿海地区文化事业的发展

东南地区由于地处沿海,最先受到西方列强侵略。近代西方列强的入侵无疑对中国社会造成了重大破坏,它使中国逐渐变为半殖民地半封建社会。但是另一方面,它也迫使中国先进知识分子开始放弃天朝上国的迷梦,开始学习西方先进的知识、技术与制度等。受西方列强入侵冲击最大的东南地区,也是最先开始学习西方先进知识的地区。例如近代开眼看世界的第一人林则徐编译《四洲志》和魏源编著《海国图志》都发生在东南地区。1911年辛亥革命爆发,维持两千多年的封建帝制被终结,中华民国成立,这大大促进了东南地区的文化发展。

(一) 新文学的诞生和文学运动的发展

辛亥革命后,中国爆发了新文化运动和文学革命运动。新文化运动的先锋是陈独秀,他于1915年9月在上海创办了《青年杂志》(从第二期起改名为《新青年》),揭开了新文化运动的序幕。1917年1月,胡适在《新青年》发表了《文学改良刍议》,大力提倡白话文。同年2月,陈独秀发表《文学革命论》,倡导“人的文学”“平民文学”和“写实文学”。在他们的倡导下,中国新文学有了很大的发展,东南地区涌现出一批如鲁迅、沈雁冰、郁达夫、叶圣陶、徐志摩、朱自清等的文学大家,他们大力批判旧思想、旧文化,为中国革命的继续向前发展扫清了一些障碍。

1930年代,由于国民政府的文化限制政策,中国的进步文人进行了反击。1930年3月2日,中国左翼作家联盟(简称左联)在上海成立。大会选举了沈端先(夏衍)、鲁迅、田汉等七人为常务委员,建立了马克思主义文艺理论研究会、国际文化研究会、文艺大众化研究会等专门机构。左联的机关刊物除了鲁迅主编的《萌芽》和《拓荒者》外,还先后出版了《巴尔底山》《世界文化》《前哨》《北斗》《十字街头》《文学》《文学月刊》等刊物。左联创办的这些刊物将无产阶级文学运动推向了一个新的阶段。

(二)音乐艺术的进步和戏曲的发展

随着西洋音乐的传入,在"平民文学"的影响下,民间音乐日益受到重视。为了在中国古典音乐和西洋现代音乐之间找到平衡,民国期间,东南地区出现了一些新式音乐社团。1919年,"中华美育会"在上海成立,成员主要以中小学美术、音乐教师为主。1920年,上海又成立了以演奏民族乐器为主的"大同乐会"。几乎与此同时,东南地区也出现了早期的专业音乐教育。1922年上海艺术师范学校成立,其目的是培养中小学艺术教师,1927年与东方艺术学校合并为上海艺术大学。他们的活动对推动社会音乐教育和开辟中国音乐文化新通道起到了促进作用。

在左翼文艺运动的影响下,中国也开始了左翼音乐运动。1934年春在上海成立了"中国左翼戏剧家联盟音乐小组",成员包括肖之亮、聂耳、任光、张曙等人。他们经常聚集在一起研讨音乐理论和群众歌曲的创作,并深入工人、店员、学生中开展革命音乐活动。九一八事变后,抗日救亡运动迅速高涨,为唤起民众抗战热情和鼓舞抗战士气,1935年2月,上海爱国学生、工人、市民自发组建了全国最早的群众救亡歌咏团体——民众歌咏会。1936年6月7日,民众歌咏会在上海西门公共体育馆举办歌咏大会,合唱《义勇军进行曲》等抗日救亡歌曲,为抗日救亡运动造势。

民国时期,戏曲艺术也有了进一步发展,特别是京剧艺术,出现了梅兰芳、周信芳、程砚秋等享誉全国乃至世界的艺术大师。东南地区京剧演员主要集中在上海,形成"海派",与北京的"京朝派"相对。当时上海的演出班社多以编演新戏和本戏为主,兼演一些传统剧目。[1]

---

[1] 史全生:《中华民国文化史》,吉林文史出版社,1990年,第165页。

地方戏剧虽然影响力没有如此之大，但是也渐趋成熟。在东南地区，一些传统的地方戏曲处于继承性发展阶段，如昆曲（昆剧）、越剧、南戏、闽剧、莆仙戏、歌仔戏、高甲戏、梨园戏、南音等，都颇具地方特色。以歌仔戏为例，民国时期，歌仔戏在闽台民间不断发展，还成为联结两岸民众心灵的文化纽带。除闽台地区外，歌仔戏还流传至菲律宾、新加坡、马来西亚、印尼等闽南移民居住地区。

（三）西洋美术的传播和传统美术的变革

民国前期，东南沿海的画坛异彩纷呈，在短短的十多年时间里出现了近百个画会组织，大部分分布在沪、杭、粤等地。书画社团于民间发起，最先在上海兴起，也在上海达到鼎盛。最早的组织性较强的书画社团是海上题襟金石书画会。此书画会成立于光绪中叶，到了民国初年达到鼎盛，吸引了当时很多的名流。由于其延续时间长，且成员水平较高，因而对民国初期上海画坛起到了很大的影响。继海上题襟金石书画会后，上海、杭州、晋江、广州等地出现了很多书画社，这对美术的普及与提高有着很大的推动作用。

民国时期，东南地区的画坛在上海和广东形成了两大重心。上海画坛以吴昌硕、王一亭为巨擘。吴昌硕代表了后期传统绘画的最高峰。王一亭虽然稍逊一筹，但也形成了自己独特的风格，甚至对日本都产生了一定的影响。广东则形成了岭南画派，以岭南三杰——高剑父、高其峰、陈树人为创始人。他们受新文化运动影响，将西洋画法融入中国画中，推动了中国画的革新。

随着左翼文学运动的兴起，左翼美术运动随之发起。左翼美术运动萌芽于“一八艺社”与“时代美术社”。“一八艺社”本是杭州国立艺术院的一个学生团体，因成立于民国十八年（1929年），参加者又是18人，故名“一八艺社”。1930年以后，以上海为中心的左翼文艺思潮波及杭州，“一八艺社”成了思想激进和倾向进步的活动团体。许多学生因为进步行动被开除，他们从杭州来到上海，并与上海进步美术青年成立了“上海一八社团”，这也标志着左翼美术运动由此拉开了序幕。

（四）新闻出版事业的发展

1915年9月后，受新文化运动的影响，一大批新式报刊纷纷涌现。在东南地区，最重要的当属1915年9月陈独秀在上海创办的《新青年》。该杂志是宣传反帝反封建思想的阵地，后期更是广泛宣传马克思主义，对中国思想、政治革命都起了巨大的推动作用。随着新文化运动的开展，民众思想得到了巨大的解放，为了与时俱进，不少报纸对副刊进行了改革。在上海出版的《民国日报》从1919

年 6 月起创办《觉悟》副刊，以宣传新文化、刊登包含社会主义思想的文字。

1924 年达成第一次国共合作后，为了给即将到来的国民大革命作宣传，国共两党在报刊出版上也大大加强了合作。1925 年 12 月 5 日，由国民党中央宣传部主办的《政治周报》在广州创刊，此报刊宗旨为宣扬革命，用革命解放中华民族、使人民能够当家作主。这一时期工农兵报刊也有很大的发展，在国民大革命爆发前，上海印刷总工会创办了《印刷工人》，中国海员工会创办了《中国海员》。国民大革命爆发后，全国各地工会都先后出刊，其中影响最大的是 1924 年 10 月中华全国总工会创办的机关报《中国工人》和 1926 年国民党中央农工部在广州创办的《中国农民》。这些刊物的传播对广泛发动工农群众参与到革命建设中来起了十分重要的作用，也是国民大革命能够进展如此神速的一个重要推动力。

与此同时，中国共产党也进行了早期的马克思主义宣传工作。1920 年 8 月 15 日，中国共产党在上海创办了《劳动界》周刊；同年 11 月 7 日，又在上海发行《共产党》，宣传马克思主义和国际共产主义运动的经验。1921 年 8 月，中国劳动组织书记部机关报《劳动周刊》也在上海创刊，以扩大解放全人类的声浪，促进解放全人类事业的实现。在五卅运动中，于 1925 年 6 月 4 日在上海创办的《热血日报》，是中国共产党成立后出版的第一个日报。该报揭露了帝国主义买办阶级和封建官僚军阀的反动本质，号召广大人民与之坚决斗争。国民大革命失败后，中国共产党中央机关迁至上海，于 1927 年 10 月 24 日创刊了第一个机关理论刊物《布尔什维克》，由瞿秋白任主编。这个刊物主要是号召无产阶级领导农民及一般贫民起来推翻国民党的统治，完成反帝反封建的革命任务。1928 年 11 月，又在上海创刊了机关报《红旗》，每周对新发生的政治事件进行评论，后期又大量刊登党的文件。此外，还有中共江苏省委出版的《上海报》《明报》《进报》《真话报》等。

在东南地区，这一时期比较有影响力的报刊还有史量才在上海管理的《申报》，邹韬奋在上海先后开办的《生活》《大众生活》《生活日报》《生活星期刊》等报刊，以及张季鸾接手的《大公报》等。这些报刊推动了中国新闻事业的不断向前发展。

“八一三”事变以后，上海出版了一批抗日救亡刊物，包括《救亡日报》《抵抗》《文化战线》《战时妇女》《战时教育》《十日文摘》《劳动半月刊》等。其中最有影响力的是邹韬奋主编的《抗战》和夏衍主编的《救亡日报》。这些刊物虽然最后都被迫撤出上海，但它们为抗日救亡作出了不可磨灭的贡献。著名的《文汇报》于 1938 年 1 月 25 日在上海创办。《文汇报》的宗旨是坚持民族大义，宣传抗日爱国。由于其对日本帝国主义和日伪政权屡屡进行讽刺，因而不断遭到他们的阻挠和破坏，最后于1939年5月被迫停刊。

抗战胜利后，国民党政府蓄意挑起内战。其间，在香港出版的进步报刊主要有《正报》《华商报》《人民报》《光明报》等。其中，《正报》是1945年11月13日中国共产党广东区委在香港创办的，它是中国共产党人在香港创办的第一张报纸。[1] 这些进步报刊的发行揭露了国民党政府的反动本质，鼓舞了全国人民争取自由和民主的斗争，加快了新中国的建立步伐。

---

〔1〕 史全生：《中华民国文化史》，吉林文史出版社，1990年，第1179页。

第十二章　钓鱼岛主权归属与中日东海争端

第一节　钓鱼岛的发现、命名和主权归属

一、《顺风相送》与钓鱼岛的发现

从中国人发现钓鱼岛，命名钓鱼岛，开发利用钓鱼岛附近海洋资源，以及对钓鱼岛实行有效的管辖和控制等角度出发，说明钓鱼岛是中国的固有领土是合理而自然的。

迄今，流传于世关于钓鱼岛最早的文献资料当属《顺风相送》。《顺风相送》是一本关于航海的针路簿。书中"福建往琉球"条第一次出现了"钓鱼屿""赤坎"，即"钓鱼岛""赤尾屿"的名称。今据藏于英国牛津大学鲍德林图书馆(Bodleian Library)的明代抄本摘录如下：

> **福建往琉球**
>
> 太武放洋，用甲寅针七更船取乌坵。用甲寅针并甲卯针正南东墙开洋，用乙辰取小琉球头，又用乙辰取木山。北风东涌开洋，用甲卯取彭家山。用甲卯及单卯取钓鱼屿。南风东涌放洋，用乙辰针取小琉球头，至彭家、花瓶屿在内。正南风梅花开洋，用乙辰取小琉球，用单乙取钓鱼屿南边，用卯针取赤坎屿，用艮针取枯美山。南风用单辰四更，看好风单甲十一更取古巴山，即马齿山，是麻山赤屿，用甲卯针取琉球国为妙。(后略)

这一段珍贵的记载，就是中国人发现、命名钓鱼岛及其附属岛屿最有信服力的历史证据。中国人是在从福建往琉球的航路上发现钓鱼岛的，这已很能

说明问题了。因此,《顺风相送》的成书时间就是中国人发现、命名钓鱼岛的时间。

关于《顺风相送》的成书时间,学界存在着多种不同的说法。向达先生认为《顺风相送》的成书时间应为16世纪;〔1〕荷兰学者戴文达(J. L. Duyvendak)断定《顺风相送》在郑和第七次下西洋时,即明宣宗宣德五年(1430年)完成;而更多的人认为应在永乐年间,因该书记有"永乐元年奉差前往西洋等国,累次校正针路"〔2〕等文字,所以一般认为中国人发现钓鱼岛的时间比较准确的说法应该是"永乐年前后"。〔3〕

现藏于鲍德林图书馆的《顺风相送》编成时间应在明万历年间,因书中多处出现"佛朗"〔4〕的专称,这是明代嘉靖后期开始对进入我国海域及东南亚海域的葡萄牙人、西班牙人和荷兰人的称谓。书中亦出现了"柬埔寨"国名,〔5〕是明万历年间在我国文献上才出现的地名。

不过藏于鲍德林图书馆的《顺风相送》抄本是基于明永乐年间就有的古本而来,而明永乐年间传抄的本子,又是依据之前"年深破坏"〔6〕的古本而来,这在现存的《顺风相送》抄本上记载得清清楚楚。可见,《顺风相送》最早的抄本应该早于明朝初年,极有可能在元朝时就流传并应用于航海。因此,中国人发现并命名钓鱼岛的时间,应该在明代以前。

1. "年深破坏"的《顺风相送》古本肯定在明永乐年前就存在

康熙四十七年(1708年),琉球国著名的学者程顺则在福州编纂了一本作为航海指南的图书——《指南广义》。与《顺风相送》不同的是,它只记载福建往返琉球的航路,而《顺风相送》却记载了中国往海外诸国数十种往返针路,其中包含"福建往琉球"的针路。程顺则在叙述他的资料来源时说,"洪武二十五年,遣闽人三十六姓至中山,内有善操舟者,其所传针本缘年代久远,多残缺失次,今仅采其一二,以示不忘本之意"。〔7〕闽人三十六姓是洪武二十五年(1392年)被明朝政府派遣移居琉球的。程顺则的叙述告诉我们,在明初就有"福建往琉球"

---

〔1〕向达:《两种海道针经》,中华书局,1982年,第4页。

〔2〕佚名:《顺风相送》,原本藏英国牛津大学鲍德林图书馆。

〔3〕郑海麟:《钓鱼台列屿——历史与法理研究》(增订本),明报出版社,2011年,第48页。

〔4〕向达:《两种海道针经》,松浦往吕宋条,中华书局,1982年,第91页;同书,女澳内浦港条,第99页。

〔5〕向达:《两种海道针经》,往柬埔寨针路条,中华书局,1982年,第50页。

〔6〕佚名:《顺风相送》,原本藏英国牛津大学鲍德林图书馆。

〔7〕程顺则:《指南广义》,传授航海针法本末考,琉球大学附属图书馆仲原善忠文库本,康熙四十七年钞本。

的针路记载了。《顺风相送》提到的古本应与移居琉球善操舟的闽人三十六姓手中掌握的针路簿有关。“古本”清楚地记述了钓鱼岛及其所属岛屿,“永乐元年奉差前往西洋等国,累次校正针路”的抄写者,依据的是“年深破坏”的古本。使古本破坏的“年深”,至少也得有几十年吧?因而推测“古本”的成书时间应该在明永乐前的几十年。

2. 元代闽人移居琉球王国的史实证明“福建往琉球”的航路早已形成

琉球《久米村系家谱》中的程氏家谱载:“复本中国饶州人,辅臣祖察度四十余年,不解于职,今年八十有一,乞令致仕还饶。”[1]《明史》《明实录》亦有同样的记载。据史料记载,移居琉球的闽人三十六姓之一的程氏始祖程复,在琉球国辅佐其主察度40余年,官至国相。琉球中山王察度为王时间起于元至正十年(1350年),止于明洪武二十八年,可见程复赴琉球当在元末。程复原籍江西饶州,后迁居福建,[2]因而程复赴琉球是从福建入海的,福建往琉球的航路应该也是在那个时期开辟了,这也是针路古本存在的时间以及钓鱼岛被发现并被命名的时间。

3. 明朝设福建市舶司专门通琉球,说明明初官方已掌握福建通琉球航路

据史料记载,明初规定,凡外商入贡皆设市舶司以领之,“在广东者专为占城、暹罗诸藩而设;在福建者专为琉球而设;在浙江者专为日本而设。其来也许带方物,官设牙行与民贸易”。[3] 福建市舶司创立于宋元祐二年(1087年)。明初禁海,不允许私人海外贸易,但规定福建专门通琉球,这一规定恰恰说明,此前琉球与福建应该已开辟了航路。

4. 冲绳地区大量福建闽清义窑瓷片的出土,证明13世纪福建与琉球曾有频繁的往来

据日本考古学界相关调查,11世纪末12世纪初,中国贸易陶瓷经由博多开始传入琉球群岛,并逐渐遍及群岛全域。然而,在琉球群岛发现的应是13至15世纪福建北部闽清义窑烧制的今归仁型和ビロースク型两种中国粗瓷(白瓷或青白瓷),在博多未曾出土。对于如此特殊的考古现象,学者指出,在中琉之间官方进贡贸易制度确立之前,民间极有可能已有直接的贸易往来。[4]

---

〔1〕《程氏家谱》,《那霸市史》(资料篇第1卷6)下册,那霸市企画部市史编集室,1980年,第541页。

〔2〕《程氏家谱》,《那霸市史》(资料篇第1卷6)下册,那霸市企画部市史编集室,1980年,第541页。

〔3〕郑若曾:《筹海图编》卷一二,明天启年刻本。

〔4〕田中克子、森本朝子:《沖縄出土の貿易陶器の問題点—中国粗製白磁とベトナム初期貿易陶器》,《グスク文化を考える》,新人物往来社,2004年,第357页。

5. “福建往琉球”针路的出现，应与福建航海开始使用指南针有关

福建航海开始使用指南针的记载出现在赵汝适《诸蕃志》中，书云：“渺茫无际，天水一色，舟舶来往，惟以指南针为则，昼夜守视唯谨，毫厘之差，生死系焉。”〔1〕赵汝适时任福建市舶司提举，他撰写的《诸蕃志》的成书时间为1225年，正此时，上述琉球群岛出土有福建瓷器。指南针先应用于福建航海，后出现“福建往琉球”针路。“针路”一说，最早见于周达观的《真腊风土记》。是书记载1295年至1296年周达观出使真腊的所见所闻，是书校注者夏鼐先生指出，我国“记载航海使用罗盘针位，实始见于本书”。〔2〕虽然我们还不清楚“福建往琉球”针路簿出现的具体时间，但我们可以判断福建往琉球的针路“古本”应该出现在1296年之后。

综上所述，在中国与琉球国正式建立邦交的1372年之前，即设立福建市舶司通琉球之前，“福建往琉球”的航路早已形成，可以肯定，《顺风相送》中提到的“年深破坏”的古本也已流传于世，古本所记“福建往琉球”的航路，与南宋福州瓷器大批输送琉球群岛、指南针在福建人航海中使用、福建航海出现针路簿等史实相互验证，并告诉我们一个历史事实：福建通琉球的航路在明代以前就已经形成，中国人在这条航路上发现了钓鱼岛并命名了钓鱼岛。

二、钓鱼岛主权与航海实践的关系

钓鱼岛最初发现于中琉航路。现藏于英国牛津大学鲍德林图书馆的明代抄本《顺风相送》，是目前发现的最早记载钓鱼岛的史籍，其中“福建往琉球”的针路上记载了钓鱼岛及其附属岛屿。从福建往琉球的针路，有太武开洋、东涌开洋、梅花开洋……都是从福建各个港口起航的。毫无疑问，活跃在这一航线上的操舟人多数是福建人。

而此时期就琉球国的航海力量而言，绝无开辟中琉航路的可能。有史料记载，明初，琉球人第一次来中国朝贡是搭乘明朝使臣杨载的船只而来，其后往返于中国则多由明朝政府派遣船只。据统计，明朝洪永年间，中国赐琉球国海船达30艘之多。〔3〕其后相当长的时期内，琉球国一直在福建买船、造船、修船。明洪武二十五年，朱元璋还颁令赐给琉球闽人三十六姓，让他们帮助琉球国来华朝贡。直到明嘉靖十三年(1534年)，中国使臣陈侃出使琉球，只见琉球国“缚竹为

〔1〕赵汝适著，杨博文校释：《诸蕃志校释》，中华书局，1996年，第216页。
〔2〕周达观著，夏鼐校注：《真腊风土记校注》，中华书局，1981年，第23页。
〔3〕安里延：《日本南方发展史》，(东京)三省堂，1941年，第65页。

筏,不驾舟楫”。鉴于琉球国如此落后的航海水平,可以断言,开辟中琉航路并在这条航路上发现、命名钓鱼岛的,理所应当是福建人。

明洪武五年,琉球国接受明朝的招谕,正式与中国建立邦交关系。明清两代,每位琉球国王嗣立,“皆请命册封”。[1] 中国政府大都应其所请,派出册封使出使琉球。当时福建市舶司负责通琉球,因此册封琉球须在福建组织造船、备船,招募航海人员,配备军士。嘉靖年间使琉球的陈侃在其《使琉球录》中谈到中琉航海用人,他说:漳人以海为生,童而习之,至老不休,风涛之惊见惯浑闲事耳。其次如福清、如长乐、如镇东、如定海、如梅花所者,亦皆可用人。[2] 万历七年(1579年)任册封琉球副使的谢杰,在《使琉球撮要补遗》中亦载:大都海为危道,向导各有其人。看针、把舵过洋,须用漳人。由闽以北熟其道者,梅花、定海人。由闽以南熟其道者,镇东、南安人……船中择漳人,须试其谙于过洋者。择梅花、定海者,须试其谙于闽、浙海道者。择万安人,须试其谙于闽、广海道者,又不可徒徇其名而浪收也。[3] 万历三十四年夏子阳出使琉球时,就向漳州的海防馆派要航海人员,其曰:篙工、舵师,旧录皆用漳人。盖其涉险多而风涛惯,其主事者能严、能慎,其趋事者能劳、能苦,若臂指相使然者。但精能者,往往为海商私匿。予因檄漳州海防馆,令其俟洋船回日,从海商查报,籍名送至。[4] 康熙年间出使琉球的使臣徐葆光也提到册封琉球使团人员都由福建海防厅派送,渡海官兵都从福建沿海的海坛镇、闽安镇、烽火营选派。这些记述告诉我们,册封琉球的航海活动起用的都是沿海的福建人。

在出使琉球的航海文献中,留有诸多关于钓鱼岛主权属于中国的记载。譬如康熙二十二年使琉球的册封使者汪楫,在其著述《使琉球杂录》中记载其过赤尾屿时对“郊”的表述:薄暮过郊(沟)……问“郊”之义何取,曰:中外之界也。[5] 福建方言,“郊”与“沟”同音。当时的福建船工明白无误地回答了汪楫的疑问:琉球海沟乃中外之界。

福建人对钓鱼岛及其附属岛屿的发现、命名及管辖,不仅反映在中国历史记载中,在国际上也受到了认可。在19世纪西洋人的地图中,钓鱼岛及其附属岛

---

〔1〕 高岐:《福建市舶提举司志 · 考异》,故宫博物院,1939年,第36页。

〔2〕 陈侃:《使琉球录 · 使事纪略》,北平图书馆善本丛书第一集,明嘉靖刻本影印,第23页。

〔3〕 谢杰:《琉球录撮要补遗》,载《国家图书馆藏琉球资料汇编》(上),北京图书馆出版社,2000年,第564—565页。

〔4〕 夏子阳:《使琉球录》,载《国家图书馆藏琉球资料汇编》(上),北京图书馆出版社,2000年,第471—472页。

〔5〕 汪楫:《使琉球杂录》卷五,清康熙二十三年刊本,载《国家图书馆藏琉球资料汇编》(上),北京图书馆出版社,2000年,第801页。

屿的名称用福建方言的谐音来标注。如1809年法国地理学家安耶·拉比和亚历山大·拉比绘制的中国海沿岸图、英国伦敦1861年出版的中国地图(Cruchley's China)等。甚至1894年7月日本出版的《日本水路志》第二卷中，用日语片假名注记的钓鱼岛及其附属岛屿的名称，也是英文的音译，沿用了福建方言的名称，这一认知源于福建人的航海实践。

综上所述，钓鱼岛及其附属岛屿是福建人首先发现并命名的，它的发现与福建航海事业的兴盛以及中琉航路的开辟有着密切的联系。频繁往返于中琉航路的福建人，其长年累月的航海实践，为钓鱼岛主权属于中国提供了重要的信息，形成了颠扑不破的历史证据。

三、钓鱼岛主权归属是中琉两国共同确认的

我们知道，今天的日本冲绳县在1879年前是一个独立的王国——琉球王国，是日本明治政府用武力吞并后才改为今日本冲绳县的。事实上，钓鱼岛在历史上从来没有属于过琉球王国，1721年中国册封琉球副使徐葆光撰写的《中山传信录》中详尽地记述了这一不可辩驳的史实。据《中山传信录》，钓鱼岛的归属并非中国使臣单方面的意见，而是在中琉两国共同测量、勘查琉球国疆域后，在反复讨论、再三商定的基础上，最终认定的：钓鱼岛不在琉球王国疆域之中。

徐葆光为苏州府长洲县人，康熙五十七年受命以册封副使身份陪同翰林院检讨海宝正使前往琉球册封尚敬王。康熙五十八年正适康熙皇帝钦定《皇舆全览图》即将"颁发"之际，两名测量官平安、丰盛额即被派遣随册封琉球使团出使琉球。由于候汛逾年，至康熙五十九年二月十六日，始乘东北顺风返回，涉行半月，于三十日抵福州港。徐葆光等在琉球国滞留八月有余，为历次册封琉球时间最长的一次。在琉球国滞留期间，徐葆光"封宴之暇，先致语国王，求示《中山世鉴》及山川图籍。又时与其大夫之通文字、译词者遍游山海间，远近形势，皆在目中。考其制度礼仪，观风问俗。下至一物异状，必询名以得其实。见闻互证，与之往复，去疑存信"。[1] 归国后，徐葆光将其亲身经历整理编撰成稿，献呈康熙皇帝，为宫中所收藏。其副本六卷于康熙六十年排版刊刻于家乡苏州，即《中山传信录》。

《中山传信录》卷一记载了中琉之间的"针路图"，详细地介绍了中国福州至

---

〔1〕 徐葆光：《中山传信录·序》，清康熙六十年辛丑刊本，载《国家图书馆藏琉球资料汇编》(中)，北京图书馆出版社，2000年，第10—11页。

琉球那霸的航海路线。在引征《指南广义》针路簿的记载时,《中山传信录》明确指出“姑米山”为“琉球西南方界上镇山”。[1] 这说明中国与琉球在海上以赤尾屿与姑米山(久米岛)之间的海沟为分界线,赤尾屿以西的黄尾屿、钓鱼岛等岛屿是中国的领土,姑米山(久米岛)以东的马齿山、八重山等岛屿为琉球国的领土。

《中山传信录》卷四绘制有“琉球三十六岛图”,分别以“东四岛”“正西三岛”“西北五岛”“东北八岛”“南七岛”“西南九岛”六个部分详细介绍了琉球所辖三十六岛,并指出诸岛大致的地理方位、物产和不同的称谓。琉球国三十六岛并不包括钓鱼岛列岛。在提到八重山岛时,还强调该岛为“琉球极西南属界也”。[2] 图后徐葆光还补充说明:今从国王所请,示地图。王命紫金大夫程顺则为图,径丈有奇,东西南北方位略定。然但注三十六岛土名而已。其水程之远近、土产之饶瘠、有司受事之定制,则俱未详焉。葆光周咨博采,丝联黍合,又与中山人士反复互定。[3] 即琉球三十六岛图的绘制,与琉球国王和相关官员进行了反复讨论,才最终确定下来。

四、历史上琉球国对钓鱼岛的记述

琉球历史文献中最具权威性的有三种:《历代宝案》《中山世鉴》和《指南广义》。

《历代宝案》是1424—1867年琉球王国外交文书的集成,共三大集、一别集、一目录,合计270册(卷)。《历代宝案》之内容,以录文方式可分为诏书、咨文、表奏、符文、执照、使录等。涉及钓鱼岛的文献主要是使录。使录即抄录历代中国册封琉球使臣的《使琉球录》。

《中山世鉴》全称《琉球国中山世鉴》,共6卷。该书为琉球国相象贤所撰,成书于1650年。是书从琉球开辟神话说起,直至尚质公之琉球国历史。关于钓鱼岛的记述在第五卷,原文记录了“嘉靖十三年(1534年)甲午之夏大明世宗皇帝遣正使给事中陈侃副使行人高澄封琉球国中山王世子尚清为中山王”的历史。航海部分涉及钓鱼岛,其文字均抄自陈侃的《使琉球录》。

---

[1] 徐葆光:《中山传信录》卷四,清康熙六十年辛丑刊本,载《国家图书馆藏琉球资料汇编》(中),北京图书馆出版社,2000年,第36页。

[2] 徐葆光:《中山传信录》卷四,清康熙六十年辛丑刊本,载《国家图书馆藏琉球资料汇编》(中),北京图书馆出版社,2000年,第324页。

[3] 徐葆光:《中山传信录》卷四,清康熙六十年辛丑刊本,载《国家图书馆藏琉球资料汇编》(中),北京图书馆出版社,2000年,第325页。

《指南广义》是琉球人程顺则1708年编纂而成的，是历史上琉球国关于钓鱼岛记载比较重要的文献，具有绝对权威的史料价值。《指南广义》记载了历史上往返中琉的14条航路（针路），航路经过钓鱼岛、黄尾屿和赤尾屿诸岛。这14条针路中，有4条抄自中国册封琉球舟师的针路簿，有10条抄自移居闽人三十六姓善操舟桨之人的针路簿。《指南广义》“传授航海针法本末考”一文，专门论述了所记针路的来源：“康熙癸亥年，封舟至中山。其主掌罗经舵工间之婆心人也，将航海针法一本，内画牵星及水势山形各图，传授本国舵工，并告之曰：此本系前朝永乐元年差官郑和、李恺、杨敏等，前往东西二洋等处开谕各国，续因纳贡累累，恐往返海上针路不定，致有差错，乃广询博采，凡关系过洋要诀一一开载，以作舟师准绳……”〔1〕

概而言之，琉球人对钓鱼岛的认识，完全来源于中国人关于钓鱼岛及其附属岛屿的论述，从而有力地证明了钓鱼岛是中国人发现并命名的。

五、中外图籍文献共证钓鱼岛是台湾附属岛屿

明清时期是中国大一统王朝的鼎盛时期，两朝中央政府对于海防和海疆领土十分重视，留下了众多有关中国疆域和海防的图籍，记载了钓鱼岛及其附属岛屿属于中国的史实。有关中国之图籍文献，前文已有专门论述，此不重复。下文主要将西方图籍文献对钓鱼岛信息之记录，作一大致的钩沉和归纳。

从大航海时代至近代，不少外国人绘制的航海地图明确标出钓鱼岛及其附属岛屿隶属于台湾、是中国领土的组成部分之不争事实，为我们提供了众多彰显钓鱼岛主权归属于中国的第三方资料证据。

在葡萄牙、西班牙、荷兰等西方国家早期向东方扩张的过程中，即于中日贸易航线中发现了钓鱼岛及其附属岛屿。在当时众多的西方地图中，对钓鱼岛列屿的命名多采用葡萄牙语的“三王岛”〔2〕之称。如1554年葡萄牙人Lopo Homem（？—1568年）制作的《波托兰世界地图》、〔3〕1626年西班牙人在台湾绘

〔1〕 程顺则：《指南广义》，传授航海针法本末考，琉球大学附属图书馆仲原善忠文库本，康熙四十七年钞本。

〔2〕 根据葡萄牙中国学院金国平教授的研究，钓鱼岛及其附属岛屿的葡语名字是“Ilha dos Reis Magos（三王岛）”，此为16世纪葡萄牙人在东方进行航海活动中对钓鱼列岛所作的地理标注和命名。在此后很长一段时间，西方的世界地图中对钓鱼列岛的标识都以葡萄牙语为基本标准。参见金国平：《大航海时代中国航线的开辟——兼论葡萄牙史料中钓鱼岛及其附属岛屿始见年代》，2013年讲座稿，未刊。在此感谢金国平教授无私提供的资料信息与相关线索。

〔3〕 http：//c.ianthro.tw/sites/c.ianthro.tw/files/da/df/070/70160_0001.jpg。

制的《台湾地图》、[1] 1650 年法国巴黎出版的《亚洲》地图、[2] 1666 年荷兰航海者绘制的《澎湖列岛及台湾航海图》[3] 及 1747 年荷兰人绘制的《Nicolaus Bellin 图》[4] 等等,皆使用“三王岛”之名。这些地图对钓鱼岛列屿的标绘,或在着色上与台湾一致,或置于台湾区域板块,表明大航海时代西方航海者均将钓鱼岛视为中国属有领土。早期来华耶稣会士绘制的地图系统中,也使用“三王岛”之名。例如一幅据 1602 年利玛窦《坤舆万国全图》原刻本复制的日本重绘本,将台湾标示为东宁[5],将钓鱼岛标示为“レイシ(Reis)”,即“三王岛”。这也表明 17 世纪日本亦使用葡萄牙人“Ilha dos Reis Magos”称谓,日本人对钓鱼岛及其附属岛屿的了解完全来自外来信息。著名耶稣会士卫匡国(Martino Martini)1655 年出版的《中国新图志》所附《中国地图》上,在钓鱼岛及其附属岛屿的位置亦标注“Dos Reys Magos”(三王岛)。[6]

由于大航海时代西方人对中国的探索和认知还不甚清晰,西方诸国自身知识系统也不甚统一,反映在地图文献中,他们对钓鱼岛列屿之标绘,除了“三王岛”外亦有其他命名。据研究,I. Formosa(福尔摩沙岛)现在通常指台湾岛,但在早期西方文献中,它更多的是用来称呼台湾北部的岛屿的,其中也涵盖了钓鱼岛列屿的位置。[7] 17 世纪中叶,在以荷兰制图家所绘地图为代表的西方地图中,不少以 Galay(Gaelay)称呼钓鱼岛诸岛。如 1642 年荷兰制图学家 Willem Janszoon Blaeu 出版的《印度与东方》(*India quae Orientalis*),把台湾与宫古列岛之间的岛群标为 Galay。1662 年荷兰地图学家 Frederick de Wit 的《东印度图》,[8] 也在钓鱼岛诸岛位置标绘 Gaeley 之名;其 1670 年铜版印制的《鞑靼、蒙

---

[1] *Descripcion De Ysla Hermosa*, *Yparte De La*, “China, Ydela Ysla De”, Manila, 1626. 此图由金国平先生提供。

[2] *Asie*, Par N. Sanfon d'Abbeville Geog.du Roy, Auec prnnlege du Roy pour vingt ans, 1650. 此图由日本古地图史料出版社重印,购自日本旧书摊。

[3] Jos Gommans & Rob van Diessen ed., *Grote Atlas van de Verenigde Oost-Indische Compagnie*, Uitgeverij Asia Maior, 2010, p.204.

[4] 吕理政、魏德文主编:《经纬福尔摩沙:16—19 世纪西方绘制台湾相关地图》,(台北)南天书局,2006 年,第 98—99 页。

[5] 此即指郑成功之子郑经于台湾建立的东宁王朝(1662 年)。

[6] Martino Martini, *Novus Atlas sinensis*, Amsterdam, 1655, “Imperii Sinarum nova Descriptio”.

[7] 参见廖大珂:《〈琉球诸岛图〉的作者及相关问题之管见》,《闽商文化研究》2014 年第 1 期。

[8] “Tabula Indiae orientalis”, http://www.antiaiqueprintroom.com/catalogue/view-raw-image? id = 1a5b5f5130af8a510766dcfe5928ad4a。

古、日本和中国帝国新图》[1]，对钓鱼岛的标注仍为 Gaeley。1700 年，荷兰制图家 T. Danckerts 绘制《亚洲地图》，[2]同样把台湾北部现钓鱼岛位置的群岛标为 Gaelay。另外，在 1703 年 Pierre Mortier 绘制的《世界地图》[3]中，还以 Harpe I. 之名称表示钓鱼岛列屿，系隶属于台湾的附属岛屿。

随着中西文化交流的推进，西方人对钓鱼岛的认知愈益准确。通过耶稣会士帮助清廷绘制全国地图的契机，钓鱼岛及其附属岛屿的中国名称也为其所知，并标绘于地图中。徐葆光《中山传信录》刊本问世 30 年后，法国来华耶稣会传教士宋君荣（Antoine Gaubil）将之译为法文，并于 1758 年在巴黎出版，较为全面地将琉球的历史、地理、风俗、文化等知识介绍至西方世界。法国传教士费赖之（Pfister）所撰《在华耶稣会士列传》第 314 目之《宋君荣传》云：琉球记录凡四条，记此国诸岛方位、沿革、宗教、风俗、册封礼节，几尽采自一七二一年刊之徐葆光《中山传信录》。[4] 费氏另言：宋君荣之《琉球回忆录》乃 1751 年（乾隆十六年）寄往巴黎者。时在《中山传信录》问世后三十年，乾隆册封尚穆王之前五年，故别无更新之材料。宋君荣所著《琉球回忆录》分四节，其材料几乎完全根据《中山传信录》，原文载《耶稣会士通讯集》，亦名《坊表书札》。[5]

在译介《中山传信录》的过程中，宋君荣绘制了《国王是中国藩属的琉球诸岛图》（*Carte des Isles de Liéou-Kiéou dont le roi est tributaire de la Chine*[6]），该图系《琉球诸岛图》（*Carte des Isles de Lieou-Kieou*）的手绘原稿。[7] 值得注意的是，在《国王是中国藩属的琉球诸岛图》及《琉球诸岛图》中，耶稣会士对钓鱼岛列屿的命名开始转向采用中国名字，钓鱼岛、黄尾屿和赤尾屿分别为“Tiaoyu su”

---

[1] “Magnae Tartariae, Magni Mogolis Imperii, Iaponiae et Chinae, Nova Descriptio”, http://www.vintiage-maps.com/zoomify/template.php? zoomifyimage=10101_0.jpg。

[2] http://s3.aimazonaws.com/sanderusmaps.9000.be/160470-8392.jpg。

[3] “Carte General de Toutes les Costes du Monde et les Pays Nouvellement Decouvert”, http://alabamamaps.ua.edu/historicalmaps/cartographers.html。

[4] [法]费赖之著，冯承钧译：《在华耶稣会士列传及书目》，中华书局，1995 年，第 702 页。

[5] 方豪：《方豪六十自定稿》（上），（台湾）学生书局，1969 年，第 550 页。

[6] 此图原图现收藏于法国国家图书馆舆图部：Bibliothèque nationale de France, département Cartes et plans, GE D-16718。感谢廖大珂教授提供此一重要信息，参见廖大珂：《〈琉球诸岛图〉的作者及相关问题之管见》，《闽商文化研究》2014 年第 1 期。

[7] 以往学界普遍认为，《琉球诸岛图》是宋君荣绘制的，即在宋氏将《中山传信录》译为法文，撰著琉球回忆录的过程中，绘制了《琉球诸岛图》，持此观点的代表性学者为鞠德源先生（参见鞠德源：《日本国窃土源流·钓鱼列屿主权辩》上册，首都师范大学出版社，2001 年，第 364—366 页）。据廖大珂先生的最新研究，订正了此一认识。廖大珂先生发现，《国王是中国藩属的琉球诸岛图》才是宋君荣手绘并寄往巴黎的原稿，《琉球诸岛图》乃是根据宋君荣原图刻制的（参见廖大珂：《〈琉球诸岛图〉是宋君荣绘制的吗?》，2013 年未刊稿）。

"Hoangouey su"和"Tchehoey su"(带有闽南语发音特征),即明确表明钓鱼岛列屿属于中国领土范畴。

在《琉球诸岛图》刊刻出版前后,西方航海地图中对钓鱼岛列屿名称的标绘发生了变化,开始采用中国的命名系统,逐渐取代了"三王岛"命名。目前所知最早使用中文(闽南语发音)命名系统的西方地图,是1720年在荷兰阿姆斯特丹出版的《印度、中国、苏门答腊、爪哇岛和东印度地图》,[1]图中绘出了台湾北部五岛,并标注以闽南语的译名,这五岛由西向东依次是:Pong-kia(彭佳山)、Hoapin-su(花瓶屿)、Hao-yu-su(钓鱼屿)、Hoan-oey-su(黄尾屿)、Tche-oey-su(赤尾屿)。1740年,英国人Solomon Bolton制作的《亚洲第六图:日本、高丽、蒙古和中国图》(*Asia, plate VI: Japan, Corea, the Monguls, and part of China*,[2]现收藏于美国南加州大学数字图书馆),标注有台湾北部岛屿的名称:Ponkia(彭佳山)、Hoapinsu(花瓶屿)、Hoayusu(钓鱼屿)、Hoanoeysu(黄尾屿)、Tcheoeysu(赤尾屿)。其下方绘有先岛群岛,以一道内拱的弧线标示标题,以示与台湾北部五岛的海域划分。1752年,法国地理学家Jean Baptiste Bourguignon d'Anville(1697—1782)绘制的《亚洲第二图:中国和鞑靼局部、印度恒河、苏门达腊、爪哇、婆罗洲、马鲁古、菲律宾诸岛以及日本》[3]由Guillaume Delahaye刻印,该图对钓鱼岛的描述基本上和Solomon Bolton的地图相同。[4]

18世纪中叶以后,西方地图中对钓鱼岛及其附属岛屿的标绘,基本上采用中国命名系统,将它们列为台湾附属东北诸岛屿群,并显示出与琉球领土的区隔。如法国航海家La Pérouse于1785—1788年航行勘察了东中国海海域,并于

---

[1] "Carte d'une partie de la Chine, les Isles Philippines, de la Sonde, Moluques, … Carte des Indes, de la Chine & des Iles de Sumatra, Java / Indes Orientalis",该图由Covens and Mortier公司出版,见http://www.swen.com/item.php? id=15831。

[2] "Asia, plate VI: Japan, Corea, the Monguls, and part of China",见http://digitallibrary.usc.edu/cdm/singleitem/collection/p15799coll71/id/302/rec/1。

[3] "Second partie de la Carte d'Asie contenant La Chine et Partie de la Tartarie, L'Inde au de la du Gange, les Isles Sumatra, Java, Borneo, Moluques, Philippines, et du Japon",该图由Guillaume Delahaye出版,见http://www.davdumsey.com/luna/servlet/detail/RUMSEY~8~1~4417~410006:Seconde-partie-de-la-carte-d-Asie。

[4] 关于这些地图用中文名称(闽南语拼音)标绘钓鱼岛及其附属岛屿的信息来源,廖大珂先生认为由于时间关系,显然不是源自《中山传信录》法文节译本,而是康熙时期测绘全国地图之总成《皇舆全览图》及相关测绘资料,特别是康熙五十三年(1714年)冯秉正、雷孝思等测绘台湾地图得到的成果。实际上,这从钓鱼岛名称以闽南语拼音表示或可见端倪,当时参与测量的人员助手不乏本地闽南籍人士,而且根据在华耶稣会士有定期向国内母会汇报及将相关材料寄回国内的机制,1714年测绘台湾地图形成的成果在地图完成之后即已传至欧洲(正如前文所述,在1719年之前,《皇舆全览图》及相关地图测绘的资料已流入欧洲)。当然,关于此一论断尚未发现直接证据,还有待进一步考证和挖掘资料。

1787 年绘制《东亚地理发现图》(*Chart of Discoveries*),[1] 其中钓鱼岛标注为"Tiaoyu-su"。又如19世纪初在英国人早期对钓鱼岛的认识体系中,最初也用"Haoyu-su"和"Tiaoyu-su"命名钓鱼岛,英国1843年的《Findlay Alex 地图》中亦标示该名。[2] 从18世纪末至19世纪,大量西方国家绘制的东亚地图在标注钓鱼岛列岛的地名时使用中国语发音,其中大部分地图还用闽南语发音。这些地图都将钓鱼岛列屿标示为中国领土(台湾附属岛屿)的一部分。[3] 一直到20世纪初,西方地图还将钓鱼岛标示于中国领土范畴内。如出版于1907年、由加拿大长老会传教士季理斐(Donald MacGillivray)编撰的《基督新教差会在华百年史(1807—1907)》,扉页上的中国地图中,即将钓鱼岛及其附属岛屿标绘于中国版图内,隶属于台湾。[4]

如果说西方地图因着色、板块混合等原因而难以辨明岛屿主权归属,那么西方人航海针路明确的经纬度标示及其归属板块,则很好地补充了钓鱼岛主权归属的证据。在1762年葡萄牙人的航海针路文献《航行艺术及航行针路》一书中,明确地标示钓鱼岛及其附属岛屿是属于台湾的,其中的"针路表"把钓鱼岛(三王岛)与台湾、漳州、宁波等中国沿海地区放在同一个板块中,明确无误地表明钓鱼岛列屿是隶属于台湾的附属岛屿。而在该"针路表"中,属于日本的地方则标有"日本的"(Japaó)字眼。[5] 从中可以非常明显地看出钓鱼岛主权归属

---

[1] Galaup de La Pérouse, *Voyage de la Pérouse autour du monde pendant les années 1785-1788*, *II*, p. 382.;另参见台湾博物馆:《地图台湾:四百年来相关台湾地图》,南天书局,2007年,第128页。

[2] re. Nathaniel Bowditch, Thomas Kirby, *The improved practical navigator*, 1809, p.192.; Abraham Rees, *The Cyclopœdia: or, Universal Dictionary of Arts, Sciences*, 1819, vol. 35 及 Jedidiah Morse, *A New Universal Gazetteer, or, Geographical Dictionary*, 1821, p.735.

[3] 这些地图有:法国地理学家皮耶拉比(Pierre Lapie)所绘《东中国海沿岸各国图》;1806年英国著名的制图家 John Cary 绘制的《中国及属国鞑靼最新地图》(*A New Map of Chinese & independent Tartary*);1815年英国爱丁堡制图家 John Thomson 的《中国》地图;1832年前法国地图绘制领域的领导人物 Adrien Hubert Brué 绘制的《中华帝国与日本》(Empire Chinois et Japon);1859年美国纽约出版的《柯顿的中国》(*Colton's China*)的近代中国地图;1861年英国人 Alexander Keith Johnston 在爱丁堡出版的《中国和日本地图》(该图于1879年和1893年两次再版);1862年 F. A. Garnier 在法国巴黎出版的《东亚地图》(*Asie Orientale*);1866年 Adolf Stieler 和 F.v.Stulpnagel 在德国哥达出版的《中国和日本》地图(*China und Japan*);1872年 Fullarton, A. & Co.在伦敦和爱丁堡出版的《中国地图》;1877年英国出版的《东中国海岸:香港至辽东湾》地图;1887年美国纽约亚尔登出版社(John B. Alden, Publisher)出版的《亚尔登世界大地图集》(*Alden's Home Atlas of The World*);1889年美国 Rand McNally and Company 在芝加哥出版的《中国地图》;1897年英国出版的《中国东部》地图等等。参见互联网站 http://www.davidrumsey.com、http://digitallibrary.usc.edu 等;另参阅廖大珂:《日本最早记载钓鱼岛的文献——〈琉球国图〉》,《南洋问题研究》2013年第3期;郑海麟:《从中外图籍看钓鱼岛主权归属》,《太平洋学报》2012年第12期等文。

[4] Donald MacGillivray, *A Century of Protestant Missions in China 1807-1907*, Shanghai: The American Presbyterian Mission Press, 1907, "Map".

[5] Manoel Pimentel, *Arte de Navegar & Roteiro das Viagens*, Lisboa, 1746, p.199.

于中国。

到了 19 世纪,这种航海针路与航道信息更加明确。1816 年伦敦出版《东印度、中国、澳洲等地航海指南》,对台湾、先岛群岛和琉球群岛所属岛屿和地理范围均作了明确记载,并标明了各岛的经纬度,在台湾的附属岛屿板块中包括了 Hoapin-su、Tiaoyu-su 和 Broughton's Rock,〔1〕实际上即为钓鱼岛、黄尾屿和赤尾屿。1863 年美国传教士汉学家卫三畏(S. Wells Williams)的《中国商业指南》(*The Chinese Commercial Guide*)附录《中国海岸航行指南》中,明确地将钓鱼岛及其附属岛屿归属于台湾岛。〔2〕 说明在当时西方人的官方概念中,钓鱼岛列屿是台湾附属岛屿。

1856 年,美国人 James Ackerman 所镌刻的《福尔摩沙岛》(*the Island of Formosa*)地图,〔3〕是目前所知美国人所测绘最早的台湾地图,收录在由 Francis Lister Hawks 编《美国舰队远征中国与日本记》(*Narrative of the Expedition of an American Squadronto the China Seas and Japan*)一书中。图中的 Pinnacle I.指的是台湾北部的花瓶山。与该图相似的还有 1864 年由英国人 Edward Weller 依据英国驻台湾府副领事 Robert Swinhoe 的资料绘成的《台湾岛略图》(*Sketch Map of Island of Formosa*),〔4〕该图为 Swinhoe 发表在《皇家地理学会学报》(*Joumal of the Royal Geograplzical Society*)论文中的附图。前述的 1861 年 Alexander Keith Johnston《中国和日本地图》和 1872 年 Fullarton, A. & Co.《中国地图》等图中,也出现 Pinnacle I.,均指台湾北部岛屿。据郑海麟先生考证,Pinnacle 是萨玛兰号舰长爱德华所查的花瓶山的闽语"HOAPIN-SAN"的英文名,原意为"教堂尖塔形屋顶",而爱德华实际测量的是钓鱼岛,不是花瓶屿,但这个错误的信息却成为日本人关于钓鱼岛知识的来源。〔5〕 后来,Pinnacle Islands 更是被张冠李戴,用在钓鱼岛标绘上,并为一些西方地图所沿袭。

1861 年,英国海军局刊印了英国人金约翰(King John)编辑的《海道图说》。

〔1〕 John Purdy, *Tables of the Positions, or of the Latitudes and Longitudes of Places, Composed to Accompany the 'Oriental Navigator,' or Sailing Directions for the East-indies, China, Australia, & C. with Notes, Explanatory and Descriptive*, London: Ridkr and Weed, Litthe Britsin, 1816, p.156.

〔2〕 S. Wells Williams, *The Chinese Commercial Guide*, fifth edition, Hong Kong: Published by A. Shortrede & Co., 1863, "Appendix", pp.190 - 191.

〔3〕 吕理政,魏德文:《经纬福尔摩沙: 16—19 世纪西方绘制台湾相关地图》,(台北)南天书局,2005 年,第 114 页。

〔4〕 吕理政,魏德文主编:《经纬福尔摩沙: 16—19 世纪西方绘制台湾相关地图》,(台北)南天书局,2005 年,第 118 页。

〔5〕 郑海麟:《钓鱼岛列屿之历史与法理研究》,中华书局,2012 年,第 78—79 页。

该书用地图加文字说明的方式详细记载了中国沿海岛屿、港口形状、长宽、岛间距离和登岛位置等要素。该书于洋务运动期间由江南制造局翻译刊行,成为当时大清海军的航行指南。书中卷九记录了钓鱼列岛的情况。[1]《海道图说》是根据19世纪英美海军在中国沿海测量调查而成的《中国海图志》(或称《中国海路图说》)编译而成的,该书明确将钓鱼列岛列于台湾附属岛屿范畴。另外,清人陈寿彭编译的《中国江海险要图志》一书,根据1894年英国海军海图官局第三次修订的最新本《中国海方向书》(*China Sea Directory*)编辑而成,是书也将钓鱼岛列屿归在台湾的附属岛屿部分。[2]

第二节　钓鱼岛问题与中日争端

第二次世界大战后,依据《开罗宣言》《波茨坦公告》和《日本投降书》,钓鱼岛作为台湾的附属岛屿应与台湾一并归还中国。但20世纪50年代,美国擅自将钓鱼岛纳入其托管范围;20世纪70年代,美国将钓鱼岛"施政权""归还"日本。美日有关钓鱼岛的行为,是非法、无效的,严重侵犯了中国的领土主权。

一、日本人主张拥有钓鱼岛主权的荒谬

元禄十五年(1702年),日本萨摩藩主根据江户幕府重新绘制《国绘图》计划,提交所制《萨隅日绘图》和《琉球国绘图》(各6幅)。其中,6幅《琉球国绘图》所绘琉球国西南边界为久米岛,极西南边界为八重山群岛的与那国岛。该图完全采用西方地图绘制技术,统一以1∶21 600(1里6寸)的比例制作,现收藏于日本国立公文书馆。另外,日本宫内厅书陵部还保存有《琉球国乡村账及附图》(3幅),是萨摩藩主同时期进献的图籍。该附图同样显示琉球国西南边界为久米岛,极西南边界为八重山群岛的与那国岛,均不含我国钓鱼岛及其附属岛屿。

100多年后的天保九年(1838年),根据江户幕府的指令,日本各地在元禄版《国绘图》的基础上再一次绘制了全国地图,此即《天保国绘图》(共83幅),现保存于日本国立公文书馆。其中所收《琉球国绘图》(3幅)仍然没有涉及我国

〔1〕［英］金约翰辑,［美］金楷理、王德均译:《海道图说》卷九,清光绪刻本。

〔2〕英国海军海图官局编,(清)陈寿彭译:《新译中国江海险要图志》卷一—《台湾东北诸岛》,广雅书局,1907年,载《台湾文献汇刊》第五辑·第九册,九州出版社、厦门大学出版社,2004年,第315—317页。

钓鱼岛及其附属岛屿。这充分说明,明治维新之前,琉球王府、萨摩藩当局以及江户幕府并不知道钓鱼岛及其附属岛屿的情况。

钓鱼岛最初为日本人所了解,需提到林子平(1738—1793年)1786年出版的《三国通览图说》,书中《琉球三省并三十六岛之图》是重要附图。此图的色彩标识中,清国的国土为红色,琉球为黄色,而钓鱼岛列屿与福建省用的都是红色。此图色彩区分清楚地表明:钓鱼岛及其附属岛屿是中国的领土。《三国通览图说》代表了日本对钓鱼岛的认知:钓鱼岛是中国的。

1873年日本海军水路寮(日本海军水路局的前身)出版的《台湾水路志》中记载有钓鱼岛及其附属岛屿。该书著者柳楢悦(1832—1891年),在经过实地的航海勘测后,将钓鱼岛及其附属岛屿收入书中"台湾北岸"部分加以介绍。这说明当时的日本政府承认钓鱼岛及其附属岛屿属于台湾。书中两处岛屿被命名为"尖阁",说明日本人对"尖阁"名称的使用并不固定。其中一处"尖阁"与"甫亚宾斯岛""地压乌斯岛"形成三岛鼎峙。"甫亚宾斯"日语发音即Hoapinsu的对音;"地压乌斯"日语发音即Tiausu的对音。"Hoapinsu"和"Tiausu"是西方人对钓鱼岛和黄尾屿的称呼,早在19世纪中叶就已经在西方人的地图上固定下来了。由此可见,日本人早期所命名的"尖阁"岛,并非指现在的钓鱼岛。

《马关条约》使日本殖民统治台湾(包括钓鱼岛及附属岛屿)50年,但在第二次世界大战日本战败后,钓鱼岛及附属岛屿随台湾归还中国。1941年12月9日,中华民国政府正式对日宣战,宣布废除中日两国之间的一切条约、协定,中国公开声明收回台湾、钓鱼岛及附属岛屿。

1943年11月,中、美、英三国在埃及开罗召开会议,提出:日本所窃取于中国之领土,例如东北四省、台湾、澎湖群岛等,归还中华民国。其他日本以武力或贪欲所攫取之土地,亦务将日本驱逐出境。

1945年7月26日,中、美、英三国发表促令日本投降的《波茨坦公告》,其中规定:《开罗宣言》之条件必将实施,而日本之主权必将限于本州、北海道、九州、四国及吾人所决定之其他小岛。随后,在《日本投降书》中,日本明确表示接受《波茨坦公告》,并承诺忠诚履行《波茨坦公告》各项规定。

1945年8月15日,在东京湾"密苏里"号战列舰上,日本在受降书上签字。1945年10月25日,台湾省对日受降典礼在台北公会堂举行。至此,被日本侵占近半个世纪的台湾及其附属岛屿复归中国。

但美国非法将钓鱼岛纳入其托管范围。1945年日本投降后,美国占领冲绳岛。1951年9月8日,美国等一些国家在排除中国的情况下,与日本缔结了《旧金山对日和平条约》,擅自将钓鱼岛纳入托管范围。此举遭到了以周恩来总理为代表的中国政府的强烈反对。同日,日美签订《日美安全保障条约》,此即今日美国宣称的适用钓鱼岛之法。

1952 年 2 月 29 日,美国发布"第 68 号令"《琉球政府典章》;1953 年 12 月 25 日,美国发布"第 27 号令",把钓鱼岛划入琉球群岛。根据这两个号令,1970 年 9 月 10 日,美国支持日本将钓鱼岛划入日本自卫队的"防空识别圈"内。

1971 年 6 月 17 日,日美签署了归还冲绳的协定《关于琉球诸岛及大东诸岛的日美协定》,擅自将琉球群岛和钓鱼岛的"施政权""归还"日本。由于中国政府和人民的强烈反对,美国不得不公开澄清其在钓鱼岛主权归属上的立场。1971 年 11 月,美国参议院批准"归还冲绳协定",美国明确称,中日双方若有对立主张,则应当由有关当事国解决,美国将采取中立立场,不偏向于争端的任何一方。

长期以来,日本一直怀有窃据钓鱼岛的野心,其右翼分子在日本政府的纵容下不断在钓鱼岛上做文章,如日本右翼分子多次登岛,设立所谓的"主权标志"。日本海上保安厅则经常阻挠我国保钓人士登岛和我国渔民的正常作业。2012 年 9 月 10 日,日本政府还变本加厉地在日本国内上演了一出购岛闹剧,严重侵犯了中国的领土主权。

二、中国对钓鱼岛问题的立场

钓鱼岛是中国固有的神圣领土。针对日本侵犯中国钓鱼岛主权的非法行径,中国政府采取了有力的反制措施,一方面通过发表外交声明,对日严正交涉和向联合国提交反对照会等举措表示抗议,郑重宣示中国的主张和一贯立场;另一方面通过国内立法明确规定钓鱼岛属于中国,并始终在钓鱼岛海域保持经常性的存在,实施管理,坚决捍卫中国的领土主权和海洋权益。与此同时,港澳同胞、台湾同胞和海外侨胞纷纷开展各种形式的活动,以维护中国钓鱼岛领土主权,强烈表达中华儿女的正义立场。

1. 中国通过外交途径强烈抗议和谴责美日行为

1951 年,国务院总理兼外交部长周恩来代表中国政府发表严正声明,指出《旧金山和约》是非法的、无效的,钓鱼岛自古以来就是中国领土不可分割的一部分。1971 年 12 月 30 日,针对美日两国国会批准"归还冲绳协定"行为,中华人民共和国外交部发表严正声明,指出美日两国政府在归还冲绳协定中,把我国钓鱼岛等岛屿列入归还区域完全是非法的。1972 年 9 月 29 日,中日实现邦交正常化,在两国政府共同签署的《中日联合声明》中,日本政府郑重承诺,充分理解和尊重中方关于台湾是中国不可分割一部分的立场,并坚持《波茨坦公告》第八条的立场。

2012年9月9日，由于日本购岛闹剧越演越烈，胡锦涛在亚太经合组织第二十次领导人非正式会议期间正告日本首相野田佳彦：在钓鱼岛问题上，中方立场是一贯的、明确的。日方采取任何方式"购岛"都是非法的、无效的。中国政府在维护领土主权问题上的立场坚定不移。日方必须充分认识事态的严重性，不要作出错误的决定。2012年9月25日发表《钓鱼岛是中国的固有领土》白皮书，从历史、地理和法理上全面系统地阐明了钓鱼岛是中国的固有领土，在国际、国内产生了强烈反响。2012年9月27日，外交部长杨洁篪在纽约联合国总部出席第六十七届联合国大会并发言，阐述了中方在钓鱼岛问题上的严正立场。

2. 我国关于领海、海岛的立法明确规定钓鱼岛属于中国

1958年9月4日，中国政府发布关于领海的声明，宣布台湾及其周围各岛屿属于中国领海的管辖范围。1992年2月25日，中国颁布《中华人民共和国领海及毗连区法》，以立法的形式重申"台湾及其包括钓鱼岛在内的附属各岛"为中国固有领土。2009年，颁布《中华人民共和国海岛保护法》。2012年3月，中国公布了钓鱼岛及其部分附属岛屿的标准名称。2012年9月10日，中国政府发表声明，公布了钓鱼岛及其附属岛屿的领海基线。2012年9月13日，中国政府驻联合国代表李保东大使向联合国秘书长交存钓鱼岛及其附属岛屿领海基点基线的坐标表和海图。2012年9月30日，联合国网站公布了中国政府提供的钓鱼岛领海基线海图。

3. 港澳台同胞和海外侨胞携手保卫钓鱼岛

由于日本政府右翼分子的不断挑衅，引起全球华人的愤慨，从1971年开始，全世界范围的保钓浪潮一浪接一浪，全美30余所高校、4 000多名华裔学生齐赴华盛顿，在美国国会大楼、日本驻美大使馆、"中华民国驻美大使馆"等处举行保卫钓鱼岛示威游行。近年来，民间保钓也风起云涌，特别是在2010年中日钓鱼岛争端白热化以来，海峡两岸和海外各界的民间保钓示威游行活动声浪高涨，全世界华人用实际行动捍卫钓鱼岛主权，捍卫祖国的海洋权益和民族尊严。

4. 中国维护领土主权和海洋权益的有力措施

中国政府对钓鱼岛执法和维权活动逐渐步入机制化、常态化进程。2008年12月以来，中国海监船队对钓鱼岛进行常态化巡航执法的力度逐渐加大。2012年9月14日，中国海监的两个海洋巡航编队，抵达钓鱼岛及其附属岛屿海域，对钓鱼岛及其附属岛屿附近海域进行维权巡航执法。自此，中国海监和渔政对钓鱼岛及其附属岛屿的常态化巡航成为中国宣示钓鱼岛主权的有力的执法行动。

2012年9月11日起,中央气象台把钓鱼岛及其周边海域的天气预报纳入国内城市天气预报中,并在新闻联播《天气预报》节目里播出。为维护海上生产秩序,加强渔业资源管理,保障我渔民生命财产安全,农业部依法在东海包括钓鱼岛海域等我国管辖海域坚持实施常态化护渔巡航。除此之外,2012年9月,我国各军区、东海舰队相继开展海上军演。

无数的历史事实和证据都充分证明,钓鱼岛及其附属岛屿自古以来就是中国的固有领土,中国对其拥有无可争辩的主权。

三、钓鱼岛问题的历史与未来

综上所述,钓鱼岛主权属于中国不容置疑。但世界上总有那些充满贪欲和包藏祸心的人,他们觊觎钓鱼岛,总是千方百计地想窃取中国神圣的领土钓鱼岛。

1895年1月14日,日本内阁秘密通过决议,将钓鱼岛"编入"冲绳县管辖。其冠冕堂皇的理由就是钓鱼岛是"无主地"。参照上述关于钓鱼岛的历史,显然,说钓鱼岛是"无主地"是多么的荒谬。

1895年4月17日,清朝在甲午战争中战败,被迫在日本的长崎签下了《马关条约》,台湾包括钓鱼岛及其附属岛屿被日本殖民统治近半个世纪。

虽1943年,《开罗宣言》强调剥夺日本用不正当手段攫取的岛屿领土,包括钓鱼岛在内的中国诸岛;虽《波茨坦公告》规定了日本的领土范围,中国所有被日本侵占的领土,包括钓鱼岛应全部归还给中国,但在1951年9月8日,美国却背着中国与日本缔结了《旧金山和约》。日本以此为借口,企图侵占钓鱼岛不还。

1971年6月17日,美日签署了《关于琉球诸岛及大东诸岛的协定》(简称"归还冲绳协定"),非法地将琉球群岛和钓鱼岛的"施政权""归还"给日本。

2012年9月10日,日本野田政府宣布对钓鱼岛实行"国有化"。

以上种种行为是今日钓鱼岛问题迟迟得不到解决的历史根源。而各种历史事实证明,中国对钓鱼岛及其附属岛屿拥有不容侵犯的主权。我们坚信,牢不可破、确凿无疑的钓鱼岛主权属于中国的历史事实,将击碎日本人对钓鱼岛的痴心妄想。中国人捍卫国家领土主权和海洋权益的决心是坚定不移的,是不可战胜的。世人皆知,钓鱼岛属于中国这是一个谁都改变不了的历史事实。

附录：东海划界的由来及现状

一、东海划界的由来与中日关系

东海划界问题是中日海洋争端的一大焦点问题，至今悬而未决。东海划界不仅事关钓鱼岛领土主权归属，还与我国的领海管辖范围及海洋资源开发等海洋权益问题相关，对此我们不得不高度重视和谨慎应对，以合理地维护我国的海洋权益。东海划界问题是由日本方面率先挑起的关于中日两国海上疆界划分方案的外交事件。

1. 埃默里报告引发的纷争

1969年，美国海洋学家埃默里（K. O. Emery）等人发表了《东海和黄海的地质构造和水文特征》一文。文中提出：在东海中、日、韩大陆架交界处存在着“世界上海底石油资源远景最好的、未经勘探的地区”。〔1〕此文的发表，一石激起千层浪，原本还较为平静的东海海域，成为中、日、韩三国角力和博弈的舞台，尤其是中日两国围绕东海海底石油资源等问题发生了激烈的争执。日本方面更是一厢情愿地抛出以“中间线”来划定两国海上疆界的方案，严重地侵犯了中国的海洋权益和领土主权。

东海水域位于中国大陆与西太平洋岛弧之间，是环绕中、日、韩三国领土的广阔海域，东西宽约150—360海里，南北长约630海里。东海海域内有一道非常明显的天然地理界限，即东海海槽（也称“冲绳海槽”），将中国与琉球（即今冲绳地区）隔开。在东海海域，中国、日本和韩国各自的权利主张在很大程度上相互交叉和重叠。早在1974年1月，日本和韩国不顾中国的强烈反对，在中、日、韩三国权利主张严重重叠的区域开发石油，并签订了《日本和韩国关于共同开

〔1〕 参见赵理海：《海洋法问题研究》，北京大学出版社，1996年，第42页。

发邻接两国的大陆架的协定》，该协定分为日韩大陆架共同开发北部、南部两部分协定，其中南部协定规定，九州及奄美诸岛的中国东海海底区域 8 200 平方公里由日本和韩国共同开发。此协定设立了日韩划分大陆架的“中间线”，但这一协定完全是背着中国私自签订的，而日韩两国划定的“共同开发区”已经超过了中日中间线而偏向中国一侧，严重侵害了中国的权益。中国对此予以反对，认为非法无效。〔1〕 到目前为止，日韩在共同开发区域进行的钻探工作尚未发现石油。

2. 日本“中间线”方案的缘起

东海划界问题首先由日本挑起。早在 1982 年，日本方面就曾多次向中国提出所谓“中间线”方案。日本方面的依据是以 200 海里经济专属区的概念以及旧“大陆架条约”第 6 条的规定，认为两国在划定距离不足 400 海里的经济专属区分界线时，要以双方等距离的中心线进行划分，这便是日方所强调的“中间线”方案。中国方面对此显然是不能认同更不会答应的。但当时因为中日两国关系正处于全面发展期，日方对华的大量无偿援助和低息贷款正在源源不断地进入中国，双边的政治、经贸关系正处于良性互动的友好阶段。为了顾全大局，不使这种中日良性互动关系遭到阻碍和破坏，对于这一问题，中国政府选择了避而不谈的做法，未给日方明确的答复，在钓鱼岛问题上也采取了“搁置原则”。对此，日本政府竟然一厢情愿地单方面理解为“中方默认了中间线原则”，这就为日后两国在东海划界问题上产生的纠纷埋下了根源。

3. 东海油气田开发与“中间线”方案的发酵

埃默里报告发表后，自 1974 年中国地质勘探队对东海海底进行勘探以来，至 21 世纪初，中国在东海共建立了春晓、平湖、断桥、残雪等 8 个海上油气田，其中平湖油气田自 1999 年起向上海日均供天然气 1 200 万立方米；春晓油气田 2000 年日产天然气 46 万立方米、凝析油 55 万立方米，均属高产工业油气流，展现了良好的开发前景。面对如此丰厚的自然资源，日本方面不免垂涎三尺。实际上，东海之争的挑起，乃在于日本媒体的恶意炒作。2004 年 5 月 27 日，《东京新闻》记者和杏林大学教授平松茂雄乘飞机对正在兴建中的中国东海春晓天然气开采设施的建设情况进行了“调查”，几天后有关《中国在日中边界海域兴建天然气开发设施》《日中两国间新的悬案》等标题的报道和评论在《东京新闻》上连续刊出。其中充斥着“中国向东海扩张”“中国企图独占东海资源”等煽动性

---

〔1〕 浦野起央、刘甦朝、植荣边吉：《钓鱼台群岛问题研究资料汇编》，（香港）励志出版社、（东京）刀水书房，2001 年，第 295 页。

文字。而日本大小数百家网站立即进行了转帖,结果这种恶性鼓动挑起了日本民众严重的“不满”情绪。这种不满情绪随即被日本右翼势力所利用和操纵,小泉内阁甚至派遣主管经济的官员中川昭一于 2004 年 6 月 23 日乘直升机飞到东海上空,对中国的天外天、平湖和春晓三个油气田进行了约一个小时的“视察”,并认定中国“侵犯”了日本的海域经济权益。此后,日本方面还妄图让中方提供开发区域海底的地质构造数据,遭中方拒绝。逐渐地,中日两国的东海纠纷正式进入前台。2004 年 10 月 25 日,中日两国就此问题进行了事务性会谈。在会谈中,日本方面采取了“先声夺人”的手段,用“日本领土沿岸 200 海里”的方案代替之前一直强调的“中间线”方案,企图通过这种“抬高价码”的方式向中国施压,妄图迫使中方同意此前日本一直单方面强调的“中间线”方案。然而,日方新提出的“沿岸 200 海里”及延伸部分,不仅大大超过了“中间线”,而且将本属中国的领海以及包括福建等沿海地区的陆地也划入其中,这在中方看来无异于“狮子大开口”,无理且无耻。同时,日方还要求中国方面提供春晓油气田的具体数据以及中国海洋调查船的具体活动数据,并在“中间线”靠日本一侧海域进行矿区设定。对于日方这种蛮横无理的态度,中国方面给予断然拒绝,这次会谈没有取得任何实质性的结果。〔1〕

此后,中日双方就东海问题进行了多次磋商和讨论,但都未能取得实质性进展,主要原因还在于日本方面扩大事态之心不死。2005 年 4 月 1 日,日本政府“正式公布”其调查结果,认定中方春晓和断桥两个油气田与“中间线”日方一侧的海底油气资源相连接。日方借以“吸管效应”为由,认为中方油气田将会吸走本属于日方的油气资源。同时,日本还暗地里调兵遣将,加强了东海区域的军事部署和干预,试图在军事上给予中国压力,迫使中方屈服。

4.“吸管效应”

所谓“吸管效应”是日本方面提出的一种干扰和阻碍中方东海油气田正常开发的“理论依据”。根据日方的说法,因为海底油气资源是连在一起的,存在流动性,所以日方担心中方在距“中间线”如此之近的距离进行开采,会将“中间线”靠日方一侧的资源“吸”过去。对于这种情况,日方将之称为“吸管效应”。

有学者认为,“吸管效应”乃是目前日方明目张胆、理直气壮阻止和干扰中方开发春晓油气田的最有力的“理论依据”。支撑“吸管效应”并使其不断发酵的,仍然是日方单方面主张的所谓“中间线”。

---

〔1〕 参见《中日东海纷争的是与非》,《联合早报论坛》2005 年 7 月 15 日(网络版):http://ent.ifeng.com/phoenixtv/76566708403306496/20050715/588651.shtml。

日方在大肆渲染“吸管效应”的同时，还公开宣称要报复中方不给日方提供春晓油气田相关资料的状况，其于2004年7月至2005年6月投入巨资租用世界上最先进的挪威物探船“胜利”号，在春晓以东大约30公里的附近海域实施了为期一年的所谓海底资源调查。调查作业结束后还煞有介事地将其“结果”通报中方，称因为只进行了“中间线”东侧的调查，因此无法查明是否存在“吸管效应”，仍要求中方提供春晓油气田相关资料。同时，日方还在紧贴中方春晓、断桥及天外天平台东侧设置了三个名曰白桦、楠和桔梗的井位，并于2005年7月14日由日本政府宣布授予民间企业试开采权。随后，被“授予”试开采权的日本帝国石油公司与国际石油天然气公司合股壮大实力，建造勘探开发平台等作为试开采的前期准备。为“保护”这些石油企业的试开采，排除中方可能进行的干扰和阻碍，日方还专门进行有针对性的“立法”。2007年4月20日，日本国会通过了《海上建筑物安全水域设置法》，规定海上建筑物周边500米海域未经“许可”不得入内。可以说，在“吸管效应”的“理论依据”基础上，日方围绕“中间线”做足了文章，不仅从《国际海洋法公约》中寻找法律依据，还想尽办法用实际行动大造声势，试图造成既成事实的假象。诚如学者所言，日本单方面提出的“中间线”划界主张，已经成为中日东海划界矛盾的焦点和发生危机的根源。中方若不将其彻底否定，中日在东海问题上将永远纠缠不清，海上冲突等不测事件将随时会发生。[1]

二、东海划界的法理辨析

东海划界争端持续至今，从总体发展趋势看，日方要尽伎俩和手段对我方不断进行干扰和阻碍，明明是地理和法理的理亏者，却呈现出一种咄咄逼人的态势。其中原因何在？值得我们深思。无论从法理依据抑或历史证据，东海划界都应该是中国占据主动和处于有理方才对；而要攻破日本的小伎俩，必须不仅在法理论证方面站稳脚跟，还要在军事部署、舆论宣传和外交决策等多层面、多方位联动配合，将日本的图谋彻底粉碎。

1. 日方的法理主张

日本在东海划界问题上图谋已久。在中日东海大陆架的划界方法上，日本在1996年颁布《专属经济区及大陆架法》，主张与邻国之间的专属经济区和大陆架划界均采用“中间线”法划分。对于中日之间以“中间线”法划分东海大陆架，日本方面主要提出以下几点主张：首先，日本认为，中日两国同处于一个大

---

〔1〕 郁志荣：《东海维权——中日东海·钓鱼岛之争》，文汇出版社，2012年，第33页。

陆架上，属于共架国，因此大陆架的划分应以“中间线”为准。其次，日本否认冲绳海槽是东海大陆架与琉球群岛之间的自然分界，而坚持冲绳海槽只是东海大陆架连续上的偶然凹陷，琉球海沟才是东海大陆架的终点。最后，对于位于东海大陆架上、中日之间的钓鱼岛群岛，日本方面一直坚持对钓鱼岛群岛行使“主权权利”，并要求以钓鱼岛群岛为中日大陆架划界的基点，与中国平分大陆架。

日本坚持的“中间线”划分方案，其法理依据主要是对《联合国海洋法公约》（以下简称《公约》）的片面理解，及其国内制订的《专属经济区和大陆架法》的霸王条款。关键点在于，日方认为大陆架制度已经被专属经济区制度所吸收，其理由有三：第一，大陆架制度采用了专属经济区 200 海里的距离标准；第二，《公约》第 56 条第 1 款的规定：沿海国在专属经济区内有以勘探和开发、养护和管理海床上覆水域和海床及其底土的自然资源为目的的主权权利；第三，世界潮流：日方列举世界上所有海岸相向或相邻国家的划界实践案例，无不都是把专属经济区和大陆架划成一条线的，日方认为专属经济区制度深入人心，呈发展上扬趋势，而大陆架制度正在逐渐消亡。对于日本方面的这些法理依据，中方进行了严正批驳，认为日方对专属经济区和大陆架制度的理解和解释完全是片面和狭隘的，有悖于《公约》规定的海上划界原则精神。无论从两大制度形成的渊源，还是《公约》对其规定的形式、内容、定义及权利取得等，均可证明专属经济区和大陆架是两个完全不同的制度，不能相互替代和混淆。《公约》的第五部分和第六部分，分别就专属经济区制度和大陆架制度作了具体规定，[1]深刻表明两者是两个不同的制度，而且《公约》对它们的定义及沿海国权利规定等方面内容也有很大不同。日本妄图单方面以专属经济区制度来取代大陆架制度为其提供法理依据的做法，完全是一厢情愿的、片面孤立的、站不住脚的。

至于日方提出的中日东海大陆架共架及东海海槽（冲绳海槽）不是东海大陆架与琉球群岛的自然分界（他们认为冲绳海槽不过是中日大陆架之间的偶然凹陷），也是经不起推敲的谬论。从东海海底的地形、地质、地貌等特征来看，东海大陆架都与中国大陆有着连续性，是中国大陆领土在水下的自然延伸。东海大陆架是同我国大陆平原紧密联系在一起的。我国大陆上的碎屑物质从第三纪以来，就被河流和海洋源源不断地带入东海盆地，形成辽阔的东海大陆架。东海大陆架的海底区域覆盖着大量沉积物，厚达 2 000—3 000 米，这些陆架沉积物甚至扩散到东海海槽。[2] 总之，从地形特征或沉积物的分布来看，东海大陆架和

---

〔1〕 参见傅崐成：《海洋法相关公约及中英文索引》，厦门大学出版社，2005 年，第 20—32 页。

〔2〕 赵理海：《海洋法问题研究》，北京大学出版社，1996 年，第 49 页。

我国大陆是一脉相承的，东海大陆架是我国大陆领土的自然延伸。据地质学家考察，东海海槽是自日本九州西经琉球群岛至我国台湾东北的弧形海槽，形同舟状。海槽南北长 1 200 公里，东西宽 36—150 公里，槽底平均宽度 104 公里，面积约 10 万平方公里。海槽北浅南深，北部水深 894 米，中部 1 188 米，而南部深达 2 700 多米。〔1〕 可以说，东海海槽天然地构成了东海大陆架与琉球群岛的分界线。

综上可见，日本方面的法理依据是日方对《公约》的片面解读和断章取义，只采取对自身有利的部分来套用东海划界，并“先声夺人”，妄图用其国内制订、通过的《专属经济区和大陆架法》来作为其东海划界和“维权”的法律标准。这些看似“合法”的行为都是日本方面自编自导的“独角戏”，不具有普遍适用的原则，也与《公约》诸多精神、原则相违背和抵触，因而对他国是不具有约束力的。

2. 中国的法理依据

我国对东海大陆架划界坚持的基本法理依据即“自然延伸”原则。无论从地理地质还是历史活动来看，东海大陆架毫无疑问是中国大陆在海底的延伸。根据地理调查，东海大陆架的地貌反映了我国大陆的连续性，随着晚更新世玉木冰期的来临，全球气候转冷，海平面下降，东海海域亦是如此。晚更新世末期，当时的海平面较之今天的海平面要低 150—160 米，即已到今日大陆架的外缘。东海大陆架的很大一部分在晚更新世时曾是陆地。又如前述，东海大陆架海底沉积物多来自中国大陆河流冲积。据此完全可以坚信，东海大陆架是中国大陆在海底的自然延伸，与中国大陆是不可分割的一体性陆架。对此，我们完全可以根据《公约》对大陆架的法规，来作为东海海域的划界标准。

《公约》第 76 条第 1 款对大陆架作了如下定义：

> 沿海国的大陆架包括其领海以外依其陆地领土的全部自然延伸，扩展到大陆边缘的海底区域的海床和底土，如果从测算领海宽度的基线量起到大陆边的外缘的距离不到二百海里，则扩展到二百海里的距离。

关于大陆架的外部界限，《公约》第 76 条第 5 款规定：

> 不应超过从测算领海宽度的基线量起三百五十海里，或不应超过连接

---

〔1〕 赵理海：《海洋法问题研究》，北京大学出版社，1996 年，第 80 页。

二千五百公尺深度各点的二千五百公尺等深线一百海里。[1]

这里包含了自然延伸原则和二百海里的范围。中方认为,依据《公约》的有关规定,中日间专属经济区的划分应该遵循"大陆架自然延伸"的原则,按照这一原则,两国海洋专属经济区分界线应在冲绳。

关于东海划界问题,除了坚持"自然延伸"原则,中国政府还积极强调应持"公平原则"。公平原则是指在大陆架划界中,不管采取何种划界方法,都需考虑相关的具体情况,以便找到公平的解决办法,或达到公平解决的目的。[2] 中国政府认为,东海大陆架是中国大陆领土的自然延伸,理应由中国和有关国家协商确定如何划分;同时明确表示反对"中间线"方案,因为中国的大陆架一直自然延伸到东海海槽中线。根据《公约》第76条规定,大陆架的边缘是2 500米的等深线,而东海大陆架是一个广阔而平缓的大陆架,向东延伸到东海海槽,即在水深2 940米的断层戛然而止,所以所谓的共享大陆架根本就不存在:

划界应在平等的基础上,考虑一切有关的因素,通过协商加以解决。等中间线的方法只有符合公平原则才能被接受。[3]

相对而言,等距离原则是由1958年《大陆架公约》提出的,它规定有关国家如果不能达成大陆架划界协议,除因特殊情况应另定界线外,海岸相向国家应以每一点均与测算每一国领海宽度之基线上最近各点距离相等之中间线为界线,而相邻国家间的界线则应适用与测算每一国领海宽度之基线上最近各点距离相等之等距离原则决定之,但是这并不能说明等距离原则是大陆架划界中所必须适用的原则。大陆架的权利基础是自然延伸,如果要适用等距离原则划定一条中间线作为两国大陆架的分界线,必须满足"除因特殊情况应另定界线外"这一条件。例如,在利比亚—马耳他大陆架划界案中,国际法院指出:

200海里距离标准并没有使等距离方法成为在一切划界案中都必须采用的、有义务的或优先采用的方法,也没有给予它以一般性规则的地位。

[1] 傅崐成:《海洋法相关公约及中英文索引》,厦门大学出版社,2005年,第29页。
[2] 李斌:《现代国际法学》,科学出版社,2004年,第355页。
[3] 魏敏:《海洋法》,法律出版社,1987年,第172页。

因此，等距离原则不是国际法的一般原则，只是大陆架划界所采用的方法。在国际法上，公平原则才是大陆架划界的基本原则。[1] 中国主张公平原则是符合国际法要求的；而日本私自划定一条“中间线”作为中日东海大陆架分界的做法是违反国际法原则的，对此，我们予以坚决驳斥。

国际上可为东海大陆架分界线划分提供参照依据的代表性案例为1969年的“北海大陆架案”。该案当事者，丹麦荷兰为一方，德国为一方。该案最后结果是：国际法院认为，当事国之间按照公平原则，通过谈判达成公平合理的协议是采用任何一种划界方法的一个先决条件。由此可见，在国际立法及司法实践当中，公平原则应该是大陆架划界的基本原则，中、日两国都应该遵守。

最后，关于东海海槽的划界效力问题上，中国主张东海海槽中断了中日两国间领土的自然延伸。根据我国1977年至1979年的实地调查，东海海槽与其两侧大陆架具有迥然不同的地貌和地质特征。东海海槽地貌以构造型为主，沉积堆积为辅，不同于沉积堆积型的平坦陆架，也不同于洋壳型的洋脊海盆。海槽以西是稳定的大型沉降盆地，地壳厚度30公里以上，属大陆地壳；海槽以东是日本控制的琉球群岛，其地壳运动异常活跃，属海洋地壳。而东海海槽则是大陆地壳和海洋地壳之间的过渡带。因此，东海海槽是两国大陆架的自然分界线。根据国际法院对北海大陆架案的判定，挪威海槽具有中断大陆架自然延伸的地理特征。比挪威海槽更具有大陆架分界性质的东海海槽也应该被认为中断了大陆架。可见，日方所主张的中日共大陆架的说法是不符合国际法的。

三、东海划界问题的发展趋势

综上分析，可以想见东海划界问题难以在短时间内得到根本解决，这一问题日益成为一道考验中日两国人民如何维持友好关系的难题。由于东海划界问题涉及海洋领土、海上资源和海洋权益等多方面因素，特别是面对《公约》中专属经济区制度和大陆架制度的交叉关系，如何妥善解决是两国人民必须共同思考和着力实践的。

从日本方面来说，对于海洋资源和海上权益的贪婪追求，决定了他们在东海划界诉求上不会放弃他们提出的等距离划分方案，即“中间线”方案，以及所谓的“吸管效应”等理论。

从中国方面来说，我们维护国家海洋权益的决心也是毫不动摇的，在东海划界问题上，依然会坚持东海大陆架自然延伸法则及公平处理原则，坚持东海大陆

---

〔1〕 参见赵理海：《海洋法问题研究》，北京大学出版社，1996年，第73—75页。

架划界应该以东海海槽为自然分界,坚决不接受日方所谓的“中间线”方案。无论从自然地理还是从人文历史来看,东海大陆架完全是中国陆地领土向外的自然延伸,中国对东海大陆架的权利是无可争议的。再者,中国历史传统中对东海的利用及海洋活动数量和规模都远超日本,中国的内江河对东海海床沉积物及海洋生物资源等的贡献也是日方无可比拟的,因此中国在法理公道上都站得住脚。

参考文献

一、中文文献

（一）史籍

A. 正史

《史记》=［西汉］司马迁：《史记》，中华书局，1959年。

《汉书》=［东汉］班固：《汉书》，中华书局，1962年。

《后汉书》=［南朝宋］范晔《后汉书》，中华书局，1965年。

《三国志》=［晋］陈寿：《三国志》，中华书局，1959年。

《晋书》=［唐］房玄龄等：《晋书》，中华书局，1974年。

《宋书》=［南朝梁］沈约：《宋书》，中华书局，1974年。

《梁书》=［唐］姚思廉：《梁书》，中华书局，1973年。

《陈书》=［唐］姚思廉：《陈书》，中华书局，1972年。

《南史》=［唐］李延寿：《南史》，中华书局，1975年。

《隋书》=［唐］魏徵、令狐德棻：《隋书》，中华书局，1973年。

《旧唐书》=［后晋］刘昫：《旧唐书》，中华书局，1975年。

《新唐书》=［宋］欧阳修、宋祁：《新唐书》，中华书局，1975年。

《旧五代史》=［宋］薛居正等：《旧五代史》，中华书局，1976年。

《新五代史》=［宋］欧阳修：《新五代史》，中华书局，1974年。

《宋史》=［元］脱脱等：《宋史》，中华书局，1985年。

《元史》=［明］宋濂：《元史》，中华书局，1976年。

《明史》=［清］张廷玉等：《明史》，中华书局，1974年。

B. 其他史料

《尚书》=［清］孙星衍：《尚书今古文注疏》，中华书局，2004年。

《山海经》=［晋］郭璞传、［清］郝懿行笺疏：《山海经笺疏》，《郝懿行集》，中华书局，2010年。

《逸周书》=《逸周书校补注释》,三秦出版社,2006 年。

《左传》=[清] 洪亮吉:《春秋左传诂》,中华书局,1987 年。

《礼记》=[清] 孙希旦:《礼记集解》,中华书局,1989 年。

《国语》=[春秋] 左丘明:《国语集解》,中华书局,2002 年。

《战国策》=《战国策注释》,中华书局,1990 年。

《越绝书》=[东汉] 袁康:《越绝书校释》,中华书局,2013 年。

《淮南子》=[汉] 刘安:《淮南子集释》,中华书局,1998 年。

《韩非子》=[清] 王先慎:《韩非子集解》,中华书局,1998 年。

《十国春秋》=《十国春秋》,中华书局,1983 年。

《太平御览》=[宋] 李昉等:《太平御览》,中华书局,2000 年。

《太平寰宇记》=[宋] 乐史:《太平寰宇记》,中华书局,2008 年。

《全梁文》=[清] 严可均:《全梁文》,商务印书馆,1999 年。

《资治通鉴》=[北宋] 司马光:《资治通鉴》,中华书局,1956 年。

《续高僧传》=[唐] 道宣:《续高僧传》,中华书局,2014 年。

《三朝北盟会编》=[宋] 徐梦莘:《三朝北盟会编》,上海古籍出版社,2008 年。

《宋会要辑稿》=《宋会要辑稿》,上海古籍出版社,2014 年。

《元典章》=《元典章》,天津古籍出版社,2011 年。

《高丽史》=[朝] 郑麟趾等:《高丽史》,西南师范大学出版社,2014 年。

《明会典》=申时行:《明会典》,中华书局,1989 年。

《明实录》=《明实录》,上海书店出版社,2015 年。

《明会要》=[清] 龙文彬:《明会要》,中华书局,1956 年。

《明经世文编》=[明] 陈子龙:《明经世文编》,中华书局,1962 年。

《明通鉴》=[清] 夏燮:《明通鉴》,中华书局,2013 年。

《国朝典汇》=[明] 徐学聚:《国朝典汇》,北京大学出版社,1993 年。

《清实录》=《清实录》,中华书局,2008 年。

《清史稿》=[清] 赵尔巽等:《清史稿》,中华书局,1998 年。

《皇朝政典类纂》=席裕福纂:《皇朝政典类纂》,(台北)文海出版社,1969 年。

《皇明祖训》=[明] 朱元璋:《皇明祖训》,北京图书馆出版社,2002 年。

《清会典》=《清会典》,中华书局,1991 年。

《钦定大清会典则例》,《景印文渊阁四库全书》,台湾商务印书馆,1983 年。

《钦定大清会典事例》,《续修四库全书》,上海古籍出版社,2002 年。
《大清十朝圣训》,(台北)文海出版社,1982 年。
《清会典事例》(光绪朝),中华书局,1991 年。
《福建省例》,台湾银行经济研究室编,中华书局,1964 年。
《福建沿海航务档案》,福建师范大学图书馆古籍部藏钞本。
《钦定福建省外海战船则例》,《台湾文献丛刊》第 125 种,台湾银行经济研究室编,1961 年。
《闽海关年度贸易报告(1865—1928)》,《近代福州及闽东地区社会经济概况》(池贤仁主编),华艺出版社,1992 年。
《闽海关十年报 1882—1921 年》,《福建文史资料》第十辑,1985 年。
《船政大事年表》,《福建文史资料》第十五辑,1986 年。
连横:《台湾通史》,商务印书馆,1983 年。
佚名:《顺风相送》,原本藏英国牛津大学鲍德林图书馆。
印鸾章:《清鉴》,中国书店出版社,1985 年。
章开沅:《清通鉴》,岳麓书社,2000 年。
球阳研究会编:《球阳》,东京:角川书店,1982 年。

(二)地方志

沈莹撰,张崇根辑注:《临海水土志》,中央民族大学出版社,1998 年。
脱因修,俞希鲁纂:《至顺镇江志》,江苏古籍出版社,1990 年。
潜说友纂修:《咸淳临安志》,北京图书馆出版社,2006 年。
梁克家:《淳熙三山志》,海风出版社,2000 年。
罗浚等撰:《宝庆四明志》,清咸丰四年(1854)刊本。
吴潜修,梅应发、刘锡撰:《开庆四明续志》,清咸丰四年(1854)刻本。
张津等撰:《乾道四明图经》,清咸丰四年(1854)刊本。
薛应旂撰:《浙江通志》,明嘉靖四十年(1561)刊本。
张时彻等纂修:《宁波府志》,明嘉靖三十九年(1560)刊本。
陈善纂修:《杭州府志》,明万历七年(1579)刻本。
范涞撰:《两浙海防类考续编》,明万历三十年(1602)刊本。
何汝宾辑:《舟山志》,景抄明天启六年(1626)何氏刊本。
黄仲昭:《八闽通志》,福建人民出版社,1990 年。
莫尚简修、张岳纂:《嘉靖惠安县志》,《天一阁藏明代方志选刊》,上海古籍书店,1982 年。
高岐:《福建市舶提举司志》,1939 年铅刊本。

何乔远:《闽书》,福建人民出版社,1994 年。

闵梦得修:《(万历)漳州府志》,厦门大学出版社,2012 年。

罗青霄等修:《漳州府志》,《明代方志选》(三),(台湾)学生书局,1965 年。

徐敏学、吴维新纂:《万历重修泉州府志》,(台湾)学生书局,1987 年。

顾炎武:《天下郡国利病书》,上海古籍出版社,2012 年。

顾祖禹:《读史方舆纪要》,《中国古代地理总志丛刊》,中华书局,2005 年。

《(嘉庆)大清一统志》,《续修四库全书 · 史部 · 地理类》(第 618 册),上海古籍出版社,2002 年。

《(嘉庆)重修两浙盐法志》,《续修四库全书 · 史部 · 政书类》(第 840—841 册),上海古籍出版社,2002 年。

龚嘉俊修,李榕撰:《杭州府志》,民国十一年(1922)铅印本。

曹秉仁纂:《宁波府志》,清雍正十一年(1733)修、清乾隆六年(1741)补刊本。

李洣修,陈汉章纂:《象山县志》,民国十五年(1926)铅印本。

洪锡范等修,王荣商等纂:《镇海县志》,民国二十年(1931)铅印本。

陈训正,马瀛纂修:《(民国)定海县志》,上海书店,1993 年。

喻长霖等纂修:《台州府志》,民国二十五年(1936)铅印本。

汤日昭等修,王光蕴撰:《(万历)温州府志》,明万历三十三年(1605)刻本。

李琬修,齐召南等纂:《温州府志》,清乾隆二十五年(1760)刊、民国三年(1914)补刻版。

张宝琳修,王棻等纂:《(光绪)永嘉县志》,《续修四库全书 · 史部 · 地理类》(第 708 册),上海古籍出版社,2002 年。

宋如林等修,孙星衍等纂:《松江府志》,嘉庆二十二年(1817)刊本。

冯鼎高等修,王显曾等纂:《华亭县志》,清乾隆五十六年(1791)刊本。

程其珏修:《嘉定县志》,清光绪七年(1881)刊本。

赵廷健修,韩彦曾纂:《(乾隆)崇明县志》,清乾隆二十五年(1760)刻本。

习隽、王峻纂:《(乾隆)苏州府志》,清乾隆十三年(1748)刻本。

冯登府修撰:《福建盐法志》,清道光十年(1830)刻本。

陈寿祺总纂:《重纂福建省通志》,清同治十年(1871)重刊本。

陈衍等修:《福建通志》,福建师范大学馆藏民国刻本。

朱珪修、李拔纂:《福宁府志》,乾隆二十七年(1762)修、光绪六年(1880)重刊本。

徐景熹修:《(乾隆)福州府志》,中国地方志集成本。

周凯:《厦门志》,《中国方志丛书》(第 80 号),(台北)成文出版社,1967 年。

《(嘉庆)同安县志》,清光绪十一年(1885)刊本。

怀荫布:《泉州府志》,民国十六年(1927 年)刊本。

林清标:《敕封天后志》,乾隆戊戌年(1778)辑。

王象之:《舆地纪胜》,中华书局,1992 年。

王应山:《闽都记》,海风出版社,2001 年。

梁兆阳修:《(崇祯)海澄县志》,明崇祯六年(1633)刊本。

胡鼎修,陈寅亮等纂:《(康熙)海澄县志》,海峡书局,2017 年。

陈锳等修,叶廷推等纂:《(乾隆)海澄县志》,清乾隆二十七年(1762)刊本。

邱景雍纂:《连江县志》,《中国方志丛书》(第 76 号),(台北)成文出版社,1967 年。

黄履思纂修:《平潭县志》,《中国方志丛书》(第 79 号),(台北)成文出版社,1967 年。

《福建通志·台湾府》,《台湾文献丛刊》第 84 种,(台北)台湾银行经济研究室,1961 年。

顾炎武、陈梦雷、洪亮吉等纂:《台湾府志职方汇编》,《中国方志丛书·台湾地区》(第 42 号),(台北)成文出版社,1984 年。

林豪原纂,薛绍元删补:《澎湖厅志》,《中国方志丛书·台湾地区》(第 20 号),(台北)成文出版社,1983 年。

高拱乾纂辑:《台湾府志》,《中国方志丛书·台湾地区》(第 1 号),(台北)成文出版社,1983 年。

六十七、范咸纂修:《重修台湾府志》,《中国方志丛书·台湾地区》(第 4 号),(台北)成文出版社,1983 年。

周元文纂修:《重修台湾府志》,《台湾文献丛刊》第 66 种,台湾银行经济研究室,1961 年。

余文仪主修:《续修台湾府志》,《中国方志丛书·台湾地区》(第 5 号),(台北)成文出版社,1984 年。

薛绍元、王国瑞纂修:《台湾通志稿》,《中国方志丛书·台湾地区》(第 6 号),(台北)成文出版社,1983 年。

陈培桂主修,杨浚纂辑:《淡水厅志》,《中国方志丛书·台湾地区》(第 15 号),(台北)成文出版社,1983 年。

陈淑均总纂,李祺生续辑:《噶玛兰厅志》,《中国方志丛书·台湾地区》(第

23 号),(台北)成文出版社,1983 年。

黄叔璥:《台海使槎录》,中华书局,1985 年。

陈文达等编纂:《台湾县志》,《中国方志丛书 · 台湾地区》(第 8 号),(台北)成文出版社,1983 年。

王必昌总纂:《重修台湾县志》,《中国方志丛书 · 台湾地区》(第 9 号),(台北)成文出版社,1983 年。

谢金銮、郑兼才总纂:《续修台湾县志》,《中国方志丛书 · 台湾地区》(第 10 号),(台北)成文出版社,1984 年。

陈文达等编纂:《凤山县志》,《中国方志丛书 · 台湾地区》(第 13 号),(台北)成文出版社,1983 年。

王瑛曾总纂:《重修凤山县志》,《中国方志丛书 · 台湾地区》(第 14 号),(台北)成文出版社,1983 年。

陈梦林总纂:《诸罗县志》,《中国方志丛书 · 台湾地区》(第 7 号),(台北)成文出版社,1983 年。

朱仕阶:《小琉球漫志》,《中国方志丛书 · 台湾地区》(第 49 号),(台北)成文出版社,1984 年。

李元春纂辑:《台湾志略》,《中国方志丛书 · 台湾地区》(第 51 号),(台北)成文出版社,1983 年。

倪赞元纂辑:《云林县采访册》,《中国方志丛书 · 台湾地区》(第 32 号),(台北)成文出版社,1983 年。

季麒光、徐怀祖等撰:《台湾杂记汇刊》,《中国方志丛书 · 台湾地区》(第 57 号),(台北)成文出版社,1983 年。

卢德嘉纂辑:《凤山县采访册》,《中国方志丛书 · 台湾地区》(第 33 号),(台北)成文出版社,1983 年。

不著撰人:《安平县杂记》,《中国方志丛书 · 台湾地区》(第 36 号),(台北)成文出版社,1983 年。

周懋琦:《全台图说》,《台湾舆地汇钞》,《台湾文献丛刊》(第 216 种),台湾银行经济研究室,1961 年。

梁廷枏等纂:《粤海关志》,《近代中国史料丛刊续编》第 19 辑,(台北)文海出版社,1975 年。

台湾省文献委员会编:《台湾省通志》,(台北)众文图书股份有限公司,1971 年。

台湾省文献委员会编印:《重修台湾省通志》,(南投)台湾省文献委员会,

1990年。

方宝川、陈旭东主编:《福建师范图书馆藏稀见方志丛刊》,北京图书馆出版社,2008年。

福建省地方志编纂委员会编:《福建省志·华侨志》,福建人民出版社,1992年。

福建省地方志编纂委员会编:《福建省志·海洋志》,方志出版社,2002年。

福建省地方志编纂委员会编:《福建省志·民俗志》,方志出版社,1997年。

福建省地方志编纂委员会编:《福建省志·交通志》,方志出版社,1998年。

福建省地方志编纂委员会编:《妈祖文化志》,国家图书馆出版社,2018年。

中国社会科学院图书馆编:《稀见中国地方志汇刊》,中国书店出版社,1992年。

《中国海洋志》编纂委员会编著:《中国海洋志》,大象出版社,2003年。

（三）档案文献汇编与报刊

《筹办夷务始末》(道光朝),中华书局,1964年。

《筹办夷务始末》(咸丰朝),中华书局,1979年。

《筹办夷务始末》(同治朝),中华书局,2008年。

《道咸同光四朝奏议选辑》,《台湾文献丛刊》第288种,台湾银行经济研究室,1961年。

《东方杂志》,卷二六,第十号。

《中国教会新报》,(台湾)华文书局,1968年。

《农商公报》,农商部发行,1914年。

《申报》,上海书店,1983年。

[美]林乐知主编:《万国公报》,《清末民初报刊丛编》之四,(台湾)华文书局,1968年。

《国家图书馆藏琉球资料汇编》,北京图书馆出版社,2000年。

《国家图书馆藏琉球资料续编》,北京图书馆出版社,2002年。

《国家图书馆藏琉球资料三编》,北京图书馆出版社,2006年。

《(琉球)历代宝案》,(台北)台湾大学,1972年。

陈梦雷等编纂:《古今图书集成》,(上海)中华书局影印本,1934年。

陈佳荣、朱鉴秋主编:《中国历代海路针经》,广东科技出版社,2016年。

陈云林总主编:《明清宫藏台湾档案汇编》,九州出版社,2009年。

陈支平主编:《台湾文献汇刊》,九州出版社&厦门大学出版社,2004年。

池贤仁主编:《近代福州及闽东地区社会经济概况》,华艺出版社,1992年。

方宝川、谢必震主编:《台湾文献汇刊续编》,九州出版社,2016 年。

冯琛主编:《鸦片战争在舟山史料选编》,浙江人民出版社,1992 年。

福建地方史研究室编:《鸦片战争在闽台史料选编》,福建人民出版社,1982 年。

高津孝、陈捷主编:《琉球王国汉文文献集成》,复旦大学出版社,2013 年。

宫楚涵、俞冰主编:《海上丝绸之路文献汇编》,学苑出版社,2018 年。

故宫博物院编:《清光绪朝中日交涉史料》,故宫博物院,1932 年。

海军军事学术研究所:《中国钓鱼岛资料选辑》,海潮出版社,2000 年。

江树声译注:《热兰遮城日志》(1—4 册),台南市政府,2002—2011 年。

李汝和主编:《巴达维亚城日记》,台湾省文献委员会,1989 年。

李毓中译注:《台湾与西班牙关系史料汇编》(Ⅰ—Ⅲ),(台北)"国史馆"台湾文献馆,2008—2015 年。

刘序枫编纂:《清代档案中的海难史料目录》(涉外篇),(台北)中研院人文社会科学研究中心、中研院亚太区域研究专题中心,2004 年。

金国平、贝武权主编:《双屿港史料选编》,海洋出版社,2018 年。

彭泽益编:《中国近代手工业史资料》,中华书局,1962 年。

浦野起央、刘甦朝、植荣边吉:《钓鱼台群岛问题研究资料汇编》,(香港)励志出版社 &(东京)刀水书房,2001 年。

孙光圻主编:《中国航海史基础文献汇编》(1—5 卷),海洋出版社,2007—2015 年。

台北故宫博物院编:《宫中档雍正朝奏折》,(台北)故宫博物院,1977 年。

台湾银行经济研究室编:《台湾文献丛刊》,(台北)台湾银行,1959—1972 年。

王铁崖编:《中外旧约章汇编》,北生活 · 读书 · 新知三联书店,1957 年。

吴相湘主编:《天主教东传文献》(1—3 编),(台湾)学生书局,1964—1972 年。

厦门市志编纂委员会、《厦门海关志》编委会:《近代厦门社会经济概况》,鹭江出版社,1990 年。

厦门大学台湾研究所、中国第一历史档案馆合编:《康熙统一台湾档案史料选辑》,福建人民出版社,1983 年。

姚贤镐编:《中国近代对外贸易史资料》,中华书局,1962 年。

张生主编:《钓鱼岛问题文献集》,南京大学出版社,2016 年。

张侠等编:《清末海军史料》,海洋出版社,1982 年。

张星烺:《中西交通史料汇编》,中华书局,1977—1979 年。

张本政:《清实录台湾史资料专辑》,福建人民出版社,1993 年。

赵肖为译编:《近代温州社会经济发展概况:瓯海关贸易报告与十年报告译编》,上海三联书店,2014 年。

郑鹤声、郑一钧编:《郑和下西洋资料汇编》,海洋出版社,2005 年。

中国第一历史档案馆编:《康熙朝汉文朱批奏折汇编》,档案出版社,1985 年。

中国第一历史档案馆编:《雍正朝汉文朱批奏折汇编》,江苏古籍出版社,1989 年。

中国第一历史档案馆等合编:《清代妈祖档案史料汇编》,中国档案出版社,2003 年。

中国第一历史档案馆编:《清代中琉关系档案选编》,中华书局,1993 年。

中国第一历史档案馆整理:《康熙起居注》,中华书局,1984 年。

中国第一历史档案馆、福建师范大学历史系合编:《清末教案》(1—6 册),中华书局,1996—2006 年。

中国第一历史档案馆等合编:《明清宫藏闽台关系档案汇编》,福建人民出版社,2016 年。

中国人民银行总行参事室金融史料组编:《中国近代货币史资料》,中华书局,1964 年。

中国社会科学院:《明清史料》,商务印书馆,1951 年。

中国社会科学历史研究所清史研究室编:《清史资料》(第一辑),中华书局,1980 年。

中华续行委办会调查特委会编,蔡咏春等译:《1901—1920 年中国基督教调查资料》,中国社会科学出版社,1987 年。

中研院近代史研究所编:《海防档》,(台北)中研院近代史研究所,1957 年。

中研院近代史研究所编:《教务教案档》(1—7 辑),(台北)中研院近代史研究所,1974—1981 年。

(四) 集录

《(琉球)程氏家谱》,《那霸市史》,那霸市企画部市史编集室,1980 年。

不著辑人:《台湾理蕃古文书》,《中国方志丛书 · 台湾地区》(第 62 号),(台北)成文出版社,1983 年。

采九德:《倭变事略》,《丛书集成初编》,商务印书馆,1936 年。

蔡永蒹:《西山杂志》,泉州海外交通史博物馆藏抄本。

曹寅编纂:《全唐诗》,中华书局,1960年。

陈高撰:《不系舟渔集》,《景印文渊阁四库全书·集部·别集类》,台湾商务印书馆,1983年。

陈侃:《使琉球录》,北平图书馆善本丛书第一集,明嘉靖刻本影印。

陈伦炯:《海国闻见录》,(南投)台湾省文献委员会,1996年。

陈衍:《台湾通纪》,《台湾文献丛刊》第120种。

程俱:《北山小集》,上海商务印书馆,1934年。

程顺则:《指南广义》,日本公文书馆藏原刻本。

池中佑:《海军实纪》,上海图书馆藏1918年铅印本。

德福等:《闽政领要》,《台湾文献汇刊》第四辑第十五册,九州出版社,2005年。

丁绍仪:《东瀛识略》,《中国方志丛书·台湾地区》(第53号),(台北)成文出版社,1984年。

董浩、阮元等:《全唐文》,中华书局,1983年。

董应举:《崇相集》,《台湾文献丛刊》第237种,台湾银行经济研究室,1961年。

杜臻:《粤闽巡视纪略》,四库全书本。

范表:《海寇议后》,北平图书馆善本书胶片收藏。

范表:《玩鹿亭稿》,四库全书本。

范德机:《范德机诗集》,北京图书馆出版社,2006年。

范祖禹:《范太史集》,四库全书本。

冯梦龙:《喻世明言》,人民文学出版社,1958年。

葛洪:《西京杂记》,中华书局,1985年。

归有光:《震川先生集》,上海古籍出版社,2007年。

郭璞注:《山海经·穆天子传》,岳麓书社,1992年。

郭汝霖:《重编使琉球录》,明嘉靖辛酉刻本影印,美国国会图书馆藏。

郭汝霖:《石泉山房文集》,四库全书本。

谷应泰:《明史纪事本末》,中华书局,2015年。

顾炎武:《日知录》,上海古籍出版社,2006年。

韩偓:《玉山樵人集》,《四部丛刊·集部》,上海商务印书馆,1919年。

何乔远:《名山藏》,福建人民出版社,2010年。

桓宽:《盐铁论·论菑篇》,中华书局,2015年。

黄逢昶:《台湾生熟番纪事》,《台湾生熟番舆地考略》,《台湾文献丛刊》(第

51 种),台湾银行经济研究室,1961 年。

黄裳:《演山集》,方志出版社,2011 年。

黄叔璥:《南征纪程》,《台湾文献汇刊》第六辑第一册,九州出版社,2005 年。

黄震:《黄氏日钞分类》,北京图书馆出版社,2005 年。

黄宗羲:《郑成功传》,《丛书集成三编》第 85 册,台北新文丰出版公司,1997 年。

侯继高:《造修福船略说》,《玄览堂丛书续集》。

胡靖:《杜天使册封琉球真记奇观》,《那霸市史 · 资料篇》。

胡宗宪:《筹海图编》,明嘉靖四十一年(1562)刻本。

[英] 金约翰辑,[美] 金楷理、王德均译:《海道图说》,清光绪刻本。

江日升:《台湾外纪》,福建人民出版社,1983 年。

蒋棻:《明史纪事》,(台北)文海出版社,1967 年。

空海撰:《遍照发挥性灵集》,京都醍醐三宝院藏本。

孔昭明编:《台湾私法商事编》,台湾大通书局,1987 年。

林则徐:《林文忠公政书》,《近代中国史料丛刊》第六辑,(台北)文海出版社,1966 年。

刘铭传:《刘铭传抚台前后档案》,《台湾文献丛刊》第 276 种。

刘铭传:《刘壮肃公奏议》,《台湾文献丛刊》第 27 种。

李调元:《全五代诗》,《丛书集成初编》本。

李鼎:《李长卿集》,四库全书本。

李鼎元:《使琉球记》,《国家图书馆藏琉球资料续编》(上),北京图书馆出版社,2002 年。

李鼎元:《师竹斋集》,《国家图书馆藏琉球资料三编》(下),北京图书馆出版社,2006 年。

楼钥撰:《攻媿集》,中华书局,1985 年。

罗大春撰:《台湾海防并开山日记》,《台湾文献丛刊》第 308 种。

茅元仪:《武备志》,明天启年间刻本。

普济:《五灯会元》,中华书局,1984 年。

蒲寿宬:《心泉学诗稿》,商务印书馆,2019 年。

齐鲲:《续琉球国志略》,《国家图书馆藏琉球资料续编》(上),北京图书馆出版社,2002 年。

齐鲲:《东瀛百咏》,《国家图书馆藏琉球资料三编》(下),北京图书馆出版社,2006年。

屈大均:《广东新语》,中华书局,1997年。

《(泉州)留氏族谱》,清道光十三年(1833)抄本。

沈葆桢:《沈文肃公牍》,福建人民出版社,2008年。

沈葆桢:《福建台湾奏折》,《台湾文献丛刊》第29种。

沈起元:《条陈台湾事宜状》,《台湾理蕃古文书》,《中国方志丛书·台湾地区》(第62号),(台北)成文出版社,1983年。

沈亚之:《沈下贤集》,四库全书本。

施琅:《靖海纪事》,《台湾文献丛刊》第13种。

徐宗干:《斯未信斋杂录》,《台湾文献丛刊》第93种。

《同治甲戌日兵侵台始末》,《台湾文献丛刊》第38种。

唐景崧:《请缨日记》,《述报法兵侵台马事残辑》,《台湾文献丛刊》第253种。

唐元:《筠旋集》,四库全书本。

唐维卿撰:《台湾唐维卿中丞电奏稿》,《台湾文献丛刊》第57种。

唐赞衮撰:《台阳见闻录》,《中国方志丛书·台湾地区》(第56号),(台北)成文出版社,1983年。

陶谷:《清异录》,四库全书本。

田汝成:《西湖游览志》,上海古籍出版社,1958年。

汪大渊:《岛夷志略》,中华书局,1981年。

汪道昆:《太函集》,黄山书社,2004年。

汪楫:《使琉球杂录》,《国家图书馆藏琉球资料汇编》(上),北京图书馆出版社,2000年。

王国维:《宋代之金石家》,《静安文集续编》,商务印书馆,1940年。

王世懋:《闽部疏》,明宝颜堂订正刊本。

王元稚:《甲戌公牍钞存》,《台湾文献丛刊》第39种。

王在晋纂修:《海防纂要》,明万历四十一年刻本,全国图书馆缩微文献复制中心,1992年。

魏源:《圣武记》,世界书局,1936年。

翁承赞:《闽王审知墓志》,《福州市郊区文物志》,福建人民出版社,2009年。

吴任臣:《山海经广注》,清光绪十年(1884)刻本。

吴振臣:《闽游偶记》,载《台湾舆地汇钞》,《台湾文献丛刊》第216种。

吴子光:《台湾纪事》,《台湾文献丛刊》第36种。

吴自牧:《梦粱录》,浙江人民出版社,1984年。

夏子阳:《使琉球录》,(台湾)学生书局,1977年。

萧崇业:《使琉球录》,(台湾)学生书局,1969年。

谢杰:《〈琉球录〉撮要补遗》,《国家图书馆藏琉球资料汇编》(上),北京图书馆出版社,2000年。

谢杰:《虔台倭纂》,武汉大学图书馆藏,1947年。

徐葆光:《中山传信录》,康熙六十年(1721)刊本。

徐光启:《农政全书》,上海古籍出版社,2011年。

徐兢:《宣和奉使高丽图经》,四库全书本。

徐学聚:《嘉靖东南平倭通录》,《明清史料汇编》第八集,1973年。

许念晖:《虞洽卿的一生》,《文史资料选辑》第十五辑,1988年。

薛俊:《日本考略》,嘉靖二年(1523)初刻、嘉靖九年(1530)重刊。

严从简:《殊域周咨录》,中华书局,1993年。

盐务署盐务稽核总所编:《中国盐政实录》,(台北)文海出版社影印本,1971年。

盐务总局资料室编:《中国盐政实录》(第四辑),"财政部"盐务总局资料室编印发行,1948年。

杨英:《从征实录》,《台湾文献丛刊》第32种。

姚莹:《东槎纪略》,《台湾文献丛刊》第7种。

姚莹:《东溟文集》,《续修四库全书》,上海古籍出版社,1995年。

姚莹:《东溟奏稿》,《台湾文献丛刊》第49种。

姚元之撰:《竹叶亭杂记》,《历代史料笔记丛刊》,中华书局,1982年。

义净著,王邦维校注:《大唐西域求法高僧传校注》,中华书局,1988年。

俞大猷:《正气堂集》,福建人民出版社,2007年。

俞正燮:《癸巳类稿》,清求日益斋刻本。

郁永河:《裨海纪游》,中华书局,1959年。

赞宁:《宋高僧传》,上海古籍出版社,2014年。

曾公亮、丁度:《武经总要》,商务印书馆,2017年。

张集馨:《道咸宦海见闻录》,中华书局,1981年。

张九成:《横浦文集》,北京图书馆出版社,2004年。

张燮:《东西洋考》,中华书局,1981年。

张学礼:《使琉球录》,《台湾文献丛刊》第292种。

张学礼:《中山纪略》,《小方壶斋舆地丛钞》第10帙。
赵汝适:《诸蕃志》,中华书局,1996年。
真德秀:《西山文集》,上海图书馆藏1986年影印本。
郑怀魁:《海赋》,古今图书集成本。
郑居仲:《郑成功传》,国家图书馆藏清抄本。
郑若曾:《筹海图编》,明天启年刻本,中华书局,2007年。
郑舜功:《日本一鉴》,北京大学图书馆藏1939年影印本。
周煌:《琉球国志略》,《国家图书馆藏琉球资料汇编》(中),北京图书馆出版社,2000年。
周玄晖:《泾林续记》,商务印书馆影印本,1925年。
朱纨:《甓余杂集》,上海图书馆藏影印本,1997年。
朱彧:《萍洲可谈》,上海古籍出版社,2012年。
诸葛元声:《三朝平壤录·海寇》,《中国少数民族古籍集成》第13册,四川民族出版社,2002年。

(五)著译

《交通史航政编》第1册,交通、铁道部交通史编纂委员会,1935年。
《厦门交通志》编纂委员会编:《厦门交通志》,人民交通出版社,1989年。
汪向荣校注:《唐大和上东征传》,中华书局,1979年。
《郑和与福建》编辑组编:《郑和与福建》,福建教育出版社,1988年。
《中国海洋发展史论文集》(1—10辑),(台北)中研院,1984—2008年。
《中国军事史》编写组编:《中国军事史》,解放军出版社,1986年。
《中国水利史稿》编写组编:《中国水利史稿》,水利电力出版社,1979—1989年。
"海上丝绸之路"研究中心编:《跨越海洋:中国"海上丝绸之路"八城市文化遗产精品联展》,宁波出版社,2012年。
安京:《中国古代海疆史纲》,黑龙江教育出版社,1999年。
白斌:《明清以来浙江海洋渔业发展与政策变迁研究》,海洋出版社,2015年。
白斌、叶小慧:《浙江近代海洋文明史·民国卷》(第一册),商务印书馆,2017年。
白斌等:《宁波海洋经济史》,浙江大学出版社,2018年。
百越民族史研究会编:《百越民族史论集》,中国社会科学出版社,1982年。
蔡丰明主编:《吴越文化的越海东传与流布》,学林出版社,2006年。

蔡美彪:《中国通史》(第三册),人民出版社,1978年。

蔡子民:《台湾史志》,台海出版社,2004年。

曹锦炎:《吴越历史与考古论丛》,文物出版社,2007年。

曹永和:《台湾早期历史研究》,(台北)联经出版事业公司,1979年。

晁中辰:《明代海禁与海外贸易》,人民出版社,2005年。

晁中辰:《明代海外贸易研究》,故宫出版社,2012年。

陈碧笙:《台湾地方史》,中国社会科学出版社,1982年。

陈高华、吴泰:《宋元时期的海外贸易》,天津人民出版社,1981年。

陈国栋:《东亚海域一千年》,(台北)财团法人曹永和文教基金会、远流出版公司,2013年。

陈国强等:《百越民族史》,中国社会科学出版社,1988年。

陈国灿、于逢春主编:《环东海研究》(第一辑),中国社会科学出版社,2015年。

陈国灿、于逢春主编:《环东海文明互动与东亚区域格局研究》,中国商务出版社,2018年。

陈君静:《浙江近代海洋文明史·晚清卷》,商务印书馆,2017年。

陈开俊等译:《马可波罗游记》,福建科学技术出版社,1981年。

陈孔立:《清代台湾移民社会研究》,厦门大学出版社,1990年。

陈力恒、王景佳主编:《军事知识词典》,国防大学出版社,1988年。

陈默:《舟山群岛海洋民俗文化初探》,中国环境出版集团,2017年。

陈尚胜:《中国传统对外关系的思想、制度与政策》,山东大学出版社,2007年。

陈诗启:《中国近代海关史·晚清部分》,人民出版社,1993年。

陈诗启:《中国近代海关史·民国部分》,人民出版社,1999年。

陈希育:《中国帆船与海外贸易》,厦门大学出版社,1991年。

陈衍德:《东亚海洋文明的历史演绎:华人移民·海域经济·文化重构》,(台北)洪叶文化事业有限公司,2016年。

陈怡行:《从晚明到清初的福州城》,(台北)政治大学历史学系,2017年。

陈钰祥:《海氛扬波:清代环东亚海域上的海盗》,厦门大学出版社,2018年。

陈在正:《台湾海疆史研究》,厦门大学出版社,2001年。

陈在正:《台湾海疆史》,(台北)扬智文化事业股份有限公司,2003年。

陈支平、李少明:《基督教与福建民间社会》,厦门大学出版社,1992年。

陈支平、詹石窗:《透视中国东南: 文化经济的整合研究》,厦门大学出版社,2003 年。

陈支平主编:《第九届明史国际学术讨论会暨傅衣凌教授诞辰九十周年纪念论文集》,厦门大学出版社,2003 年。

陈主中、王振华:《可爱的海疆》,海军出版社,1986 年。

程家骅、张秋华:《东黄海渔业资源利用》,上海科学技术出版社,2006 年。

池仲佑:《海军大事记》,福建省政协文史资料办公室翻印,1965 年。

揣振宇主编:《中原文化与汉民族研究》,黑龙江人民出版社,2007 年。

樊百川:《中国轮船航运业的兴起》,四川人民出版社,1985 年。

方豪:《方豪六十自定稿》,(台湾)学生书局,1969 年。

方豪:《中国天主教史人物传》,宗教文化出版社,2007 年。

方豪:《中西交通史》(上、下册),上海人民出版社,2008 年。

方堃等编著:《中国沿海疆域历史图录 · 东海卷》,黄山书社,2017 年。

冯承钧译:《马可波罗行纪》,上海书店出版社,1999 年。

冯天瑜:《上古神话纵横谈》,上海文艺出版社,1983 年。

福建省博物馆编:《福建历史文化与博物馆学研究》,福建教育出版社,1993 年。

福建博物院编:《丝路帆远: 海上丝绸之路文物精萃》,福建教育出版社,2013 年。

福建省龙海市归国华侨联合会编:《龙海华侨史记》,内刊本。

福建省水产学会《福建渔业史》编委会编:《福建渔业史》,福建科学技术出版社,1988 年。

福建省文物局编:《福建涉台文物大观》,福建教育出版社,2012 年。

福建省昙石山遗址博物馆编:《昙石山遗址图说》,海峡书局,2014 年。

福建师范大学闽台区域研究中心编:《钓鱼岛历史文献汇编》,2013 年 5 月,未刊稿。

福州港史志编辑委员会:《福州港史》,人民交通出版社,1996 年。

福州港务局史志编辑委员会编:《福州港志》,华艺出版社,1993 年。

宓位玉、虞天祥:《煮海歌》,中国文史出版社,2004 年。

复旦大学文史研究院编:《世界史中的东亚海域》,中华书局,2011 年。

复旦大学文史研究院编:《西文文献中的中国》,中华书局,2012 年。

傅崐成编校:《海洋法相关公约及中英文索引》,厦门大学出版社,2005 年。

葛剑雄:《中国人口史》,复旦大学出版社,2002 年。

葛剑雄:《中国移民史》,福建人民出版社,1997 年。

龚缨晏编著:《浙江早期基督教史》,杭州出版社,2010 年。

顾卫民:《以天主和利益的名义:早期葡萄牙海洋扩张的历史》,社会科学文献出版社,2013 年。

广州市文物管理委员会等:《西汉南越王墓》,文物出版社,1991 年。

郭璞注:《山海经·穆天子传》,岳麓书社,1992 年。

郭廷以:《近代中国史》,商务印书馆,1940 年。

郭万平主编:《舟山普陀与东亚海域文化交流》,浙江大学出版社,2009 年。

郭小哲编著:《世界海洋石油发展史》,石油工业出版社,2012 年。

顾海:《厦门港》,福建人民出版社,2001 年。

国家海洋局编:《中国钓鱼岛地名册》,海洋出版社,2012 年。

国家海洋局科技司等编:《海洋大辞典》,辽宁人民出版社,1998 年。

国家图书馆中国边疆文献研究中心编著:《文献为证:钓鱼岛图籍录》,国家图书馆出版社,2015 年。

国家文物局:《海上丝绸之路》,文物出版社,2014 年。

国家文物局水下文化遗产保护中心编著:《福建沿海水下考古调查报告》,文物出版社,2017 年。

韩儒林主编:《元朝史》,人民出版社,1986 年。

杭州商学院学报编辑室编:《浙江商业文史研究文选》(创刊号),杭州商学院学报编辑室,1982 年。

何高济译:《鄂多立克东游录》,中华书局,1981 年。

何光岳:《百越源流史》,江西教育出版社,1989 年。

何静彦、陈晔主编:《历史名城 海丝门户——福州海上丝绸之路论文集》,海峡文艺出版社,2014 年。

何孟兴:《闽海烽烟:明代福建海防之探索》,兰台出版社,2015 年。

河姆渡遗址博物馆编:《河姆渡文化精粹》,文物出版社,2002 年。

侯强:《宁波盐业史研究》,浙江大学出版社,2011 年。

黄纯艳:《宋代海外贸易》,社会科学文献出版社,2003 年。

黄纯艳:《造船业视域下的宋代社会》,上海人民出版社,2017 年。

黄国盛:《鸦片战争以前的东南四省海关》,福建人民出版社,2000 年。

黄和荣:《厦门港志》,人民交通出版社,1994 年。

黄荣春编著:《福州市郊区文物志》,福建人民出版社,2009 年。

黄武东、徐谦信合编:《台湾基督长老教会历史年谱》(增订版),(台南)人光出版社,1995 年。

洪卜仁主编:《厦门旧影新光》,厦门大学出版社,2008 年。

贾士毅:《关税与国权》第 3 编,商务印书馆,1926 年。

贾庆军、钱彦惠:《浙江古代海洋文明史 · 明代卷》,中国社会科学出版社,2017 年。

江文汉:《中国古代基督教及开封犹太人》,知识出版社,1982 年。

姜彬主编:《东海岛屿文化与民俗》,上海文艺出版社,2005 年。

姜彬主编:《吴越民间信仰民俗——吴越地区民间信仰与民间文艺关系的考察和研究》,上海文艺出版社,1992 年。

蒋炳钊主编:《中华地域文化大系——闽台文化》,河北教育出版社,2010 年。

蒋孟引:《第二次鸦片战争》,上海三联书店,1965 年。

蒋维锬、郑丽航辑纂:《妈祖文献史料汇编》,中国档案出版社,2007 年。

金涛:《舟山海洋民俗文化》,中国文联出版社,2007 年。

金涛:《舟山群岛海洋文化概论》,杭州出版社,2012 年。

金庭竹:《舟山群岛 · 海岛民俗》,杭州出版社,2009 年。

鞠德源:《日本国窃土源流——钓鱼列屿主权辨》,首都师范大学出版社,2001 年。

赖正维:《清代中琉关系研究》,海洋出版社,2011 年。

赖正维:《东海海域移民与汉文化的传播——以琉球闽人三十六姓为中心》,社会科学文献出版社,2016 年。

赖正维编著:《福州与琉球》,福建人民出版社,2018 年。

蓝达居:《喧闹的海市:闽东南港市兴衰与海洋人文》,江西高校出版社,1999 年。

雷宗友:《中国海洋环境手册》,上海交通大学出版社,1988 年。

乐承耀:《近代宁波商人与社会经济》,人民出版社,2007 年。

李德霞:《17 世纪上半叶东亚海域的商业竞争》,云南美术出版社,2009 年。

李天纲编著:《大清帝国城市印象——十九世纪英国铜版画》,上海古籍出版社,2002 年。

李斌编著:《现代国际法学》,科学出版社,2004 年。

李加林主编:《浙江海洋文化与经济》(第九辑),海洋出版社,2017 年。

李剑农:《中国古代经济史稿》,武汉大学出版社,2005 年。

李金明、廖大珂:《中国古代海外贸易史》,广西人民出版社,1995 年。

李金明:《明代海外贸易史》,中国社会科学出版社,1990年。

李金明:《漳州港》,福建人民出版社,2001年。

李庆新、胡波主编:《东亚海域交流与南中国海洋开发》,科学出版社,2017年。

李庆新主编:《海洋史研究》(1—10辑),社会科学文献出版社,2019年。

李庆新:《明代海外贸易制度》,社会科学文献出版社,2007年。

李孝悌、陈学然主编:《海客瀛洲:传统中国沿海城市与近代东亚海上世界》,上海古籍出版社,2017年。

李毓中等编辑:《艾尔摩莎:大航海时代的台湾与西班牙》,(台北)台湾博物馆,2006年。

连横:《台湾通史》(上、下册),中华书局,1983年。

廖大珂:《福建海外交通史》,福建人民出版社,2002年。

列岛编:《鸦片战争史论文专集》,生活·读书·新知三联书店,1958年。

林国平、彭文宇:《福建民间信仰》,福建人民出版社,1993年。

林金水、谢必震:《福建对外文化交流史》,福建教育出版社,1997年。

林金水、吴巍巍等著:《福建与中西文化交流史论》,海洋出版社,2015年。

林立群主编:《跨越海洋:"海上丝绸之路与世界文明进程"国际学术论坛文选》,浙江大学出版社,2012年。

林梅村:《观沧海:大航海时代诸文明的冲突与交流》,上海古籍出版社,2018年。

林庆元:《福建船政局史稿》,福建人民出版社,1986年。

林庆元主编:《福建近代经济史》,福建人民出版社,2001年。

林仁川:《明末清初私人海上贸易》,华东师范大学出版社,1987年。

林士民、沈建国:《万里丝路——宁波与海上丝绸之路》,宁波出版社,2002年。

林晓东、巫秋玉:《郑和下西洋与华侨华人文集》,中国华侨出版社,2005年。

刘丹:《琉球地位:历史与国际法》,海洋出版社,2019年。

刘江永:《钓鱼岛列岛归属考:事实与法理》,人民出版社,2016年。

刘淼、胡舒扬:《沉船、瓷器与海上丝绸之路》,社会科学文献出版社,2016年。

刘宁等:《古今中国解疑丛书——文化卷》,四川人民出版社,1997年。

刘晓东:《"倭寇"与明代的东亚秩序》,中华书局,2019年。

刘义杰:《〈顺风相送〉研究》,大连海事大学出版社,2018 年。

刘义杰:《中国古代海上丝绸之路》,海天出版社,2019 年。

卢建一:《闽台海防研究》,方志出版社,2003 年。

卢建一:《明清海疆政策与东南海岛研究》,福建人民出版社,2011 年。

卢建一点校:《明清东南海岛史料选编》,福建人民出版社,2011 年。

卢美松:《松轩话史》,福建美术出版社,2012 年。

陆儒德:《海殇: 遭封建王朝湮灭的中国海商》,海洋出版社,2011 年。

罗欢欣:《国际法上的琉球地位与钓鱼岛主权》,中国社会科学出版社,2015 年。

罗伟虹主编:《中国基督教(新教)史》,上海人民出版社,2014 年。

吕理政、魏德文主编:《经纬福尔摩沙: 16—19 世纪西方绘制台湾相关地图》,(台北)南天书局,2006 年。

吕淑梅:《陆岛网络: 台湾海港的兴起》,江西高校出版社,1999 年。

吕一燃主编:《中国海疆史研究》,四川人民出版社,2016 年。

茅伯科主编:《上海港史》(古、近代部分),人民交通出版社,1990 年。

毛海莹:《东海问俗: 话说浙江海洋民俗文化》,浙江大学出版社,2018 年。

马克思、恩格斯:《德意志意识形态》,《马克思恩格斯选集》(第一卷),人民出版社,1972 年。

马丽卿、闵泽平编:《浙江近代海洋史编年》,中国商务出版社,2017 年。

马金鹏译:《伊本 · 白图泰游记》,宁夏人民出版社,1985 年。

牟安世:《鸦片战争》,上海人民出版社,1982 年。

南炳文:《南明史》,故宫出版社,2012 年。

宁波“海上丝绸之路”申报世界文化遗产办公室等编著:《宁波与海上丝绸之路》,科学出版社,2006 年。

宁波市文化局编印:《中国 · 宁波“海上丝绸之路”文化遗存图录》,内部刊印,2002 年。

宁波市文化局编印:《千年海外寻珍: 中国 · 宁波“海上丝绸之路”在日本、韩国的传播及影响》,内部刊印,2003 年。

宁波市文物考古研究所编著:《“小白礁 Ⅰ 号”: 清代沉船遗址水下考古发掘报告》,科学出版社,2019 年。

潘茹红:《海洋图书变迁与海上丝绸之路》,厦门大学出版社,2017 年。

戚嘉林:《台湾史》,海南出版社,2011 年。

戚其章:《中日战争》,中华书局,1991 年。

齐涛主编:《中国古代经济史》,山东大学出版社,1999年。

钱穆:《中国文化史导论》(修订本),商务印书馆,1994年。

泉州历史文化中心主编:《泉州古建筑》,天津科学技术出版社,1991年。

屈广燕:《文化传输与海上交往:元明清时期浙江与朝鲜半岛的历史联系》,海洋出版社,2017年。

曲金良主编:《中国海洋文化史长编》,中国海洋大学出版社,2008—2013年。

上海海事大学、中国海洋学会编:《中国民间海洋信仰研究》,海洋出版社,2013年。

上海中国航海博物馆编:《航海:文明之迹》,上海古籍出版社,2011年。

上海中国航海博物馆编:《人海相依:中国人的海洋世界》,上海古籍出版社,2014年。

上海中国航海博物馆编:《丝路的延伸:亚洲海洋历史与文化》,中西书局,2015年。

上海中国航海博物馆编:《丝路和弦:全球化视野下的中国航海历史与文化》,复旦大学出版社,2015年。

沈文周主编:《中国近海空间地理》,海洋出版社,2006年。

沈燕红:《浙东渔歌与海洋文化研究:以舟山为案例》,浙江大学出版社,2017年。

施联朱:《台湾史略》,福建人民出版社,1980年。

石云涛:《中国陶瓷源流及域外传播》,商务印书馆,2015年。

史全生主编:《中华民国文化史》,吉林文史出版社,1990年。

孙光圻:《中国古代航海史》(修订版),海洋出版社,2005年。

孙光圻等编著:《中国古代航运史》,大连海事大学出版社,2015年。

孙靖国:《舆图指要:中国科学院图书馆藏中国古地图叙录》,中国地图出版社,2012年。

孙善根等:《宁波海洋渔业史》,浙江大学出版社,2015年。

孙善根:《浙江近代海洋文明史·民国卷》第二册,商务印书馆,2017年。

孙湘平编著:《关注海洋——中国近海及毗邻海域海洋知识》,中国国际广播出版社,2012年。

苏惠苹:《众力向洋:明清月港社会人群与海洋社会》,厦门大学出版社,2018年。

苏文菁:《福建海洋文明发展史》,中华书局,2010年。

苏勇军:《宁波海洋文化》,浙江大学出版社,2017 年。

苏勇军:《浙东海洋文化研究》,浙江大学出版社,2011 年。

苏智良主编:《海洋文明研究》(1—4 辑),中西书局,2016—2019 年。

汤锦台:《大航海时代的台湾》,(台北)如果出版社,2011 年。

台北故宫博物院编:《经纬天下:饭琢一教授捐赠古地图展》,(台北)故宫出版社,2006 年。

台湾博物馆主编:《地图台湾:四百年来相关台湾地图》,(台北)南天书局,2007 年。

唐文基主编:《福建古代经济史》,福建教育出版社,1995 年。

田秋野等编著:《中华盐业史》,台湾商务印书馆,1979 年。

田汝康:《中国帆船贸易与对外关系史论集》,浙江人民出版社,1987 年。

田松庆等编:《简明地理辞典》,湖北人民出版社,1984 年。

万明:《中葡早期关系史》,社会科学文献出版社,2001 年。

王尔敏:《五口通商变局》,广西师范大学出版社,2006 年。

王华锋:《18 世纪福建海盗研究》,社会科学文献出版社,2017 年。

王宏斌:《晚清海防:思想与制度研究》,商务印书馆,2005 年。

王建友:《舟山海洋社会发展研究》,上海交通大学出版社,2019 年。

王来特:《近世中日通商关系史研究》,清华大学出版社,2018 年。

王利器校注:《文镜秘府论》,中国社会科学出版社,1983 年。

王铭铭:《刺桐城:滨海中国的地方与世界》,生活·读书·新知三联书店,2018 年。

王慕民:《海禁抑商与嘉靖"倭乱"》,海洋出版社,2011 年。

王日根:《明清海疆政策与中国社会发展》,福建人民出版社,2006 年。

王荣国:《福建佛教史》,厦门大学出版社,1997 年。

王荣国:《海洋神灵:中国海神信仰与地方经济》,江西高校出版社,2003 年。

王耀华、谢必震:《闽台海上交通研究》,中国社会科学出版社,2000 年。

王耀华:《福建文化概览》,福建教育出版社,1993 年。

王颖主编:《中国海洋地理》,科学出版社,2013 年。

王颖主编:《中国区域海洋学——海洋地貌学》,海洋出版社,2012 年。

王芸生:《六十年来中国与日本》,上海三联书店,1979 年。

王振忠:《袖中东海一编开:域外文献与清代社会史研究论稿》,复旦大学出版社,2015 年。

王子今:《秦汉交通史稿》,中共中央党校出版社,1994 年。

王志毅:《中国近代造船史》,海洋出版社,1986 年。

魏敏主编:《海洋法》,法律出版社,1987 年。

温州市文物保护考古所编:《一片繁华海上头:温州与海上丝绸之路》,中国文史出版社,2019 年。

吴春明:《环中国海沉船:古代帆船、船技与船货》,江西高校出版社,2003 年。

吴天颖:《甲午战前钓鱼列屿归属考》,社会科学文献出版社,1994 年。

吴巍巍:《西方传教士与晚清福建社会文化》,海洋出版社,2011 年。

吴文良、吴幼雄:《泉州宗教石刻》(增订本),科学出版社,2005 年。

吴瀛涛:《台湾民俗》,台北众文图书股份有限公司,1987 年。

席龙飞:《中国造船史》,湖北教育出版社,2000 年。

厦门大学历史研究所、中国社会经济史研究室:《福建经济发展简史》,厦门大学出版社,1989 年。

厦门港史志编纂委员会编:《厦门港史》,人民交通出版社,1993 年。

向达:《两种海道针经——顺风相送、指南正法》,中华书局,1982 年。

谢必震:《中国与琉球》,厦门大学出版社,1996 年。

谢必震:《明清中琉航海贸易研究》,海洋出版社,2004 年。

谢必震主编:《图说福建与海上丝绸之路》(六卷本),福建教育出版社,2018 年。

谢国桢:《明代社会经济史料选编》(下),福建人民出版社,2005 年。

熊月之:《西学东渐与晚清社会》,上海人民出版社,1994 年。

席龙飞:《中国造船史》,湖北教育出版社,2000 年。

徐君梅、张源合编:《福建省渔业和盐业》,全国图书馆文献缩微中心,2010 年。

徐晓望主编:《福建通史》,福建人民出版社,2006 年。

徐晓望:《福建民间信仰论集》,光明日报出版社,2016 年。

徐晓望:《中国福建海上丝绸之路发展史》,九州出版社,2017 年。

徐勇、汤重南主编:《琉球史论》,中华书局,2016 年。

许声炎:《闽南中华基督教简史》,闽南中华基督教会,1934 年。

许雪姬:《清代台湾的绿营》,台湾中研院近代史研究所,1987 年。

许毓良:《清代台湾的海防》,社会科学文献出版社,2003 年。

星球地图出版社编:《中华人民共和国钓鱼岛及其附属岛屿地图》,星球地图出版社,2012 年。

杨琮:《闽越国文化》,福建人民出版社,2000 年。

杨凤琴:《浙江古代海洋诗歌研究》,海洋出版社,2014 年。

杨国桢:《闽在海中: 追寻福建海洋发展史》,江西高校出版社,1998 年。

杨国桢:《东溟水土: 东南中国的海洋环境与经济开发》,江西高校出版社,2003 年。

杨国桢:《中国海洋文明专题研究》(十卷本),人民出版社,2016 年。

杨国桢:《瀛海方程: 中国海洋发展理论和历史文化》,海洋出版社,2008 年。

杨金森、范中义:《中国海防史》,海洋出版社,2005 年。

杨瑞堂编著:《福建海洋渔业简史》,海洋出版社,1996 年。

杨文达、张异彪等:《东海地质与矿产》,海洋出版社,2010 年。

杨彦杰:《荷据时代台湾史》,江西人民出版社,1992 年。

杨玉厚:《中原文化史》,文心出版社,2000 年。

于逢春、王涛主编:《环东海研究》(第二辑),中国社会科学出版社,2018 年。

郁志荣:《东海维权——中日东海 · 钓鱼岛之争》,文汇出版社,2012 年。

曾少聪:《东洋航路移民: 明清海洋移民台湾与菲律宾的比较研究》,江西高校出版社,1998 年。

曾意丹主编:《福州旧影》,人民美术出版社,2000 年。

张重根辑注:《临海水土异物志辑校》(修订本),中国农业出版社,1988 年。

张复明、方俊育:《台湾的盐业》,(新北)远足文化事业股份有限公司,2008 年。

张海鹏、陶文钊主编:《台湾史稿》,(南京)凤凰出版社,2012 年。

张海鹏、张海瀛:《中国十大商帮》,黄山书社,1993 年。

张箭:《新大陆农作物的传播和意义》,科学出版社,2014 年。

张杰、程继红:《明清时期浙江海洋文献研究》,海洋出版社,2019 年。

张明华:《海上丝绸之路: 宁波的历史与未来》,浙江大学出版社,2018 年。

张森水:《中国旧石器文化》,天津科学技术出版社,1987 年。

张铁牛、高晓星:《中国古代海军史》第 2 版,解放军出版社,2006 年。

张威主编,吴春明等编著:《海洋考古学》,科学出版社,2007 年。

张炜、方堃主编:《中国海疆通史》,中州古籍出版社,2003 年。

张震东、杨金森编著:《中国海洋渔业简史》,海洋出版社,1983 年。

张仲礼主编:《东南沿海城市与中国近代化》,上海人民出版社,1996年。

张仲礼主编:《近代上海城市研究:1840—1949年》,上海人民出版社,2014年。

漳州建州1 300周年纪念活动筹委会办公室编:《漳州简史(初稿)》,1986年。

赵嘉斌、吴春明主编:《福建连江定海湾沉船考古》,科学出版社,2011年。

赵理海:《海洋法问题研究》,北京大学出版社,1996年。

赵汝适著,杨博文校释:《诸蕃志校释》,中华书局,1996年。

郑成功研究学术讨论会学术组编:《台湾郑成功研究论文选》,福建人民出版社,1982年。

郑广南:《中国海盗史》,华东理工大学出版社,1999年。

郑海麟:《钓鱼岛列屿之历史与法理研究》(增订本),中华书局,2007年。

郑和下西洋600周年纪念活动筹备领导小组编:《郑和下西洋研究文选(1905—2005)》,海洋出版社,2005年。

郑剑顺:《福建船政局史事纪要编年》,厦门大学出版社,1993年。

郑剑顺:《福州港》,福建人民出版社,2001年。

郑樑生:《明代倭寇》,(台北)文史哲出版社,2008年。

郑绍昌主编:《宁波港史》,人民交通出版社,1989年。

郑学檬:《中国古代经济重心南移和唐宋江南经济研究》,岳麓书社,1996年。

郑有国:《福建市舶司与海洋贸易研究》,中华书局,2010年。

中国地理学会海洋地理专业委员会编:《中国海洋地理》,科学出版社,1996年。

中国史学会主编:《洋务运动》,上海人民出版社,1985年。

中国史学会主编:《中法战争》,上海人民出版社,1957年。

中日韩三国共同历史编纂委员会:《超越国境的东亚近现代史》,社会科学文献出版社,2013年。

周东华:《民国浙江基督教教育研究:以"身份建构"与"本色之路"为视角》,中国社会科学出版社,2011年。

周洪军主编:《中国近海海洋图集·沿海社会经济》,海洋出版社,2016年。

周景濂:《中葡外交史》,商务印书馆,1936年。

周敏民编:《地图中国》,香港科技大学图书馆出版,2003年。

周任、魏大业:《台湾大事纪要》,时事出版社,1982年。

周之德:《闽南伦敦会基督教史》,闽南大会,1934 年。

庄国土:《华侨华人与中国的关系》,广东教育出版社,2001 年。

诸华国、周德光编著:《瓯居海中: 海上丝绸之路与温州海洋文化》,中国言实出版社,2015 年。

朱德兰:《长崎华商: 泰昌号、泰益号贸易史》,厦门大学出版社,2016 年。

朱德兰主编:《琉球冲绳的光和影: 海域亚洲的视野》,(台北)五南图书出版股份有限公司,2018 年。

朱华主编:《船政文化与台湾》,鹭江出版社,2010 年。

朱谦之:《中国哲学对于欧洲的影响》,福建人民出版社,1985 年。

朱维幹:《福建史稿》,福建教育出版社,1986 年。

驻闽海军军史编纂室:《福建海防史》,厦门大学出版社,1990 年。

[德] S. 康拉德著,陈浩译:《全球史导论》,商务印书馆,2018 年。

[德] 罗德里希 · 普塔克著,史敏岳译:《海上丝绸之路》,中国友谊出版公司,2019 年。

[法] 杜赫德编,耿昇等译:《耶稣会士中国书简集——中国回忆录》,大象出版社,2001—2005 年。

[法] 费赖之著,冯承钧译:《在华耶稣会士列传及书目》,中华书局,1995 年。

[法] 弗朗索瓦 · 吉普鲁著,龚华燕、龙雪飞译:《亚洲的地中海: 13—21 世纪中国、日本、东南亚商埠与贸易圈》,新世纪出版社,2014 年。

[荷] 包乐史著,庄国土、程绍刚译:《中荷交往史》,(荷兰)路口店出版社,1989 年。

[荷] 威 · 伊 · 邦特库著,姚楠译:《东印度航海记》,中华书局,1982 年。

[美] 埃里克 · 杰 · 多林著,朱颖译:《美国和中国最初的相遇——航海时代奇异的中美关系史》,社会科学文献出版社,2014 年。

[美] 费正清著,张沛译:《中国: 传统与变迁》,世界知识出版社,2002 年。

[美] 费正清著,杜继东译:《中国的世界秩序: 传统中国的对外关系》,中国社会科学出版社,2010 年。

[美] 怀礼著,王丽等译:《一个传教士眼中的晚清社会》,北京图书馆出版社,2012 年。

[美] 赖德烈著,雷立柏等译:《基督教在华传教史》,(香港)道风书社,2009 年。

[美] 林肯 · 佩恩著,陈建军、罗燚英译:《海洋与文明》,天津人民出版社,

2017年。

［美］罗兹·墨菲著，林震译：《东亚史》，世界图书出版公司北京公司，2012年。

［美］卢公明：《劝戒鸦片论》，亚比丝喜美总会镌，1855年，哈佛大学燕京图书馆藏缩微胶片。

［美］马士著，张汇文等译：《中华帝国对外关系史》，上海书店出版社，2000年。

［美］马士著，区宗华译：《东印度公司对华贸易编年史》，广东人民出版社，2016年。

［美］萨拉·罗斯著，孟驰译：《茶叶大盗——改变世界史的中国茶》，社会科学文献出版社，2010年。

［美］施坚雅主编，叶光庭等译：《中华帝国晚期的城市》，中华书局，2000年。

［美］薛爱华著，程章灿、侯承相译：《闽国：10世纪的中国南方王国》，上海文化出版社，2019年。

［葡］费尔南·门德斯·平托著，金国平译：《远游记》（上、下册），（澳门）葡萄牙大发现纪念澳门地区委员会等，1999年。

［日］村上卫著，王诗伦译：《海洋史上的近代中国：福建人的活动与英国、清朝的因应》，社会科学文献出版社，2016年。

［日］村田忠禧著，胡连成译：《日本窃取钓鱼岛始末：史料与考证》，社会科学文献出版社，2018年。

［日］井上清著，贾俊琪等译：《钓鱼岛的历史与主权》，新星出版社，2013年。

［日］铃木清一郎著，高贤治编，冯作民译：《台湾旧惯习俗信仰》，台北众文图书股份有限公司，1985年。

［日］木宫泰彦著，胡锡年译：《日中文化交流史》，商务印书馆，1980年。

［日］真人开元著，汪向荣校注：《唐大和尚东征传》，中华书局，1979年。

［日］西嶋定生著，冯左哲等译：《中国经济史研究》，农业出版社，1984年。

［日］上田信著，寇淑婷译：《东欧亚海域史列传》，厦门大学出版社，2018年。

［日］上田信著，高莹莹译：《海与帝国：明清时代》，广西师范大学出版社，2014年。

［日］松浦章、卞凤奎编：《明代东亚海域海盗史料汇编》，台湾乐学书局，

2009 年。

［日］松浦章著,卞凤奎译:《清代台湾海运发展史》,博扬文化事业有限公司,2002 年。

［日］松浦章著,张新艺译:《清代帆船与中日文化交流》,上海科学技术文献出版社,2012 年。

［日］松浦章著,杨蕾等译:《清代上海沙船航运业史研究》,江苏人民出版社,2012 年。

［日］松浦章著,杨蕾等译:《温州海上交通史研究》,人民出版社,2016 年。

［日］松浦章著,杨蕾等译:《清代华南帆船航运与经济交流》,厦门大学出版社,2017 年。

［日］松浦章著,李小林译:《清代海外贸易史研究》,天津人民出版社,2016 年。

［日］松浦章著,郑洁西等译:《明清时代东亚海域的文化交流》,江苏人民出版社,2009 年。

［日］松浦章著,孔颖编译:《海上丝绸之路与亚洲海域交流(15 世纪末—20 世纪初)》,大象出版社,2018 年。

［日］松浦章编著:《明清以来东亚海域交流史》,博扬文化事业有限公司,2010 年。

［日］松浦章编著:《近代东亚海域交流史》,博扬文化事业有限公司,2011 年。

［日］松浦章编著:《近代东亚海域交流史续编》,博扬文化事业有限公司,2011 年。

［日］松浦章编著:《近代东亚海域交流: 航运 · 海难 · 倭寇》,博扬文化事业有限公司,2014 年。

［日］松浦章编著:《近代东亚海域交流: 航运 · 商业 · 人物》,博扬文化事业有限公司,2015 年。

［日］松浦章编著:《近代东亚海域交流: 航运 · 台湾 · 渔业》,博扬文化事业有限公司,2016 年。

［日］松浦章编著:《近代东亚海域交流: 外交 · 贸易 · 物流》,博扬文化事业有限公司,2017 年。

［日］田中健夫著,杨翰球译:《倭寇: 海上历史》,社会科学文献出版社,2015 年。

［日］藤井志津枝:《近代中日关系史源起——1871—74 年台湾事件》,(台

北)金木出版社,1992年。

[日]羽田正编、张雅婷译:《从海洋看历史》,(新北)广场出版,2017年。

[葡]费尔南·门德斯·平托等著,王锁英译:《葡萄牙人在华见闻录》,澳门文化司署等,1998年。

[葡]皮列士著,何高济译:《东方志——从红海到中国》,江苏教育出版社,2005年。

[西]门多萨撰、何高济译:《中华大帝国史》,中华书局,1998年。

[意]白佐良等著,萧晓玲等译:《意大利与中国》,商务印书馆,2002年。

[英]C. R. 博克舍编注、何高济译:《十六世纪中国南部行纪》,中华书局,1995年。

[英]阿克·穆尔著,郝镇华译:《一五五〇年前的中国基督教史》,中华书局,1984年。

[英]阿诺德·汤因比著,郭小凌等译:《历史研究》,上海人民出版社,2000年。

[英]道森编,吕浦译:《出使蒙古记》,中国社会科学出版社,1983年。

[英]甘为霖著,李雄挥译:《荷据下的福尔摩莎》,(台北)前卫出版社,2003年。

[英]莱特著,姚曾廙译:《中国关税沿革史》,生活·读书·新知三联书店,1958年。

[英]施美夫著,温时幸译:《五口通商城市游记》,北京图书馆出版社,2007年。

(六)论文

《崇明概况》,上海市崇明区人民政府网,引用日期:2020-07-20。

《〈全台图说〉标示钓鱼岛自古就是中国领土》,“新华网”,http://news.xinhua08.com/a/20121010/1035954.shtml。

《农耕文化:农业发展的历史支撑》,《河南日报》2007年3月14日。

《台湾地理》,人民网,引用日期:2007年09月21日。

《台湾地形》,福建省文化厅网站,引用日期:2006年05月17日。

《台湾地质》,人民网,引用日期:2007年9月21日。

《中国农业通史》编辑部:《关于〈中国农业通史〉的若干问题》,《中国农史》1997年第3期。

蔡保全:《“东山陆桥”与台湾最早人类》,《漳州师范学院学报(哲社版)》1997年第3期。

岑玲:《清代档案所见之琉球漂流船的海难救助》,王卫平、赵晓阳主编《近代中国的社会保障与区域社会》,社会科学文献出版社,2013 年。

陈波:《元明时代的滨海民众与东亚海域交流》,南京大学博士学位论文,2009 年。

陈孔立:《清代台海两岸航行时间》,《台湾研究集刊》2009 年第 3 期。

陈尚胜:《论明代市舶司制度的演变》,《文史哲》1986 年第 2 期。

陈邵龙:《明清时期福建与日本长崎的经济文化交流》,《福建文博》2012 年第 3 期。

陈世庆:《台湾牡丹社边防始末》,载《文献专刊》(台湾)第 1 卷第 4 期。

陈文华:《中国稻作的起源和东传日本的路线》,《文物》1989 年第 10 期。

陈炎:《海上丝绸之路与中、菲、美之间的文化联系》,《海交史研究》1991 年第 2 期。

陈在正:《1840 年至 1870 年间欧美列强觊觎和侵犯台湾的活动》,《台湾研究集刊》1992 年第 2 期。

陈政禹:《江浙传统海洋区域文化研究》,厦门大学博士学位论文,2016 年。

陈支平:《早期台湾史与中国大陆关系的重新审视》,《东南学术》2018 年第 1 期。

陈仲玉:《试论中国东南沿海史前的海洋族群》,《考古与文物》2002 年第 2 期。

程镇芳:《五口通商前后福建茶叶贸易商路论略》,《福建师范大学学报(哲社版)》1991 年第 2 期。

戴显群:《清代福建盐业经济》,《福建学刊》1993 年第 4 期。

东南风:《论钓鱼岛主权属于中国》,《东南学术》2013 年第 4 期。

董咸明:《唐代的自然生产力与经济重心南移: 试论森林对唐代农业、手工业的影响》,《云南社会科学》1985 年第 6 期。

董玉林:《晚明闽商在浙江海域的活动研究》,厦门大学硕士学位论文,2016 年。

龚树川:《殖民与贸易网络: 17 世纪上半叶荷兰东印度公司在亚洲海域的活动》,首都师范大学硕士学位论文,2018 年。

范金民:《明清海洋政策对民间海洋事业的阻碍》,《学术月刊》2006 年第 3 期。

福建省博物馆:《福建连江发掘西汉独木舟》,《文物》1979 年第 2 期。

福建省博物馆等:《福建崇安武夷山白岩崖洞墓清理简报》,《文物》1980 年第6期。

高福进:《射日神话及其寓意再探》,《思想战线》1997年第5期。

高敏:《秦汉时期的重农思想蠡测》,《秦汉史论集》,中州书画社,1982年。

郭振民:《中国舟山群岛嵊泗县的生态与文化》,载许成国:《舟山群岛海龙王信仰的三维结构与社会功能》,"岱山新闻网",http://dsnews.zjol.com.cn/dsnews/system/2013/05/23/016467075_01.shtml。

韩振华:《五代福建对外贸易》,《中国社会经济史研究》1986年第3期。

韩振华:《伊本柯达贝氏所记唐代第三贸易港之Djanfou》,《福建文化》第3卷第1期。

洪卜仁:《明代月港与西班牙的海上贸易》,《月港研究论文集》,1983年。

洪佳期:《试论明代海外贸易立法活动及其特点》,《法商研究》2002年第5期。

黄国盛、谢必震:《清代闽海关重要事实考略》,《海交史研究》1990年第1期。

黄启臣:《清代前期海外贸易的发展》,《历史研究》1986年第4期。

黄顺力:《地理大发现与中国海洋观的演变》,《厦门大学学报》2000年第1期。

黄政:《中法战争中国东南沿海战场》,《福建文博》1985年第1期。

季云飞:《清代台湾班兵制研究》,《台湾研究》1996年第4期。

季云飞:《清康、雍、乾三朝台湾军队建设述论》,《安徽大学学报(哲社版)》1997年第6期。

江山渊:《徐骧传》,《小说月报》第九卷第三号。

江西省历史博物馆:《江西贵溪崖墓发掘简报》,《文物》1980年第11期。

金国平:《大航海时代中国航线的开辟——兼论葡萄牙史料中钓鱼岛及其附属岛屿始见年代》,2013讲座稿,未刊。

金涛:《独特的海上渔民生产习俗——舟山渔民风俗调查》,《民间文艺季刊》1987年第4期。

赖正维:《清代琉球船漂风台湾考》,《台湾研究》2003年第4期。

雷汉洲:《上海港及附近水域船舶交通安全评价》,武汉理工大学硕士学位论文,2006年。

李超:《清代琉球来华漂风难民救助制度之研究》,福建师范大学硕士学位论文,2018年。

李冰:《清代海洋灾害与社会应对》,厦门大学博士论文,2010年。

李金明:《清初中日长崎贸易》,《中国社会经济史研究》2005 年第 3 期。

李金明:《联系福建与拉美贸易的海上丝绸之路》,《东南学术》2001 年第 4 期。

李可可、谌洁:《河姆渡遗址史前水文化探讨》,《中国水利》2007 年第 5 期。

李向平:《“本色化”与社会化——近代上海“海派基督教”的社会化历程》,《上海大学学报(社会科学版)》2004 年第 3 期。

李细珠:《从东亚海域到东南海疆——明清之际台湾战略地位的演化》,《台湾研究》2018 年第 6 期。

李玉铭:《近代海上丝绸之路的新起点——交通、通讯工具变革与近代上海远洋航运的发展》,《太平洋学报》2016 年第 6 期。

李玉铭:《抗战时期上海远洋航运探析(1937——1941)》,《史林》2017 年第 2 期。

李祖基:《清代巡台御史制度研究》,《台湾研究集刊》1989 年第 1 期。

郦永庆编选:《第一次鸦片战争之后福州问题史料》,《历史档案》1990 年第 2 期。

廖大珂:《〈琉球诸岛图〉的作者及相关问题之管见》,《闽商文化研究》2014 年第 1 期。

廖大珂:《论唐代福建的对外贸易港》,《福建史志》1996 年第 3 期。

廖大珂:《民国时期福建海洋航运业的发展》,《南洋问题研究》2002 年第 2 期。

廖大珂:《日本最早记载钓鱼岛的文献——〈琉球国图〉》,《南洋问题研究》2013 年第 3 期。

林公务:《福建闽侯庄边山的古墓群》,《东南文化》1991 年第 1 期。

林观潮:《明清时期闽商往来长崎商路之旁考》,《闽商文化研究》2011 年第 2 期。

林观得:《台湾海峡海底地貌的探讨》,《台湾海峡》1982 年第 2 期。

林金水、吴巍巍:《传教士 · 工具书 · 文化传播——从〈英华萃林韵府〉看晚清“西学东渐”与“中学西传”的交汇》,《福建师范大学学报(哲社版)》2008 年第 3 期。

林金水:《艾儒略与福建士大夫交游表》,载《中外关系史论丛》第 5 辑,书目文献出版社,1996 年。

林金水:《明清之际朱熹理学在西方的传播与影响》,载《朱子学刊》第六、七辑,1994、1995 年。

林满红:《东亚海域上的琉球与台湾》,《历史(月刊)》第227期,台湾历史博物馆,2006年12月。

林日杖:《鸦片战争前后外国在华洋行经济活动初探》,福建师范大学硕士学位论文,2001年。

林瑞荣:《明嘉靖时期的海禁与倭寇》,《历史档案》1997年第1期。

林汀水:《福建政区建置的过程及其特点》,载《历史地理》(第十辑),上海人民出版社,1992年。

林伟功:《台湾移民与福建渊源关系浅探》,载《海峡两岸台湾移民史学术研讨会论文集》,1999年。

林悟殊:《宋元时代中国东南沿海的寺院式摩尼教》,《摩尼教及其东渐》,中华书局,1987年。

林正周:《百越农业经济初探》,《古今农业》1999年第1期。

林知秋:《连江城关妈祖庙的"乾隆碑"》,《福州史志》总第24期。

林子候:《四国天津条约与台湾门户之开放》,《台湾风物》第26卷第2期。

林宗鸿:《泉州开元寺发现五代石经幢等重要文物》,《泉州文史》第9期。

刘福铸:《古代朝鲜使臣的妈祖诗咏》,载"莆田文化网"(引用日期:2012年7月17日),http://www.ptwhw.com/?post=4466。

刘刚:《朱子学传入朝鲜半岛研究(1290—1409)》,厦门大学博士学位论文,2012年。

刘敬源:《台湾原住民与大陆东夷太阳神话之比较》,《贵州文史丛刊》2004年第2期。

刘奇俊:《清初开放海禁考略》,《福建师范大学学报(哲社版)》1994年第3期。

刘如仲:《巡台御史的设立及其历史作用》,《中国历史博物馆馆刊》1991年6月15日。

刘序枫:《清代中国对外国遭风难民的救助及遣返制度——以朝鲜、琉球、日本难民为例》,载《第八回琉中历史关系国际学术会议论文集》,琉球中国关系国际学术会议编集发行,2001年。

刘序枫:《清末的东亚变局与中日琉关系——以漂流民的遣返问题为中心》,《第11回琉中历史关系国际学术会议论文集》,琉球中国关系国际学术会议编集发行,2008年。

卢美松:《论闽族和闽方国》,《南方文物》2001年第2期。

吕志伟:《历史悠久的福建商帮》,《百科知识》2008年9月。

毛丽:《明中叶的海商、海盗集团与漳州的对外贸易》,《福建史志》2008 年第 6 期。

孟繁业:《清乾隆朝中琉漂风海难救助研究》,暨南大学硕士学位论文,2008 年。

倪根金:《试论气候变迁对我国古代北方农业经济的影响》,《农业考古》1988 年第 1 期。

逄文昱:《越人——我国古代天生的航海家》,《中国海事》2010 年第 9 期。

彭克明:《我国古代经济重心南移原因析》,《安徽史学》1995 年第 4 期。

泉州湾宋代海船发掘报告编写组:《泉州湾宋代海船发掘简报》,《文物》1975 年第 10 期。

钱江:《闽商网络与古代亚洲海洋贸易》,《海洋史研究》,社科文献出版社,2012 年。

全汉升:《明清间美洲白银的输入中国》,《中国经济史论丛》,香港中文大学新亚书院,1972 年。

全汉升:《自明季至清中叶西属美洲的中国丝货贸易》,《中国经济史论丛》,香港中文大学新亚书院,1972 年。

宋文薰:《台湾旧石器文化探索的回顾与展望》,《田野考古》第 2 卷第 2 期。

孙光圻:《传统中国航海文化及今日之鉴》,《人民论坛 · 学术前沿》,2012 年 7 月。

覃主元:《汉代合浦港在南海丝绸之路中的特殊地位和作用》,《社会科学战线》2006 年第 1 期。

覃主元:《先秦时期岭南越人的航海活动与对外交通》,《海南师范大学学报(社会科学版)》2012 年第 3 期。

陶德巨:《福州开埠与近代福州茶市》,《古今农业》2001 年第 3 期。

汪敬虞:《十九世纪外国在华金融活动中的银行与洋行》,《历史研究》1994 年第 1 期。

王大宾:《汉代中原诸郡农耕技术选择趋向》,《中国农史》2012 年第 1 期。

王大建、刘德增:《中国经济重心南移原因再探讨》,《文史哲》1999 年第 3 期。

王国良:《朝鲜朱子学的传播与思想倾向》,《安徽大学学报(哲学社会科学版)》2001 年第 6 期。

王鸿藩:《王梅惠家族兴衰简介》,载《福州工商史料》1985 年第 2 辑。

王日根:《明清海洋管理政策刍论》,《社会科学战线》2000 年第 4 期。

王晓云:《明代倭寇之患与中琉关系》,《五邑大学学报(社会科学版)》2009年第1期。

王心喜:《江南地区远古居民航渡日本试论》,《海交史研究》1987年第2期。

魏能涛:《明清时期中日长崎商船贸易》,《中国史研究》1986年第2期。

吴吉民:《新模式:朱子学与东亚文化圈》,《朱子学与文化建设学术研讨会论文集》,2012年。

吴松弟、杨敬敏:《近代中国开埠通商的时空考察》,《史林》2013年第3期。

吴巍巍、张永钦:《康熙时期中国天文生测绘琉球地图考——兼论钓鱼岛主权归属问题》,《国家航海》第九辑,上海古籍出版社,2014年。

吴巍巍:《"海上丝绸之路"与明清时期西方人在闽台地区的文化活动初探》,《国家航海》第六辑,上海古籍出版社,2014年。

吴巍巍、林金水:《明清之际的福建与中西文化交流——"海上丝绸之路"的历史契机与当代启示》,《海交史研究》2015年第2期。

吴巍巍:《晚清开埠后福州城市社会经济的发展与变化——以西方人的考察为中心》,《中国社会经济史研究》2015年第2期。

伍庆玲:《朝贡贸易制度论》,《南洋问题研究》2002年第4期。

武峰:《浙江盐业民俗初探——以舟山与宁波两地为考察中心》,《浙江海洋学院学报(人文科学版)》2008年第4期。

夏鼐:《碳14测定年代和中国史前考古学》,《考古》1977年第4期。

谢必震:《闽人与中琉航海》,(台北)《故宫文物月刊》第362期,2013年5月。

谢春祝:《淹城发现战国时期独木舟》,《文物参考资料》1958年第11期。

谢汉杰、谢建喜:《闽台自古一家人——台湾海峡"东山陆桥"探秘》,《福建日报》2011年4月27日。

谢方:《明代漳州月港的兴衰与西方殖民者的东来》,《月港研究论文集》,1983年。

修斌、臧文文:《清代山东对琉球漂风难民的救助和抚恤》,《中国海洋大学学报(社科版)》2012年第1期。

熊月之等:《论东南沿海城市与中国近代化》,《史林》1995年第1期。

徐斌:《徐葆光的〈中山传信录〉与钓鱼岛历史主权的考察》,《太平洋学报》2012年第12期。

徐波:《舟山群岛渔民词汇及其海岛民俗特色》,《民俗研究》2002年第

2 期。

徐恭生:《清代海上漂风难民拯济制度的建立和演变》,载《第八回琉中历史关系国际学术会议论文集》,琉球中国关系国际学术会议编集发行,2001 年。

徐晓望:《福建人与澳门妈祖文化渊源》,《学术研究》1997 年第 7 期。

徐心希、徐六符:《试论福建发现的西班牙早期银币及其影响》,载《福建史论探》,福建人民出版社,1992 年。

徐玉虎:《清乾隆朝琉球难夷遭风漂至台湾案件之研究》,《台湾政治大学历史学报》1990 年第 8 期。

许凤仪:《鉴真选择从福州东渡原因探究——兼与葛继勇先生商榷》,《扬州大学学报(人文社会科学版)》2011 年第 2 期。

严中平:《英国鸦片贩子策划鸦片战争的活动》,《近代史资料》1958 年第 4 期。

颜赟:《近代上海西医的传入及其活动——基督教活动刍议》,《医学与社会》2008 年第 4 期。

杨成槛:《河姆渡遗址文化与越族先民》,《宁波大学学报(人文科学版)》1994 年第 2 期。

杨琮:《西汉闽越国与日本及南洋的交往》,《海交史研究》1996 年第 2 期。

杨桂丽:《清代中琉漂风难民问题之研究》,福建师范大学硕士学位论文,2000 年。

杨国桢:《十六世纪东南中国与东亚贸易网络》,《江海学刊》2002 年第 4 期。

杨国桢:《扎实推进中国海洋文明研究》,《人民日报》2015 年 11 月 17 日第 7 版。

杨钦章:《泉州印度教毗湿奴神形象石刻》,《世界宗教研究》1988 年第 1 期。

杨锐彬:《11—15 世纪浙东南滨海地域开发与人群生计——以台州黄岩为中心》,中山大学硕士论文,2015 年。

姚培锋等:《三国时期会稽郡的人口和社会经济》,《浙江社会科学》2005 年第 5 期。

姚永森:《〈临海水土异物志〉:世界上最早记述台湾的文献》,《安徽师范大学学报(人文社会科学版)》2005 年第 4 期。

叶亦武:《漫话“东山陆桥”》,《中州今古》2003 年第 2 期。

尹俊:《清乾隆年间琉球船漂浙之研究》,浙江工商大学硕士学位论文,

2016年。

余光弘:《台湾地区民间宗教的发展——寺庙调查资料之分析》,《中研院民族学研究所集刊》第53期,1982年。

俞福海、方平:《宁波北仑港的现在和将来》,《海洋开发》1985年第2期。

俞玉储:《再论清代中国和琉球的贸易——兼论中琉互救漂风难船的活动》,《历史档案》1995年第1期。

俞玉储:《再论清代和琉球的贸易——兼论中琉互助漂风难船的活动》,《第二届琉球·中国交涉史研讨会论文集》,冲绳县立图书馆,1995年。

俞玉储:《对清代琉球难船为贸易而漂流之我见》,《第四届琉球·中国交涉史研讨会论文集》,冲绳县教育委员会,1999年。

张铠:《从沙勿略到庞迪我——晚明西班牙来华传教士纪略》,《世界宗教研究》1991年第4期。

张耀光、刘锴:《东海油气资源及中国、日本在东海大陆架划界问题的研究》,《资源科学》第27卷第6期,2005年。

张振鹍:《关于中国在台湾主权的一场严重斗争——1874年日本侵犯台湾之役再探讨》,《近代史研究》1993年第6期。

赵君尧:《石器时代中国海洋文化及其对大陆中原文化的影响》,《职大学报》2002年第3期。

赵伍:《〈临海水土异物志〉成书时间考》,《西南民族学院学报(哲学社会科学版)》1999年第4期。

郑海麟:《中国史籍中的钓鱼岛及其相关岛屿考》,《太平洋学报》2014年第9期。

郑海麟:《黄叔璥〈台海使槎录〉所记"钓鱼台"及"崇爻之薛波澜"考》,《中国社会科学报》2013年4月24日A05版。

庄美芳:《台湾原住民日月神话的时空观》,《民间文化论坛》2006年第5期。

邹振环:《近百年间上海基督教文字出版及其影响》,《复旦学报(社会科学版)》2002年第3期。

朱德兰:《从〈历代宝案〉与〈清代中琉关系档案〉看乾隆时期(一七三六—一七九五)中琉之间的海难事件》,《人文及社会科学集刊》11卷2期,1999年。

朱淑媛:《清代琉球国难民救助考》,《历代宝案研究》六、七合并号,1996年3月30日。

[美]麦克福(Franklin P. Metcalf)著,金云铭译:《十八世纪前游闽西人

考》,载《福建文化》第 2 卷第 2 期,1947 年。

［日］山根幸夫:《明代倭寇问题研究》,《黄淮学刊》1992 年第 1 期。

［日］伊能嘉矩著,林蔚文译:《台湾的天妃及其他海神之信仰》,《东南文化》1990 年第 3 期。

二、外文文献

(一) 论著与报刊

Abraham Rees, *The Cyclopædia: or, Universal Dictionary of Arts, Sciences*, 1819.

Archibald Little, *Gleanings from Fifty Years in China*, London: Sampson Low, Marston &CO., LTD. 1910.

Dictionary of Ming Biography, 1368 - 1644,(《明代名人传》), New York: 1976.

Donald MacGillivray, *A Century of Protestant Missions in China* 1807 - 1907, Shanghai: The American Presbyterian Mission Press, 1907.

E · H · Blair and J .A. Robertion, *The Philippine Islands* (1493 - 1803), Cleveland: 1903, vol.27.

Edwin Joshua Dukes, *Everyday Life in China, or Scenes along River and Road in Fuh-Kien*, London: The Religious Tract Society, 1885.

Eugene Stock, *The Story of the Fuh-Kien Mission of the Church Missionary Society*, London: Seeley, Jackson, &Halliday, 2nd edition, 1882.

Gerald F. De Jong, *The Reformed Church in China, 1842 - 1951*, Grand Rapids, Mich.: Eerdmans, 1992.

George Smith, *A Narrative of An Exploratory Visit to Each of the Consular Cities of China, in the years* 1844, 1845, 1846, London: Seeley, 1847.

Gutzlaff Charles, *Journals of Three Voyages along the Coast of China in* 1831, 1832, & 1833, Taipei: Cheng-Wen Pub. Co., 1968.

H. S. Parkes, "Account of the Paper Currency and Banking System of Fuchowfoo", *Journal of the Royal Asiatic Society of Great Britain and Ireland*, vol13, 1852.

Hugh Hamilton Lindsay, *Report of Proceedings on A Voyage to the Northern Ports of China* 1833, Fellowes, London: 1833.

I. W. Wiley, *China and Japan*, Cincinnati: Hitchcock and Walden, 1879.

Jedidiah Morse, *A New Universal Gazetteer, Or, Geographical Dictionary*, 1821.

John Purdy, *Tables of the Positions, or of the Latitudes and Longitudes of Places, Composed to Accompany the 'Oriental Navigator,' or Sailing Directions for the East-indies, China, Australia, &C. with Notes, Explanatory and Descriptive*, London: Ridkr and Weed, Litthe Britsin, 1816.

Jos Gommans & Rob van Diessen ed., *Grote Atlas van de Verenigde Oost-Indische Compagnie, Uitgeverij Asia Maior*, 2010.

Jose Maria Gonzalez, *Historia de las Misiones Cominicanas de China*, 1632 – 1700, Madrid, 1964.

Jung-pang Lo, *China as a Sea Power*, 1127 – 1368, National University of Singapore Press, 2012.

Justus Doolittle, *Social Life of the Chinese*, New York: Happer & Brothers, Publishers, 1865.

Justus Doolittle, *Vocabulary and Hand-Book of the Chinese Language*, Rozario, Marcal and Company, 1872.

Kenneth Scott Latourette, *A History of Christian Missions in China*, New York: The Macmillan Company, 1929.

Manoel Pimentel, *Arte de Navegar & Roteiro das Viagens*, Lisboa, 1746.

Martino Martini, *Novus Atlas Sinensis*, Amsterdam, 1655.

Nathaniel Bowditch, *Thomas Kirby, The improved practical navigator*, 1809.

Philip Wilson Pitcher, *In and About Amoy*, Shanghai and Foochow: The Methodist Publishing House in China, 1912.

R.S. Maclay, *Life Among the Chinese*, New York: Carlton & Porter, 1861.

Robert E. Speer, *A Missionary Pioneer in the Far East: A Memorial of Divie Bethune McCart*, London & Edinburgh: Fleming H. Revell Company, 1922.

Robert Fortune, *A Journey to the Tea Countries of China, including Sung-Lo and the Bohea Hills*, London: John Murray, 1852.

Samuel Wells Williams, *The Chinese Commercial Guide, fifth edition*, Hong Kong: Published by A.Shortrede & Co., 1863.

W. H. Medhurst, *China: Its State and Prospects*, Wilmington, Del.: Scholarly Resources, 1973.

Walter M. Lowrie' father edited, *Memoirs of the Rev. Walter M. Lowrie, Missionary to China*, New York: Robert Carter & Brothers; Philadelphia: William S.

Martien, 1849.

William Alexander Parsons Martin, *A Cycle of Cathay*, New York: Fleming, H. Revell Company, 1896.

William Alexander Parsons Martin, *The awakening of China*, New York: Doubleday, Page & Company, 1907.

William Lockhart, *The Medical Missionary in China*, London, 1861.

William Winterbotham, *An Historical, Geographical, and Philosophical View of the Chinese Empire*, London: J. Ridgway, 1795.

Wills, J. E., Jr., *Pepper, Guns, and Parleys: the Dutch East India Company and China, 1662 – 1681*, Cambridge: Harvard University Press, 1974.

Wills, J. E., Jr., *China and Maritime Europe 1500 – 1800: Trade, Settlement, Diplomacy, and Missions*, Cambridge: Cambridge University Press, 2011.

George Smith, "Notices of Fuhchau fú", *Chinese Repository*, vol. XV, (April 1846).

J. Sadler, "The Poppy Growth About Amoy", *The China Review*, vol. 22 , No. 5 (1897).

Samuel W. Williams, "Paper money among the Chinese, and description of a bill from Fuhchau", *Chinese Repository*, vol. XX, (June, 1851).

Chinese Repository, 1832 – 1851.

Journal of the North-China Branch of the Royal Asiatic Society.

Journal of the Royal Asiatic Society of Great Britain and Ireland.

North China Herald.

The China Review.

The Chinese Recorder, and Missionary Journal, 1867 – 1941.

The Journal of The Asiatic Society of Bengal.

《日本古典文学大系》,(东京)岩波书店,1965 年。

滨下武志:《近代中国の国际的契机——朝贡贸易システムと近代アジア》,东京大学出版社,1990 年。

赤岭诚纪:《大航海时代の琉球》,(那霸)冲绳タイムス社,1988 年。

赤岭守:《清代福州における琉球漂着民の抚恤について—加赏を中心に》,《第七届琉球 · 中国交涉史研讨会论文集》,冲绳县教育委员会,2004 年。

赤岭守:《明清時代における琉球民間船の中国漂着について》,赤岭守等编《中国と琉球——人の移動を探る》,彩流社,2013 年。

赤岭守:《清代の琉球漂着民の船舶、货物の变卖について》,《第十届中琉历史关系国际学术会议论文集》,(台北)中琉文化经济协会出版,2007年。

赤岭守:《清代の琉球漂流民送还体制について——乾隆二十五年の山阳西表船の漂着事例を中心として》,《东洋史研究》58卷3号,1999年。

大庭修:《长崎唐馆图集成》,(大阪)关西大学出版部,2003年。

渡边美季:《清代中国における漂着民の处置と琉球》(1)、(2),《南岛史学》第54、55号,1999、2000年。

高良仓吉:《近世八重山の唐通事に关する事例》,《第七届中琉历史关系国际学术会议论文集》,(台北)中琉文化经济协会出版,1999年。

柳楢悦:《台湾水路志》,日本海军水路寮日就社,1873年。

日本外务省编:《日本外交文书》第6卷,(东京)日本国际联合协会,1950年。

三杉隆敏:《海のシルクロードを求めて》,(东京)创元社,1968年。

三善为康编:《朝野群载》,《国史大系》第29卷上,(东京)吉川弘文馆,2007年。

上原兼善:《锁国と藩贸易》,(东京)八重岳书房,1981年。

田中克子、森本朝子:《冲繩出土の貿易陶器の問題点—中国粗製白磁とベトナム初期貿易陶器》,《グスク文化を考える》,(东京)新人物往来社,2004年。

下村富士男:《明治文化资料丛书(外交篇)》,(东京)日本风间书房,1962年。

小叶田淳:《中世南岛通交贸易史的研究》,(东京)刀江书院,1968年。

喜舍场朝贤:《琉球见闻录》,(东京)至言杜,1977年。

新屋敷幸繁:《新讲冲绳一千年史》,(东京)雄山阁,1971年。

伊波普猷等编:《琉球史料丛书》,(东京)名取书店,1941年。

伊川健二:《大航海時代の東アジア》,吉川弘文馆,2007年。

真境名安兴:《冲绳一千年史》,冲绳新民报社,1964年。

中岛乐章:《南蛮·红毛·唐人》,(京都)思文阁,2013年。

(二)互联网资料

"Asia, plate VI: Japan, Corea, the Monguls, and part of China", http://digitallibrary.usc.edu/cdm/singleitem/collection/p15799coll71/id/302/rec/1.

"Carte d'une partie de la Chine, les Isles Philippines, de la Sonde, Moluques, ... Carte des Indes, de la Chine & des Iles de Sumatra, Java / Indes Orientalis", http://

www.swen.com/item.php? id=15831.

"Carte General de Toutes les Costes du Monde et les Pays Nouvellement Decouvert", http: //alabamamaps.ua.edu/historicalmaps/cartographers.html.

"Magnae Tartariae, Magni Mogolis Imperii, Iaponiae et Chinae, Nova Descriptio", http: //www. vintiage-maps. com/zoomify/template. php? zoomifyimage = 10101 _ 0.jpg.

"Second partie de la Carte d'Asie contenant La Chine et Partie de la Tartarie, L'Inde au de la du Gange, les Isles Sumatra, Java, Borneo, Moluques, Philippines, et du Japon", http: //www.davdumsey.com/luna/servlet/detail/RUMSEY - 8 - 1 - 4417 - 410006: Seconde-partie-de-la-carte-d-Asie.

http: //www. antiaiqueprintroom. com/catalogue/view-raw-image? id = 1a5b5f5130 af8a510766dcfe5928ad4a, "Tabula Indiae orientalis".

http: //c.ianthro.tw/sites/c.ianthro.tw/files/da/df/070/70160_0001.jpg.

http: //digitallibrary.usc.edu.

http: //s3.aimazonaws.com/sanderusmaps.9000.be/160470 - 8392.jpg.

http: //www.davidrumsey.com.

后　　记

《中国海域史 · 东海卷》在上海古籍出版社的策划和统筹下，由福建师范大学闽台区域研究中心承担了编写工作。本卷的编写，是在谢必震教授的主持和指导下完成的，谢必震教授负责拟定全书大纲和目录，吴巍巍研究员承担具体的编撰与整合工作。各章节的初稿写作分工如下：第一章，吴浩宇、李庆华；第二章，庄琳璘；第三章，吴泽宇；第四章，郑娴瑛；第五章，张恩强；第六章，陈灏；第七章，李艳阳、李艳敏；第八章，张永钦、徐慕君；第九章，吴巍巍、陈硕炫；第十章，吴巍巍、陈永江、俞强；第十一章，吴巍巍、刘文泉、洪龙山；第十二章，谢必震、吴巍巍；附录：吴巍巍。全书最后由谢必震与吴巍巍统纂定稿。应该说，本书稿乃集体合作的结晶，凝聚着闽台区域研究中心师生们的汗水和心血。

能够承担《中国海域史 · 东海卷》的写作任务，是本中心近年来在海洋史研究，特别是东海海域与中日钓鱼岛争端问题等方面学术积累的结果。闽台区域研究中心是教育部人文社科重点研究基地，汇集了福建师范大学乃至国内外诸多名家学者的力量。中心自创立之初，即在东亚海域史，特别是中琉关系、中日关系与台海局势等领域颇有建树。早在 20 世纪 80 年代，福建师范大学历史系即已完成中琉关系和钓鱼岛问题研究书目，并整理了一大批有关东海海洋史和海域史的文献资料，在此基础上开创了福建地方史与台湾地方史的研究格局，形成了自身的研究传统和研究特色。降至当下，东海海域波涛四起，看似平静却蕴藏着重重危机。钓鱼岛问题、台海问题……都迫使我们对发生在东海海域的历史作必要的系统的梳理和审视，从中总结经验教训，从而为我们国家维护海洋权益和走向海洋强国，提供历史的资鉴和有效的对策。

本书得以顺利出版，衷心感谢上海古籍出版社的林斌先生、吴长青先生及各位编辑老师。正是因为有他们的策划、统筹、协调、督促和细心修改审校，才使得本书不断地完善，以更好的面貌呈献给读者大众。当然，由于本书编著者的水平和学识有限，不当和不足之处在所难免，祈请方家学者不吝赐教！本书文责自然由编著者承担，我们将虚心接受读者们的批评和建议。